Konflikt der Diskurse

Erlanger
Romanistische
Dokumente und
Arbeiten

Herausgegeben von

Peter Blumenthal
Titus Heydenreich
Hinrich Hudde
Volker Kapp

Band 7

Helene Harth / Susanne Kleinert / Birgit Wagner
(Hrsg.)

Konflikt der Diskurse

Zum Verhältnis von Literatur und Wissenschaft im modernen Italien

Stauffenburg
verlag

CIP-Titelaufnahme der Deutschen Bibliothek

Konflikt der Diskurse : zum Verhältnis von Literatur und Wissenschaft im modernen Italien / Helene Harth ... (Hrsg.). – Tübingen : Stauffenburg-Verl., 1991
(Erlanger romanistische Dokumente und Arbeiten ; Bd. 7)
ISBN 3–923721–96–X

NE: Harth, Helene [Hrsg.]; GT

Gedruckt auf säurefreiem und alterungsbeständigem Werkdruckpapier

Druck: Müller + Bass, Tübingen
Verarbeitung: Braun + Lamparter, Reutlingen
Printed in Germany

ISBN 3–923721–96–X
ISSN 0935–5707

INHALTSVERZEICHNIS

EINLEITUNG

Die Beiträge des vorliegenden Bandes sind als Vorträge zu einer italianistischen Sektion des Romanistentages in Aachen (September 1989) entstanden. Ihr Thema wurde durch das Rahmenthema des Aachener Treffens ("Romanistik zwischen Tradition und Technik") zwar inspiriert, jedoch keineswegs primär oder gar ausschließlich motiviert. Die Frage nach dem Verhältnis von Literatur und Wissenschaft in Italien seit dem ausgehenden 19. Jahrhundert schien vielmehr in erster Linie die Chance eines anderen Blicks auf die literarischen Texte selbst zu bieten.[1)]

Seit dem Ende des Zweiten Weltkrieges galt das literarische Italien in Deutschland als ein Bollwerk realistischen Erzählens, eines moralischen und gesellschaftskritischen Engagements, das sich von der Resistenza-Literatur bis zu Pasolini ungebrochen fortzusetzen schien. Einerseits besaß die Literatur Italiens, insbesondere die Literatur über den Mezzogiorno, für den deutschsprachigen Leser den Reiz des Exotischen, dokumentierte sie doch als gleichsam ethnographisches Zeugnis Verhältnisse, die denen der Dritten Welt in mancher Hinsicht nahezukommen schienen. Andererseits betrachtete man sie - und dies auch in den Reihen ihrer eigenen Repräsentanten - vielfach als rückständig gegenüber den Experimenten der europäischen und außereuropäischen Avantgardebewegungen des 20. Jahrhunderts. Sie schien zu wenig aufgeschlossen für formale Innovationen, resistent gegen narrative Selbstre-

1) Die bisher wohl umfangreichste Bestandsaufnahme zum Thema Literatur und Wissenschaft in Italien bietet der Band *Letteratura e scienza nella storia della cultura italiana*, 1978, der die Kongressakten einer Tagung der Associazione Internazionale di Studi di Letteratura e Linguistica Italiana (Catania, 21.-24. April 1976) enthält. Er verbindet umfangreichere Überblicksartikel mit Kurzbeiträgen zu einzelnen Autoren von Petrarca bis Calvino. Lesenswert ist vor allem die außerordentlich materialreiche Einleitung Ezio Raimondis, der die wechselnden Konzepte zum Verhältnis von Literatur und Wissenschaft im europäischen Denken skizziert, leider ohne bibliographische Nachweise (der gleiche Artikel findet sich auch in Ezio Raimondis Buch *Scienza e letteratura*, Turin, Einaudi 1978 unter dem Titel "La strada verso Xanadu"). Direkte inhaltliche Überschneidungen zwischen dem vorliegenden Band und den Kongressakten der AISLLI liegen jedoch nicht vor.

flexionen, zu sehr der realistischen Mimesis verhaftet, kurz, sie schien im ironischen Sinne Gottfried Benns weniger Literatur zu sein als "gut gemeint". Schriftsteller, denen sich das Etikett "Realist" beim besten Willen nicht anheften ließ, wie z.B. Gadda, Landolfi, Savinio, Morselli und viele andere, fanden nur sehr zögernd und meist nach mehreren energischen Anläufen couragierter Übersetzer und Verleger in Deutschland Gehör.

Diese Situation hat sich in den letzten Jahren grundlegend gewandelt, was von der Literaturwissenschaft selbst aber bislang nur unzureichend zur Kenntnis genommen und durch entsprechende Veränderungen des Kanons untersuchenswerter zeitgenössischer Autoren quittiert wurde. Die in jüngster Zeit interessierenden Autoren, der späte Calvino, Tabucchi, Del Giudice, De Carlo, aber auch die Sizilianer Sciascia, Consolo und Bufalino, lassen sich als Fortsetzer realistischen Erzählens im traditionellen Sinne nicht mehr zureichend charakterisieren. Ihre Bücher zeichnen sich durch ein zum Teil ausgeprägtes erzählerisches Reflexionsniveau aus, sind intertextuell und interkulturell orientiert. Das Problem einer Abgrenzung der Literatur von anderen Medien und Formen des Diskurses nehmen sie nicht nur beiläufig in essayistischen Äußerungen zur Kenntnis, sondern machen es auch zum Gegenstand ihrer eigenen Texte.

Mit der Frage nach der Beziehung zwischen Literatur und Wissenschaft greift der vorliegende Band ein solches diskursives Grenzproblem auf, das sich für die Erschließung der "Modernität" der italienischen Literaturproduktion des 20. Jahrhunderts als überraschend fruchtbar erwies, so fruchtbar, daß keineswegs alle Facetten des Themas erschöpfend dargestellt werden konnten. Obwohl das Spektrum der Beiträge vom veristischen Erzählen über die Poetik des Futurismus bis zu der von der Postmoderne inspirierten Auseinandersetzung Del Giudices mit dem Verhältnis von Kernphysik und Literatur in *Atlante occidentale* reicht, blieben bei der "kartographischen" Erfassung der benachbarten Territorien von Literatur und Wissenschaft zwangsläufig weiße Flecken für spätere Erkundungsgänge bestehen. Wichtige Autoren wie Gadda oder Svevo werden in den Beiträgen nur am Rande berührt, die Science-Fiction und die Phantastische Literatur wurden nicht thematisiert. Gattungsmäßig gesehen bleiben das Drama und die Lyrik zugunsten des Romans ausgeklammert. Der im Titel enthaltene Begriff der "Wissenschaft" wurde bewußt ebenso weit gefaßt wie der Begriff "Literatur". Ersterer schließt nicht nur die exakten Naturwissenschaften (Physik, Biologie u.a.) sowie deren technologische Anwendungsmöglichkeiten ein, er umgreift auch die Philosophie und die Humanwissenschaften mit ihren möglichen Auswirkungen auf die ästhetische Theorie und Praxis literarischer Texte. Andererseits wird der Begriff "Literatur" nicht auf fiktionale Gebilde beschränkt, sondern schließt auch literaturtheoretische und wissenschaftliche Texte ein. Das Spektrum der methodologischen Ansätze und Fragestellungen wurde damit bewußt so offen gehalten, daß die Untersuchung der "wissenschaftlichen" Elemente futuristischer Poetik und der "wissenschaftlichen" Analysekriterien von Canellos *Storia della letteratura italiana nel secolo XVI* auf legitime Weise neben der Interpretation von Calvinos *Palomar* oder der Romane Volponis stehen können. Nicht minder groß ist die Vielfalt methodischer Ansätze. Sie reicht von der traditionellen "analyse thématique" bis zu diskursanalytischen, semiotischen und psychoanalytischen Deutungsmustern. Auf eine systematische Gliederung der Beiträge wurde bewußt zugunsten einer im wesentlichen chronologischen Anordnung verzichtet. Auf die allgemeinen Überlegungen Giorgio Cellis, die zugleich einen ersten systematischen Problemabriss bilden, folgen zunächst Beiträge zum 19. Jahrhundert (Meter, Kablitz), zur frühen Moderne (Wagner, Wanning) und schließlich zur zeitgenössischen italienischen Erzählliteratur.

Die Ergiebigkeit der Fragestellung gründet wohl nicht zuletzt darin, daß das Problem einer möglichen Befruchtung und wechselseitigen Abgrenzung von Literatur und Wissenschaft in der italienischen Literaturtradition selbst verankert ist. Als Calvino sich einmal dazu verstieg, Galilei als den größten italienischen Autor zu bezeichnen, zog er sich zwar den Zorn Cassolas zu, der diesen Platz für Dante reserviert wissen wollte, hatte aber ansonsten nicht mit grundsätzlichen Einsprüchen zu rechnen.[2)] Calvino selbst plante zwischen 1969 und 1972, gemeinsam mit Freunden wie Gianni Celati, Carlo Ginzburg, Guido Neri und Enzo Melandri, die Gründung einer eigenen Zeitschrift, die sich, anknüpfend an vorausgegangene Versuche des *Menabò* dem Verhältnis von Literatur und Wissenschaft im 20. Jahrhundert widmen sollte. Interessante Spuren dieses nicht realisierten Projekts finden sich in Celatis "Il bazar archeologico" (abgedruckt in *Il Verri* 1975), in Ginzburgs vieldiskutiertem Essay *Spie. Radici di un paradigma indiziario* und in Calvinos Artikel über den "Blick des Archäologen" von 1972. Dort heißt es:

---

2) Dazu Italo Calvino, *Una pietra sopra. Discorsi di letteratura e società*, Turin, Einaudi , 1980, S. 186 f.

> Tutti i parametri, le categorie, le antitesi che erano serviti per immaginare e classificare e progettare il mondo sono in discussione: e non solo quelli più legati ad attribuzioni di valori storiche: il razionale e il mitico, il lavorare e l'esistere, il maschile e il femminile, ma pure i poli di topologie ancor più elementari: l'affermare e il negare, l'alto e il basso, il vivente e la cosa.[3]

Das mögliche Interesse von Literatur an Wissenschaft und von Wissenschaft an der Literatur erscheint hier also motiviert durch die Krise überlieferter wissenschaftlicher Modelle zur Erklärung und Deutung von Wirklichkeit und durch die Problematisierung der überkommenen Hierarchie der Diskurse. Der Blick des Archäologen steht metaphorisch für eine neue Sicht der Wirklichkeit, ein geduldiges Beobachten und Beschreiben dessen, was sich nicht von vornherein einer finalistischen Geschichte, einem praktischen Gebrauch oder einem globalen Sinnzusammenhang zuordnen läßt. Calvino war zu diesem Zeitpunkt überzeugt, daß Literatur mit ihrem reichhaltigen Repertoire von Formen und Bedeutungen zu einem "Spielfeld" für die Begegnung und Auseinandersetzung unterschiedlicher Diskurse werden könnte.

Diese Vermutung stellt keineswegs eine utopische Erwartung dar, sondern beschreibt bekanntlich ein literarhistorisch relevantes Faktum. Denn insbesondere seit der Ausdifferenzierung der Natur- und Humanwissenschaften in der zweiten Hälfte des 19. Jahrhunderts stehen Wissenschaft und Literatur nicht nur in Italien in einem produktiven Spannungsverhältnis. Dies drückt sich unter anderem darin aus, daß sowohl die Literatur selbst als auch ihre philologische Erforschung wissenschaftliche Welterklärungsmodelle als Muster für die symbolische Repräsentation von Welt übernehmen und sich mit ihnen mehr oder minder kritisch auseinandersetzen (Naturalismus, Verismus, positivistische Literaturgeschichtsschreibung). Der Frage nach den konkreten Adaptationsschwierigkeiten, die sich dabei ergeben, sind die Beiträge von Helmut Meter und Andreas Kablitz gewidmet.

Helmut Meters Untersuchung von Capuanas *Giacinta* ist in mehrfacher Hinsicht aufschlußreich. Er demonstriert einerseits die Probleme, die sich aus der literarischen Übertragung eines wissenschaftlichen Paradigmas (hier des positivistischen) in den nicht primär von einer wissenschaftlichen Kultur geprägten gesellschaftlichen Kontext (den des geeinten Italien) ergeben. Zum anderen zeigt er die konkreten Spannungen zwischen intendierter Wissenschaftlichkeit und ihrer narrativen Umsetzung an einem Text auf, der

---

3) *Una pietra sopra*, S. 263.

nach Ansicht der Literaturwissenschaft den Beginn "positivistischen" Erzählens in Italien markiert. Der eklatante Mißerfolg der Erstfassung des Romans erklärt sich nach Meter durch signifikante Abweichungen vom Vorbild des französischen Naturalismus, durch immanente Widersprüche des Wissenschaftsverständnisses und durch die dadurch bedingten Brüche in der narrativen Struktur des Textes. So wird der pathologische Fall Giacintas nicht nach dem Vorbild Zolas auf erbbiologisch-genetische Faktoren zurückgeführt, sondern aus der sozialen Umgebung und der psychischen Dynamik der Hauptfigur abgeleitet, enthält also ein ausgeprägtes sozialkritisches Potential. Statt den Erwartungen des Lesepublikums entsprechend Wissenschaft mit sozialreformerischen Impulsen zu verbinden, läßt Capuana in Gestalt des zur Heilung unfähigen Arztes Follini im Roman selbst ein skeptisches Wissenschaftsverständnis zu Wort kommen, das auf seine eigene, in einem späteren Aufsatz über *Arte e scienza* (1904) vertretene These von der Unvereinbarkeit von Literatur und Wissenschaft vorausweist. Als widersprüchlich erweist sich schließlich auch die narrative Anlage des Textes selbst, wo die angestrebte "wissenschaftliche" Objektivität des Erzählens permanent durch moralische Kommentare des auktorialen Erzählers unterwandert wird.

Aber nicht nur die Literatur selbst, sondern auch die Rede über Literatur bedient sich seit dem 19. Jahrhundert bevorzugt den exakten Wissenschaften entlehnter Erklärungs- und Argumentationsmuster, um einen methodisch gesicherten Zugriff auf ihren Gegenstand zu ermöglichen. Der Frage, ob sie damit Erfolg hat, geht Kablitz in seinem Beitrag über Canellos Adaptation der positivistischen Literaturgeschichtsschreibung Taines nach. Seine Ausführungen bleiben allerdings nicht auf das spezifische historische Paradigma positivistischer Literaturgeschichtsschreibung beschränkt, sondern stellen darüber hinaus allgemeine Überlegungen zu einer möglichen "Wissenschaftlichkeit" philologischen Redens über Literatur an. Kablitz weist nach, daß nicht nur bei Canello die Übertragung eines der Biologie entnommenen Kausalitätsmodells auf die Literatur dem Gegenstand unangemessen und ohne eine Deformation des zugrundeliegenden theoretischen Modells unmöglich ist; er zeigt ferner, daß dieser kritische Einwand bereits die Literaturgeschichte Taines trifft. Die vorgängig gewonnene Definition der Literatur in kausaler Abhängigkeit von außerliterarischen Faktoren wie "Leben", "Gesellschaft" usw., wird bei Canello unter der Hand immer wieder ersetzt durch die Darstellung innerliterarischer Bezüge oder durch bloße Analogien zu außerliterarischen Phänomenen, die überdies aus den literarischen Texten selbst rekonstruiert sind. Das um der Wissenschaftlichkeit willen adaptierte Kausalmodell führt so entweder zu Zirkelschlüssen oder es wird unterwandert durch ein konkurrierend sich entfaltendes semiotisches Modell des literarischen Textes. Wenn Canellos Literaturgeschichte von den Zeitgenossen auch wenig rezipiert wurde, markiert sie nach Kablitz doch eine wichtige Etappe in der Ausdifferenzierung von Literaturkritik und Literaturwissenschaft (Barthes).

Daß die Dichter lügen, während uns Philosophen und Wissenschaftler die Wahrheit über die Wirklichkeit sagen, ist eine Behauptung, die in dieser kruden Form heute kaum noch Zustimmung finden dürfte. Sie war allerdings ursprünglich in den platonischen Dialogen keineswegs so naiv gemeint, wie das heute den Anschein haben mag. In seinem Buch *Poesie und Wissen* ist Heinz Schlaffer kürzlich der Kritik der griechischen Philosophie und Wissenschaft am Wahrheitsanspruch der archaischen Dichtung historisch nachgegangen und hat ihre weitreichenden Folgen für unser heutiges Verständnis von Literatur und Literaturwissenschaft herausgearbeitet.[4] Das epische Wort der archaischen Dichtung, das als gesprochenes Wort in kultisch-religiöse Zusammenhänge eingebunden war, konnte sich noch unbestritten als Offenbarung eines universalen Weltwissens begreifen. Erst der Rationalismus der platonischen und aristotelischen Philosophie bestreitet im 5. und 6. vorchristlichen Jahrhundert diesen Wahrheitsanspruch der Dichtung und reserviert ihn dem eigenen Unternehmen. In einem historisch gesehen ambivalenten Prozess treten Dichtung und Wissenschaft auseinander. Die kritische Entzauberung der Welthaltigkeit des poetischen Wortes ermöglicht die Entdekkung seines fiktionalen Status, der nun seinerseits in den ersten Ansätzen zu einer Poetik Gegenstand wissenschaftlicher Betrachtung wird:

> Kunst entsteht aus ihren Vorformen, indem sie sich aus ihnen befreit und sie zugleich beerbt: durch Symbolisierung ehemaliger Rituale, durch Humanisierung der einstigen Götterwelt, durch Fiktionalisierung des vormals Geglaubten. Damit werden die archaischen Bestände menschlicher Kultur auf die Stufe des Bewußtseins gerettet, auf der der moderne Betrachter steht.[5]

Literarische Fiktionen gleichen also, will man Schlaffers Thesen Glauben schenken, einem Januskopf, der zugleich nach vorwärts und rückwärts schaut.

4) Heinz Schlaffer, *Poesie und Wissen. Die Entstehung des ästhetischen Bewußtseins und der philosophischen Erkenntnis*, Frankfurt 1990.

5) Ebda, S. 100.

Im fiktionalen Modus des "Als-ob", der im Sinne der wissenschaftlichen Logik weder verifizierbar noch falsifizierbar ist, überleben in ihnen einerseits in symbolischer Form die Sinnpotentiale des Mythos, der Religion und der alten Kosmologien, weil deren totalisierende Möglichkeiten der Sinnstiftung durch keine Form der wissenschaftlichen Welterklärung substituierbar zu sein scheinen. Andererseits bleiben Fiktionen aber aufgrund der historischen Genese des Fiktionsbewußtseins selbst aus der "wissenschaftlichen" Dichtungskritik auf eine permanente Auseinandersetzung mit dem historisch sich entwickelnden Stand wissenschaftlicher Welterschließung eingeschworen. Denn der Fortgang der Wissenschaft selbst bestimmt, was in einem gegebenen historischen Kontext als "wahr" oder "falsch" angesehen wird, was geglaubt wird oder nicht. Nicht nur Mythen, Kosmologien und religiöse Weltentwürfe können so zum Spiel-Material poetischer Fiktionen werden, sondern auch die wissenschaftlichen Welterklärungen selbst. Das gilt einmal für Erklärungsmodelle und Diskurse, die im Prozeß des wissenschaftlichen Fortschritts ihre explikative Kraft eingebüßt haben und die damit für ein ästhetisches Spiel mit den in ihnen enthaltenen Sinnpotentialen verfügbar geworden sind. Es gilt aber auch für die aktuell gültigen, den neuesten Stand wissenschaftlicher Welterklärung repräsentierenden Diskurse. Indem sich Literatur auf sie bezieht, verfolgt sie, wie die Beiträge des vorliegenden Bandes zeigen, einen doppelten Zweck: Sie reflektiert und revolutioniert in der kritischen Auseinandersetzung mit ihnen das Spektrum ihrer eigenen medialen Möglichkeiten, und sie klagt zugleich konkrete Defizite ein, die die rationalen Erklärungsmuster der Wissenschaft für das anthropologisch tief verankerte Sinnbedürfnis des Menschen notwendig hinterlassen.[6)]

Die Überlegungen Giorgio Cellis, der wie kaum ein anderer zeitgenössischer Kritiker aufgrund seiner Doppelfunktion als Wissenschaftler (Entomologe an der Universität Bologna) und Schriftsteller (Verfasser von Essays, Gedichten und Theaterstücken) zum Nachdenken über das Verhältnis von Literatur und Wissenschaft berufen scheint, machen deutlich, daß der Wissenschaftsbegriff des 20. Jahrhunderts sich gegenüber dem des 19. Jahrhunderts erheblich gewandelt hat. Der Verzicht auf kausallogische und mechanistische Erklärungsmodelle scheint Literatur und Wissenschaft einander zu nähern. Eine Plattform der Begegnung zwischen beiden Bereichen könnte die "Theorie möglicher Welten" sein. Man denke in diesem Zusammenhang

6) Vgl. dazu die Ausführungen Schlaffers, ebda., S. 113 f.

nur etwa an die auffälligen Berührungspunkte zwischen einer konstruktivistischen Erkenntnistheorie und der Theorie ästhetischer Fiktionalität. Wie die Literatur selbst entwirft auch die Wissenschaft heute vielfach fiktionale Modelle, die als Simulationen von Wirklichkeit nur indirekt auf die Realität bezogen sind. Der Wissenschaftstheoretiker Max Black hat in seinem 1963 erschienenen Buch *Models and Metaphors* die These aufgestellt, die Metapher spiele in der dichterischen Sprache die gleiche Rolle wie das Modell in der Wissenschaftssprache.[7] Modelle im Sinne von Black werden dort als heuristisches Mittel benutzt, um eine inadäquate wissenschaftliche Interpretation von Wirklichkeit zu sprengen und einer neuen, angemesseneren den Weg zu bahnen. Sie simulieren metaphorisch die Struktur eines noch zu erforschenden Sektors der Realität, der sich dem Zugriff formalisierter Sprachen entzieht, sind also nicht der Logik der Beweisführung, sondern der Logik der Entdeckung zuzurechnen (als konkretes Beispiel wäre etwa Maxwells Darstellung des elektromagnetischen Kraftfeldes als eines inkompressiblen imaginären Fluids zu nennen). Die moderne Physik bewegt sich, wie Celli zeigt, in ihrer Entwicklung von der Thermodynamik zur speziellen Relativitätstheorie zunehmend auf ein "Bewußtsein der Ungewissheit" und auf eine Distanz zu alltagsweltlich nachvollziehbaren Vorstellungen hin. Das gilt parallel auch für die literarischen Avantgardebewegungen vom Dadaismus bis zum "Gruppo 63", die auf die Mimesis des Realen verzichten und mit der Einführung probabilistischer Strukturen den Zufall als "ästhetischen Operator" rehabilitieren. Aber auch die experimentelle Überprüfbarkeit von Wissen, die Celli neben der kausallogischen Kohärenz von Aussagen als mögliches Kriterium der Unterscheidung zwischen Literatur und Wissenschaft in Betracht zieht, wird dieser Aufgabe nach seiner Überzeugung nicht gerecht. Einerseits bleibt die Wissenschaft, wie er an amüsanten Beispielen zeigt, dort, wo ihre Hypothesen sich faktisch nicht falsifizieren oder verifizieren lassen, auf mentale Experimente, also auf Fiktionen angewiesen. Andererseits möchte er den literarischen "Experimenten" eines Zola im Gegensatz zu einer ganzen Phalanx literaturwissenschaftlicher Kritiker den Charakter einer wissenschaftlich ernst zu nehmenden literarischen "Feldforschung" nicht von vornherein absprechen. So gelangen seine Überlegungen unter Zuhilfenahme der neuesten Gehirnhälften-Forschung zu dem Ergebnis, daß das Verhältnis von Wissenschaft und Literatur in der Moderne nicht im Sinne wechselseitiger Aus-

7) Max Black, *Models and Metaphors*, Ithaca, Cornell University Press 1962, S. 219-243.

schließung, sondern im Sinne eines Chiasmus unterschiedlich dominanter Faktoren zu bestimmen sei. In ihren Ergebnissen, so behauptet er provokant, sei Literatur "pazzia con metodo", Wissenschaft dagegen "metodo con pazzia".

Man könnte versucht sein, "amphibische" Wesen, die wie Celli oder Primo Levi Wissenschaft und Literatur in Personalunion vereinen, für besonders kompetente Kritiker der wechselseitigen Beziehung beider Bereiche zu halten. Die Lektüre des Levi-Beitrages von Werner Helmich vermittelt jedoch zunächst den Eindruck, daß der von ihm analysierte Autor, gemessen an dem von Celli explizierten Wissenschaftsverständnis, auf einen bereits historisch gewordenen Wissenschaftsbegriff, den der Aufklärung, rekurriert. Für den frühen Levi, der geprägt ist von der horrenden Erfahrung der faschistischen Vernichtungslager, haben Literatur und Wissenschaft in erster Linie eine aufklärerische und humanitäre Mission zu erfüllen, werden aber noch nicht systematisch miteinander in Beziehung gesetzt. Schreiben heißt für den Levi von *Se questo è un uomo* und *La tregua* Zeugnis ablegen von einer unfaßbaren historischen Katastrophe. Das Erzählen des Unaussprechlichen stellt einen Befreiungsversuch dar, der mit der Möglichkeit der Wissenschaft konvergiert, das Bild des Menschen als eines vernunftbegabten Wesens nicht in Grauen und Bestialität untergehen zu lassen. Mit der Überwindung einer nur dokumentarischen Literatur stellt sich in einer zweiten Schaffensphase für Levi erstmals und radikaler die Frage nach dem Wahrheitsgehalt von Fiktionen und nach der Möglichkeit einer ästhetisch integrierten Verbindung von Literatur und Wissenschaft, die allerdings selbst in der narrativen Struktur seiner "chemischen Autobiographie" *Il sistema periodico* nicht vollständig gelingt. Während die wissenschaftskritischen Erzählungen vor einer zu optimistischen Einschätzung der Möglichkeiten wissenschaftlicher Naturbeherrschung warnen, fällt der literarischen Fiktion in Anknüpfung an die dokumentarische Phase weiter die Aufgabe zu, vor den Monstren zu warnen, die der Schlaf der Vernunft gebiert. Auch der letzte Versuch Levis, die von ihm nicht akzeptierte Kluft zwischen den "zwei Kulturen" zu überbrücken, *La chiave a stella* von 1975, liefert mit dem Fazit, als Wissenschaftler und Techniker sei der Mensch allenfalls "Sieger über die Materie", als Schriftsteller und Künstler dagegen ein "Schöpfer von Werken noch unbestimmter Relevanz" (Helmich) keine überzeugende Integrationsformel, sondern eher eine nachträgliche Rechtfertigung der definitiven biographischen Entscheidung Levis für die Literatur.

Daß die Rezeption wissenschaftlicher Diskurse in der Literatur bereits seit der frühen Moderne zwischen Faszination und Ablehnung schwankt und zu teilweise problematischen Ideologemen führt, läßt sich am signifikanten Beispiel des italienischen Futurismus beobachten. So begreift Frank Wanning das avantgardistische Innovationspostulat der futuristischen Ästhetik als Antwort auf den raschen Fortschritt von Naturwissenschaft und Technik. Neben die von der Futurismus-Forschung übereinstimmend hervorgehobenen Leitbegriffe "velocità" und "guerra" stellt er die "scienza" und postuliert einen strukturellen Zusammenhang dieser drei Begriffe in der futuristischen Argumentation, den er in der Affirmation des dynamischen Prinzips garantiert sieht. Geht man mit Wanning von der Annahme aus, daß Marinetti Technik und Wissenschaft als Synonyme auffasst, so läßt sich daraus die Forderung nach einer "Verwissenschaftlichung" der Literatur ableiten. Der Rekurs auf R. Wohlgenannts Unterscheidung zwischen "science as progress" und "science as product" ermöglicht es Wanning, den Widerspruch zwischen Marinettis Technik-Begeisterung und seiner provokativen Ablehnung der Wissenschaft zu erklären: Den Begründer des Futurismus interessiere die Dynamik des Wissenschaftsprozesses, nicht dagegen seine doktrinäre Festschreibung. Dieser Ansatz erlaubt auch eine Neubestimmung des Begriffs "guerra" in der ästhetischen Theorie der Futuristen. Nach Wanning steht er nicht für ein bestimmtes ideologisches Engagement ein, sondern für den Wunsch nach Befreiung aus den Fesseln der Tradition und für eine Affirmation des dynamischen Prinzips. Diese These wäre allerdings gehalten, sich kritisch mit jenen Interpreten auseinanderzusetzen, die in Anknüpfung an Benjamins Kunstwerk-Aufsatz einen direkten historischen Zusammenhang zwischen der futuristischen Ästhetik und den ästhetisch geprägten Stilen faschistischer Herrschaft hergestellt haben.[8)]

Birgit Wagners diskursanalytischer Beitrag über *Faszination und Zähmung der Ungeheuer* widmet sich den Technik-Darstellungen der frühen zwanziger Jahre im Umfeld der Futuristen, wobei dem Spannungsverhältnis zwischen avantgardistisch-elitären und unterhaltend-populären Texten in besonderer Weise Rechnung getragen wird. Der futuristische Anspruch, dem Kulturschock, den das plötzliche Eindringen der technischen Zivilisation in die traditionelle Lebenswelt bedeutete, mit programmatisch neuen Kunstmit-

---

8) Vgl. dazu Helene Harth/Erhard Stölting, "Ästhetische Faszination und Demagogie. Zur Entstehung des 'faschistischen Stils' in Italien", in: *Romanistische Zeitschrift für Literaturgeschichte* 1/2, (1986) S. 119-145.

teln zu begegnen, wird sehr bald von einer Konsumliteratur unterboten, die in der Thematik ein willkommenes Reservoir gut verkäuflicher Sujets entdeckt. An den Texten marktorientierter Schriftsteller wie Pitigrilli und Guido da Verona läßt sich zeigen, daß das Neue rasch seine Schockwirkung verliert und sich in bequeme Wunschträume von Luxus und Komfort verwandelt. Die Linie der Technik-Skepsis verfolgt Wagner dagegen an jenen Texten, die sich der neuen Medientechnik (Grammophon, Telegraph, Telefon, Film) widmen. Während der "mito della macchina" den männlichen Heldenkörper potenziert (Auto, Flugzeug), werden die neuen Medientechniken als tendenziell bedrohlich (Pirandello) bzw. als magisch wahrgenommen und registriert (Bontempelli).

Moralische und gesellschaftliche Kritik am katastrophischen Potential wissenschaftlicher Technologien prägen die Wissenschaftsrezeption in den literarischen Werken von Buzzati und Volponi. In Buzzatis literarischem Gesamtwerk sind Wissenschaft und Technik, wie Joachim Leeker zeigt, seit den fünfziger Jahren durchweg negativ konnotiert. Ihr Eindringen in die primäre Lebenswelt ist von Entfremdung, durch den Verlust von Phantasie und Identität gekennzeichnet. Ästhetisch gesehen weniger traditionell arbeiten, wie Rudolf Behrens nachweist, die Romane Paolo Volponis an einer narrativen Demontage des Maschinen-Mythos, der sich von D'Annunzio bis zu den Futuristen emphatisch als literarische Konfiguration moderner Allmachtsphantasien durchhält. Im Unterschied zu dieser Tradition gilt das Interesse des Verfassers von *La macchina mondiale* der Ambivalenz von pathologischer Erfahrung und objektiver Wahrnehmung der technischen Dingwelt. Sie äußert sich in den Romanen selbst in der Anthropomorphisierung der Maschine und einer komplementären Funktionalisierung des menschlichen Körpers durch die jeweiligen Erzählsubjekte. Im Rückgriff auf neuere psychoanalytische Theorien (Lacan) entschlüsselt Behrens die funktionale Verschränkung des Diskurses über den Körper mit dem Maschinen-Diskurs in Volponis Romanen. Wissenschaft und Technik liefern hier einerseits das Instrumentarium für eine paranoide "Panzerung" der Erzählsubjekte und demonstrieren deren pathologische Entfremdung von ihrer primären Erfahrungswelt. Andererseits demaskiert nach Behrens das groteske Theoriegebäude, das der Erzähler als "macchina mondiale" in Volponis gleichnamigem Roman entwirft, durch vielfältige Anklänge an tatsächlich existierende wissenschaftliche Theorien in den Augen des Lesers kritisch die Affinität solcher Diskurse zu einer anachronistischen heilsversprechenden Totalitätssuche.

Der Hauptteil der Beiträge zur Erzählliteratur des 20.Jahrhunderts greift jedoch auf Cellis Problematisierung der Grenze zwischen Fakten und Fiktionen zurück und versucht seinen Hinweis auf den Zusammenhang zwischen der Logik wissenschaftlicher Diskurse und der narrativen Struktur literarischer Texte an praktischen Beispielen zu konkretisieren.

So zeigt Susanne Kleinert in ihrem Beitrag über *Historiographie und fiktionale Geschichtsdarstellung in Guido Morsellis "Contro-passato prossimo"* an einem signifikanten Beispiel, daß der schwindende Glaube an kausale Zusammenhänge nicht nur das Erzählen und seine immanenten Strukturen tangiert, sondern durch Kritik der Wissenschaften auch diese selbst in ihrem traditionellen Selbstverständnis erschüttern will. Guido Morselli, ein zu Lebzeiten weitgehend unverstandener Autor, der erst postum im Zuge der Postmoderne-Diskussion auf breiteres Interesse stieß, betreibt in seinen "essayistischen" Romanen eine spielerisch-experimentelle Demontage von Philosophie, Wissenschaft und Ideologie. In *Contro-passato prossimo* sind es die vermeintlich unverrückbaren Wissensbestände der Ereignisgeschichte, die zum Spielmaterial der literarischen Fiktion werden, mit dem Hintergedanken, damit im Leser möglicherweise eine Fiktionalisierung seines Geschichtsbildes auslösen zu können. Morselli schreibt die Geschichte des ersten Weltkrieges im buchstäblichen Sinne um. Die Fiktion wird bei ihm zur Kritikerin des Faktischen. Dank einer ambivalenten Praxis der Geschichtsfälschung erinnert sie an intelligentere Versionen des Geschichtsverlaufs, die lediglich den Nachteil besitzen, niemals wirklich geworden zu sein.

Dem Zusammenhang von wissenschaftlichem Weltbild und Erzählstrukturen im italienischen Roman des 20. Jahrhunderts geht in einem weitgefaßten chronologischen Rahmen Hermann H. Wetzel nach. Gestützt auf Carlo Ginzburgs "Spie"-Aufsatz (1979) und die neuere französische Erzählforschung (Barthes, Genette) verfolgt er von Manzoni bis zur Gegenwart die Frage nach der "Motivation", d.h. der kausallogischen Verknüpfung des Erzählten. Dem Ideal einer lückenlosen Motivation folgen der historische (Manzoni) und der veristische Roman (Verga). Bei Manzoni wird narrative Sinnkohärenz durch die zugrundeliegende Auffassung der Welt- und Heilsgeschichte gestiftet. Strukturell gesehen schlägt sie sich in der Funktionalität aller erzählerischen Teile und der Allwissenheit des auktorialen Erzählers nieder. Dagegen orientiert sich die narrative Motivation im veristischen Roman am naturwissenschaftlich-positivistischen Wissenschaftsmodell des 19. Jahrhunderts. Hier motiviert sich das Leben auf der Basis von erkennbaren biologischen und physiologischen Naturgesetzen gleichsam von selbst, der Erzähler verschwindet hinter einer postulierten "impassibilità". Eine Erschütterung des indiziellen Erzählparadigmas bringt nach Wetzel der Detektivroman, der unter der Annahme der rationalen Erklärbarkeit der Welt (oder zumindest eines Falles) die Möglichkeit des Legens "falscher" Spuren institutionalisiert. Sie können zu einer Aushöhlung des indiziellen Paradigmas führen, die auf ihre Weise auch die phantastische Erzählung betreibt. Der Übergang zur Moderne wird am Beispiel von Svevos *Coscienza di Zeno* demonstriert, wo der narrative Rückgriff auf das wissenschaftliche Erklärungsmodell der Psychoanalyse nicht mehr der Wahrheitsfindung dient, sondern aufgrund von "Über-Motivierung" eine probabilistische Auflösung der Erzähllogik in eine Vielheit möglicher Deutungen nach sich zieht. Die Überwindung des indiziellen Paradigmas erfolgt nach Wetzel im "poetischen" Erzählen Calvinos und seinen erkenntnistheoretischen Prämissen. Am Beispiel der *Città invisibili* analysiert Wetzel, wie das Wissen um die Vorläufigkeit und Relativität aller Geschichten und aller Kausalzusammenhänge Texte generiert, die vom Leser eine paradigmatische, synthetisierende Lektüre verlangen, die der Lektüre von Gedichttexten verwandt ist.

Sciascias 1975 erschienener, gattungsmäßig schwer einzuordnender Text *La scomparsa di Majorana* läßt sich, wie Eckhard Höfner zeigt, einerseits noch der Tradition der literarischen Wissenschaftskritik zuordnen, entfernt sich aber in entscheidenden Momenten doch vom überlieferten ideologiekritischen Konzept der *littérature engagée*. Sciascias dokumentarische Rekonstruktion der Hintergründe des Verschwindens eines begabten sizilianischen Atomphysikers ist einerseits sorgfältig darauf bedacht, nicht in Widerspruch zu den historisch überlieferten Fakten zu geraten. Ihre Kernthese, das Verschwinden Majoranas sei als Akt der Verweigerung gegenüber den tödlichen Konsequenzen kernphysikalischer Forschung zu deuten, wird dem Leser jedoch nicht als Ergebnis eines mit den traditionellen Mitteln kausallogischer Verknüpfung arbeitenden Erzählens präsentiert. Sciascia wählt vielmehr den Weg einer narrativen Perspektivierung, die jede einzelne Feststellung einer "Plausibilitätsanalyse" durch den Leser überantwortet. Seine Legitimation bezieht nach Höfner dieses probabilistische Erzählmodell aus der diskursiven Entwicklung der Wissenschaft selbst (etwa der Heisenbergschen "Unschärferelation" in der Kernphysik), die sich von den kausalitätsbezogenen und finalistischen Erklärungsmodellen des 19. Jahrhunderts weitgehend entfernt hat.

Die romaneske Inszenierung eines Dialogs zwischen Naturwissenschaft und Literatur in Daniele Del Giudices *Atlante occidentale* zeichnet sich, wie Gerhard Regn darlegt, vor allem dadurch aus, daß sie Grundpositionen der frühen und der klassischen Moderne zitiert und sich partiell aneignet, um sie in Einklang mit bestimmten Positionen der postmodernen Philosophie und Ästhetik zu überbieten. Die für Sciascias Text noch konstitutive Problematisierung der modernen Naturwissenschaft, die nach Regn als Charakteristikum der klassischen Moderne überhaupt gelten kann, weicht in Del Giudices Roman einem harmonischen Miteinander und einer ethisch indifferenten wechselseitigen Befruchtung wissenschaftlicher und literarischer Diskurse. Wie bereits von Celli herausgestellt, zeichnet sich die zeitgenössische Naturwissenschaft durch zunehmende Immaterialität ihrer Experimente und Erklärungsmuster aus. Sie bringt gleichsam die alltagsweltlich erfahrbaren Dinge zum Verschwinden und erhebt das "immaterielle Flimmern der Bildschirme" zum eigentlichen Präsentationsmodus von Wirklichkeit. Analog zum Futurismus, der auf die veränderte Wahrnehmung einer wissenschaftlich-technischen Erfahrungswelt durch die Entwicklung einer eigenen Poetik der Geschwindigkeit und der Simultaneität reagierte, geht es Del Giudice darum, ästhetische Konsequenzen aus der von der zeitgenössischen Wissenschaft eingeleiteten Ära des Immateriellen für die Erzählliteratur zu ziehen. Explizit verabschiedet werden dabei ohne spürbare Trauer nicht nur der Rationalismus und Empirismus der Aufklärung, sondern auch narrative Präsentationsmodi von Wirklichkeit, wie sie in der klassischen Moderne noch Gültigkeit besaßen. Im konstruktiven Dialog mit dem Kernphysiker Brahe entwickelt der Romancier Epstein eine experimentelle Poetik, für die, wie in der postmodernen Theorie Jean-François Lyotards, die Kunst anspielt auf ein "Denkbares, das nicht darstellbar ist" (Wellmer). Die von Epstein nur noch mental "gesehenen" Geschichten lassen sich nicht mehr in zeitlicher Sukzession und gegenständlicher Konkretheit entfalten, sondern nur noch im Modus der Simultaneität andeutungsweise auf ein symbolisches Raummodell projizieren. Del Giudice folgt der postmodernen Ästhetik Lyotards jedoch nicht so weit, daß er mit ihr jeden Rückgriff auf ästhetische Positionen der frühen und klassischen Moderne als konventionell ablehnt. Im Unterschied zum Postmodernismus Ecos begnügt er sich auch nicht mit einem "ripensamento ironico del già detto". Vielmehr sucht er, wie Regn nachweist, traditionelle Erzählverfahren strukturell so umzufunktionieren, daß sie signalhaft auf eine neue , aus dem Dialog mit der Wissenschaft hervorgegangene ästhetische Position jenseits der Moderne verweisen.

Im Unterschied zu Del Giudices eher harmonisierender Sicht des Verhältnisses von Literatur und Wissenschaft widmet sich eine andere und, wie uns scheint, im Spektrum der in diesem Band repräsentierten Möglichkeiten besonders interessante literarische Tradition eher der Einklage von Defiziten im beiderseitigen Verhältnis. Als Königsweg zu diesem Ziel erscheint dabei die komische Modellierung wissenschaftlicher Diskurse, der Ulrich Schulz-Buschhaus und Barbara Marx in ihren Beiträgen nachgegangen sind. Schulz-Buschhaus analysiert Calvinos *Palomar* als einen Text, dessen literarische Programmatik explizit an Flauberts Spätwerk *Bouvard et Pécuchet*, an die dort literarisch realisierte "Komik der Ideen" und an das Projekt einer aufklärerischen "Enzyklopädie als Farce" anknüpft. Während der frühe Calvino im Widerstreit zwischen einem "Optimismus des Willens" und einem "Pessimismus der Intelligenz" programmatisch für ersteren Partei ergreift und mit zahlreichen anderen Vertretern der klassischen Moderne auch Flaubert als Nihilisten verurteilt, erschließt sich dem Autor von *Palomar* ein neuer Zugang zu diesem französischen Klassiker des 19. Jahrhunderts. Vergleichbar erscheint in beiden Werken einmal die groteske Episodenstruktur, die die Helden wie in filmischen Slap-Sticks zwingt, ihre komisch scheiternden Erkenntnisprojekte stets unverdrossen wiederaufzugreifen. Vergleichbar ist aber auch die literarische Ausbeutung des komischen Potentials, das in der Ambivalenz wissenschaftlicher Diskurse selber steckt, sofern ihrer theoretischen Macht über das wahrheitssuchende Subjekt eine faktische Ohnmacht gegenüber der praktischen Bewältigung der Dinge gegenübersteht. In diesem Sinne bringt ihre Wissenschaftsgläubigkeit die Helden Flauberts und Calvinos gleich von zwei Seiten komisch in Gefahr: Ihre Autonomie als Erkenntnissubjekte droht sich in schier uferlosen "jeux de vérité" (Foucault) zu verflüchtigen, während die faktische Ohnmacht wissenschaftlicher Diskurse sie der "Tücke des Objekts" ausliefert und dem Gelächter des "gesunden Verstandes" über ihre komische Fremdbestimmtheit preisgibt.

In ihrem Kurzbeitrag weist Lieselotte Kittenberger anhand der Ergebnisse der letzten Kongresse über Calvinos Werk auf verschiedene Aspekte seiner Beziehung zur Wissenschaft hin; sie skizziert dabei das Wechselverhältnis von chaotischer Welterfahrung und formal-abstrakten Ordnungsmustern in Calvinos Kombinatorik und der binären Geometrie von Oppositionspaaren, die die Texte in einer unabschließbaren Ambivalenz offenhalten.

Daß die komische Modellierung wissenschaftlicher Diskurse in der Literatur des 20. Jahrhunderts vor allem als Mittel einer medialen Selbstreflexion der Literatur gesehen werden muß, ist die zentrale These von Barbara Marx, die ihre Beispiele dem Werk Pirandellos, Landolfis, Calvinos und Malerbas entnimmt. Der "Humoristiker" Pirandello weigert sich grundsätzlich, der Wissenschaft den Status eines Metadiskurses zuzuerkennen. Wissenschaftliche Erklärungsmodelle (Darwinismus, mechanistisches Weltbild) sind für ihn leere Phantasmen, die die Literatur zuallererst "zum Sprechen bringen muß". Als "gefräßige Maschine" verleibt sich Literatur bei ihm die "macchinetta infernale" wissenschaftlicher Logik ein, um sie komisch zu demontieren. Auch Landolfi geht in seiner *Astronomia esposta al popolo* (einem Pastiche von Camille Flammarions populärwissenschaftlichem Buch *Les terres du ciel*) noch von der Überzeugung aus, daß der polysemische Diskurs der Literatur alle anderen Diskurse zu integrieren vermag. Dagegen ist bei Calvino und Malerba die traditionelle Hierarchie kultureller Diskurse bereits erschüttert. Was beide Autoren miteinander verbindet, ist gerade der Versuch, in den offensichtlichen Überschneidungen und Konvergenzen wissenschaftlicher und literarischer Diskurse, den möglichen Ort des literarischen Schreibens neu zu bestimmen. So verarbeitet Malerba in *Salto mortale* die Doppelgänger-Theorie der modernen Teilchenphysik und deren Hypothese von einander überlappenden Zwischenwelten zu einer Geschichte, die ihre Komik aus schwer kontrollierbaren Bereichsüberschreitungen bezieht. Die Konvergenz zwischen dem "schizoiden" Universum der Physik und dem neurotischen Universum des Protagonisten erscheint am Ende so perfekt, daß nur ein "salto mortale" noch Rettung bringen kann. Komischer Mittel bedient sich auch Calvino in den *Cosmicomiche*, um den Ort von Wissenschaft und Literatur in einer möglichen Hierarchie der Diskurse neu abzustecken. Indem er in diesen späten Erzählungen den abstrakt-rationalen "modus dicendi" der Wissenschaft auf einen konkreten "modus vivendi" fiktiver Figuren überträgt, läßt er ein grundsätzliches Dilemma jedes wissenschaftsorientierten Erzählens hervortreten. Nicht die Abstraktheit wissenschaftlicher Diskurse erscheint in diesen "komischen" Texten problematisch, sondern die nicht-rationale Organisation der Subjekte, die darin vergeblich ihren Platz suchen. Das Erzählen selbst erscheint so gegenüber der wissenschaftlichen Rede als "defizitär", weil es stets an die sinnliche Konkretheit eines subjektiven Erfahrungsmodus, an ein raum-zeitliches Bezugssystem, an Metaphern und Polysemien gebunden bleibt. Doch dieses Defizit kann auch als Stärke gedeutet werden, sofern allein literarische Fiktionen eine Wirklichkeit erfahrbar zu machen vermögen, die der Diskurs der Wissenschaft lediglich abstrakt und für die Subjekte unzugänglich konstruiert. Auch bei Calvino, der wie kaum ein anderer Autor sein Werk einem konstruktiven Dialog mit der Wissenschaft geöffnet hat, zeichnet sich damit ein unauflösbarer Antagonismus zwischen beiden Bereichen ab, der sich aller Wahrscheinlichkeit nach auch künftig in neuen kulturellen Konstellationen produktiv fortschreiben wird.

Wir danken dem Deutschen Romanistenverband für die Finanzierung der Druckkosten und den Herausgebern der *Erlanger Romanistischen Dokumente und Arbeiten* für die Aufnahme des vorliegenden Bandes in diese Reihe. Unser Dank für die Mitarbeit an der Erstellung des Typoskripts gilt Angelika Neyjahr und Eva-Maria Brauweiler sowie Barbara Kleiner, Anna Patrucco-Becchi und Sabine Zangenfeind für ihre Hilfe bei der Korrektur.

Saarbrücken, Mai 1990 — Die Herausgeberinnen

Giorgio Celli

Auf den Spuren der Evolution: Überlegungen zum Verhältnis von Wissenschaft und Literatur im 20. Jahrhundert

Vergleichen wir zwei strukturell ziemlich ähnliche Bilder. Es handelt sich um ein Gemälde von Jackson Pollock und um die Darstellung der Elektronenbewegung in einem Myoglobin-Molekül. Waddington, ein Biologe, Anhänger der Evolutionstheorie und auf seine Weise Kunsthistoriker, einer meiner wichtigsten Bezugspunkte, führt die partielle, aber deutliche Spiegelbildlichkeit zwischen den beiden Bildern darauf zurück, daß das wissenschaftliche Ikon Elektronenbewegungen visualisieren will, die hauptsächlich probabilistisch sind, und das künstlerische Ikon Ausdruck einer Malweise ist, welche auf den Zufall als ästhetischen Produktionsfaktor zurückgreift. Der Zufall und auch die Selektion, das sind zwei der grundlegenden Faktoren im Verfahren der Kunst des 20. Jahrhunderts. Sie geht sozusagen bei der Evolution in die Schule. Und in der Tat bemerkt Waddington, daß die von Darwin theoretisch gefaßte und von den Neodarwinisten weiterentwickelte Theorie der Evolution der Lebewesen in ihrer Funktionsweise den Verfahren der Avantgarde-Künstler unseres Jahrhunderts - von den Dadaisten bis zum *Action painting* - sehr ähnlich ist.[1] Wie die Evolution den Zufall, die Mutation mit der Notwendigkeit, der Selektion verbindet und so die "Fehler" aussondert, so haben die Künstler des 20. Jahrhunderts häufig Farben auf die Leinwand geschüttet oder sie aufs Geratewohl mit dem Spachtel aufgetragen, um Grundstoffe zu erhalten, welche sie entweder als solche der Geschichte oder aber der Weiterbearbeitung darboten. Die Kunst erhält somit einen experimentellen Wert; um einen von Max Bense gerne verwendeten Begriff zu benutzen: Sie wird galileisch.

---

1) Vgl. C.H. Waddington, *Behind Appearance*, Edinburg 1968.

Das 20. Jahrhundert kultiviert mit anderen Worten die Alchimien und Metamorphosen des Zufalls, den das 19. Jahrhundert unter Anklage gestellt hat. Auf seiten der Naturwissenschaft kann man wohl davon ausgehen, daß der berühmte 2. Hauptsatz der Thermodynamik den Prozeß der Auflösung wissenschaftlicher Gewißheit ins Rollen gebracht hat. Wenn Boltzmann also - nachdem er erklärt hatte, die aus der Wärmemechanik resultierenden Probleme seien mit der Wahrscheinlichkeitsrechnung anzugehen - behauptete, daß dies keineswegs die Einführung eines Unsicherheitsfaktors in der Naturwissenschaft bedeute, so wurde er sogleich von Maxwell eines Besseren belehrt.

In einem Vortrag aus dem Jahre 1873 unterscheidet Maxwell in den Naturwissenschaften eine historische und eine statistische Methode: Während die Gleichungen der Mechanik im allgemeinen ein Produkt der historischen Methode seien, müßten die Gleichungen der Wärmemechanik angesichts der sehr hohen Zahl interagierender Partikel und Vorgänge sich statistischer Methoden bedienen - womit sie gleichzeitig den Charakter absoluter Präzision, der den Gesetzen der abstrakten Dynamik zukommt, verliere. Seit Maxwell konsolidiert sich die Idee der Wahrscheinlichkeit der Naturgesetze, und die Grundlagen für den Beginn eines "Bewußtseins der Ungewißheit" werden in den exakten Wissenschaften gelegt; nach der Formulierung von Plancks Quantenmechanik findet dieses Bewußtsein seinen Höhepunkt in Heisenbergs *Unbestimmtheitsprinzip*. Doch wenn wir von neuem auf Waddington zurückgreifen, interessiert uns in diesem Kontext am meisten der Bruch zwischen der Alltagserfahrung und der Welt naturwissenschaftlichen Denkens. Waddington bemerkt, daß die zweite Wissenschaft (Nachfolgerin der von Griechenland inspirierten ersten Wissenschaft), die die experimentelle Methode entdeckt, etwas praktiziert, was man als "konkrete Abstraktion" bezeichnen könnte. Ihre Gegenstände, wie z.B. die Atome, waren zwar jenseits der physiologischen Wahrnehmungsmöglichkeiten des Auges angesiedelt, wurden jedoch in der Begrifflichkeit der Dinge und Interaktionen der Alltagswelt gedacht. Die Atome waren eben Billiardkugeln, die Kraft wurde nach dem Muster der Muskelkontraktion gedacht, und die Masse war ein wägbares Gewicht. 1918 noch schlug der junge Niels Bohr ein an Rutherford erinnerndes Atommodell vor, das annäherungsweise als ein winziges kopernikanisches System visualisiert werden konnte. Leider war dieses Modell schon fünf Jahre später in einer Krise, und es galt als abgemacht, daß es für Atome mit einer höheren Komplexität als der des Wasserstoffs nicht mehr gültig sei.

Damit begannen die Atomphysiker, wie Miller schreibt, in einen Abgrund zu schlittern, in dem das Elektron als Planet von einer Miniatur-Kugel zu einer nicht visualisierbaren Einheit wurde.[2] In unserem Jahrhundert löst sich in der Tat - so Waddington - die Welt der Billiardkugel-Atome mit ihrem dreidimensionalen Raum und ihrer determinierten Zeit auf in die esoterischen Begriffe der Quantenmechanik und der Relativitätstheorie. Miller spricht von einer Epoche, in der die Visualisierung in der Mikrophysik völlig verschwindet, und auch wenn er eine spätere Wiedergewinnung theoretisch nicht ausschließt, so bildet doch inzwischen die Trennung zwischen der Welt der Alltagserfahrung und der der Naturwissenschaft, zumindest in bestimmten Bereichen, einen Teil des gesellschaftlichen Bewußtseins oder besser gesagt des gesellschaftlichen Unbewußten. Während man immer der Überzeugung war, daß die Naturwissenschaft gemäß binären Alternativen nach Art der Algebra von Boole oder noch einfacher nach den Prinzipien der aristotelischen Logik funktioniere - wenn A gleich A, ist A nicht gleich B; wenn Darwin recht hat, hat Cuvier unrecht und umgekehrt -, so räumt die Physik des 20. Jahrhunderts u.a. mit dieser manichäischen Konzeption auf und wählt eine Art "operationale Ambiguität" mit "schizoiden" erkenntnistheoretischen Schüben. So suggeriert Bohrs Theorie der "Komplementarität", daß der Widerspruch zwischen Welle und Korpuskel, zwischen Kontinuität und Diskontinuität aus unserer mentalen und sprachlichen Unfähigkeit kommt, antithetische Phänomene für "gleichzeitig wahr" zu halten, während in der Mikrophysik Bestimmtheit und Unbestimmtheit, kontinuierliche und diskrete Prozesse koexistieren und sich ergänzen. Um 1928 war man, um nochmals Miller zu zitieren, bei einer Form der Quantentheorie angelangt, "in der die Aspekte Welle und Partikel mathematisch ineinander überführt werden konnten und sich dennoch weiterhin gegenseitig ausschlossen". Wie schon erwähnt, konnte diese unvorhergesehene Parteinahme der Naturwissenschaften für das Paradox nur einen Verlust ihrer Glaubwürdigkeit bei den Nicht-Fachleuten mit sich bringen, die diese begrifflichen Ellipsen fasziniert, aber auch erschrocken beobachteten. Als erste reagierten die Künstler und versuchten, der Wissenschaft in ihrem Bruch mit den Konventionen des Alltagslebens zu folgen. Wenn die Naturwissenschaft die Grenze zum Unsichtbaren, zum Mentalen überschritt, warum sollten die Künstler nicht das gleiche tun? Duchamp beginnt von einer für die Netzhaut nicht wahrnehmbaren Malerei zu sprechen. Wenn man al-

2) Vgl. Arthur J. Miller, *Visualizzazione perduta e riconquistata: la teoria dei quanti nel periodo 1913-1982*, Rom 1982.

lerdings wie Michel Carrouges die Atomspaltung mit der surrealistischen *écriture automatique* gleichsetzt, so ist dies zwar suggestiv, zugleich aber auch ziemlich irreführend, da die Parallele in einer einfachen Metapher gipfelt. Besser, oder auch böser?, scheint es mir, Waddington in seinen Bemerkungen über das Verhältnis der Dadaisten zum Zufall zu folgen. 1917 beginnen im "Cabaret Voltaire" Tristan Tzara und seine Freunde Arp und Serner, das Publikum zu provozieren. Sie lesen ein Gedicht für 6 Hände, das sie als Produkt der "société anonyme pour l'exploitation du vocabulaire dadaïste" vorstellen: *Die Hyperbel vom Krokodilcoiffeur und dem Spazierstock*. Es handelt sich bereits um eines jener Gedichte, die nach dem Rezept "des mots dans un chapeau" entstanden sind; ein Rezept, das Tzara in den *Sept Manifestes Dada* von 1924 berühmt machen wird und das allerdings nur teilweise, oder vielleicht gar nicht?, der Kompositionsweise seiner *Vingt-cinq Poèmes* entspricht. Das Rezept des Dichtens ist für alle gedacht, gemäß der dadaistischen und surrealistischen Idee, daß alle Menschen Dichter sind, und daher ist es auch sehr einfach. Ich gebe es ganz wieder:

Pour faire un poème dadaïste

Prenez un journal.
Prenez des ciseaux.
Choisissez dans ce journal un article ayant la longueur que vous comptez donner à votre poème.
Découpez l'article.
Découpez ensuite avec soin chacun des mots qui forment cet article et mettez-le dans un sac.
Agitez doucement.
Sortez ensuite chaque coupure l'une après l'autre dans l'ordre où elles ont quitté le sac.
Copiez consciencieusement.
Le poème vous ressemblera.
Et vous voilà "un écrivain infiniment original et d'une sensibilité charmante, encore qu'incomprise du vulgaire"

Es handelt sich um eine rudimentäre Verwendung des Zufalls als ästhetischen Faktors und sicher "pour épater". Gleichwohl, was dennoch zählt, ist die Absicht, die Geste. Denn die Kausalität durch den Zufall zu ersetzen, bedeutet natürlich, die Alltagskonventionen zu verlassen, die Logik über Bord zu werfen und ein Konzept der Poesie als "Un-Sinn" zu propagieren. Natürlich ist vom Gesichtspunkt der Ausbeute her das Problem des sprachlichen Reservoirs von zentraler Bedeutung. Persönliche Experimente während eines Seminars über die Poesie der italienischen Neoavantgarde an der Universität

Bologna haben mir gestattet, die Gültigkeit der oft vertretenen Meinung festzustellen, daß die Wirkung einer Metapher von der mehr oder weniger forcierten Heterogenität ihrer Komponenten abhängt. Isidore Ducasse wußte dies sehr wohl, als er die Begegnung "eines Regenschirms mit einer Nähmaschine auf einem Seziertisch" propagierte. Wenn man, statt sich auf einen Zeitungsartikel zu beziehen, in den Hut Wörter aus einem Leopardi-Gedicht, aus einer Abhandlung zur allgemeinen Biologie und aus dem Tagebuch einer frustrierten Hausfrau wirft und sich entsprechend häufig daraus bedient, dann kann man sicher sein, daß das so entstandene Werk merklich besser ist. Dies bedeutet, daß der Zufall - ob nun Pollock die Farben auf die Leinwand tropfen läßt oder Tzara Wörter-Lotterie spielt - niemals absolut sein kann, sondern von den Prämissen seiner Verwendung abhängt. Man sollte also besser das Wort "zufällig" durch das häufig synonym verwendete Wort "stochastisch" ersetzen, das auf eine mögliche probabilistische Behandlung der fraglichen Phänomene hinweist. Der Dadaismus mündet - wie allgemein bekannt - in den Surrealismus, eine künstlerisch-literarische Bewegung, die von beträchtlichem Interesse für uns ist, da sie uns die Übertragung der psychoanalytischen Methode auf die Herstellung von Gedichten vorführt. Im ersten *Manifeste du surréalisme* bezieht sich André Breton auf Sigmund Freud, was uns die Behauptung erlaubt, daß das automatische Schreiben und damit der Surrealismus selbst Extrapolationen aus dem Modell der psychoanalytischen Untersuchung darstellen. Der Dichter und der Patient müssen sich in dieselbe passive Lage begeben, denn die Poesie fällt mit dem Ausdruck jener Wiederkehr des Verdrängten zusammen, die die Grundlage der Freudschen Therapie bildet. Die wirkliche Sprache der Poesie ist die Sprache des Unbewußten, und daher bringt die Arbeit an den eigenen Neurosen Dichtung hervor. Wir wiederholen: Das automatische Schreiben Bretons tendiert ebenso wie Tzaras Lotterie dazu, in der ästhetischen Produktion eine stochastische Funktion in Gang zu setzen. Das Reservoir, das für die Dadaisten sozusagen extern war, nämlich in Form von Wörtern in einem Hut, wird von den Surrealisten ins Innere, Unbewußte verlagert und mit dem Verdrängten identifiziert. Die Operation erhält so eine viel größere philosophische Dichte, die den dadaistischen Vorschlag nur mehr als einen Gag erscheinen läßt. Das Unbewußte und die Aneignung der Bedeutung der Träume als Manifestation der Alchimien, die sich in der Tiefe vollziehen, jenseits des Bewußtseins und damit der Logik, bilden die Grundlagen für eine Auflösung der Kausalität, wie sie im Alltagsleben erfahren wird. Wenn in diesem Sinn der Surrealismus auf die Psychoanalyse setzt, so läßt er dabei ganz den Positivismus von Freud außer acht und sieht die Psychoanalyse als eine empirische Anwendung des Irrationalen. Dies ist sicher nicht richtig, da Freud, zumindest der Freud dieser Zeit und nicht der Freud von *Eros und Thanatos* und *Endliche und unendliche Analyse*, noch mit vollem Recht als Positivist bezeichnet werden konnte, allerdings als häretischer oder Positivist in der Krise. Sicher hatte er nach dem berühmten Entwurf darauf verzichtet, die physiologischen Grundlagen des Denkens und der Neurose zu suchen, aber er behandelte das Traummaterial oder die Patientenäußerungen immer mit einem entschieden rationalistischen Ansatz. Aber was ist dann die psychoanalytisch inspirierte *écriture automatique*?

Bretons Rezept vertauscht den Patienten mit dem Schreibenden, der Ort muß der Konzentration förderlich sein; man muß sich dort in einen Zustand der Passivität begeben; man muß sich selbst und das eigene "Genie" vergessen; man schreibe nun alles, was in den Sinn kommt, ohne logische Konditionierungen. Mit anderen Worten: Man sucht einen traumähnlichen Zustand hervorzurufen, da, wie Freud lehrt, die Zensur ihre Wachsamkeit während des Traumes lockert. Wenn nun aber die Poesie den Gesetzen gehorcht, die die Welt des Traumes beherrschen, so ergibt sich ihre Produktion aus der Verdichtungsarbeit, aus der Verschiebung, dem Lapsus, dem Kalauer, wie Freud sie entdeckt hat. Die Metapher entsteht so aus einer komplexen Interaktion zwischen dem Verdrängten, dem verbotenen Wunsch, der Zensur, die sich seiner verbalen Äußerung widersetzt und ihn nur in Verkleidung passieren läßt. Ödipus begehrt sexuell seine eigene Mutter: Die Zensur hindert ihn daran, den Inzest zu träumen: So träumt er, mit Jokaste eine endlose Wüste oder ein leeres und stilles Haus zu betreten. Die Poesie ist also die Kunst des Nicht-Sagens oder besser des Etwas-anstelle-von-etwas-anderem-Sagen. Das Ergebnis dieses Spiels mit der Zensur und folglich mit dem Unbewußten, setzt nicht den *Bewußtseinsstrom* in Gang, von dem William James sprach, sondern einen Strom des Unbewußten, und die dabei an die Oberfläche kommenden Materialien beziehen ihre Spontaneität aus der Überwindung von Widerständen. Die allerdings nicht so leicht verschwinden, denn die Werke der Surrealisten sind, wie Xavière Gauthier bemerkt hat, trotz allem eigentümlich keusch, während nach Freud das Verdrängte im wesentlichen sexueller Natur ist.

Breton selbst hat eine Aversion gegen die sexuellen Perversionen eingestanden und sein "amour fou" tendiert zur Engelhaftigkeit und nicht zur Erotik. Von diesen Verklemmungen abgesehen, präsentiert sich das automatische Schreiben dem Leser als arbiträr, also als Werk des Zufalls. Aber eines Zufalls, der nur deshalb einer ist, weil die große Zahl der beteiligten Faktoren die Feststellung logischer Bezüge nicht zuläßt; der Zufall ist nur die Spitze des Eisbergs einer überdeterminierten Kausalität. Genaugenommen war die Epistemologie Freuds für die Surrealisten viel fruchtbarer als die Techniken klinischer Beobachtung, die mehr als angewandte Techniken hochgelobt denn tatsächlich praktiziert wurden. Greifen wir den Fall von Robert Desnos heraus, eines ursprünglich dadaistischen Dichters, der seine "Karriere" mit Versuchen mechanischer Wortkombinationen begann, bis er sich nach der Entdeckung des Traums als möglichen poetischen Faktors mit Nachdruck einer surrealistisch orientierten Schreibweise widmete. *Ténèbres! O ténèbres!*, ein in der ersten Nummer der Zeitschrift *Le grand jeu* (1928) abgedrucktes kleineres Gedicht, ist eines seiner gelungensten Werke. Leider geistern die Gespenster des Alexandriners und der Bildlichkeit der Romantik durch den Text, wie Marcel Raymond bemerkt hat, und bezeugen so, wie schwierig es ist - so Breton - , das eigene "Genie" und vor allem die ganze eigene Kultur zu vergessen, um das Unbewußte frei zum Sprechen zu bringen. Das Unbewußte der Dichter ist mit den Gedichten anderer Poeten bevölkert! Lesen wir zur Probe den oben zitierten Text von Desnos:

Ténèbres! O ténèbres!

Sicomore effréné fameuse division du temps plein du silence animal o rouge rouge et bleu rouge et jaune silice surgie du creux des mains des nuits et des plaines en de féroces exclamations du regard prune éclat de vitre et d'aisselle acrobate ou des tours dressées du fin fond des abîmes à la voix qui dit je l'adore.
Salut c'est plus dur que le marbre et plus éclatant que la terre meuble et plus majestueux o nuage que le rossignol du palissandre et de l'effroi.
Orgie du métal et des cloques de crapaud je parle et du ciel je l'entends et du soleil je l'imagine.
Taisons-nous mes amis devant les grands abîmes du clos de la veuve en crêpe de chine. Si tu veux lui obéir en fin de mer et de nuit par les draps de lin blanc que j'atteste et nous avons connu nos draps blancs les premiers.
Féroce et lui de dire à la cigogne et au serpent: "Surgissez à minuit juste dans le lait et dans les yeux".
Si tu l'abandonnes auprès d'un réverbère que les fleurs seront belles en cornets de bonbons.
Je désire et tu ordonnes et meurent les cricris sauvages dans les colliers d'ambre avec une pluie d'étincelles et de flottement d'étoffe à peine tu l'as su mais tu l'as deviné.
Litre brisé fleur pliante et comme elle avait de beaux yeux et de belles mains du volcan qui se coulisse ah! crevez donc un homard

> de lentille microscopique évoluant dans un ciel sans nuage ne rencontrera-t-il jamais une comète ni un corbeau?
> Tes yeux tes yeux si beaux sont les voraces de l'obscurité du silence et de l'oubli.

Die Kadenz, die Melodie des ganzen Textes erinnert an den Singsang eines magischen Exorzismus; aber "der Rest" - um mit Paul Verlaine zu sprechen - "ist Literatur".

Wie Glover ausführlich nachgewiesen hat, ist der von Breton und seinen Anhängern vertretene orthodoxe Surrealismus zweifellos zwischen dem 1. und 2. Manifest von einer Freudschen Konzeption des Unbewußten, die sich den Verführungen der Esoterik und der Mystik verschloß, zu einem Unbewußten nach Art von Jung übergegangen, welches den Mythen und Metamorphosen der Libido offen gegenüberstand. Der Automatismus verliert so an Bedeutung; er bleibt zwar ein Hauptbestandteil des surrealistischen Verfahrens, wird aber in einem eher vorgespiegelten als realen Sinn praktiziert. Kurioserweise gewinnt dieses Spiel mit dem Zufall wieder Auftrieb mit dem Anbruch der Computer-Ära. Der Computer wurde in der Kunst als neues und sehr potentes Mittel der Visualisierung gebraucht, d.h. man wandte alle seine Möglichkeiten an (man denke nur an die rühmlichen und unrühmlichen Taten der Computer-Kunst), oder er wurde als technologischer Kobold einer möglichen "ars combinatoria" benützt, die den Zufall wieder hoch im Kurs stehen läßt. Zu Beginn der 60er Jahre ließ Nanni Balestrini, - einer der *Novissimi* der italienischen Neoavantgarde, welche sich im *Gruppo 63* zusammenschlossen, zu dem ich selbst auch gehörte, - im *Espresso* und später in einem seiner Bücher ein Beispiel elektronischer Poesie abdrucken, das auf dem Computer von IBM in Mailand maschinengefertigt worden war. Sein Verfahren stammte von den Dadaisten, war aber komplexer, da er den Hut durch ein Elektronengehirn und das einfache Herausziehen der Wörter durch ein regelrechtes Programm ersetzte.

Balestrinis Rezept lautete: Man nehme 3 Abschnitte aus verschiedenen Büchern: aus einem Tagebuch über Hiroshima, einem Roman von Godwin und einige Verse aus dem *Tao Te King*; man unterteile die Abschnitte in kleinere Einheiten und setze einige Regeln fest: Man vermeide z.B., daß Elemente aus derselben Quelle nebeneinander stehen, teile die Folgen von 10 Elementen in 6 Verse zu je 4 metrischen Einheiten usw.. Das Resultat ist erstaunlich, weil es den anderen, handgefertigten Gedichten von Balestrini sehr ähnlich scheint. In der Produktion von Automatismen funktio-

nieren allem Anschein nach Balestrinis und das elektronische "Unbewußte" in sehr ähnlicher Weise. In der Tat hat der Datenspeicher auch für die elektronische Maschine große Bedeutung, und es läßt sich beobachten, daß das Programm mit der Zensur Freuds vergleichbar ist. Es erlaubt oder verbietet tatsächlich die Bildung bestimmter Metaphern, und der Zufall wirkt, wenn auch gezügelt, als Faktor der Unvorhersehbarkeit: Er läßt Regenschirme und Nähmaschinen einander auf den Seziertischen der Poesie begegnen.
Lesen wir zum Vergleich ein Stück "elektronischer" Poesie:

> Chi mancava da una parte all'altra si libra ad ali tese
> aspettando che finisca l'aria da respirare facendo finta
> le parole non dette nella bocca piena di sangue tutto tace
> fino ai capelli appiccica alla pelle non capiterà mai più
> lo sgombero della neve ora gialla ora verde nessuno voleva restare
>
> Attraversando bocconi la distanza esatta per farne a meno
> la folla camminava adagio non capiterà mai più le dita immerse
> nell'istante inatteso montaci sopra ora gialla ora verde
> l'aria da respirare aspettando che finisca i passi necessari
> fino ai capelli l'estate fu calda nelle nostre tenebre.[3]

und ein anderes "handgearbeitetes" Stück:

> Quei soldati bipedi come corrono guarda appesi alla bufera -
> ma cosa ce ne facciamo del pianeta! scompaiono, al diavolo, al bivio.
> Gonfio di miele il fazzoletto sul sedile posteriore vuoto
> e dopo un'ora ne avevamo abbastanza e continua (non ne usciremo)
>
> fumando e raccontando *quand'ero tossicomane* può continuare
> *con queste mani sempre pulite disseppellivo i vivi...*
> E continua fino alla fine del continente (e un poco oltre,
> aperti gli occhi dentro l'acqua, attenti all'elica e al crampo,
> se non ce la fai non importa tanto meglio non ti bagni non sanguini).[4]

Bis hierher haben wir aufzuzeigen versucht, daß die Wissenschaft und die Kunst und im besonderen die Literatur unseres Jahrhunderts sich in zahlreichen Punkten in einer Osmose befinden: Die Atomphysiker und Pollock ha-

---

3) Nanni Balestrini, "Poesia elettronica", in: *Come si agisce*, 1963.
4) ders., "Il Sasso appeso", ebda.

Leider war G. Celli nicht in der Lage, ausführliche bibliographische Angaben zu den weiterhin zitierten Texten zu geben. Wir veröffentlichen den Aufsatz in der uns zugegangenen Form. (Die Herausgeberinnen) ben an visualisierten Elektronenbewegungen gearbeitet und am Zufall als ästhetischem Faktor, die Dadaisten haben den Zufall als Quelle unvermuteter Metaphern benutzt, und die Surrealisten haben sich der Erforschung des Unterbewußten bedient, um Schreibweisen mit stochastischem Effekt zu schaffen. Der Computer hat die Zensur durch das Programm ersetzt und so den Weg vollendet. Aber ist das Eingreifen des Zufalls in der Kunst real oder sozusagen metaphorisch? Die oben aufgeführten Beispiele scheinen nahezulegen, daß, wenn man Lehren aus der Evolution zieht, der Zufall fast immer durch die Selektion eingeschränkt wird. Kurz und gut, der Zufall ist das Äquivalent jenes ersten Verses, den, so Paul Valéry, uns die Götter schenken: Die anderen müssen wir selbst finden.

Nehmen wir die Frage aus einer anderen Perspektive auf: Die Künstler unseres Jahrhunderts haben sich als "Experimentierer" bezeichnet. In welchem Sinn? Versuchen wir klarer zu sehen, wie es sich verhält. Nehmen wir an, daß ich eines Tages in meinem Labor einen Brief vom Landwirtschaftsministerium erhalte, das unsicher ist, ob es im Pflanzenschutz die Einführung einer neuen synthetischen Verbindung zulassen soll. Man fürchtet z.B., es könnte für die Bienen, nützliche und daher schützenswerte Insekten, tödlich sein. Mit meinem Team beschließe ich, die Angelegenheit experimentell durchzuspielen. Ich lasse in Isolation gehaltene Bienen steigende Mengen des mit Honig gemischten Pestizids einnehmen und beobachte, ob sie sterben oder nicht. Parallel dazu stelle ich andere Versuche an, um festzustellen, ob der Kontakt der Insekten mit Oberflächen, die in verschiedenen Konzentrationen mit der Lösung der Verbindung besprüht wurden, Reaktionen wie Lähmungserscheinungen, Verhaltensstörungen und schließlich den Tod hervorruft. Ich gehe außerdem zu Freilandtests über, da manchmal ein Pestizid im Labor schädlich ist und in der Natur leichte oder verschwindend geringe Wirkungen hat, und so sammle ich ein Corpus von Daten. Ich gebe die Zahlen in einen Computer ein, und die statistische Auswertung erlaubt es mir, eine Vorstellung von der Schädlichkeit oder Unschädlichkeit der neuen Verbindung für die Biene zu gewinnen. Wechseln wir den Schauplatz: Wir sind nun im Arbeitszimmer Camille Flammarions, des großen Populärwissenschaftlers des vergangenen Jahrhunderts, der die Absicht hat, ein Science-fiction-Buch zu schreiben. Er will eine Geschichte über das Leben auf einem Planeten des Sonnensystems schreiben, aber als professionellem Wissenschaftler widerstrebt es ihm, sich der reinen Phantasie anzuvertrauen, wie es Cyrano de Bergerac getan hätte, und er meint von einer erfundenen, aber in wissenschaftlicher Hinsicht wahrscheinlichen Situation ausgehen zu müssen. Es ist zum Verzweifeln! Auf dem Mars ist die Atmosphäre zu dünn, auf der Venus ist es höllisch heiß und Jupiter ist ein Inferno aus Wasserstoff, Ammoniak und Methangas. Es gibt also kein mögliches interplanetarisches Eden, in dem er die Außerirdischen ansiedeln könnte.

Flammarion beschließt nun, daß die Menschen anderer Welten nicht wie wir sind und formuliert die berühmte "Silizium-Hypothese". Worum handelt es sich? Bekanntlich bestehen die Lebewesen aus organischer Chemie, deren Basis der Kohlenstoff ist. Dieses Element hat einen siamesischen Zwilling, das Silizium, das zu den Kohlenstoffverbindungen parallele Zusammensetzungen aufweist, aber mit völlig verschiedenen Eigenschaften. Z.B. entspricht das Kohlenstoffanhydrid CO_2 dem Siliziumoxid SIO_2, nur mit dem Unterschied, daß ersteres ein Gas ist und letzteres ein Mineral. Wenn man die Existenz von Organismen auf Silizium- und nicht auf Kohlenstoffbasis annehmen könnte, dann dürfte man gewiß berechtigterweise darüber theoretisieren, daß sie eine unendlich größere Widerstandsfähigkeit gegenüber den Härten und Widrigkeiten der Planeten hätten, und sie für fähig halten, in für uns unbewohnbaren Welten zu leben. Nun kann Flammarion keine Experimente machen, um seine Hypothese zu verifizieren: Er beschränkt sich darauf, sie für wahrscheinlich zu halten und eine Erzählung darüber zu schreiben. So ersetzt das Erzählen das Experimentieren und die Siliziumhypothese stellt sich dar als jene Ersatzhandlung, die, nach dem Bergson der *Deux Sources* die mythologische Spekulation begründet. Aber natürlich war es so! Die zu verifizierende Hypothese war im Fall der Schädlichkeit der synthetischen Verbindung für die Biene minimal und blieb in den Grenzen der Möglichkeiten der Wissenschaft, die Hypothese Flammarions war wahrscheinlich, aber nicht verifizierbar und grenzte als solche an die Science-fiction.

Es geht nun darum festzustellen, ob die Möglichkeit des Experiments immer die Wasserscheide zwischen Wissenschaft und Literatur ist oder ob es Fälle gibt, in denen der Wissenschaftler und der Dichter oder Romancier sich in ähnlicher Weise verhalten. Als Emile Zola 1880 seinen Essay *Le roman expérimental* veröffentlichte, brachen die Literaturkritiker, Anhänger einer Ideologie der absoluten Differenz zwischen Kunst und Wissenschaft, in Empörung aus. J.-J. Bouchier schreibt z.B., daß Zola "précise ses idées jusqu'à l'autocaricature". Indem er sich auf das 15 Jahre vorher erschienene berühmte Werk von Claude Bernard *Introduction à la médecine expérimentale* stützte, suchte Zola in Wirklichkeit nachzuweisen, daß der Romancier versuchen könne, einige Untersuchungsmethoden der Physiologie zu übernehmen. Im großen und ganzen trifft er oft ins Schwarze. Wenn Zola z.B. angibt, "l'idée d'une littérature déterminée par la science" zu pflegen, so gibt er damit eine durchaus moderne Definition der Science-fiction, zumindest jener strengen Science-fiction, die auf das Wahrscheinliche abzielt, und bestätigt nochmals die Richtigkeit seiner Aussagen, indem er unterstreicht, daß die Romanciers als Pioniere fähig sein müssen, die Zukunft noch vor den Wissenschaftlern zu erahnen. Wie Aimé Guedj bemerkt, ist Jules Verne nicht zufällig ein Zeitgenosse Zolas, und hat ihn 1880 bereits mehrfach bestätigt, indem er die Eroberung des Nordpols, den Mondflug der Apollo, und die Erfindung des atomgetriebenen U-Boots u.a. voraussagte. Das Unverständnis der Literaturkritiker gegenüber Zola ist wirklich überraschend und häufig vom Neid der Inkompetenz genährt. Als Brunetière, in der Meinung, Zola auf die Finger zu schauen, schreibt, der Schriftsteller "ne pèse pas la valeur des mots, car il n'appèlerait pas l'idée d'une expérience possible une 'idée expérimentale'", so beweist er damit nur, daß die Aversion ihm die Einsicht getrübt hat. Wie Guedj schreibt, müßte er diesen Vorwurf nicht Zola, sondern Claude Bernard, seiner wissenschaftlichen Quelle, machen. Und er hätte sich obendrein geirrt, da genau in diesem Punkt der große Physiologe die positivistische Epistomologie der Wissenschaftsproduktion überwindet, um Wissenschaftlern und Philosophen unseres Jahrhunderts wie Peter Medawar und Karl Popper Gesellschaft zu leisten. Sie haben in der Tat hervorgehoben, daß die Hypothese, die "Idee" von Claude Bernard dem Experiment vorausgehen muß und daß diese Idee, um in vollem Umfang wissenschaftlich zu sein, "experimentell" sein muß. Aber man kann noch weiter gehen und den Kreis schließen. Denn es gibt Fälle, in denen das "Experiment" im Geist angestellt werden kann, d.h. es gibt "mentale Experimente", und zu denken, indem man vergleicht oder immer wahrscheinlichere Szenarien konstruiert, kann weiterhin als "galileische" Tätigkeit gelten. Man könnte sich hier leicht auf die Mathematiker oder die Vertreter der theoretischen Physik berufen, doch möchte ich mehr im Konkreten bleiben. Wenn ein Phänomen nicht direkt beobachtet oder in den Retorten der Labors hervorgerufen werden kann, kann es auch durch gedankliche Übungen und Simulationen erforscht werden, ohne daß man dabei den Bereich der Wissenschaft verlassen würde. Nehmen wir ein vor kurzem erschienenes Buch über die Evolution von Mark Ridley. Im letzten Kapitel über die Makroevolution berichtet uns der Biologe eben von mentalen Experimenten. Um die Theorie des Evolutionsprozesses auf den Prüfstein der Logik zu stellen, bringt er z.B.

> [...] die heutigen Säugetiere in eine - natürlich nur vorgestellte - Konkurrenz mit den ihnen entsprechenden Reptilien des Perm vor 250 Millionen Jahren, und zwar in der damaligen Umwelt. Wenn die Evolution fortschreitend verliefe, würde das moderne Säugetier den Reptilienrivalen eliminieren. Die Gegenüberstellung wäre ungleich, wie in einem Kampf zwischen einem modernen Sturmpionier und einem Krieger des 16. Jahrhunderts. Wenn andererseits die Evolution nicht fortschreitet, würde das Säugetier nicht Sieger bleiben. Doch obwohl die theoretische Bedeutung von "Fortschritt" klar ist, ist es nicht möglich, das praktische Experiment durchzuführen.

Man kann es dennoch denken und diesbezügliche Überzeugungen gewinnen. Wie Zola - gemäß seinen vor kurzem veröffentlichten Notizbüchern - eine Fahrt auf einer Lokomotive unternimmt, um an Ort und Stelle Material zu sammeln und entsprechend der größtmöglichen Wahrscheinlichkeit eine Eisenbahntragödie, *La bête humaine*, zu schreiben, so bildet Ridley Hypothesen über die Evolution, indem er die verfügbaren Dokumente untersucht und "mit Ideen" arbeitet. Auch wenn er nicht zu sicheren Schlußfolgerungen kommt, so reduziert er zumindest die Frage auf wenige wahrscheinliche Hypothesen und leistet sozusagen eine "konzeptuelle Vorauswahl", die geeignet ist, die eventuellen Experimente zu beschränken. Genauso hat sich auch Bjorn Kurten, der große finnische Paläontologe verhalten, als er vor kurzem einen Roman schrieb, *Der Tanz des Tigers*, sozusagen ein Stück Science-fiction der Prähistorie. Er hat seine Kenntnisse über die Eiszeit, die Fauna und Flora, das Klima, die Struktur der Erdkruste, die Mobilität der damaligen Menschen benützt, um ein Szenarium jener fernen Zeit in vollkommener Übereinstimmung mit den Perspektiven und am meisten gesicherten Hypothesen der Wissenschaft zu konstruieren. Kurtens Ziel war es also, uns "wissenschaftlich phantasieren" zu lassen, vor allem über eines der Geheimnisse der Prähistorie: das Verschwinden des Neanderthalers bei der Ankunft des Cro-Magnon-Menschen. Seit längerer Zeit stellen sich die Prähistoriker dazu die Fragen: Ist der Neanderthaler in Massen von den Neuankömmlingen umgebracht worden? Haben unsere direktesten Vorfahren einen Völkermord begangen? Oder wurde die Spezies aus natürlichen Gründen ausgelöscht? Kurten nimmt die letztere Hypothese an und erarbeitet eine Erklärung, die, wie er selbst am Schluß bekräftigt, an gewisse Strategien der biologischen Schädlingsbekämpfung erinnert, wonach in der Umwelt Männchen der schädlichen Insektenart verbreitet werden, die im Labor mit Gammastrahlen sterilisiert wurden. In knappen Worten und grob zusammengefaßt waren nach Kurten die Neanderthaler und die Cro-Magnon zwei verschiedene Spezies und die aus der Kreuzung zwischen Angehörigen unterschiedlicher Spezies hervorgegangenen Kinder sind bekanntlich steril. Nehmen wir also an, daß die Neanderthaler matriarchal und die Cro-Magnon patriarchal organisiert waren, so wären fatalerweise die Zwitter von Müttern der ersten Spezies aus Gründen kultureller Art zahlreicher gewesen. Wo die Mütter herrschen, gehören die Kinder allen. Die Männer sind dagegen weniger geneigt, Bastarde als eigene Kinder zu betrachten. Demnach wären die Neanderthal-Frauen der Kreuzung zwischen den Spezies eher zugeneigt gewesen als die Cro-Magnon-Frauen und hätten eine größere Zahl von sterilen Zwittern in die Welt gesetzt und so leider den Prozeß fortschreitenden Aussterbens verschärft. Ob es wohl so war? Kann die Liebe tödlicher sein als die Keule? Werden wir jemals eine derartige Hypothese verifizieren können? Sicher nicht, und doch glaube ich, daß, wenn ein Paläontologe von dem Format Bjorn Kurtens sie für eine wissenschaftliche Abhandlung bestimmt hätte statt für einen Science-fiction-Roman, keiner seiner Kollegen etwas dagegen einzuwenden gehabt hätte. Man hätte sie für ein gedankliches Experiment gehalten. Denn der springende Punkt ist, daß Kurten über alle wissenschaftlichen Daten die Eiszeit betreffend verfügte und daß ihn seine Kompetenz dazu befähigte, seine Phantasie "im Konkreten" spielen zu lassen und nicht im luftleeren Raum, wie dies z.B. Jack London in seinem Roman *Before Adam* tut, wo er mit ungezügelter Phantasie die Abenteuer einer Gruppe prähistorischer Menschen beschreibt.

Karl Popper bemerkte vor einigen Jahren, daß die Evolutionstheorie keine wissenschaftliche Theorie im eigentlichen Sinn war; später nahm er alles zurück, doch das tut hier nichts zur Sache. Gewiß wird es im Labor nie jemandem gelingen, einen Fisch in ein Amphibienwesen zu verwandeln und Amphibien in Reptilien und so weiter bis zu Fausts Homunculus; folglich geht die Evolution aus einer bestimmten Art der Interpretation und Zusammenstellung der uns verfügbaren Materialien hervor. Ich denke, also mache ich: In der *Odyssee* gibt es genausoviel Logik wie Phantasie in *Von der Entstehung der Arten*. Ich möchte diese Provokation, die hoffentlich tatsächlich eine ist, abschließen, indem ich mich dem Problem der beiden Gehirnhälften und ihrer Zuständigkeit zuwende. Angeblich hat ein wichtiges Experiment bewiesen, daß die sogenannte rechte Gehirnhälfte die Musik hört, aber nicht komponiert. Während der naive Rezipient "ganz auf der rechten Seite" ist, ist jedoch eigenartigerweise bei einem Musikwissenschaftler die linke Seite aktiv beteiligt, da es sich hier um ein "kritisches Hören" handelt. Pathos und Ratio potenzieren sich also wechselseitig und sicher ist die Emotion des Musikwissenschaftlers letztendlich intensiver als die des unbedarften Hörers.

Kurz und gut, ich habe den Eindruck, daß Wissenschaft und Kunst, also auch Wissenschaft und Literatur einen eigentümlichen Chiasmus bilden: Sie sind zwar nicht identisch - das liegt auf der Hand -, gehen jedoch sozusagen ineinander über. Natürlich gibt es zwischen einem Vierzeiler aus Arthur Rimbauds *Bateau ivre* und einer "Passage" aus Charles Darwins *Reise eines Naturforschers um die Welt* einen riesigen Unterschied; im ersteren Fall wird die Sprache vielstimmig, im letzteren Fall einstimmig gebraucht. Und zwar in dem Sinn, daß der Dichter immer die mehrdeutigeren Wörter und die instabileren syntaktischen Konstruktionen benützen wird, während der Wissenschaftler dagegen auf Präzision und Klarheit abzielt. Doch wenn die Dinge sich genau so verhielten, könnte man leicht Partei beziehen und Definitionen verfassen. Glücklicherweise nimmt die Ähnlichkeit spürbar zu, wenn man das Tagebuch Darwins nicht mit Rimbaud, sondern mit einer Passage aus einem Buch von Zola oder Maupassant vergleicht. Wenn man nun als Vergleichspunkt die Notizbücher Zolas nimmt, wenn er Feldforschung betreibt und zum Stadtethnologen oder Konfliktforscher auf dem Lande wird, so werden Zola und Darwin sozusagen zu Schriftstellern "von annähernder Vergleichbarkeit". Man verzeihe mir, daß ich im Verlauf meiner Ausführungen mehrfach den Vater der Evolutionstheorie in den Zeugenstand gerufen habe; es handelt sich allerdings nicht um eine einfache professionelle Deformation. Die Evolutionstheorie stellte von Anfang an ein ungeheures Reservoir des Imaginären für alle gutwilligen Menschen der westlichen Kultur, also auch für die Künstler bereit. Der italienische Kritiker und Literarhistoriker Francesco de Sanctis setzte sich in einem Vortrag 1883 in Rom, der später auch in die *Saggi* aufgenommen wurde, mit dem Thema des "Darwinismus in der Kunst" auseinander. Er schreibt:

> [...] il nostro spirito era disposto a cercare le idee e i concetti nelle cose, "l'esprit des choses"....Oggi prendiamo un grande interesse a studiare le cose in se stesse, nella loro esteriorità, nella loro natura, nella loro vita. La base dei nostri studi erano grammatiche, rettoriche, logiche, metafisiche: cioé a dire i segni e i concetti delle cose; oggi chimica, storia naturale, anatomia, fisiologia, patologia, non sono più studi speciali, ma fanno parte della cultura generale, e senti la loro influenza nella scienza, nella letteratura, nell'arte, e perfino nella vita comune.

Und er fügt weiter unten hinzu:

> Oggi l'artista si sente disposto ad avvicinarsi più alla vita reale, e genera la sua creatura possibilmente simile a questa e dimentica sé in lei e rispetta la sua autonomia; l'arte diviene obiettiva.

Man könnte auch sagen, daß es für das Schreiben im engeren Sinn der Schreibweise einen unmittelbaren Bezug zwischen Darwin und dem Verismus gibt; die indirekten Einflüsse des Darwinismus auf den Verga der *Malavoglia* sind noch unerforscht. Abschließend ist zu bemerken, daß die Theorie der "beiden Gehirnhälften" nur die Möglichkeit zu einer vorläufigen Präzisierung des bereits erwähnten Chiasmus von Wissenschaft und Literatur gibt. In der ästhetischen Produktion schlägt die auf Formen spezialisierte rechte Gehirnhälfte vor und die auf Algorithmen spezialisierte linke Gehirnhälfte beschließt. Jeder Künstler ist - wie der oben angeführte Musikhörer - gleichzeitig Komponist und Kritiker seines Werkes. Auch Einstein hat im übrigen gegenüber Werthmeyer bekannt, daß ihm die mathematischen Intuitionen zuerst als Formen einfielen, und daß die harmonischsten Gleichungen auch immer die richtigsten waren. Also sind im Anfangsstadium der Idee der Künstler und der Wissenschaftler "dieselbe Person". Später findet eine Spezialisierung statt, die die Ingredientien variiert, sodaß - um Polonius' Worte im *Hamlet* zu gebrauchen - am Ende des Prozesses ein Gedicht "Wahnsinn mit Methode" und eine wissenschaftliche Theorie "Methode mit Wahnsinn" ist.

Übersetzung: Susanne Kleinert

Electron density contours of the myoglobin molecule

Pollock. Autumn Rhythm (1950)

Andreas Kablitz

Kausalität und Semiotik
Zu Canellos Adaptation von Taines Programm einer Wissenschaft der Literatur

1. Einleitung

Wo das Verhältnis von Literatur und Wissenschaft zum Gegenstand der Untersuchung gestellt ist, dort läßt sich mancherlei Zugang zu diesem Thema denken. So mag man sich literarischen Texten widmen, denen die Darstellung von Wissenschaft und Wissenschaftlern übertragen ist, und umgekehrt läßt sich der Einfluß literarischer Rede auf wissenschaftliche Diskurse verfolgen. Um nur ein Beispiel zu nennen, die Beziehungen zur zeitgenössischen Erzählliteratur und insbesondere zum historischen Roman spielen eine bedeutsame Rolle für die Geschichtswissenschaft im 19. Jahrhundert. Der folgende Beitrag nimmt das Leitthema unserer Sektion aus einer anderen Warte in den Blick, hier soll es um Wissenschaft als einen Aspekt des Redens *über* Literatur, genauer gesagt um die Herausbildung einer Wissenschaft von der Literatur im 19. Jahrhundert gehen. Zum Gegenstand ist also ein Kapitel aus der historischen Genese der von Roland Barthes gemachten Unterscheidung zwischen Literaturkritik und Literaturwissenschaft als zwei aufgrund ihrer jeweiligen Kriterien divergenten Diskurstypen gewählt.

Wissenschaftlichkeit in der Rede über die Literatur wird nun im 19. Jahrhundert mit Vorliebe bekanntlich durch die Übernahme von Argumentationstypen bestimmter Disziplinen beansprucht, und unter ihnen nimmt die Biologie einen privilegierten Rang ein.[1] Gewissermaßen den klassischen Fall

1) Noch der späte De Sanctis wird zum Propagator Darwins. Zu dessen Einfluß im allgemeinen vgl. G. Landucci, *Darwinismo a Firenze. Tra scienza e ideologia (1860-1900)*, Florenz 1977 u. S. Timpanaro, "Giacomo Lignada e i rapporti tra filologia, linguistica e darwinismo nell'Italia del secondo Ottocento", in: *Critica storica* 16 (1979), S. 406-453. Auch U. A. Canello, der

einer entsprechenden Orientierung des Zugriffs auf die Literatur an einem naturwissenschaftlichen Kausalmodell bietet Hippolyte Taines *Histoire de la littérature anglaise* vor allem mit seinem berühmt gewordenen Vorwort. Taines Integration kausallogischer Argumentation stellt zugleich den Versuch dar, den Umgang mit dem literarischen Text dem individualistischen und punktuellen Zugriff zu entziehen und den Gegenstand der Literatur statt dessen einem Erklärungsmodell zu subsumieren, das ihn auf eine bestimmte Regelhaftigkeit festlegt. Es ist das wissenschaftliche Renommée kausal-deterministischer Analyse, das nun auch für die Beschäftigung mit der Literatur usurpiert wird.

Auch für die italienische Literaturkritik ist Taine zu einem Lehrmeister geworden. Sein Werk ist von einer ganzen Reihe von Autoren rezipiert und diskutiert worden, und schon 1914 konnte Luigi Tonelli die folgende Bilanz über seine Wirkung in Italien ziehen:

> Orbene, in Italia la critica francese, come dicevamo, ebbe, se non proprio quella stessa influenza, che, nel proprio campo, esercitò l'erudizione tedesca, certamente un'influenza molto ragguardevole. Sainte-Beuve fu conosciuto assai presto ed ammirato molto calorosamente: basti citare, per tutti, il Carducci - che pure non era di facile contentatura -, il quale lo giudicava il maggior critico europeo (*Opere*, III, S. 126/127): Il Taine fu ancor più conosciuto, probabilmente perché storico politico: le sue teorie estetiche, accettate o respinte, furono, ad ogni modo, fervidamente discusse; e, se il Carducci non nutrì per lui una grande simpatia, il Barzellotti ne fu entusiasta, fino a dedicargli un lunghissimo studio; il Graf, pur facendo qua e là le sue riserve, accettava, in fondo, il postulato tainiano della razza, dell'ambiente e del momento e perfino un erudito, il Canello, mostrava d'averne sentito l'influsso, quando si proponeva, per la sua *Storia della letteratura italiana nel secolo XVI*, di "considerare e studiare la letteratura come una vera e propria funzione della vita evolutiva della società."[2)]

Es ist diese Geschichte der italienischen Literatur des 16. Jahrhunderts, der die folgenden Untersuchungen gewidmet seien, denn sie kann sozusagen als ein Paradebeispiel für die Applikation eines Erklärungsmodells Tainescher Provenienz, vor allem aber auch für die Probleme und Grenzen einer solchen Applikation gelten. Canellos Unternehmen seiner *Storia della letteratura italiana del secolo XVI* aus dem Jahr 1880 hat durchaus nicht ungeteilte Zustim-

---

uns im folgenden ausführlich beschäftigen wird, hat zum Darwinismus Stellung genommen (U. A. Canello, *Letteratura e darwinismo* (1880)).

2) Luigi Tonelli, *La critica italiana negli ultimi cinquant'anni*, Bari 1914, S. 181 f.

mung erfahren. Der 1848 geborene und schon 1887 durch einen Unfall ums Leben gekommene Ugo Angelo Canello war mehr denn als Literarhistoriker durch seine sprachwissenschaftlichen Arbeiten bekannt. 1869 ermöglichte ihm ein Stipendium das Studium bei Friedrich Diez in Bonn, dessen Schüler er wurde und dessen Methoden er für eine Reihe von Fragestellungen fruchtbar machte.[3)] Mit seinem literaturwissenschaftlichen Hauptwerk, eben der Literaturgeschichte des 16. Jahrhunderts, aber steht Canello unter dem Einfluß anderer wissenschaftlicher Orientierungen und entwickelt sich zu einem treuen Anhänger eines methodischen Programms, wie es im Vorwort der *Histoire de la littérature anglaise* vorgezeichnet ist.[4)] Bei seinen Zeitgenossen fand Canellos *Storia*, wie erwähnt, nur wenig Anklang. Gewiß finden sich lobende Worte im Antwortschreiben Carduccis, mit dem er auf die Übersendung des Bandes reagierte,[5)] doch solch positives Urteil verschwindet im Chor der kritischen Stimmen, die sich zu Canellos Arbeit äußerten. Schon mit den ersten Besprechungen wird die allgemeine Ablehnung begründet. Domenico Gnoli hält dem Autor in seiner Rezension vom 15. November 1880 in der *Nuova Antologia* neben dem Nachweis historischer Fehler vor allem das methodische Programm selbst vor, aufgrund dessen der literarische Text zum bloßen historischen Dokument herabsinke und damit gerade um seine "differentia specifica", um seine Literarität, wie wir heute vielleicht sagen würden, gebracht werde. In eine ähnliche Richtung deuten die kritischen Worte Francesco Torracas in seiner Besprechung aus dem *Giornale di filologia romanza* von 1881/82. Auch er stellt schon die Prämissen der Analyse in Frage und wirft Canello die unhistorische Projektion moderner Kategorien auf die literarische Welt des Cinquecento vor, die im Spiegel von Begriffen und Problemstellungen des 19. Jahrhunderts ihre kulturelle Identität verliere.[6)] Die Ablehnung, auf die Canello mit seiner *Storia* stieß, wurde für deren Schicksal bestimmend, und schon am Beginn des neuen Jahrhunderts ge-

---

3) Vgl. G. Folena, "Ugo Angelo Canello e i primordi della storia della lingua italiana", in: *Ugo Angelo Canello e gli inizi della filologia romanza in Italia*, hrsg. v. A. Daniele u. L. Renzi, Florenz 1987, S. 15-70.

4) Dionisotti hat darauf hingewiesen, daß die Übernahme einer solchen wissenschaftlichen Programmatik zugleich das typische intellektuelle Klima der sog. "Scuola padovana" verrät, der sich Canello zuordnen läßt (vgl. C. Dionisotti, "Appunti sulla scuola padovana", in: *Medioevo e Rinascimento*, Padua 1979, S. 327-348, insbes., S. 343 ff.).

5) Vgl. G. Carducci, *Lettere* (Edizione nazionale delle opere), XIII (1880-1882), Bologna 1951, S. 42 f.(Nr. 2641).

6) Zu diesen Besprechungen vgl. Dionisotti (wie Anm. 4), S. 338 f.

riet sie schnell in Vergessenheit.[7] Erst das wissenschaftshistorische Interesse für die eigene Disziplin hat in jüngster Zeit den Blick auf die "Scuola padovana" gelenkt, und in diesem Zusammenhang hat auch Canello und mit ihm seine *Storia della letteratura italiana nel secolo XVI* wieder Beachtung gefunden. In dem schon erwähnten, dem Andenken Alberto Limentanis gewidmeten Band über Leben und Werk Canellos aus dem Jahr 1987 hat Marisa Milani dem "Cinquecento" einen eigenen Beitrag gewidmet.[8] In einer bestimmten Hinsicht reiht sich auch Milanis Artikel in die Reihe der frühen Kritiken von Canellos *Storia* ein; denn auch die Verfasserin geht, wie schon die ersten Rezensenten, die gerade hierin einen Ansatz ihrer Kritik fanden, davon aus, daß der Autor das am Beginn skizzierte methodische Programm mehr oder weniger bruchlos auf den historischen Gegenstand angewandt habe, wobei freilich auch Milani auf die mangelnde historische Angemessenheit der zugrundegelegten Kategorie hinweist:

> Lo studio del Canello si sviluppa coerentemente alle premesse su citate seguendo le due idee, che egli individuava come portanti per la storia e la civiltà italiana, quella dell'*unità politica* e quella dell'*unità familiare*, ideali che, vagheggiati e parzialmente raggiunti nel 500, troveranno perfetta attuazione nella seconda metà dell'800, nell'Italia borghese e umbertina in cui Canello viveva.[9]

Der folgende Beitrag wird demgegenüber einem anderen Aspekt von Canellos *Storia* nachgehen und gerade die Konsistenz seines analytischen Instrumentariums und dessen Applikation auf den konkreten Text in Zweifel ziehen. Denn Canellos Literaturgeschichte bietet nicht nur ein Beispiel dafür, wie das Bemühen um die Wissenschaftlichkeit der Rede über die Literatur in der Adaptation von kausalen Erklärungsmodellen gewissermaßen die Literarität des Textes opfert, sie bietet vielmehr auch ein Beispiel dafür, wie ein solches kausales Modell gerade in seiner Übertragung auf den literarischen Gegenstand sich an dessen Eigenheiten bricht und in die Konkurrenz mit nicht explizit gemachten Annahmen gerät, die seine Erosion betreiben. Canellos *Storia* ist nicht allein ein Dokument einer Literaturwissenschaft, die um eines übernommenen Modelles der Argumentation willen ihren Gegenstand

7) Um nur ein Beispiel für das fortdauernde Desinteresse anzuführen: In R. Welleks *Geschichte der Literaturkritik*, die sonst auch den Minores die gebührende Aufmerksamkeit nicht versagt, wird Canello nicht einmal erwähnt.

8) M. Milani, "Il Cinquecento di U.A. Canello", in: *Ugo Angelo Canello* (wie Anm. 3), S. 241-249.

9) Ebda., S. 243.

vergewaltigt, sie ist auch ein Zeugnis dafür, wie die unreflektierte Adaptation von Modellen, die für andere Gegenstände definiert sind, diese Modelle selbst unterminiert. Gerade aus dieser doppelten Perspektive aber läßt sich Einblick in den Status dieses Diskurses und seiner Wissenschaftlichkeit gewinnen.

Nicht erst Canellos *Storia* kennt ein entsprechendes Defizit der Argumentation, die latente Erosion des zugrundegelegten theoretischen Modells ist vielmehr bereits ihrem Vorbild, der Taineschen *Histoire de la littérature anglaise* eigen. Schon das Vorwort des Werkes weist eine in dieser Hinsicht bemerkenswerte Inkonsistenz auf. Deshalb sei zunächst ein Blick auf die Skizze des theoretischen Modells geworfen, mit der Taine seine Literaturgeschichte eröffnet, denn bereits hier sind die skizzierten Brüche bei Canello präformiert.

2. Taines programmatisches Vorwort zur *Histoire de la littérature anglaise*

"Race", "milieu", "moment" - in dieser Dreiheit von Kategorien faßt Hippolyte Taine bekanntermaßen im programmatischen Vorwort seiner *Histoire de la littérature anglaise* die Bedingungsfaktoren zusammen, denen er dann im folgenden für seine Beschäftigung mit der Literatur eine maßgebliche Rolle zuweist. Der methodische Entwurf, den Taine seiner Literaturgeschichte voranstellt, erscheint als die Skizze eines kausalen Erklärungsmodells, das das literarische Werk in einer Kette von Ursachen und Wirkungen zu situieren sucht und das damit zugleich ein aus anderen Disziplinen vertrautes Argumentationsmuster auf den Umgang mit der Literatur zu übertragen unternimmt.[10)] Das Nebeneinander von "race", "milieu" und "moment" aber täuscht darüber hinweg, daß sich in dieser Zusammenstellung durchaus nicht eine Dreiheit von gleichgeordneten und vergleichbaren Kategorien zusammenfindet, wobei nicht zuletzt ihr Nebeneinander eine solche Annahme nährt. Eine genauere Untersuchung vermag vielmehr zu zeigen, daß vor allem einer der drei Begriffe, "moment", eine Dimension ins Spiel bringt, die durchaus in Konkurrenz zum kausallogischen Anspruch der beiden anderen gerät und in letzter Konsequenz den Totalitätsanspruch kausaler Erklärbarkeit selbst relativiert. Einsicht in diese Disparität der als Letztursachen beanspruchten Entitäten aber

10) H. J. Lope, "Hippolyte Taine", in: W.-D. Lange (Hrsg.), *Französische Literatur des 19. Jahrhunderts*, III, *Naturalismus und Symbolismus*, Heidelberg 1980, S. 67-81, hier S. 70 f.

läßt sich gewinnen, wenn man sich den Voraussetzungen der Anwendbarkeit kausaler Erklärungen auf die Literatur zuwendet, den Voraussetzungen, die Taine selbst mit seiner am Beginn stehenden Theorie des literarischen Kunstwerks schafft. Denn nicht das kausale Modell selbst steht am Anfang von Taines theoretischem Entwurf, sondern er beginnt mit einer spezifischen Semiotik der Literatur:

> On a découvert qu'une oeuvre littéraire n'est pas un simple jeu d'imagination, le caprice isolé d'une tête chaude, mais une copie des moeurs environnantes et le signe d'un état d'esprit. On en a conclu qu'on pouvait, d'après les monuments littéraires, retrouver la façon dont les hommes avaient senti et pensé il y a plusieurs siècles. On l'a essayé et on a réussi.[11)]

Es ist eine Darstellungsästhetik romantischer Provenienz, von De Bonald auf die griffige Formel von der Literatur als "expression de la société" gebracht, die den Ausgangspunkt von Taines Erklärungsansatz darstellt.[12)] Erst auf der Basis dieser Annahme einer grundsätzlichen zeichenhaften Transparenz des literarischen Werkes für die "Mentalitäten" seiner Umwelt, erst auf der Grundlage seines semiotisch begründeten Dokumentcharakters ist eine Kausalkette beansprucht, die als Letztinstanz nun biologisch begründete Verhaltensfaktoren einführt und in der die semiotische Grundlage solcher Erklärungsmuster kausal aufgehoben wird. Es sind die mittels einer entsprechenden semiotischen Grundlegung des literarischen Kunstwerks diesem zugeordneten Bedeutungsinhalte, die bei Taine in dessen Ursachen reformuliert werden. Sein analytisches Modell präsentiert sich deshalb als kausal-deterministische Umdeutung einer semiotischen Theorie der Literatur, die diese zum Abbild außerliterarischer Entitäten erklärt hatte. Ein anschauliches Beispiel solcher Subsumtion semiotischer Relationen unter ein Ursache-Wirkungs-Verhältnis bietet das Demonstrationsobjekt, das Taine zur Illustration seines Ansatzes wählt:

> Cherchons donc les données simples pour les qualités morales, comme on les cherche pour les qualités physiques, et considérons le premier fait venu; par exemple une musique religieuse, celle d'un temple protestant.[13)]

---

11) H. Taine, *Histoire de la littérature anglaise*, I, Paris ^{3}1873, S. III.

12) Dieser historische Bezugspunkt des Taineschen Erklärungsansatzes ist in der Forschung verschiedentlich betont worden. Vgl. etwa R. Wellek, *Geschichte der Literaturkritik 1750-1950*, III, *Das späte 19. Jahrhundert*, Berlin/New York 1977, hier S. 70 f.

13) Taine (wie Anm. 11), S. XV.

Im folgenden läßt sich beobachten, wie dieser musikalische Fall nun ausschließlich in kausale Zusammenhänge integriert wird, so daß alle semiotischen Bezüge als Ursachenverhältnisse formuliert sind:

> Il y a une cause intérieure qui a tourné l'esprit des fidèles vers ces graves et monotones mélodies, une cause plus large que son effet, je veux dire l'idée générale du vrai culte extérieur que l'homme doit à Dieu; c'est elle qui a modelé l'architecture du temple, abattu les statues, écarté les tableaux, détruit les ornements, écourté les cérémonies, enfermé les assistants dans de hauts bancs qui leur bouchent la vue, et gouverné les mille détails des décorations, des postures et de tous les dehors.[14]

Impliziert ist in dieser Analyse eine Ähnlichkeitsrelation zwischen bestimmten Merkmalen protestantischer Kirchenmusik - sowie anderer Äußerungsformen dieser Religion - und einer spezifischen Haltung des Gläubigen zum Gottesdienst. Die "graves et monotones mélodies" sind Ausdruck einer mentalen Disposition, sie sind im Sinne einer ikonischen Zeichenrelation einander zugeordnet, die den Eigenschaften des Gesangs eine Bedeutung zuweist. Doch das semiotische Verhältnis erscheint bei Taine als Beziehung von "cause" und "effet", ihn interessiert die Ursache, die die "fidèles" zu einer entsprechenden Musik veranlaßt hat, die implizite semiotische Relation ist aufgehoben in einer Verhaltenskategorie, die die Anschließbarkeit kausaler Erklärungsmuster ermöglicht.

Doch diese Subsumtion der semiotischen Relation unter einen kausalen Bezug hat nun im folgenden auch für diesen selbst nicht unerhebliche Konsequenzen. Denn die nun als Ursache eingeführte "idée" vermag allein noch nicht das Begründungspotential einer eigentlich fundierenden Ursache zu bieten, und so greift Taine im folgenden auf einen bestimmten Mechanismus zurück, um auf diesem Weg schließlich zu den Letztursachen zu gelangen. Schon in den bislang angeführten Zeilen findet sich eine Formulierung, die in dieser Hinsicht aufschlußreich ist, denn dort war die Rede von einer "cause plus large que son effet". Es ist gerade die in dieser Wendung implizierte Bezüglichkeit, die die spezifische Ausprägung der Kausalrelation zur Folge hat:

> Elle-même [sc. l'idée générale du vrai culte extérieur que l'homme doit à Dieu] provient d'une autre cause plus générale, l'idée de la conduite humaine tout entière, intérieure et extéri-

---

14) Ebda., S. XV f.

> eure, prières, actions, dispositions de tout genre auxquelles l'homme est tenu vis-à-vis de Dieu; c'est celle-ci qui a intronisé la doctrine et la grâce, amoindri le clergé, transformé les sacrements, supprimé les pratiques, et changé la religion disciplinaire en religion morale.[15]

"Cause plus large que son effet", die Ursache-Wirkungs-Relation war schon in den zuvor zitierten Sätzen durch die den Begriffen zugeordneten Epitheta als ein Größenverhältnis konzipiert. Nun wird der Hintergrund dieser Form der Zuordnung einsichtig, denn wir begegnen einer Hierarchie von übereinandergeschachtelten "causes", wobei diese Hierarchie als ein Inklusionsverhältnis konzipiert ist. Die jeweils höhere Ursache stellt sich als eine jeweils abstraktere "idée" dar, die in der jeweils niedrigeren schon vorausgesetzt ist. Was deshalb hier als Kette von Ursachen bezeichnet ist, dahinter verbirgt sich letztlich eine über Implikationsverhältnisse konstituierte, hierarisch strukturierte Folge von Konzepten. Wenn Taine zum einen semiotische Bezüge in kausalen Verhältnissen aufhebt, so erweist sich andererseits jedoch die solchermaßen konstituierte Kette von "causes" als eine durch Implikationsrelationen begründete Hierarchie.

Jenseits der hier zitierten "seconde idée" befindet sich nun eine dritte, die noch einmal von höherem Abstraktionsgrad ist und die zugleich zu den eigentlich fundierenden Faktoren führt:

> Cette seconde idée, à son tour, dépend d'une troisième plus générale encore, celle de la perfection morale, telle qu'elle se rencontre dans le Dieu parfait, juge impeccable, rigoureux surveillant des âmes, devant qui toute âme est pécheresse, digne de supplice, incapable de vertu, sinon par la crise de conscience qu'il provoque et la rénovation du coeur qu'il produit. Voilà la conception maîtresse, qui consiste à ériger le devoir en roi absolu de la vie humaine et à prosterner tous les modèles idéaux au pied du modèle moral. On touche ici le fond de l'homme; car pour expliquer cette conception, il faut considérer la race elle-même, c'est-à-dire le Germain et l'homme du Nord, sa structure de caractère et d'esprit, ses façons les plus générales de penser et de sentir, cette lenteur et cette froideur de la sensation qui l'empêchent de tomber violemment et facilement sous l'empire du plaisir sensible [...].[16]

In einem letzten Schritt der Abstraktion ist eine Dimension erreicht, in der die kulturelle Entität der "idée" mit ihrer biologistischen Grundlage der "race"

15) Ebda., S. XVI.
16) Ebda., S. XVI f.

verschwimmt, die eben in dieser "natürlichen" Verfaßtheit auch das kausale Begründungspotential einer Letztursache in sich trägt:

> Là s'arrête la recherche; on est tombé sur quelque disposition primitive, sur quelque trait propre à toutes les sensations, à toutes les conceptions d'un siècle ou d'une race, sur quelque particularité inséparable de toutes les démarches de son esprit et de son coeur. Ce sont là les grandes causes, car ce sont les causes universelles et permanentes, présentes à chaque moment et en chaque cas [...]; en sorte que la structure générale des choses et les grands traits des événements sont leur oeuvre, et que les religions, les philosophies, les poésies, les industries, les formes de société et de famille, ne sont en définitive, que des empreintes enfoncées par leur sceau.[17]

So wird nun aus der Rückschau der Modus der Korrelation von Kausalität und Semiotik einsichtig. Die semiotische Kategorie der "idée", mit der die Bedeutung einer zeichenhaften Größe benannt ist, wird als Ursache beansprucht. Eine solche kausale Reinterpretation aber führt zugleich zur Integration dieser "idée" in eine nach logischen Gesichtspunkten formierte Folge von "idées" jeweils höheren Abstraktionsgrades, an deren Ende die kulturelle Größe der "idée" mit ihren "natürlichen" Voraussetzungen der "race" verschwimmt, die eben aufgrund ihrer biologistischen Begründung die Funktion einer Letztursache zu beanspruchen vermag. Die semiotische Entität der ursprünglichen "idée" wird solchermaßen durch fortschreitende Abstraktion in eine Größe destilliert, die als Ausgangspunkt einer Kette von Ursachen reklamiert ist. Doch was hier für die empirische Kategorie der Ursache vereinnahmt wird, das ist letztlich eine aus logischer Spekulation gewonnene Folge von jeweils abstrakteren Klassen, deren implikatives Verhältnis an die Stelle einer empirischen Zuordnung und Wirkung gesetzt ist. So transformiert die kausale Aufhebung der Semiotik auch schon die Kausalität selbst.

Gerade am Ende der Auffächerung der "idée" in eine Kette von "causes" aber wird die Dimension der Semiotik noch einmal thematisch. Denn Religion, Philosophie, Dichtung etc. erscheinen nun als "empreintes enfoncées par leur sceau", als "Abdruck" der "causes universelles et permanentes". Semiotik und Kausalität scheinen einander kongruent geworden zu sein. Die Transparenz des literarischen Werks für außerordentliche Kategorien erscheint zugleich als Abbildung seiner externen Bedingungsfaktoren. Doch der letztlich brüchige Charakter dieser Kongruenz bricht noch innerhalb der

---

17) Ebda., S. XVII.

Trias von "race, milieu, moment" auf. Denn es läßt sich schon für sie verfolgen, wie die Subsumtion der Semiotik unter die Kausalität fortschreitend zum nur noch terminologischen Postulat gerät.

Mit "la race" war bereits eine der Kategorien genannt, die Taine als die letztgültigen Bedingungsfaktoren einführt und in denen eine ganze Anthropologie steckt. Später wird dieses Konzept wie folgt präzisiert:

> Ce qu'on appelle *la race*, ce sont ces dispositions innées et héréditaires que l'homme apporte avec lui à la lumière, et qui ordinairement sont jointes à des différences marquées dans le tempérament et dans la structure du corps.[18]

Neben diese biologisch fundierten Bedingungsfaktoren treten im Namen der Kategorie "milieu" nun die außerhalb der einzelnen Person gelegenen und durch die Umwelt vermittelten Einflüsse:

> Lorsqu'on a ainsi constaté la structure intérieure d'une race, il faut considérer le *milieu* dans lequel elle vit. Car l'homme n'est pas seul dans le monde; la nature l'enveloppe et les autres hommes l'entourent; sur le pli primitif et permanent viennent s'étaler les plis accidentels et secondaires, et les circonstances physiques ou sociales dérangent ou complètent le naturel qui leur est livré.[19]

"Race" und "milieu" aber existieren nicht nur nebeneinander, zwischen beiden gibt es eine gewisse Übergängigkeit, denn das in der "race" angelegte Bedingungspotential vermag auch die jeweiligen Einflüsse des "milieu" zu integrieren. So heißt es von "la race":

> Telle est la première et la plus riche source de ces facultés maîtresses d'où dérivent les événements historiques; et l'on voit d'abord que si elle est puissante, c'est qu'elle n'est pas une simple source, mais une sorte de lac et comme un profond réservoir où les autres sources, pendant une multitude de siècles, sont venues entasser leurs propres eaux.[20]

Bedeutsamer als die solchermaßen entstehende Frage nach den Möglichkeiten einer präzisen Differenzierung von "race" und "milieu" aber ist ein anderes Problem. Denn die Verteilung von miteinander verbundenen Bedingungsfaktoren auf eine letztlich erschöpfende Klassifikation "innen" vs. "außen" wirft auch die Frage auf, wo sich nun noch ein Ort für eine dritte Kategorie finden

18) Ebda., S. XXIII.
19) Ebda., S. XXVI.
20) Ebda.

läßt. Wir brauchen uns bei diesen Überlegungen im übrigen nicht auf bloße systematische Spekulation zu verlassen. Es sind vielmehr Taines eigene Ausführungen, die solche Fragen nähren. Denn im Anschluß an die Darstellung von "race" und "milieu" fährt er wie folgt fort:

> Ce sont là les plus efficaces entre les causes observables qui modèlent l'homme primitif; elles sont aux nations ce que l'éducation, la profession, la condition, le séjour sont aux individus, et elles semblent tout comprendre, puisqu'elles comprennent toutes les puissances extérieures qui façonnent la matière humaine, et par lesquelles le dehors agit sur le dedans.[21]

Doch trotz des sich auch nach Taines eigenen Worten einstellenden Totalitätseindrucks formuliert er eine weitere Kategorie:

> Il y a pourtant un troisième ordre de causes; car avec les forces du dedans et du dehors, il y a l'oeuvre qu'elles ont déjà faite ensemble et cette oeuvre elle-même contribue à produire celle qui suit.[22]

Für den Gegenstandsbereich der Literatur nimmt sich die hier skizzierte Kategorie dann "in concreto" wie folgt aus:

> Considérez, par exemple, deux moments d'une littérature ou d'un art, la tragédie française sous Corneille et sous Voltaire, le théâtre grec sous Eschyle et sous Euridipe, la poésie latine sous Lucrèce et sous Claudien, la peinture italienne sous Vinci et sous le Guide. Certainement, à chacun de ces deux points extrêmes, la conception générale n'a pas changé; c'est toujours le même type humain qu'il s'agit de représenter ou de peindre; le moule du vers, la structure du drame, l'espèce des corps ont persisté. Mais entre autres différences, il y a celle-ci, qu'un des artistes est le précurseur, et que l'autre est le successeur, et que le premier n'a pas de modèle, et que le second a un modèle, que le premier voit les choses face à face, et que le second voit les choses par l'intermédiaire du premier, que plusieurs grandes parties de l'art se sont perfectionnées, que la simplicité et la grandeur de l'impression ont diminué, que l'agrément et le raffinement de la forme se sont accrus, bref que la première oeuvre a déterminé la seconde.[23]

Es war die Transparenz der Literatur für die "moeurs", die am Ausgangspunkt von Taines Integration in ein kausallogisches Erklärungsmodell und ihrer Rückführung auf letztbegründende Verhaltenspositionen stand. Doch was

21) Ebda., S. XXIX.
22) Ebda.
23) Ebda., S. XXX.

nun unter der Bezeichnung eines "troisième ordre des causes" erscheint, das fügt sich der eingangs beanspruchten Ästhetik nicht mehr. Denn nun sind es gerade die innersystematischen Verstrebungen des literarischen Werkes, die in den Blick geraten, es sind die Bezüglichkeiten innerhalb der literarischen "Reihe" selbst, die nun als bestimmende Faktoren der Literatur in den Blick treten. Hier aber ist eine Dimension eröffnet, die aller Repräsentationsfunktion von außerliterarischen Phänomenen voraufliegt oder doch mit dieser konkurriert. Hier ist eine Semiotik der Intertextualität ins Spiel gebracht, die sich von der Darstellungsästhetik emanzipiert hat, die die kausale Analyse allererst fundierte. Daran vermag auch der Tatbestand nichts zu ändern, daß Taine die Relation von Text zu Text in bemerkenswerter Weise reduziert. Denn hinter dem "successeur" kennt er sogleich den "précurseur", dem kein literarisches Modell zu Gebote stand und der darum nicht mehr seinerseits die Rolle eines "successeur" einnimmt. Aber wie immer es um den Umfang der Folge von "précurseurs" und "successeurs" bestellt sein mag, ganz ohne Zweifel geraten im Namen des "moment" innerliterarische Kategorien in den Blick wie die von Taine erwähnte fortschreitende Vervollkommnung künstlerischer Techniken, die sich nicht mehr auf eine Darstellungsfunktion zurückführen lassen, sondern ihr gerade im Wege zu stehen scheinen. Denn nur der "précurseur" sieht die Dinge "face à face", nur er steht ihnen unvermittelt gegenüber. Der "successeur" ist demgegenüber bereits mit einer Komplexität von Darstellungsformen konfrontiert, die in Konkurrenz zur Abbildungsfunktion tritt. Das semiotische Repräsentationsmodell, auf dem die kausale Grundlegung allererst fußte, ist im Rahmen der Kategorie des "moment" aufgegeben zugunsten eines Spiels innerliterarischer Bezüge, hinter denen keine externen Bedingungsfaktoren mehr stehen.[24)]

---

24) Diese Kategorie des *moment* ist die in der Forschung am meisten diskutierte, und es fehlt auch nicht an Stimmen, die sie als unangemessen, ja als überflüssig bezeichnen (vgl. etwa W. Rice, "The Meaning of Taine's Moment", in: *Romanic Review* 30 (1939), S. 273-278; eine entsprechende Haltung bei Wellek (wie Anm. 12), S. 26). In der Tat liegt diese Folgerung aufgrund der Explikation der beiden anderen Kategorien, *race* und *milieu*, nicht ganz fern, nur wird im Namen des *moment* eine neue Ebene der Strukturierung eingeführt, mit der eben die Erosion des bis dahin zugrundegelegten Erklärungsmodells beginnt. So ist eine Übersetzung, wie Fritz Schalk sie mit dem Begriff "Zeitgeist" vorschlägt, verfehlt, weil damit unberücksichtigt bleibt, daß *moment* auch und gerade innerliterarische Bezüglichkeiten bezeichnet (vgl. F. Schalk, "Zu Taines Theorie und Praxis", in: H. Koopman/J.A. Schmoll, *Beiträge zur Theorie der Künste im 19. Jahrhundert*, Frankfurt/a.M. 1971, S. 352-359, hier S. 356). Diesen Aspekt hat D. Hoeges betont (*Literatur und Evolution. Studien zur französischen Literaturkritik im 19. Jahrhundert. Taine -*

Nun sind freilich auch diese Bezüglichkeiten innerhalb der Literatur als ein "troisième ordre de causes" den beiden anderen Klassen von Bedingungsfaktoren gleichgestellt. Und doch täuscht diese Gleichstellung über die wahren Verhältnisse hinweg. Denn nun sind es die anderen Texte selbst, die in die Position von Ursachen geraten und damit terminologisch ein Wirkungspotential usurpieren, das unbegründet bleibt. Der kausale Erklärungsanspruch aber gerät solchermaßen zum nur noch vorgeblichen, weil hinter den als Ursachen reklamierten Texten - anders als bislang - nun keine Bedingungsfaktoren mehr bezeichnet werden, die solches Wirkungspotential zu begründen vermöchten. Hier fehlt die zuvor in einer Verhaltenskategorie biologistisch begründete Letztursache, aus der sich schließlich das literarische Phänomen ableiten ließe. Für die semiotische Dimension innerliterarischer Bezüge bleibt nur noch die zum bloßen Postulat geratende kausale Begrifflichkeit selbst zurück. Jenseits der am Beginn formulierten Darstellungsästhetik, die dann kausaldeterministisch reformuliert wurde, behaupten sich nun alternative Formen der Theoriebildung, die nur noch scheinbar dem Anfangsmodell sich integrieren lassen und die in letzter Konsequenz eine Subsumtion des literarischen Textes unter kausale Kategorien, seine Rückführung auf spezifische Verhaltensdispositionen untergraben.

Unser Exkurs in Taines berühmtes Vorwort seiner *Histoire de la littérature anglaise* konnte uns einen Einblick in ein argumentatives Dilemma einer im Dienste der Wissenschaft der Rede betriebenen Übernahme von Erklärungsmodellen anderer Disziplinen vermitteln, in ein Dilemma, das sich vor allem der mangelnden Reflexion der impliziten Voraussetzungen dieser Transposition verdankt. Wir werden nun im Anschluß verfolgen können, wie dieses Problem bei Canello in noch verstärkter Weise auftritt. Gerade in seinem Applikationsversuch des Taineschen Modells auf die italienische Literatur des 16. Jahrhunderts wird der behauptete kausale Erklärungsgestus sich immer wieder an unexpliziert bleibenden Theorieansätzen semiotischer Provenienz brechen und damit dieses Modell zugleich unterminieren.

- *Brunetière - Hennequin - Guyau*, Heidelberg 1980, S. 43). Allerdings bleibt bei ihm unberücksichtigt, wie in der Einführung einer innerliterarischen Bezugsdimension die Prämissen von Taines anfänglichem Erklärungsmodell unterminiert werden und die von Hoeges so betonte Konsistenz des Ansatzes (vgl. S. 43 ff.) damit doch erheblich in Frage gestellt ist.

3. Die Erosion des Kausalmodells in Canellos *Storia della letteratura italiana nel secolo XVI*

Wie Taine in seiner *Histoire de la littérature anglaise* skizziert auch Canello das methodische Programm seiner *Storia della letteratura italiana nel secolo XVI* im Vorwort des Bandes, das freilich nicht die Ausmaße und Ausführlichkeit seines Modells annimmt. Schon hier fallen deutliche Parallelen zum Ansatz des französischen Literaturhistorikers auf, der dann in Canellos Darstellung auch ausdrücklich als Gewährsmann des methodischen Zugriffs in Anspruch genommen wird (vgl. etwa S. 111). Ergeben sich in der konkreten Ausfüllung durchaus auch Unterschiede zwischen den der Untersuchung vorangestellten Leitgedanken, so entsprechen sich Taines und Canellos Programm doch sehr weitgehend im fundierenden Prinzip der Analyse:

> E prima di tutto un avvertimento fondamentale, che riguarda l'essenza stessa dell'opera nostra. La letteratura sembra a noi un complesso d'ideali e d'idee rappresentati coll'arte della parola. Per far quindi la storia della letteratura italiana nel cinquecento, occorre, a nostro giudizio, spiegare la formazione, lo svolgimento e l'efficacia degl'ideali e delle idee che in quel secolo hanno lasciato l'impronta di sè nelle lettere.[25]

Das hervorstechendste Moment des hier formulierten Literaturbegriffs ist erneut dessen Reduktion auf eine bloße Abbildfunktion. "La letteratura" hat keinen anderen Realitätsstatus als eben den einer "rappresentazione" und geht auf in der Zeichenfunktion für einen bestimmten Typus mentaler Entitäten, für einen "complesso d'ideali e d'idee". Den Ausgangspunkt also bildet wie bei Taine auch eine semiotische Fundierung der Literatur, die sie zum Signifikanten eines dann in der bezeichneten Weise bestimmten Signifikats erklärt. Diese semiotische Bestimmung von Literatur erweist sich zugleich als ein Modus der Ausgrenzung, der Ausgrenzung der Eigenschaften des Signifikanten, der allein aus der Perspektive seiner Zeichenfunktion Gestalt gewinnt. Im dritten Abschnitt seines Vorwortes macht Canello diese Ausgrenzung selbst thematisch:

> Noi perciò, lasciando alle poetiche e alle retoriche storiche lo studio delle pure forme letterarie, isolate dai fatti che ne accompagnano lo svolgimento, miriamo in questo libro principalmente a investigare e a giudicare i fenomeni letterarî in rapporto colle

25) U. A. Canello, *Storia della letteratura italiana nel secolo XVI*, Mailand 1880, S. V.

> loro cause e coi loro effetti, in quel complesso di fatti politici e sociali che ne accompagnano l'apparizione; consideriamo e studiamo, insomma, la letteratura come una vera e propria funzione della vita evolutiva della società.[26)]

Der Text gerät ausschließlich in seiner Beziehung zum Außerliterarischen in den Blick, unter bewußter Vernachlässigung seiner im eigentlichen Sinne literarischen Merkmale. Bemerkenswerterweise aber ist nun an die Stelle der in der Kategorie der "rappresentazione" semiotisch konzipierten Korrelation eine kausale Verknüpfung getreten. Es geht um die "fenomeni letterarî colle le loro cause e coi loro effetti". Diese Umdeutung der semiotischen Relation in eine solche von Ursache und Wirkung vollzieht sich nun im voraufgehenden Abschnitt, indem dem zunächst allein aufgrund einer Zeichenrelation begründeten "complesso d'ideali" nun gewissermaßen Substanz zugewiesen wird durch die Zuordnung zu "la vita stessa":

> Ora siccome gl'ideali del poeta e le idee dello scienziato derivano dalla realtà presente o passata della vita, sono anzi la vita stessa o trasfigurata dalla fantasia a seconda dei desiderî, o generalizzata dall'intelletto e spiegata nelle sue leggi; e siccome, alla lor volta, gli ideali e le idee, vivendo nella fantasia e nella mente degli uomini, tendono necessariamente ad attuarsi, e sono quindi fattori potenti della vita stessa presente o futura; riesce impossibile spiegare da un lato la formazione e lo svolgimento di questi ideali e di queste idee senza dar insieme un chiaro concetto della realtà della vita che li promuove; nè si può dall'altro canto equamente apprezzarne il valore, senza mostrarne gli effetti immediati e lontani sulla vita che da loro e tra loro si svolge.[27)]

"Derivano dalla realtà presente o passata della vita" - mit dieser Wendung ist die zunächst semiotisch über die "rappresentazione" eingeführte Textbedeutung schließlich zum Annex von "la vita stessa" erklärt und damit zugleich substantialistisch begründet. Es ist genau diese mit dem Verb "derivare" bezeichnete Relation, die dann im folgenden Abschnitt in eine Begrifflichkeit der Kausalität übersetzt wird. Eine genaue Lektüre läßt freilich schon hier die Brüchigkeit dieser Beziehung erkennen, und dies gilt insbesondere im Fall der "idee". Denn während die "ideali" der Literatur sich noch einer der Kausalität von "desiderî" unterworfenen Phantasie verdanken, entstehen die "idee" der Literatur bereits aus intellektuellen Operationen, aus Abstraktionen und Erklärungen, deren Kausalcharakter letztlich zum Postulat gerät. Die Integration in ein "derivano dalla vita" bleibt an dieser Stelle uneinsichtig.

26) Ebda.
27) Ebda.

Schon hier hat es den Anschein, als wolle die Subsumtion der Semiotik unter die Kausalität nicht vollständig gelingen, weil die Vermittlung mit der Instanz der "vita", der letztlich die Aufgabe zufällt, der semiotischen Kategorie Substanz zu sichern, Vermittlungsformen mit sich führt, die sich nicht mehr auf ein Verhältnis von Ursache und Wirkung reduzieren lassen. Erst auf der Grundlage einer Semiotik also beginnt Canello wie auch schon Taine mit Kategorien der Kausalität zu operieren, denen nun die "letteratura" subsumiert wird.

Wie erwähnt ist in der Rezeption von Canellos *Storia* vor allem seine konsequente Anwendung der zunächst eingeführten theoretischen Konzepte auf den literarischen Text selbst und die damit verbundene Preisgabe seiner literarischen Spezifität zum Anlaß der Kritik geworden. Doch eben diese Folgerichtigkeit steht auch in Frage, denn in der Applikation auf den konkreten Gegenstand verwandelt sich unter der Hand das zugrundegelegte analytische Modell immer wieder in nicht unerheblicher Weise. Es ist eben die schon für Taine festgestellte Konkurrenz mit semiotischen Kategorien, die auch bei Canello den kausalen Erklärungsanspruch problematisiert.

Ein besonders aufschlußreiches Kapitel bietet in dieser Hinsicht seine Interpretation des *Orlando furioso*. Nach einem kurzen Referat von dessen Handlung skizziert Canello ein in der kritischen Literatur zu diesem Text bis in unsere Tage vieldiskutiertes Problem, die Frage nach der "unità" von Ariosts Meisterwerk. Dieses Problem wird dabei von ihm durchaus nicht im Rekurs auf ein normatives Postulat begründet, sondern es wird vielmehr unmittelbar aus Notwendigkeiten einer jeden Lektüre abgeleitet:

> Fu dimandato quindi, e la domanda moveva principalmente dal bisogno di raccapezzarsi in questo gran mondo poetico: cotesta composizione ariostesca ha essa un'unità interiore?[28]

Auf dieser Frage nach der "unità" beruht nun sehr weitgehend die Interpretation des Textes überhaupt, und schon hier beginnt letztlich die Erosion von Canellos kausallogischem Modell. Denn der Ansatzpunkt, um den Text als einen Zeichenträger zu etablieren, ist durch ein Problem bezeichnet, das innerhalb von sprachlich-literarischen Kategorien formuliert wird und innerhalb dieser überhaupt erst in den Blick gerät. Es ist der Verstoß gegen übliche Annahmen eines Lesers hinsichtlich der Gestalt eines Textes, es sind die spezifischen Merkmale seiner Textualität, die die Grundlage seiner Zeichen-

28) Ebda., S. 106.

haftigkeit bilden. Wir werden nun verfolgen können, wie die Zuordnung eines bestimmten Signifikats zu diesem Text diesen gerade nicht als Abbildung einer andernorts und unabhängig von ihm etablierten Kategorie ausweist, sondern es wird sich statt dessen zeigen, wie die Interpretation des Textes sich als Lösung seines "systemimmanenten" Problems darstellt, wobei die Formen dieser Lösung als dessen Funktion erscheinen und eben nicht als die Repräsentation einer außerhalb dieses Problems etablierten Kategorie eingeführt sind.

Schon der erste Schritt Canellos zur Lösung des genannten Problems kann die These stützen, daß nicht der literarische Text aus der Perspektive "systemexterner" Konzepte in den Blick gerät, sondern daß es vielmehr systemimmanente Kategorien sind, die den Umgang mit ihm bestimmen. Denn nach einer kurzen Skizze verschiedener bislang formulierter Lösungsversuche für das Problem der "unità" greift er auf Voltaires Ausspruch "le poème de l'Arioste est à la fois l'Iliade, l'Odissée et Don Quichotte", zurück, um vor dem Hintergrund dieser Äußerung nun im Rahmen von intertextuellen Relationen die Einheitsfrage zu lösen. So dient ihm die *Ilias* in folgender Weise für diesen Zweck:

> A noi par chiaro che l'unità del poema omerico consiste tutta quanta nel nesso necessario che v'è tra il procedimento di queste due azioni: l'assedio di Troja e l'ira d'Achille. Finchè i Greci guerreggiano d'accordo, subordinati al capo che essi hanno liberamente eletto, la guerra procede prosperamente; ma dal momento che uno dei loro condottieri, spinto dal troppo vivace sentimento del proprio valore, si ribella al capo comune e irato si ritrae dalle comuni battaglie, ecco che la guerra volge alla peggio, ecco che gli Achei da assedianti diventano assediati, ecco che l'impresa minaccia di riuscir vana.[29)]

Es ist diese anhand des homerischen Epos entwickelte Antwort auf die Frage der Verknüpfung verschiedener Handlungsstränge, die nun das Modell für die Lösung des gleichen Problems in Ariosts *Orlando furioso* bietet:

> Guardiamo ora se nel poema dell'Ariosto ci sia nulla di somigliante. Anche qui subito ci si presenta un'azione guerresca che può fare buon riscontro alla guerra trojana; e insieme vediamo a quest'azione intrecciarsene un'altra, la quale ne determina lo svolgimento: l'amore furioso d'Orlando, che fa giusto riscontro all'ira d'Achille. Se, adunque, si regge quanto abbiamo detto intorno all'unità dell'Iliade, noi possiamo ora soggiungere che l'unità della composizione ariostesca non può già consistere nel

---

29) Ebda., S. 107.

> predominarvi d'un'unica azione, qual sarebbe la guerra tra Carlo ed Agramante; e non può del pari consistere in un predominio che sembri possa avervi l'amore e la pazzia d'Orlando; ma che piuttosto essa consisterà nel nesso costante e necessario che intercede fra lo svolgimento della guerra dei Cristiani contro i Saraceni e l'amorosa follia d'Orlando e del cugino Rinaldo.[30)]

Wenn am Beginn von Canellos Beschäftigung mit dem Ariostschen Epos die Frage nach seiner "unità" stand, ein aus innersystematischen Gegebenheiten erwachsendes Problem, so erfährt dies eine erste Lösung nicht im Rückgriff auf ein jenseits der Literatur etabliertes Konzept, es ist vielmehr der innerliterarische Textvergleich, es ist die Dimension intertextueller Analogien, die eine solche Lösung bereitstellt. Dies gilt um so mehr, als nun das Ergebnis dieses Vergleiches in einem "concetto" befestigt wird, das als Leitkategorie dem Text vorangestellt wird:

> Ma per meglio far comprendere in che consista l'unità del poema ariostesco, e per meglio mostrarne l'intima struttura, noi qui dobbiamo proporci e risolvere un'altra o più altre questioni. Sotto la multiforme narrazione del *Furioso* c'è un unico concetto, che tutta la ispiri?[31)]

Es ist diese Kategorie des "concetto", die Canello unmittelbar auf eines der von Taine in der *Histoire de la littérature anglaise* formulierten Prinzipien zurückführt:

> Eppure un esame più attento avrebbe dovuto mostrare esser vero anche per il *Furioso* ciò che il Taine dice in generale delle opere dell'immaginazione: "Au fond de chaque oeuvre d'art est une idée de la nature et de la vie; c'est cette idée qui mène le poète; soit qu'il le sache, soit qu'il l'ignore, il écrit pour la rendre sensible, et les personnages qu'il arrange ne servent qu'à produire à la lumière la sourde conception créatrice qui les suscite et les unit".[32)]

Doch was im Rekurs auf Taine als die Inanspruchnahme einer dem Text voraufliegenden außer- und vorliterarischen Kategorie erscheint, das erweist sich bei näherer Betrachtung des dann für den *Orlando furioso* formulierten "concetto" als etwas anderes:

> Come dal fondo dell'Iliade prorompe l'insegnamento politico che la nazione degli Achei sarà sempre vittoriosa fino a quando i

30) Ebda.
31) Ebda., S. 111.
32) Ebda. (Zum Taine-Zitat vgl. Taine (wie Anm. 11), S. 229).

> suoi capi saranno concordi, e correrà gravi pericoli non appena uno di essi infranga la bella armonia delle forze; così dal fondo del poema ariostesco prorompe abbastanza chiaro un analogo insegnamento politico, conforme assai a quello che viene dall'Eneide virgiliana; ed è: che le mollezze e peggio le follie amorose sono d'impendimento a compiere le grandi imprese politiche.[33]

Was in Taineschen Kategorien als die dem Ausdruckswillen des Dichters zugerechnete "idée de la nature et de la vie" beansprucht ist, das erweist sich bei näherem Zusehen als die aus intertextuellen Analogien gewonnene Lösung für das textuelle Problem der "unità". Denn das benannte "concetto" ist nichts anderes als die zum allgemeinen Präzept generalisierte und aus dem Vergleich mit der *Ilias* gewonnene handlungslogische Integration zweier nebeneinanderstehender Handlungsstränge der im *Orlando furioso* erzählten Geschichte. Neben eine Theorie, die die Literatur immer schon als den Signifikanten eines Außerliterarischen in Anspruch nimmt, tritt bei Canello in der vermeintlichen Applikation dieser Theorie ein analytisches Verfahren, das gerade aus den unabhängig von solcher Zeichenfunktion konzipierten textuellen Merkmalen des "Signifikanten" im Rückgriff auf innersystematische Kategorien Deutungsmöglichkeiten entwickelt. Der ausdrückliche Rückgriff auf Taine an dieser Stelle bedeutet auch die Verschärfung des schon bei ihm ungelöst bleibenden Dilemmas der Relation von Kausalität und Semiotik.

Auch im folgenden spielt die Dimension intertextueller Bezüge für den *Orlando furioso* noch eine gewichtige Rolle, wenn Canello, sehr weitgehend auf den Spuren Pio Rajnas wandelnd, nun die Quellenfrage aufgreift. Diesmal aber bleibt es nicht beim bloßen Hinweis auf die Verstrebungen mit anderen Texten, diesmal wird auch diese Ebene der Textkonstitution einem Erklärungsmodus subsumiert, der auf Canellos theoretischen Ausgangspunkt zurückgreift:

> Il *Furioso*, nato, come dice il Rajna, "di padre italiano, ma di madre latina" è la schietta espressione di quel momento della nostra vita e della nostra letteratura in cui Virgilio e il mondo romanzo venivano perfettamente intesi, e il loro spirito diventava spirito e vita nostra ed europea.[34]

Die Emanzipation des in innerliterarischen Bezüglichkeiten angesiedelten Textes von der ihn tragenden "vita" scheint behoben, weil nun die als Autori-

---

33) Canello (wie Anm. 24), S. 111.
34) Ebda., S. 119.

täten fungierenden Texte selbst in die generierende Instanz von "spirito e vita nostra italiana ed europea" integriert werden. Doch auch diese Vermittlung mit dem am Beginn eingeführten methodischen Programm ist letztlich eine nur vermeintliche, weil sie gerade nicht die "letteratura" auf die von ihr unabhängige Instanz der "ideali" zurückführt, als deren "rappresentazione" sie erschiene, sondern die innerliterarisch begründeten Kategorien in deren außerliterarische Bedingungsfaktoren umdeutet. Auf dem Umweg über einen bestimmten Modus der Rezeption ("quel momento della nostra vita e della nostra letteratura in cui Virgilio e il mondo romano venivano perfettamente intesi") verwandelt sich der als Vorlage dienende autoritative Text in die lebensweltliche Kategorie selbst, um damit - scheinbar - die Abweichung vom zugrundegelegten Erklärungsmodell zu eskamotieren. An dieser Stelle aber setzt Canello nun an, um auch nach eigenem Bekunden den bislang offenkundig schuldig gebliebenen Nachweis der Verbindung mit der den Text konditionierenden außerliterarischen Welt zu liefern:

> Ed eccoci per tal modo avviati a dar la risposta anche al secondo quesito: in qual connessione, cioè, stia il *Furioso* con l'età che lo vide creare.[35]

Doch auch dort, wo Canello es unternimmt, das bislang Versäumte nachzuholen, ist es erneut die Analogie zu dem einer anderen historischen Konstellation entstammenden literarischen Parallelfall, von der die Untersuchung ihren Ausgang nimmt. Es ist das Beispiel der Vergilschen *Aeneis* und ihres "insegnamento", das nun Modell für die Vermittlung des *Orlando furioso* mit der "età" ihres "poeta" steht, wobei eben in besonderem Maße ins Auge fällt, daß über die historischen Differenzen - und d.h. vor allem über die Unterschiede der die Texte konditionierenden "Umwelten" hinweg - der analoge literarische Fall den Ausgangspunkt einer Korrelation mit der eigenen Umwelt des Ariostschen Epos darstellt:

> Ed ora passiamo al secondo quesito: a studiare cioè i rapporti di connessione speciale fra il concetto fondamentale del poema ariostesco e l'età del poeta. Dal poema di Virgilio prorompe l'insegnamento, che l'indulgere alle dolcezze dell'amore, sia pure dell'amor sano, conducente alla costituzione della famiglia, impedisca le grandi imprese nazionali. [...] La connessione di questo rigido concetto virgiliano colla vita romana salta súbito agli

35) Ebda.

> occhi. Per i romani lo stato è tutto, perchè appunto composto di tutti; la famiglia e l'individuo vi sono interamente subordinati.[36]

Erst im Horizont dieser Korrelation von Text und "Welt" im "insegnamento" der *Aeneis* gerät im folgenden die Vermittlung der beiden Ebenen für den *Orlando furioso* in den Blick. Wo es um den Nachweis des "derivare dalla realtà" geht, dort ist diese Korrelation schon durch den parallelen literarischen Fall perspektiviert, und gerade diese Orientierung am Beispiel aus historisch ganz anderen Konstellationen macht kenntlich, wie sich hier innerliterarische Analogiebildung gegenüber kausaler Ableitung aus außerliterischer "realtà" behauptet:

> E il più mite concetto ariostesco, come si attaglia esso alla vita italiana del principio del secolo XVI? Noi siamo ben lontani dal voler ripetere per conto nostro ciò che tanti hanno detto sulle mollezze e sulla corruzione italiana di questa età; ma siamo ben disposti ad ammettere che la troppa indulgenza all'amore, agli affetti privati e personali fosse il vizio fondamentale dell'Italia uscente rinnovata dal medio evo. Si ricordi che i nostri massimi poeti avevano cantato sino allora d'amore.[37]

Das "più mite concetto ariostesco" aber meint eben den aus der Beziehung zum antiken Epos im allgemeinen und zur *Aeneis* im besonderen entwickelten Bedeutungsgehalt des *Orlando furioso*, die Einsicht, daß die Verstrickung in die "follie amorose" die "grandi imprese politiche" verhindert. Läßt sich aber bei Vergil das "insegnamento" des Textes unmittelbar aus römischer "Mentalität" ableiten, so liegen die Verhältnisse im Falle Ariosts durchaus anders. Denn das "concetto ariostesco" steht gerade im Gegensatz zu der Welt, der sein Text entstammt. Die aus innerliterarischen Analogien entwikkelte Textbedeutung tritt bemerkenswerterweise - und gerade im Unterschied zum Modellfall - in den Gegensatz zu ihrer historischen Welt. Fürs erste ist diese Welt freilich wiederum allein durch literarische Texte repräsentiert, was einer "petitio principii" gleichkommt, der auch bestimmte spätere Ausprägungen von Literatursoziologie nicht entkommen, die sich gleichfalls zum Beleg sozialer Wirklichkeit auf die Texte selbst verlassen. Doch Canello beschränkt sich nicht auf die Literatur, aber auch dort, wo politisches Handeln als Dokument der Verfaßtheit der "età" angeführt wird, bleibt ein Gegensatz von Text und "Welt" bestehen:

---

36) Ebda., S. 121.
37) Ebda.

> Ma noi vogliamo anche citare alcuni fatti speciali, accaduti poco prima o poco dopo la composizione del *Furioso*, i quali mostreranno l'opportunità dell'insegnamento ariostesco.[38]

- woran sich die Darstellung einiger zeitgenössischer Ereignisse schließt, die belegen sollen, wie private Neigungen politischen Erfolg verhindert haben. Aufschlußreich für unseren Zusammenhang aber ist die Formulierung, die diese Erzählungen einleitet und zugleich begründet. Es geht um die "opportunità dell'insegnamento ariostesco", die nun gerade aus dem Gegensatz von "Lehre" und Wirklichkeitszustand entwickelt wird. Was Canello hier nun unternimmt, das ist letztlich der nachträgliche Versuch der Sicherung zeithistorischer Plausibilität für einen aus intertextuellen Ähnlichkeitsbezügen abgeleiteten Bedeutungsgehalt, wobei diese Plausibilität durch eine Funktionszuweisung, durch den Verweis auf die "utilità" hergestellt wird. Gerade angesichts des desolaten moralischen Zustandes mache eine Mahnung zum Verzicht auf die Verstrickung ins Private zugunsten politischer Unternehmungen Sinn. Nicht in einer Abbildbeziehung zu der ihn umgebenden Welt steht das literarische Werk damit jedoch, nicht erscheint es mehr als "rappresentazione" eines "ideale", das nichts anderes als "la vita stessa o trasfigurata dalla fantasia" wäre, vielmehr wird gerade aus der Distanz gegenüber der Umwelt ein kommunikatives Potential begründet, mittels dessen erst die Vermittlung der präetablierten Bedeutung des Textes mit der "età del poeta" gelingt. Einmal mehr ist das kausallogische "derivare dalla realtà" hier semiotisch aufgehoben.

Es ist nun diese Divergenz von Text und außerliterarischer Wirklichkeit, die im folgenden noch einmal Anlaß zu einer weiteren Korrelation der beiden gibt, wobei nun vor allem ihre Analogie betont ist:

> Ma se le condizioni di questa età ci danno per un lato la misura del merito dell'Ariosto, esse ci mostrano anche dall'altro fino a che punto fosse a lui lecito d'arrivare; esse ci rivelano la ragione intima, per la quale egli, pur lottando contro la corrente generale, non riuscisse a sottrarvisi del tutto.[39]

Hatte die voraufgehende Bemühung um die Plausibilität des "insegnamento", das Canello Ariosts Epos aus dem Vergleich mit der *Aeneis* heraus zuweist, die Distanzierung gegenüber der fundierenden Umwelt bedeutet, so versucht er nun, diese Divergenz herunterzuspielen, indem er gerade die Grenzen der

38) Ebda.
39) Ebda., S. 123.

Distanzierbarkeit in den Vordergrund stellt. Doch auch für dieses dilemmatische Verhältnis von Distanznahme und Anlogiebildung findet Canello noch einmal ein "realistisches" Korrelat, indem er nun auf eine spezifische Psychologie des Autors zurückgreift:

> Egli vuol disciplinare la materia tradizionale poetica sotto il concetto virgiliano; ma se questo è ben fermo nella sua mente, non è fermo del pari nel suo sentimento; e di tratto in tratto si rifà vivo e prepotente in lui un concetto diverso, il concetto che aveva dominato il Bojardo. L'Ariosto ha concepito un poema; ma poi sente che il poema non gli basta, che non esaurisce tutte le intime aspirazioni dell'animo suo; e però vi appicca il romanzo, vi appicca una bella serie di novelle, in cui trovi la sua rappresentazione anche l'altro ideale. [...] E così noi vediamo come la vecchia e dibattuta questione letteraria dell'unità del poema ariostesco, che in via letteraria già più sopra abbiamo risolta, assuma qui agli estremi una sembianza e valore tutto diversi. Sott'essa noi vediamo agitarsi la questione dello spirito di tutta quanta l'età dell'Ariosto.[40]

Die Ambivalenz von Distanznahme gegenüber den zeithistorischen Gegebenheiten und der Notwendigkeit der Angleichung an diese wird nun psychologisierend in einen Konflikt von "mente" und "sentimento" transformiert, für die freilich kein anderer Beleg zur Verfügung steht als eben der Text selbst mit seiner auffälligen Kombination von Elementen unterschiedlicher Texttypen. Die hier letztlich in intentionale Kategorien übersetzte, für den *Orlando furioso* spezifische Koexistenz ansonsten geschiedener Diskurstypen versucht noch einmal, das Problem gattungssystematischer Heterogenität im Rekurs auf den Zeitgeist in einen Bezug zu außerliterarischen Gegebenheiten zu stellen, der nun ein Verhältnis der Analogie mit der "realtà" herzustellen versucht, die zuvor gegenüber dem Text gerade in eine Relation der Divergenz geraten war. Doch begnügt sich Canello noch nicht mit der - eher diffusen - Instanz des "spirito" der "età" Ariosts. Vielmehr findet er auch einen konkreten Bezugspunkt für die Textstruktur im - freilich historisch späteren - politischen Werk Karls V., womit am Ende dieses Abschnitts eine schon im historischen Überblick über "La vita politica italiana nel Cinquecento" am Beginn des Bandes (vgl. S. 14) dem *Orlando furioso* zugewiesene Funktion wiederkehrt:

> E si noti, per ultimo, la meravigliosa analogia tra la composizione poetica ch'è riuscita all'Ariosto, e la composizione politica

---

40) Ebda.

> del nuovo Carlo Magno ch'egli inconscio cantava. La composizione poetica dell'Ariosto è mista di poema, di romanzo e di novelle: non ha, nel suo insieme, alcuna unità vera e propria; [...] Così la composizione politica d'Italia e d'Europa per opera di Carlo V mette capo ad una grande unità, ma ad unità mal sicura nel tutto e nei singoli stati che ne vengono a dipendere.[41)]

Beachtung verdient hier insbesondere Canellos Rückgriff auf die Kategorie des Unbewußten, mittels derer Text und politische Konstellation einander zugeordnet werden, denn gerade sie dokumentiert den Status dieser Beziehung. Was in der Wendung "ch'egli inconscio cantava" sich abzeichnet, das ist das Bemühen, dem semiotischen Spiel der Analogien eine "realistische" Grundlage zu verleihen, indem es in eine - unerkannte - Ausdrucksintentionalität überführt wird, die aus der Ähnlichkeit einen Zusammenhang in der Sache selbst machen soll. Doch die Disparität der solchermaßen korrelierten Entitäten, die schon allein aus chronologischen Gründen offensichtlich ist und die eben den Rekurs auf das *Un*bewußte erfordert, offenbart zugleich die eigentliche Grundlage der postulierten Bezüglichkeit. War Canello angetreten mit dem Anspruch einer Theorie der Literatur, die den Text als Signifikanten bestimmter jenseits der Literatur etablierter Entitäten begreift, so steht am Ende der Darstellung des *Orlando furioso* die Suche nach einem Analogon der mittels innerliterarischer Kategorien konzipierten Verfaßtheit des Textes, steht die Suche nach dem außerliterarischen Äquivalent der gattungssystematischen Heterogenität, und dieses Äquivalent läßt sich dann mit dem Text selbst jenseits des Faktums solcher Ähnlichkeit kaum mehr vermitteln. Es sind letztlich gerade die diesseits einer Zeichenfunktion der "letteratura" bestimmten Merkmale des "Signifikanten", die den Gang der Untersuchung präjudizieren. Und so konnten wir eben auch verschiedentlich beobachten, wie Canello selbst bemüht ist, die im Gang der Argumentation aufbrechende Divergenz von Text und "Welt" zu kitten, um sich seinem theoretischen Ausgangspunkt wieder zu nähern. Wo die Literatur dem Anspruch nach ausschließlich Figuren der Kausalität subsumiert wird, da begegnet konkurrierend damit eine Semiotik des literarischen Werks, die der im Rahmen von innersystematischen Kategorien bestimmten Struktur des Textes durch den Aufweis von Ähnlichkeitsrelationen Bedeutungen zu sichern trachtet und die den kausalen Gestus zugleich unterminiert. Die am Beginn als Gegenstand der Darstellung genannte Erklärung von "la formazione, lo svolgimento e l'efficacia degl'ideali" weicht im konkreten Umgang mit dem Text der fallwei-

41) Ebda.

sen Zuordnung jeweils "geeigneter" Bezugsgrößen, wobei als Kriterium der Eignung kaum mehr als eine Ähnlichkeitsrelation zurückbleibt. In dieser Umkehrung der am Beginn formulierten methodischen Prinzipien aber gerät der kausale Erklärungsanspruch zum terminologischen Postulat.

Canellos *Storia* belegt aus einer doppelten Perspektive, wie das um der Wissenschaftlichkeit der Rede über den literarischen Gegenstand willen adaptierte Kausalmodell dieser Rede gegenüber äußerlich bleibt. Denn es hebt zum einen den Gegenstand in den ihm zugeordneten Ursachen auf - und löst doch den Kausalnexus in dieser Reduktion auch schon wieder auf, weil er nur noch terminologisch als Etikett anders formierter Phänomene zurückbleibt. Noch scheint der wissenschaftliche Zugriff auf die Literatur, der letztlich eine "fremde" Rede usurpiert, nicht gelingen zu wollen, und gerade die zweifache Erosion aufgrund einander widerstreitender Konsequenzen einer Integration der Literatur in einen kausalen Bezugsrahmen macht den problematischen Status sichtbar. Die vielfältigen Defizite, die sich für Canellos Unternehmen beobachten lassen, scheinen es kaum zum Modell zu prädestinieren, und die Literaturkritik hat denn auch seiner *Storia della letteratura italiana nel secolo XVI* nur wenig Beachtung geschenkt. Und doch hat Canellos Literaturgeschichte gerade durch ihre, wie unvollkommen auch immer eingelöste, Adaptation bestimmter Wissenschaftsstandards teil an einer Entwicklung, an deren Ende die von Roland Barthes formulierte Differenzierung von Literaturkritik und Literaturwissenschaft steht. Mag dem Literaturhistoriker Canello auch keine unmittelbare Wirkung beschieden gewesen sein, mit seiner Bemühung um eine Orientierung des Umgangs mit dem literarischen Text an einem wissenschaftlichen Diskurstypus hat er beigetragen zu einer bedeutsamen Veränderung im Verhältnis von Literatur und Wissenschaft, zur Herausbildung einer Literaturwissenschaft.

Helmut Meter

An den Anfängen veristischen Erzählens: Capuanas "Giacinta" und das Verhältnis von wissenschaftlicher Fiktion und fiktiver Wissenschaft

Als im Jahre 1879 der damals vierzigjährige Luigi Capuana seinen ersten Roman, und zwar *Giacinta*, veröffentlichte, führte dies in weiten Teilen der literarisch interessierten Öffentlichkeit Italiens zu heftigen Protesten. Mit einiger Verspätung auf die französischen Verhältnisse hatte nun auch Italien einen literarischen Skandal aufzuweisen, der in vielem an die aggressiven Reaktionen erinnert, mit denen zwölf Jahre zuvor Zolas naturalistisches Erstlingswerk *Thérèse Raquin* aufgenommen worden war.[1] So mag man zurecht versucht sein, das Erscheinen des ersten veristischen Romans in engerem Wortsinn, der zudem Zola zugeeignet ist, als Ausdruck zugleich der kulturellen Vorbildfunktion Frankreichs und der verzögerten gesellschaftlichen Entwicklung Italiens zu verstehen. Der Autor Capuana hatte wohl - nicht zuletzt wegen der Argumente seinens Freundes Verga[2] - die Rezeptionsbedingungen für seine *Giacinta* richtig eingeschätzt, wenn er dem Text die rechtfertigenden Zeilen voranschickt:

> Ho la coscienza di avere scritto un libro né ipocrita né immorale. Così fossi egualmente sicuro di aver fatto, com'era mia intenzione, una vera opera d'arte![3]

Die kategorische Ablehnung des Buches durch die unterschiedlichen Leser und meinungsbildenden Persönlichkeiten stellte aber dennoch eine ziemliche Belastung für Capuana dar. Es bedurfte deshalb einer starken Aufmunterung

---

1) Vgl. dazu die Urteile und polemischen Stellungnahmen in der damaligen Presse bei A. Dezalay, *Lectures de Zola*, Paris 1973, S. 12-18.

2) Vgl. G. Verga, *Lettere a Luigi Capuana*, hrsg. v. G. Raya, Florenz 1975, S. 106 f., 124-126, 128.

3) L. Capuana, *Giacinta*. Secondo la ediz. del 1879, hrsg. v. M. Paglieri. Einleitung von G. D. Bonino, Mailand 1980, S. 2. - Alle weiteren Textverweise nach dieser Angabe, im folgenden: *Giac*.

durch Verga, Cameroni und Navarro della Miraglia, also durch mentalitäts- und interessemäßig verwandte Autoren, um ihm sein Debüt als Romancier halbwegs erträglich zu machen[4]. Denn die negativen Urteile reichen von dem religiösen Autor Remigio Zena bis hin zu Salvatore Farina, einem Mitbegründer des *Corriere della Sera*, der mit seinen Unterhaltungsromanen bereits einige Erfolge aufzuweisen hatte. So stellt Enrico Panzacchi in der viel gelesenen *Nuova Antologia* Capuana die Frage, "in che buia e malata cavità del suo spirito abbia tratta la infelice ispirazione di questa storia"; und der einflußreiche Verleger Emilio Treves spricht in seiner angesehenen *Illustrazione italiana* gar von einem "libro immondo", von "quadri osceni" und stellt bedauernd fest: "[...] anche il Signor Capuana s'è dato ad bestias!".[5]

Insgesamt gesehen - die wiedergegebenen Urteile sind repräsentativ - sieht sich Capuana mithin einer kompakten Immoralismus-Kritik unterzogen. Deren Ausmaß überrascht allerdings insofern, als dem italienischen Publikum bereits ein kleines Spektrum der französischen Erzähler realistischer oder naturalistischer Ausrichtung über die verschiedenartigsten Übersetzungen vorlag.[6] Die französischen Romane fanden guten Absatz. Etliche von ihnen wurden später zum Teil mehrere Male neu aufgelegt, und gerade das Verlagshaus Treves tat sich dabei durch ein besonders reichhaltiges Angebot hervor. Darüber hinaus hatte 1878 De Sanctis, die markante Autorität in literarischen Belangen, mit seiner insgesamt freundlichen Studie über *Zola e l'Assommoir* dem Naturalismus und der wissenschaftlich orientierten Literatur eine offizielle und weithin beachtete Anerkennung verschafft.[7]

Es kann demnach kein Zweifel daran bestehen, daß die Leser des Jahres 1879 über die Tendenzen eines natur- und sozialwissenschaftlich inspirierten Erzählens durchaus informiert waren und teilweise sogar ein reges Interesse für die neuartige Literatur entwickelten. Gerade dieser Umstand wirft die Frage auf, warum Capuanas *Giacinta* - das Buch war innerhalb von sechs

---

4) Vgl. etwa die Rezension des Romans durch F. Cameroni in dessen *Interventi critici sulla letteratura italiana*, hrsg. v. G. Viazzi, Neapel 1974, S. 159-171, des weiteren die Teilreproduktion eines Briefes von E. Navarro della Miraglia in: C. Di Blasi, *Luigi Capuana. Vita. Amicizie. Relazioni letterarie*, Mineo 1954, S. 225.

5) Zu einem Überblick über die negative Rezeption der *Giacinta* seitens der Literaturkritik vgl. E. Ghidetti, "Introduzione", in: L. Capuana, *Giacinta*. Einleitung und hrsg. v. E. Ghidetti, Rom 1980, S. VII-XXI, hier: S. VII u. X.

6) Vgl. dazu insbes. schon: P. Arrighi, *Le vérisme dans la prose narrative italienne*, Paris 1937, S. 73-83.

7) Vgl. F. De Sanctis, "Zola e 'L'Assommoir'", in: ders., *Opere*, hrsg. v. N. Gallo. Einleitung von N. Sapegno, Mailand/Neapel 1961, S. 1067-1090.

Monaten vergriffen - auf eine so entschiedene Ablehnung stieß. Es liegt nahe und scheint auch nur schlüssig zu sein, daß die Reaktion des Publikums mit der spezifischen Art und Weise von Capuanas Wissenschaftsverständnis und der Verbindung von Wissenschaft und Erzähltechnik zusammenhängen muß, wie sie im fraglichen Text realisiert ist.

Daß dies den Kernpunkt der zeitgenössischen Rezeption wie der späteren Beurteilung des Romans darstellt, geht auch aus dem Umstand hervor, daß er eine einschneidende Umarbeitung erfahren hat, die zu mehreren Neuauflagen führte. Das Verhältnis von wissenschaftlicher Methodologie und literarischer Form war im Sinne des Autors offenbar noch präziser zu gestalten. Die unterschiedlichsten Kritiken von damals wie heute bestätigen dies und tendieren, mit durchaus plausiblen Argumenten, dazu, die Erstfassung qualitativ hinter die späteren Versionen zurückzusetzen.[8)]

Dennoch darf die Erstfassung ein besonderes Interesse beanspruchen. Denn zum einen markiert sie, wie vom Autor nachdrücklich beansprucht, den tatsächlichen Beginn eines positivistisch bestimmten Erzählens in Italien. Zum anderen dokumentiert sie in exemplarischer Weise die Probleme und Fragestellungen, die aus dem Ineinandergreifen von Wissenschaft und Erzählen im kulturellen Klima des jungen italienischen Nationalstaats hervorgingen. Sie soll deshalb auch als Grundlage der folgenden Erörterungen dienen.

Die Grundzüge der Erzählfabel von *Giacinta* lassen sich rasch resümieren. Giacinta Marulli entstammt einem kleinbürgerlichen Milieu und durchlebt eine freudlose Kindheit und Jugend. Bis zum Alter von fünf Jahren wächst sie unter der Obhut einer Amme auf dem Land heran, bis sie von ihrer desinteressierten Mutter, die von sozialen Ambitionen umgetrieben ist, nach Hause geführt wird. Die Familie lebt in einer nicht näher spezifizierten, am Meer gelegenen Provinzstadt Mittelitaliens. Der geistig träge und naive Vater, ein Angestellter mit bescheidenen Einkünften, wird von seiner ihn dominierenden Ehefrau kontinuierlich betrogen. Giacintas Mutter schlägt

---

8) Drei Fassungen der *Giacinta* sind bekannt: ^{1}1879, Mailand (Brigola); ^{2}1886 und ^{3}1889, jeweils Catania (Giannotta). Die Fassungen zwei und drei weichen nur in sprachlich-stilistischer Hinsicht voneinander ab. Wichtigste Neuauflagen der letzten Version: 1914, Mailand (Cervieri) und Sesto San Giovanni (Madella); 1930, Mailand (Treves). - Zum Unterschied zwischen der Erst- und der Zweitfassung vgl. P. Arrighi, "Capuana et les deux versions de 'Giacinta'", in: *Mélanges de philologie, d'histoire et de littérature offerts à Henri Hauvette*, Paris 1934, S. 785-795, und C.A. Madrignani, *Capuana e il naturalismo*, Bari 1970, S. 154-181 u. 220-225.

nämlich aus ihrer Schönheit Kapital, und es gelingt ihr nach und nach, einen Salon zu errichten, der von der besseren Gesellschaft frequentiert wird. Die noch kindliche Tochter bleibt dem Dienstpersonal überlassen und verbringt viel Zeit mit Beppe, einem jugendlichen Hausknecht, der die vertrauliche Atmosphäre der Spiele und Scherze eines Tages ausnutzt, um sie zu vergewaltigen.

Giacinta erleidet ein Trauma und wird von der Mutter vier Jahre lang in einem Internat untergebracht. Dort entwickelt sie einen großen Wissensdurst und wird sich ihrer familiären und gesellschaftlichen Situation mehr und mehr bewußt. Ins elterliche Ambiente zurückgekehrt, sieht sich die nunmehr damenhafte Giacinta als begehrtes Objekt erotischer Interessen. Doch sie mißtraut der in ihren Augen korrupten Gesellschaft, zumal sie sich wegen des Schandmals der Vergewaltigung aus ihr ausgestoßen fühlt. Deshalb reift alsbald der Wunsch in ihr heran, sich an ebendieser Gesellschaft, der sie die Schuld für ihre mißliche Lage zuteilt, zu rächen. So heiratet sie mit nüchternem Kalkül den einfältigen Grafen Grippa di San Celso, den sie bereits am Hochzeitstag mit dem jungen Neapolitaner Andrea Gerace betrügt, ihrem Geliebten, an dem sie stets bedingungslos festhalten wird.

Giacintas Umgebung und der Graf gewöhnen sich recht bald an den "ménage à trois". Doch der charakterlich labile Andrea, der seinen Beruf um Giacintas willen aufgegeben hat und von ihr ausgehalten wird, entfremdet sich ihr zusehends, insbesondere nach dem Tod der gemeinsamen Tochter Adele. Die darüber verzweifelte Giacinta beabsichtigt, Selbstmord zu begehen und den Geliebten in den Tod mitzunehmen. Dieser erscheint jedoch nicht zu einem letzten Rendez-vous, und kurz darauf wird Giacinta tot aufgefunden.

Vergewaltigung, Ehebruch, Selbstmord - diese Motivkette und das ihr zugrundeliegende Sujet bedeuten sicherlich ein Novum im italienischen Roman und mußten deshalb in besonderer Weise erzählerisch plausibel gemacht werden.[9)] Die von Dumas fils und Balzac bereitgestellten Techniken der Handlungsführung und Figurenkonzeption, mit denen sich Capuana während seines Aufenthaltes in Florenz vertraut gemacht hatte, reichten zweifellos zu einem solchen Unternehmen nicht aus.[10)] Erforderlich war eine Hinwendung

9) Zur stofflichen Grundlage des Romans - der Anregung durch eine Erzählung des Barons Lorenzo De Luca im Pincio (1875) - vgl. Capuanas Vorwort "A Neera", in: L. Capuana, *Giacinta*. 3. rev. Ausgabe, Catania 1889, S. VIII-IX.

10) Zu Capuanas Lektüreerfahrungen und Leseinteressen vgl. Ghidetti, "Introduzione" (wie Anm. 5), S. XVI-XVII.

zur Methodologie der modernen Wissenschaften und damit zum neuen Vorbild Zola und seinen bislang vorliegenden Erzähltexten, die neben den bereits genannten auch Provinzromane wie *La conquête de Plassans* (1875) oder *Une page d'amour* (1878) umfaßten.[11] Im übrigen hatte sich Capuana schon etliche Jahre zuvor in seiner Schrift *Il teatro italiano contemporaneo* (1872) für eine wissenschaftlich fundierte Literatur ausgesprochen.[12] So waren die erzähltechnischen Umrisse von *Giacinta* im Grunde vorgezeichnet, und der Briefwechsel mit Verga, soweit er sich auf die unterschiedlichen Etappen der Textgestaltung bezieht, bestätigt dies eindringlich.[13]

Doch gerade hierin ist ein erstes gewichtiges Problem zu sehen. Konnte der stets und mitunter krampfhaft um literarische Originalität bemühte Capuana sich tatsächlich mit der Übertragung der naturalistischen Prinzipien auf italienische Verhältnisse und der Rolle des Nachahmers begnügen? Zweifel daran sind erlaubt, und die eingehendere Betrachtung des in *Giacinta* vorliegenden Wissenschaftsverständnisses kann dies erhärten. Wir wollen dabei von den schon genannten Basiselementen des Sujets ausgehen.

Da ist zunächst der Aspekt der Vergewaltigung mit der Gestalt des Täters Beppe. Capuana widmet dieser Figur ein ausführliches Porträt und erübrigt viel Raum für ihre Lebensgeschichte.[14] So werden die "malizia", die "voglie animali", die "ferocia", aber auch die "intelligenza svelta" des "ragazzaccio" eindringlich hervorgehoben.[15] Seine Persönlichkeit weist in ihrer Negativität zweifellos genetische Faktoren auf, doch ist sie für den Erzähler letzten Endes entscheidend durch soziale Umstände bedingt, wie aus den folgenden Zeilen hervorgeht, in denen der Plan zur Gewalttat erstmals, wenngleich in vager Form, Gestalt annimmt:

> [Beppe] rimase [...] a rimuginare un monte di cattive idee e di perversi sentimenti che gli si erano svegliati nel petto come un groviglio di vipere calpestato per caso. Si sentiva mordere il cuore e avvelenare la immaginazione; si sentiva inquinare il san-

---

11) Zur Rezeption Zolas und weiterer französischer Erzähler in Italien im fraglichen Zeitraum vgl. G. Tosi, "Aperçu sur les influences littéraires françaises en Italie dans le dernier tiers du XIXe siècle", in: *Rivista di letterature moderne e comparate* 19, 3 (1966), S. 165-170. - Vgl. auch die erste auf Sizilien erschienene systematische Darstellung zum französischen Naturalismus, und zwar: G. Pipitone Federico, *Il naturalismo contemporaneo in letteratura. Impressioni e note*, I: *Il naturalismo contemporaneo in Francia*, Palermo 1866.

12) Vgl. L. Capuana, *Il teatro italiano contemporaneo*, Palermo 1872.

13) Vgl. Verga, *Lettere* (wie Anm. 2), bes. S. 124-126.

14) Vgl. *Giac.*, S. 25-27.

15) Ebda., S. 25.

> gue da una idrofobia morale che gli rimescolava nell'organismo quanto di più corrotto vi aveva inoculato la miserabile vita da lui condotta sin da piccino.[16)]

Der Passus ist in mehrfacher Hinsicht aufschlußreich. Zunächst einmal beabsichtigt Capuana offenbar, die physiologische, die organische Auswirkung einer psychischen Verfassung zu demonstrieren, die ihrerseits auf soziale Ursprünge zurückgeführt wird. Dies ist bemerkenswert und stellt ein personales Charakterisierungsmuster dar, dem auch andere Romanfiguren unterworfen werden. Damit löst sich Capuana aber bereits in einem wichtigen Aspekt von seinem Vorbild Zola. Denn für diesen ist die psychosomatische Dialektik ja entscheidend durch die organischen Ausgangsfaktoren bestimmt; das biologische Substrat präformiert die psychischen Qualitäten und damit in vielem auch das Sozialverhalten der Figuren. Dafür stehen beispielhaft die Protagonisten von *Thérèse Raquin*, "souverainement dominés par leurs nerfs et leur sang" und demzufolge auch "dépourvus de libre arbitre, entraînés à chaque acte de leur vie par les fatalités de leur chair", wie es im Vorwort heißt.[17)] Doch auch die genealogische und erbbiologisch bestimmte Gesamtanlage des *Rougon-Macquart*-Zyklus läßt den Primat der "phénomènes physico-chimiques" erkennen, wenn man eine gängige Formulierung des von Zola hochgeschätzten Claude Bernard aufgreift.[18)] Gewiß, auch Capuana kannte dessen *Introduction à l'étude de la médecine expérimentale* (1865), doch läßt sich in keiner seiner programmatischen Schriften eine detailliertere Auseinandersetzung mit naturwissenschaftlichen Fragestellungen finden.

Demnach nimmt es nicht wunder, daß die Figuren von *Giacinta*, wie auch Beppe, in vielem kaum Zolasche "Temperamente", sondern eher konventionelle "Charaktere" darstellen, die dem mit wissenschaftlichen Termini angereicherten Räsonnement einer übergeordneten Erzählinstanz unterstehen. Es ist wohl nicht leicht, solche Figuren einem breiteren Publikum als Paradigmen wissenschaftlicher Konzepte nahezubringen. Der Weg von den gesellschaftlichen Rahmenbedingungen über deren Auswirkungen auf ein indi-

---

16) Ebda., S. 32.

17) E. Zola, *Thérèse Raquin*. Chronik und Einleitung von H. Mitterand, Paris 1970, S. 59 f. - Auch wenn Zolas programmatische Absichtserklärungen oft nicht mit den Resultaten seines Erzählens in Einklang zu bringen sind, so liegt in diesem Falle doch ein bemerkenswertes Beispiel für die Annäherung von Theorie und Praxis vor. Vgl. dazu exemplarisch die weitgehende Selbstartikulation der Romanfiguren in Kap. XXIII, ebda., S. 189-191.

18) Vgl. C. Bernard, *Introduction è l'étude de la médicine expérimentale*. Chronik und Vorwort von F. Dagognet, Paris 1966, z.B. S. 101-103 u. 120-123.

viduelles Seelenleben bis zum spezifischen physiologischen Erscheinungsbild einer Figur hin erweist sich als schwierig und läßt sich in seinem Verlauf nicht immer klar verfolgen.[19)]

So ist im gesamten Roman immer wieder ein deiktischer Bezug auf wissenschaftliche Methoden zu erkennen. Ein solch exhibitionistischer Gestus erweckt jedoch stark den Eindruck des Voluntaristischen. Wissenschaft kommt kaum zum Tragen als ein den erzählerischen Diskurs regierendes Prinzip. Sie erweist sich eher als Gegenstand erzählerischer Argumentation, als durchgängig signalisiertes Thema, und erhält zudem einen weitgehend metaphorischen Status, wenn es gilt, die Kausalität von charakterlichen Entwicklungen und Ereigniszusammenhängen darzulegen. Beppes "idrofobia morale", seine "moralische Tollwut", macht den dilemmatischen Anspruch einer solchen Metaphorik im Detail und exemplarisch sichtbar.[20)]

Doch die Praxis des wissenschaftlich unterbauten Erzählens büßt auch unter einem weiteren Gesichtspunkt manches von ihrer Glaubwürdigkeit ein, wie abermals aus der zitierten Textpassage hervorgeht. Denn Capuanas ausgeprägt auktoriale Kommentare bilden durchweg einen Störfaktor für lineare, als wissenschaftlich verstandene Analysen. Dabei irritiert weniger, daß der Autor in formaler und geradezu grober Weise gegen die Forderung erzählerischer Objektivität oder Unpersönlichkeit verstößt, wie sie seit Flaubert nachdrücklich erhoben wurde. Als störend erweisen sich vielmehr seine mannigfachen Werturteile, da sie des öfteren einen Kontrast zu den wissenschaftlichen Erklärungsweisen abgeben.

Im Hinblick auf das Opfer Giacinta tritt dies besonders deutlich zutage. So betont Capuana einerseits "ingenuità" und "candore" der sympathischen "donnina" bzw. der "povera bimba", verweist aber andererseits - und durchaus mißbilligend - auch auf die Phänomene eines "compiacimento malsano" sowie eines "indicibile fascino", die durch Beppes zunehmendes Bemühen um Körperkontakte bei ihr hervorgerufen werden.[21)] Giacinta ist also nur mit Einschränkungen als das integre Opfer einer brutalen Tat anzu-

---

19) Madrignani sieht die Fallstudie der *Giacinta* insgesamt als Teil eines "sistema psico-fisiologico" und damit als orthodoxes Produkt des "materialismo ottocentesco", mithin als ein naturwissenschaftlich dominiertes Konzept. Im Hinblick auf die Romanstruktur freilich bemängelt er die Heterogenität eines soziologisch unterbauten "quadro di costume" einerseits und eines naturwissenschaftlich fundierten "studio di psicologia" andererseits. Vgl. Madrignani, *Capuana e il naturalismo* (wie Anm. 8), S. 156 f.

20) Vgl. *Giac.*, S. 32.

21) Vgl. ebda., S. 30, 32 u. 33.

sehen. Mit anderen Worten: Die Verschränkung von auktorialer Moral und Formen wissenschaftlicher Analyse bewirkt eine eigentümliche Ambivalenz der Figuren und ihres Tuns. Capuanas Erzähltechnik läßt letzten Endes den nicht ganz unberechtigten Verdacht aufkommen, seine wissenschaftlichen Begriffe und Argumente dienten hauptsächlich der Rechtfertigung eines persönlichen Standpunkts und beförderten somit indirekt eine präskriptive Denkart.

Daß eine solche Erzählanlage die Leser sowohl zu verunsichern als auch zu provozieren vermochte, leuchtet unschwer ein. So kann Capuana bei seinem Publikum auch kaum von dem Umstand profitieren, daß er sich in der szenischen Darstellung des Romangeschehens sehr zurückhält. Sowohl der Akt der Vergewaltigung als auch die Selbsttötung bleiben dem Blick des Lesers entzogen.[22] Gewaltvorgänge und disharmonische Körperreaktionen sollen offenbar ausgeklammert werden. Dies überrascht zweifellos, denkt man vergleichsweise nur daran, wie Flaubert die Agonie Emma Bovarys technisch gestaltet und wie Zola Thérèse und Laurent auf den letzten Seiten von *Thérèse Raquin* den Tod finden läßt.[23] Indem Capuana sich nahezu ausschließlich auf die psychologische Dimension seiner Figuren konzentriert, rückt freilich das Grundproblem seines Erzählens, die Interferenz von wissenschaftlicher Fiktion und auktorial-moralistischem Diskurs, um so mehr in den Vordergrund.

Nun war es allerdings möglich, auch die psychologische Plausibilität von Erzählfiguren in den Bahnen des zeitgenössischen Positivismus zu verwirklichen. Taines positivistische Psychologie, die etwa "Laster" und "Tugend" als "produits moraux" in Analogie zu chemischen Verbindungen begreift, konnte ein einfacher Ansatzpunkt dafür sein.[24]

Deshalb handelt es sich für Capuana im Konkreten darum, seinen Lesern mit zwingender Logik verständlich zu machen, warum seine Heldin nach ihrem Schlüsselerlebnis eine Existenz abseits der sozialen Norm führen muß und warum die Gesellschaft durch ebenjenen Vorfall eine untilgbare Schuld ihr gegenüber auf sich geladen hat. Der Versuch, dieses Problem zu bewältigen, ist jedoch mit einer weiteren Einbuße an wissenschaftsmethodischer

---

22) Vgl. ebda., S. 33 u. 211 f.

23) Vgl. G. Flaubert, *Madame Bovary*, hrsg. v. C. Gothot-Mersch, Paris 1971, insbes. S. 323 u. 326, sowie Zola, *Thérèse Raquin*, S. 252-253.

24) Vgl. zu Taines Auffassung seine Ausführungen im *Journal des débats* vom 19.12.1872, abgedruckt in: *Réalisme et naturalisme. L'histoire, la doctrine, les oeuvres*. Prés. par J.-H. Bornecque und P. Cogny, Paris 1958, S. 48.

Konsequenz verbunden. So sieht Giacinta sich zunächst von jeder Liebesmöglichkeit ausgeschlossen und glaubt zudem, einem unabänderlichen persönlichen Schicksal unterworfen zu sein, über das sie wie folgt reflektiert:

> Intanto vi erano giorni che alla sua giovinezza ripugnava di rassegnarsi a simil sorte. S'impennava. Che aveva fatto di male da essersela attirata addosso? Cacciarla dal paradiso della vita senza aver punto peccato era una grande ingiustizia del mondo! Ma che farci? L'onta da cui sapevasi macchiata era un'onta incancellabile. Il pregiudizio della società riteneva così; né sarebbe stata lei che sarebbe riuscita ad abolirlo.[25)]

Als schicksalhaft betrachtete Lebensumstände werden in Giacintas Perspektive hergeleitet von einer gesamtgesellschaftlichen Mentalität. Dabei ist es erstaunlich, daß Giacinta sich nie die Frage nach den Ursachen ihrer Vergewaltigung stellt und daß an keiner Stelle des Romans der Vorfall an sich in seinen unmittelbaren psychischen Folgeerscheinungen thematisiert wird. Nicht die erlittene Gewalt ist der Heldin ein Problem, sondern der Ausblick auf ihr zukünftiges gesellschaftliches Leben. Ohne die gesellschaftlichen Vorurteile, so scheint es, käme der Vergewaltigung nur eine untergeordnete Bedeutung zu. Damit wird nicht nur in massiver Form eine im ganzen Roman immer wieder pauschal gemeinte und ebenso bezeichnete "società" verurteilt.[26)] Zur Debatte steht auch die Kompromißlosigkeit von Giacintas Gesellschaftsverhältnis und die Tatsache, daß es sich auf eine spekulative Einschätzung künftiger sozialer Reaktionen gründet, nicht aber auf empirisch gesicherte Vorkommnisse. Auf diesem Wege wird der Versuch, einen wissenschaftlich begründeten Kausalzusammenhang darzulegen, in beträchtlichem Ausmaß dem persönlichen Schicksalsglauben der Protagonistin geopfert.[27)]

Dieser fatalistische Aspekt kann jedoch leidlich aus der psychologischen Isolation Giacintas und ihrer charakterlichen Rigidität einsichtig gemacht werden. Demzufolge entspringt die geradezu schematische Umkehrung der gesellschaftlichen Konventionen und Werthaltungen durch die Heldin der Konsequenz eines individualpsychologischen Modells: die Scheinehe mit dem dekadenten Grafen, das Ritual eines quasi ehelichen Versprechens gegenüber Andrea noch am Hochzeitstag, die haßerfüllte Abwendung von der Mut-

---

25) *Giac.*, S. 72 f.

26) Daß in Giacintas Sicht die *Gesellschaft* stets als eine feindselige erscheint, kommt besonders zum Ausdruck in: *Giac.*, S. 60, 72 f., 87, 109, 118 u. 133.

27) Der Motivbereich der "fatalità" im Denken der Zentralfigur ist nicht erst im Umkreis der abschließenden Katastrophe präsent, sondern durchzieht den gesamten Roman. Vgl. z.B. *Giac.*, S. 49, 74, 78, 79, 86, 189, 190 u. 202.

ter, das nicht geheime, sondern offenkundige Zusammenleben mit dem Geliebten und anderes mehr.

Ist diesem charakterlichen Paradigma eine innere Schlüssigkeit nicht abzusprechen, so wird es dennoch durch das Zutun der Erzählinstanz entscheidend in Mißkredit gebracht, und dies mit gravierenderen Folgen für die narrative Gesamtkonzeption, als bisher zu beobachten war. Dem wechselseitigen Liebesgelöbnis von Giacinta und Andrea folgt nämlich eine kategorische Stellungnahme des Erzählers:

> La Giacinta si era buttata incontro all'avvenire quasi volesse dar di capo in una parete. Nella giornata aveva preso una di quelle risoluzioni che gravano sull'intiera vita come un irremovibile masso. Le consequenze di una falsa promessa non si sfuggono mai; nemmeno quando ci si è accorti di aver commesso uno sbaglio. La violenza dei fatti s'impone alla umana volontà come il Fato degli antichi; e la commedia o la tragedia della vita, spesso tutte e due intrecciate insieme, precipitano ruinose alla loro trista catastrofe.[28)]

Es liegt mithin eine Erzählereinmischung vor, die technisch und argumentativ gesehen einem Text der *Comédie humaine* entnommen sein könnte. Hieran zeigt sich, daß Capuana trotz seiner Ambition, naturalistisch zu erzählen, in wichtigen Punkten seines Schreibens auf den Entwicklungsstand des Balzacschen Romans zurückfällt. Im Hinblick auf ein wissenschaftlich orientiertes Erzählen haftet dem Kommentar jedoch noch ein weiterer und folgenschwererer Mangel an: Der Erzähler gibt eine partielle Identität seiner Denkweise mit der seiner Figur zu erkennen. Denn beide tendieren dazu, Lebensgeschichten als Funktion einer metahistorischen Institution des Schicksals zu begreifen. Dabei umschreibt die Kategorie des Schicksals keinen positivistisch verankerten Determinismus. Im Falle der Giacinta beruht sie auf einer kritischen Selbsteinschätzung in depressiver Verfassung; im Falle des Erzählers liegt ihr ein vages humanistisches Fundament zugrunde, das von Pessimismus durchzogen ist und nahezu sentenzartige Urteile zum Vorschein kommen läßt.[29)]

---

28) Ebda., S. 86.

29) So wird etwa Andreas zunehmende ökonomische Abhängigkeit von Giacinta wie folgt kommentiert: "Si sa: la transazione più dura è sempre la prima e, spesso, è la più piccola. Le altre vengon fuori come corollarii, come conseguenze di questa; e non è mica da stupire se tra la prima e l'ultima ci stia di mezzo un abisso." (*Giac.*, S. 152).

Ein Erzähler, der in markanten Aspekten die psychologische Distanz zu einer Figur aufhebt, ist grundverschieden von einem Erzähler, der eine solche Distanz in der Mentalität und im Habitus des wissenschaftlichen Beobachters gerade betont. In Capuanas erstem veristischen Roman soll der Erzähler offenkundig diesen beiden gegensätzlichen Bestrebungen gerecht werden. Der Überzeugungskraft eines Erzählens, das sich als wissenschaftlich versteht, kommt das nicht zugute.

Giacintas Lebensweg ist nun aber aufgrund dieser heterogenen Erzählstrategie im Sinne eines ruinösen "destino" festgelegt. Das bietet Capuana den Vorteil, den weiteren Verlauf der Erzählfabel so gestalten zu können, daß seine Protagonistin, ganz ihrem zwanghaften Handeln entsprechend, weitgehend exkulpiert ist. Denn Giacinta handelt jetzt nach charakterlichen Prinzipien, gegen deren erdrückendes Gewicht sie nicht anzukämpfen vermag. Das entscheidende Glied in der Kette schicksalhafter Ereignisse, die ihre Existenz bestimmen, ist aber der Verlust von Andreas Liebe. Hierin erkennt sie das bedrückendste Walten einer "forza superiore" bzw. den Höhepunkt der "fatalità della sua stella".[30] Deshalb liegt der Gedanke an einen Selbstmord in Verbindung mit einem Rachemord an dem treulosen Geliebten ganz in der Konsequenz einer einförmigen Charakterstruktur.

Doch Capuana ist bestrebt, die Zwangssituation seiner Demonstrationsfigur gerade zum Romanende hin noch stärker hervorzuheben. Er läßt Giacinta nämlich graduell dem Wahnsinn anheimfallen. Ihr Entschluß zur doppelten Gewaltat mittels einer vergifteten Nadel fällt zeitlich zusammen mit dem Auftreten der "follia":

> La Giacinta aveva freddo in tutto il corpo, ma il cuore le bruciava. Il suo cervello ferveva di un ribollimento morboso che non le permetteva più di formarsi un esatto giudizio dei suoi pensieri e dei suoi atti. Erano due delitti ch'ella intendeva commettere ad una volta? Non istava a badarci. Accoccolata sulla poltrona, l'idea della sua vendetta la inebriava talmente, ch'ella proprio vedeva l'Andrea ferito dal fatale spillo addormentarsele tra le braccia senz'accorgersi di morire.
> Ma in mezzo a quella vera follia, il suo cuore, di quando in quando, provava ancora dei mancamenti di forza [...] Allora una passione della vita la invadeva [...] Era un lucido intervallo di pochi minuti. Le tenebri della follia precipitavano nuovamente.[31]

30) Ebda., S. 202.
31) Ebda., S. 209 f.

Capuana konfrontiert seine Leser nicht unvermittelt mit dem vollen Bild von Giacintas "follia". Das Syndrom hat mehrere symptomatische Vorstufen. Da handelt es sich bald um eine intermittierende Hirntätigkeit, bald um "Phantasmen", die die verzweifelte Frau bedrängen, schließlich um eine "ridda infernale", einen wahren "Hexensabbat", der im Kopf der Betroffenen stattfindet.[32)] Letzten Endes erscheint Giacinta als unzurechnungsfähig und moralisch nicht belastbar für ihr Tun. Dies steht durchaus im Einklang mit der Rolle eines gesellschaftlichen Opfers, die der Autor seiner Figur insgesamt zuteilt.[33)]

Gute Gründe sprechen freilich dafür, daß Capuana sich auf solche Weise auch gegenüber der Leserschaft absichern wollte. Über den abschliessenden Eklat sollte diese nicht allzu sehr vor den Kopf gestoßen werden. Das ist zum einen dadurch gewährleistet, daß Andrea vom Tod verschont bleibt. Zum anderen liegt mit dem psychosomatischen Phänomen der "follia" ein Legitimationsfaktor vor, der mit einer wissenschaftlichen Begründung ausgestattet ist.

Doch gerade hierin zeigt sich wiederum - an der exponierten Stelle des Erzählabschlusses sowie in gleichsam resümierender Weise - Capuanas eher vage und über die deduktive Argumentation vermittelte Wissenschaftsauffassung. Giacintas "follia" soll als der teleologisch bestimmte Endpunkt einer Lebensgeschichte gelten. Die soziale Determiniertheit der Figur findet zunächst einen Widerhall im psychischen Bereich und schlägt sich schließlich und endlich in den Hirnfunktionen physiologisch nieder. Ein solches Paradigma von Krankheit,das auf genetische Prädispositionen nahezu verzichtet, konnte - unbeschadet seiner begrenzten Plausibilität - in der damaligen Erzählliteratur Italiens als originell gelten. Es ist auch keineswegs dem Kriminalpsychologen und Psychiater Lombroso verpflichtet, dessen frühe Schriften

---

32) Ebda., S. 196 f. u. 202.

33) Eine signifikante Veränderung in Genese und Ausformung des psychischen Krankheitsbildes liegt im Verhältnis hierzu hingegen mit der Titelfigur von Capuanas Roman *Il marchese di Roccaverdina* (1901) vor. Sieht sich Giacinta von vornherein aus der Gesellschaft ausgeschlossen und immer mehr als deren Opfer, so versucht Antonio di Roccaverdina unbewußt, die gesellschaftlichen Konventionen zu überwinden, an denen er seinem manifesten Bewußtsein nach noch festhält. Im Widerstreit dieser gegensätzlichen Anforderungen fällt er dem "ebetismo", dem "Stumpfsinn" anheim. Vgl. dazu auch den Capuanas spätem Roman gewidmeten Abschnitt in: Vf., *Figur und Erzählauffassung im veristischen Roman. Studien zu Verga, De Roberto und Capuana vor dem Hintergrund der französischen Realisten und Naturalisten*, Frankfurt/a.M. 1986, S. 148-227.

sich vornehmlich der Vererbungslehre widmen, während die für Capuana wohl interessante, psychopathologische Studie *L'amore nel suicidio e nel delitto* erst 1881 erscheint.[34)]

Berücksichtigt man demnach Capuanas prinzipielle Intention, mit Giacinta einen neuartigen Figurentypus zu schaffen, so leuchtet auch ein, daß das konventionellere Muster der genetischen Kausalität an die erzählerische Peripherie gedrängt wird. Deshalb manifestiert sich die "legge dell'eredità naturale" etwa im seltsamen Gebaren von Giacintas Ehemann, dem "prodotto degenerato di una magnifica razza", oder in Andreas mitunter draufgängerischem Charakter, der ebenfalls auf das "razza"-Motiv zurückgeführt wird.[35)]

Nun kam der Konzeption von sozialpsychologisch determinierten Figuren im zeitgenössischen Kontext verständlicherweise eine geringere Überzeugungskraft zu als einem Vorgehen, das sich auf erbbiologische Theorien stützte. Capuana mußte deshalb den Kausalitätsfaktor der intransigenten Gesellschaft besonders markieren, was zu dem Resultat einer monolithisch-rigiden Gesellschaftsdarstellung führte.[36)] Der Provokationscharakter des Romans ist somit in der letzten Endes soziologischen Ausgangsbasis des Erzählens bereits angelegt.

Dies heißt nun jedoch nicht, daß der Autor für die Gestaltung seines Frauenschicksals zur Gänze auf naturwissenschaftliche Kriterien verzichtete. In Giacintas "follia" ist schließlich auch, so unbestimmt die Kategorie gefaßt sein mag, ein medizinisch relevantes Phänomen zu sehen. Von daher erscheint es einleuchtend, daß Capuana bestrebt ist, die beiden für Giacintas pathologische Entwicklung maßgeblichen Faktoren, den in erster Linie sozialen, aber auch den medizinischen, miteinander zu verquicken. Auf der Ebene des disparaten erzählerischen Diskurses kann diese Verbindung kaum einsichtig werden. Deshalb sind die unterschiedlichen Wissenschaftsbereiche

---

34) Vgl. C. Lombroso, *L'amore nel suicidio e nel delitto*, Turin 1881. Lombrosos kriminalanthropologische Studien - wie auch die hier genannte - zielen bekanntlich darauf ab, die psychische Disposition zu kriminellen Akten aus der körperlich-organischen Beschaffenheit jeweiliger Personen abzuleiten.

35) Vgl. im einzelnen: *Giac.*, S. 93 u. 149.

36) Von der Erzählstruktur her gesehen, trifft zweifellos zu, daß Giacintas "'rivenge' on society" letzten Endes nur auf der Ebene der "verbal assertion" besteht und daß kein reziprokes Verhältnis von Gesellschaft und Einzelperson vorliegt, wie betont wird bei J. Davies, *The Realism of Luigi Capuana. Theory and Practice in the Development of Late Nineteenth-Century Italian Narrative*, London 1979, S. 51. Freilich fand offenbar gerade die monokausale Ausrichtung der Figurenpsychologie einen besonderen gesellschaftlichen Widerhall im Prozeß der Rezeption.

in einer exponierten Romanfigur integriert, die im letzten Drittel des Buches eingeführt wird.[37)]

Es handelt sich dabei um den jungen Dr. Follini, eine Art Alter ego des Erzählers, der gerade aus Boston vom Studium der Arzneikunde zurückgekehrt ist. Dort hat er unter anderem die Heilkraft des indianischen Kurare-Giftes kennengelernt, das nur dann tödlich wirkt, wenn es direkt in die Blutbahn gelangt. Mit diesem exotischen Medikament behandelt Follini, allerdings erfolglos, die Gicht von Giacintas Vater.[38)] Giacinta wiederum verwahrt das Gift, die "fatale boccetta", auch nach des Vaters Tod, da sie sich nicht entschließen kann, es zurückzugeben.[39)] Der spätere Selbstmord mit ebendieser Substanz nimmt bereits Konturen an.[40)]

Wesentlich für Capuanas Wissenschaftsverständnis ist jedoch das Porträt des jungen Artzes, dessen positive Eigenschaften ihn scharf von seiner Umwelt abheben:

> Egli era un medico filosofo, pel quale i nervi, il sangue, le fibre, le cellule non spiegavano tutto nell'individuo. Non credeva all'anima immortale; però credeva all'anima e anche allo spirito: combinava Claudio Bernard, Wirchoff e Moleschott con Hegel e Spencer, ma il suo Dio era il De Meis della Università di Bologna.[41)]

Der junge Arzt, "ricco di tanta dottrina",[42)] ist also zugleich "Philosoph". Da sein Weltbild nur bedingt materialistisch ist, stellt die organische Medizin lediglich einen Teilaspekt seines wissenschaftlichen Credos dar. Damit zeichnet sich bereits ab, daß die Gestalt Dr. Follinis idealtypisch geeignet ist, das existentielle Drama Giacintas zu begreifen. So sehr Capuana mit dieser seiner Ausnahmefigur einem jeden wissenschaftlichen Monismus eine Absage erteilt, so problematisch nimmt sich freilich der methodologische "pot-pourri" aus, der hier serviert wird. Man darf dies wohl von der enzyklopädischen Wissenschaftsauffassung her verstehen, die für die Epoche des Positivismus so

---

37) Vgl. *Giac.*,S. 155 ff.
38) Vgl. ebda., S. 155 f.
39) Vgl. ebda., S. 156.
40) Der Terminus "suicidio" taucht im übrigen erstmals - und von Giacinta ausgesprochen - in *Giac.*, S. 75 auf, freilich in metaphorischer Verwendung.
41) Ebda., S. 160.
42) Ebda., S. 161.

charakteristisch ist und in der der Glaube an eine gemeinsame Finalität der unterschiedlichsten Disziplinen zum Vorschein kommt.[43)]

In diesem Zusammenhang wird denn auch der besondere Rang verständlich, den Camillo De Meis einnimmt. Abgesehen vom Lokalkolorit und von der patriotischen Komponente, die damit verbunden sind, war ja gerade der Hegelianer De Meis ein engagierter Verfechter der Zusammenführung von Naturwissenschaft und Philosophie. So betrachtete er unter anderem die Medizin als einen Teil der Naturphilosophie und gelangte dabei zu der Überzeugung, sie sei lediglich eine "costruzione astratta e bizzarra"[44)] War demnach Capuana mit großer Wahrscheinlichkeit De Meis' philosophischer Briefroman *Dopo la laurea* (1868) bekannt, so bleibt es doch erstaunlich, daß im Reigen der illustren Namen, denen sich Dr. Follini verpflichtet fühlt, der von Roberto Ardigò fehlt. Denn Ardigòs *La psicologia come scienza positiva* (1870) hätte er ein anders akzentuiertes Verhältnis von Naturwissenschaft und Philosophie entnehmen können.

Der "positivismo filosofico", von dem Ardigò spricht, gründet sich nämlich auf die verfügbaren Methoden der "scienze naturali", wobei die "questioni filosofiche" erst auf deren gesicherter Basis abgehandelt werden.[45)] Doch eine solche Position ist offenkundig kaum vereinbar mit Capuanas erzählerischem und figurenpsychologischem Konzept, das letzten Endes den im De Meisschen Sinne "philosophischen" Faktoren den Vorrang einräumt und damit zugleich einer geschichtlichen Teleologie im Kleinen, nämlich der Lebensgeschichte Giacintas.

Das zeigt sich auch sogleich, wie nunmehr zu erwarten ist, in Giacintas Einschätzung durch den jungen Follini. Dabei wird obendrein deutlich, daß wissenschaftliche Disziplinen, wie etwa die Medizin, für Capuanas Arzt einer Evolution unterliegen und auf den teleologischen Entwurf einer übergeordneten Humanwissenschaft ausgerichtet sind:

> La Giacinta lo aveva interessato sin dai primi giorni come un caso di patologia morale degno davvero di attenzione. In quella donna l'eredità naturale, l'organismo potevan servir a dipanare appena una metà del problema. E siccome per lui la medicina

---

43) Vgl. dazu etwa J. v. Kempski, " Zum Selbstverständnis des Positivismus", in: J. Blühdorn/J. Ritter (Hrsg.), *Positivismus im 19. Jahrhundert. Beiträge zu seiner geschichtlichen und systematischen Bedeutung*, Frankfurt/a.M. 1971, S. 15-26, bes. S. 23 f.

44) So in einem zitierten Passus bei E. Garin, *Storia della filosofia italiana*, Turin 1966, Bd. 3, S. 1239.

45) Vgl. R. Ardigò, *Opere filosofiche*, Padua 1882, Bd. 1, S. 58.

> non consisteva soltanto nella diagnosi e nella cura del morbo, così non lasciava sfuggirsi nessuna occasione di raccogliere elementi scientifici, cioè fatti individuali provati, pel suo gran lavoro sull'uomo, ideato sin da quando si trovava all'Università bolognese.[46)]

Follinis wissenschaftliches Interesse steht demzufolge in der Perspektive einer umfassenden und nicht zuletzt sozialen Anthropologie. Offenbar befindet er sich aber erst im Anfangsstadium seiner Bemühungen. So ist es ihm nur begrenzt möglich, den Krankheitsfall der Giacinta zu beurteilen, geschweige denn ihm therapeutisch zu begegnen. Zudem erlaubt der ausdrücklich genannte "caso di patologia morale" keine Anwendung detaillierter und schon erprobter Analysemuster. Als pathologisches Subjekt stellt Giacinta selbst für den besonders fähigen Arzt noch Neuland dar. Aus diesem Grund handelt es sich für ihn auch um einen "bel caso".[47)] Dessen weitere Entwicklung beurteilt er als "certamente terribile", und so beobachtet er von Tag zu Tag "i sintomi precursori di una catastrofe, oscura nelle sue conseguenze, ma infallibile e vicina".[48)]

Indem Capuana einen gewissermaßen avantgardistischen Wissenschaftler in das Romangeschehen einführt, verleiht er seinem Sujet ein besonderes Relief. Denn zum einen dient Dr. Follini dazu, die Abkehr vom etablierten Erklärungsmodell der Vererbungslehre zu legitimieren; zum anderen aber fällt ihm die Aufgabe zu, den pathologischen Fall Giacinta im Licht des Außergewöhnlichen erscheinen zu lassen, ihn als wissenschaftlich noch nicht lösbar hinzustellen. Über diese Aktualisierung seines Erzählgegenstandes beansprucht Capuana eine nachdrückliche Kompetenz, was die Kenntnis von Situation und Entwicklungstendenzen der zeitgenössischen Wissenschaftsdisziplinen betrifft. Sein Roman soll somit Ausdruck uneingeschränkter Originalität sein.

Wenn das damalige Publikum dieses Originalitätsstreben kaum honorierte, so liegt dies allerdings nur begrenzt in solch forschem Aktualitätsdrang begründet. Zunächst einmal mochte die heterogene Erzählanlage zur Verwir-

---

46) *Giac.*, S. 161.

47) Ebda.

48) Siehe ebda. u. ebda., S. 169. - In Giacintas Selbstmord erkennt Cibaldi zwar den Ausdruck eines "caso patologico" und damit den experimentellen Aspekt des Romans. Insgesamt gesehen erscheint ihm die Tat aber dennoch als "residuo più grosso delle melodrammaticità romantiche". Essentielle Knappheit und Nüchternheit des Erzählerberichts im Umkreis der Thematik sprechen jedoch nicht für diese Auffassung. Vgl. A. Cibaldi, *Capuana*, Brescia ^{3}1973, S. 45.

rung der Leser beigetragen haben und sie gelegentlich noch an die Schemata des risorgimentalen Romans, etwa von *Fede e bellezza* (1840), erinnert haben.[49] Auch die in ihrer Leidenschaft verhafteten Protagonisten der frühen Romane Vergas wie *Tigre reale* (1873) oder *Eros* (1875) stehen in mancher Hinsicht dem Seelendrama Giacintas gar nicht so fern.[50] Deshalb lassen sich die eigentlichen Gründe des Skandals auf Capuanas Wissenschaftsverständnis und die daraus resultierenden Konsequenzen zurückführen. Zwei Aspekte verdienen in diesem Zusammenhang besondere Aufmerksamkeit: der geringe praktische Nutzen der Wissenschaft sowie die wissenschaftliche Rechtfertigung von Sozialkritik.

In der Tat erweist sich die Wissenschaft als wenig hilfreich für die im Roman aufgeworfenen Probleme. Follini vermag weder dem gichtkranken Marulli zu helfen noch der schwindsüchtigen Adele. Giacintas Krankheit wiederum begreift er nur in einem weitgefaßten Sinne, und die entscheidende Phase ihrer inneren Entwicklung zur "follia" hin entgeht ihm vollends.[51] Die Medizin, eine wissenschaftliche Paradedisziplin des späten 19. Jahrhunderts, liefert hier bestenfalls Erklärungsmuster und initiiert Erkenntnisprozesse. Doch sie ist dem sozialen Fortschritt nicht förderlich, zumindest nicht in einer unmittelbaren Weise.

Gerade darauf aber richtet sich das Interesse der bürgerlichen Schichten des jungen italienischen Staates, aus denen sich auch das Lesepublikum rekrutierte. Ihrer Mentalität entsprach es, den wirtschaftlichen und zivilisatorischen Rückstand Italiens gegenüber anderen Nationalstaaten aufzuholen,

---

49) Dies gilt zumal im Hinblick auf jenes unorthodoxe Konglomerat aus Sinnlichkeit und strenger Moral, welches für das Verhältnis der Protagonisten Maria und Giovanni und damit auch für die Erzählstruktur bei Tommaseo insgesamt charakteristisch ist. Vgl. N. Tommaseo, *Fede e bellezza*, in: ders., *Poesie e prose*, hrsg. v. P.P. Pompeo u. P. Ciureanu., 2. erweiterte Ausgabe, Turin 1966, Bd. 1, S. 257-407.

50) In *Tigre reale* mündet die unstete erotische Aktivität des Protagonisten Giorgio La Ferlita freilich noch in eine bürgerliche Ehe. Dies stellt sich im Falle von Alberto Alberti, der Zentralfigur von *Eros*, bereits anders dar. Wenn dieser nach peripetienreichen erotischen Eskapaden seine authentischen Liebesgefühle für die Cousine und Ehefrau Adele entdeckt, so geschieht dies erst an deren Totenbett und bewegt ihn zum Selbstmord. Wie im Falle Giacintas untergräbt die Unbedingtheit emotionaler Fixierung jegliches pragmatische Realitätsverhältnis. Vgl. G. Verga, *Tigre reale*, in: ders., *Una peccatrice. Storia di una capinera. Eva. Tigre reale*, krit. Einleitung u. Anthologie v. G. Croci, Mailand 1975, S. 345-442; ders., *Eros*, krit. Einleitung u. Anthologie v. R. Cantini, Mailand 1976.

51) Vgl. *Giac.*, S. 199.

wobei der Wissenschaft eine wichtige Rolle zugedacht war.[52)] Vor diesem Hintergrund gesehen, legt der Roman *Giacinta* eher eine beobachtende und selbstbezogene Funktion der Wissenschaft nahe. Dem Wissenschaftsverständnis fehlt der sozialreformerische Impetus, dem etwa Zola zur gleichen Zeit und teils schwärmerisch in *Le roman expérimental* (1880) Worte verleiht, wenn er den "meilleur état social" ebenso in Aussicht stellt wie die Möglichkeit eines "résoudre à la longue tous les problèmes".[53)]

Darüber hinaus haftet Capuanas mit superlativischen Attributen versehenem Wissenschaftler, den eine "anima da poeta" auszeichnet,[54)] aber noch ein anderer Mangel an. Zwar betrachtet er Giacinta mit der "fredda curiosità dello scienziato",[55)] doch ihre Schönheit verfehlt nicht ihre Wirkung auf ihn. So läuft der Wissenschaftler beinahe Gefahr, in den Strudel der pathologischen Entwicklung hineingezogen zu werden, zumal er seinerseits für Giacinta ein wahres "Ideal" darstellt, dem früher und rechtzeitig zu begegnen sie sich gewünscht hätte.[56)] Deshalb gilt bei aller Zurückhaltung des Arztes dennoch: "Al Follini era accaduto quel che accade a tutti coloro che scherzano col fuoco: si era scottato un pochino."[57)]

Damit büßt die Gestalt des Mediziners einiges von ihrem Nimbus ein, nähert sie sich doch momentan einem Klischee des *romanzo rosa*. Schließlich pflegen die Hände beider Protagonisten während der "calda intimità" ihrer Konversation ineinander zu ruhen.[58)] So wird der Arzt nur durch seinen wissenschaftlichen Realitätssinn davon abgehalten, sich in einer "idealità fuori del mondo" zu verlieren,[59)] und sein Abschied - er begibt sich wieder nach Amerika - hinterläßt ein wenig den Eindruck einer Flucht. Es ist sowohl die Flucht vor einem ausweglosen, sich eigendynamisch vollendenden Krankheitsfall als auch die Flucht vor einer unberechenbaren Gefühlsentwicklung. Dementsprechend fällt Follini in seinem abschließenden Geständnis, seiner "confessione", in eine quasi kindliche Denkart zurück, wenn er Giacinta bekennt: "Vi amo come un fanciullo."[60)]

---

52) Vgl. hierzu etwa G. Baglioni, *L'ideologia della borghesia industriale nell'Italia liberale*, Turin 1974, bes. S. 77-113.

53) E. Zola, *Le roman expérimental*. Anmerkungen u. Kommentare v. M. Le Blond, Paris 1928, S. 28-29.

54) Vgl. *Giac.*, S. 161.

55) Ebda., S. 172.

56) Vgl. ebda., S. 187.

57) Ebda., S. 171.

58) Vgl. ebda., S. 200 u. 201.

59) Vgl. ebda., S. 200.

60) Ebda.

Wie man sieht, verfügt die Figur des repräsentativen Wissenschaftlers am Ende über eine eher geringe Autorität. Implizit, und ohne daß dies geplant gewesen wäre, problematisiert der Roman sogar die Wissenschaft. In dieser Hinsicht erscheint auch Giacintas Selbstmord in einem nochmals anderen Licht: Er verdankt sich keinem konventionellen, sondern einem modernen Gift, einem Stoff der zukunftsweisenden Medizin. Im Blick auf Capuanas gesamtes Oeuvre und die progressive Entwicklung seiner ästhetischen Theorie überrascht diese hybride Behandlung der Wissenschaft allerdings kaum. "Kunst" und "Wissenschaft" - so das spätere Bekenntnis in *Arte e Scienza* (1904), das sich schon in *Per l'Arte* (1885) abzeichnet - vertragen sich nicht miteinander; die "Wissenschaft" darf sich nicht in Fragen der "Kunst" einmischen.[61] Der Roman *Giacinta* scheint diese Ansicht in manchem und unbeabsichtigt vorwegzunehmen.

Doch auch im zweiten von uns genannten Anlaß einer negativen Publikumsreaktion zeigt sich Capuanas heterogene Einstellung zur Wissenschaft. Sein Werk konnte nämlich als eine besonders scharfe Form von Sozialkritik begriffen werden, einer Kritik, die der gesellschaftlichen Entwicklung trotz der entfalteten Wissenschaftsthematik keinen günstigen Weg weist. Der Roman kennt nämlich außer den Sonderfällen Giacinta und Follini keine positive Figur. Auch Andrea zählt zu den negativen Figuren als "uomo comune, quasi volgare", wie Follini sagt, wobei er Giacintas Interesse an ihm als einen Beleg ihrer krankhaften "idée fixe" versteht.[62] Die dargestellte Provinzgesellschaft hat sich insgesamt in kompakter Weise materialistischen Zielen verschrieben, die sie mit unmoralischen Mitteln und zynisch verfolgt.

Nun könnte man dagegen einwenden, daß auch die Vertreter des radikalen Flügels der Scapigliatura dem Bürgertum heftig zusetzten und sich ihm gegenüber weitaus provokanter verhielten. Doch die Scapigliati - zu denken ist hier hauptsächlich an Cesare Tronconi und Paolo Valera - waren für die bürgerliche Leserschaft leichter zu kategorisieren und in ihren sozialrevolutionären Absichten besser einzuschätzen. Von Tronconi etwa lagen vor dem Erscheinen der *Giacinta* die Romane *Un amore a fondo perso* (1873) und *Madri ... per ridere* (1877) vor, in denen sich eine von Sympathie getragene Darstellung der sozialen Unterschicht Mailands mit pamphletartigen Angriffen

---

61) Zu dieser Ansicht vgl. durchgängig L. Capuana, *Arte e Scienza*, Catania 1904.
62) Vgl. *Giac.*, S. 163.

auf das Bürgertum verbindet.[63] Tronconis Vorliebe für die Thematisierung einer unkonventionellen Sexualität mit nicht selten kruden Szenen trug ihm indessen rasch das Etikett des Pornographen ein. Nicht viel besser erging es Valera, einem Gefolgsmann Garibaldis, der 1879 mit dem Roman *Milano sconosciuta* debütierte.[64] Sind bei beiden Autoren gewisse Anlehnungen an Zola unverkennbar, so bleiben diese insgesamt doch unbestimmt und ohne jegliche Beanspruchung einer wissenschaftlichen Methodologie.

Da war Capuana mit seiner weniger lautstarken, aber hintergründigen Provokation von ganz anderem Kaliber. Indem er Giacintas Entwicklung sowohl in einem bürgerlichen Ambiente ansiedelt als auch durch dieses hervorgerufen sieht, kann des öfteren der Eindruck entstehen, das Bürgertum trage einen Keim der Selbstzerstörung in sich. Die sozialpsychologischen Ursachen des "caso di patologia morale", die nicht spezifiziert sind, doch gleichwohl wissenschaftlich postuliert werden, vermochten nämlich Anlaß zur Beunruhigung zu geben und das tatsächliche Entstehen solcher Krankheitsfälle zu suggerieren. Dieses Bild wird noch klarer, wenn man bedenkt, daß die bürgerliche Giacinta ganz und gar bürgerlichen Werten verhaftet ist und in letzter Konsequenz zu einer authentischen und nicht pervertierten bürgerlichen Moral hinstrebt. Ihr Idealbild von Gesellschaft, so zeigt ihr ganzes Handeln, gründet sich auf nichts anderes als die Vorstellung eines moralisch integeren und geläuterten Bürgertums.[65]

Dieses Paradoxon und seine Integration in einen Rahmen wissenschaftlicher Erklärung war dem Publikum zweifellos auch ein größeres Problem als die Ehebruchgeschichten von Balzac, wie *La femme de trente ans* (1831-34)[66] oder der Fall von Madame Bovary, Lesestoffe, die im Italien der siebziger und achtziger Jahre viel Zuspruch fanden. So versucht beispiels-

---

63) Vgl. C. Tronconi, *Un amore a fondo perso*, Mailand 1873, und *Madri... per ridere*, Mailand 1877. Vgl. auch die exemplarisch negative Kritik bei B. Croce, *La letteratura della nuova Italia. Saggi critici*, Bari 1974 ([1]1938), Bd. 5, S. 61-68.

64) Vgl. P. Valera, *Milano sconosciuta*, Mailand 1879. Zu einer neueren Rehabilitierung Valeras vgl. F. Portinari, *Le parabole del reale*, Turin 1976, S. 225-246.

65) Dies äußert sich zumal in Giacintas Bedauern, Follini nicht früher kennengelernt und somit nicht zu einem anderen Lebensweg gefunden zu haben.

66) Die sechs zum Roman vereinten Erzählungen Balzacs weisen im übrigen eine konkrete Motivanalogie zu *Giacinta* auf. Es handelt sich dabei um das latente Liebesverhältnis der Protagonistin - Julie d'Aiglemont - zu einem Arzt - Lord Grenville -, das ebenfalls nicht zum Ehebruch ausgestaltet ist. Vgl. H. de Balzac, *La femme de trente ans*, in: ders., *La Comédie Humaine*, Einleitung v. P.-G. Castex, Prés. et notes de P. Citron, Paris 1965, Bd. 2, S. 148-215.

weise Emma Bovary der bürgerlichen Lebensform überhaupt zu entkommen und ersehnt sich eine aristokratische Existenz. Auch durch ihre träumerisch geprägte "bêtise" - ein Leitmotiv der Roman-Rezeption - unterscheidet sie sich deutlich von der scharfsinnigen Giacinta. Nicht zuletzt konnte Flauberts Heldin von den Zeitgenossen, wie etwa schon von Baudelaire, als ein Beispiel weiblicher Hysterie verstanden und ihr Verhalten seinerzeit als der Ausdruck einer Krankheit von organischer Ätiologie eingestuft werden.[67)]

Selbst die Erzählwelten von *Germinie Lacerteux* und *L'Assommoir* - zwei in Italien als kanonisch geltenden Texten des Naturalismus - tangieren das Selbstverständnis der bürgerlichen Leser nur wenig. Zolas gesonderter Bereich der Pariser Vorstädte lag fern, und der Alkolismus seiner Arbeiterfiguren verweist eher auf milieuspezifische Probleme. Die tragische Geschichte des Dienstmädchens Germinie schließlich wurde schon von den Goncourts selbst dem weitläufigen Aspekt einer "souffrance humaine" unterstellt und mündet obendrein über die humanitäre Einsicht der alten Herrin in ein sozialromantisches Ende.[68)] Aus der Sicht des italienischen Publikums verletzten die französischen Naturalisten sicherlich die ästhetischen Normen oder verstießen gegen die guten Sitten. Im Verhältnis dazu rührte *Giacinta* jedoch an den Nerv des bürgerlichen Selbstverständnisses.

Wie aber konnte der im Alltag konformistische Autor, der Bürgermeister seiner Heimatstadt Mineo und spätere Stilistik-Professor der Universität Catania, einen solchen Roman verfassen? Manches deutet darauf hin, daß Capuana aus Gründen der literarischen Erfolgssuche der erste anerkannte Naturalist Italiens sein wollte. Dazu waren nun einmal ein gewisser Stallgeruch und ein angemessenes Aufsehen nötig. Des weiteren mußte Capuana versuchen, seinem Kollegen Verga zuvorzukommen, der bereits 1874 mit der Novelle *Nedda* eine Umorientierung zu naturalistischen Interessen angedeutet hatte.[69)] Denn es war ihm bekannt, daß Verga an einer *Marea* betitelten Romanfolge arbeitete, dem späteren *Vinti*-Zyklus, und daß der erste Text der

---

67) So stellt die Hysterie für Baudelaire zwar noch ein "mystère" dar, doch bezeichnenderweise ein "mystère physiologique". Vgl. dazu sowie zum Zusammenhang von "tempérament équivoque" der Mme Bovary und Hysterie: Ch. Baudelaire, *Oeuvres complètes*. Ed. établie et annotée par Y.-G. Le Dantec. Ed. rev., complétée et prés. par Cl. Pichois, Paris 1961, S. 649-657, hier: S. 654 (=Artikel aus *L'Artiste* vom 18.10.1857).

68) Vgl. dazu die "Préface de la première édition", in: E. und J. de Goncourt, *Germinie Lacerteux*. Einleitung v. H. Juin, Paris 1979, S. 23-25, hier: S. 24, sowie ebda., S. 249 f.

69) Die Novelle erschien zuerst in der *Rivista italiana di Scienze, Lettere ed Arti*, doch im gleichen Jahr noch bei Brigola in Mailand.

Serie, *I Malavoglia*, in naher Zukunft vorliegen sollte.[70] Eile war also geboten. So geht aus Selbstzeugnissen hervor, daß Capuana in seinem Arbeitsrhythmus Balzac nacheifern wollte und er sich in den entscheidenden Monaten von 1878 auch durch die häufigen Erdstöße in Ostsizilien nicht in seinem Schaffensdrang beeinträchtigen ließ.[71] Wenn es ihm, dem neugierigen Beobachter der damaligen Wissenschaftssituation, dabei nicht ganz glückte, wissenschaftliche Theorien und erzählerische Prinzipien miteinander zu verbinden, wenn wissenschaftliche Fiktion und fiktive Wissenschaft in *Giacinta* miteinander konkurrieren, so erreichte er doch das erwünschte Ziel, als erster naturalistischer Romancier Italiens zu gelten, als Bahnbrecher des *Verismo*.

Daß ihm die Wissenschaft in vielem nur ein modisches Attribut war, steht auf einem anderen Blatt. In ähnlicher Weise trifft dies im übrigen auf die meisten Veristen zu. Es überrascht freilich kaum bei einem Autor, der auf seine späten Tage meinte, nur das Alter hindere ihn daran, sich als Futurist zu bekennen.[72]

---

70) Entscheidender Hinweis gegenüber Capuana auf *I Malavoglia* in einem Brief vom 17.5.1878. Vgl. Verga, *Lettere a Luigi Capuana*, S. 92-94.

71) Vgl. C. Di Blasi, *Luigi Capuana* (wie Anm. 4), S. 176.

72) So in einem Artikel der Juni-Nummer der *Critica Nuova* von 1910, teilweise abgedruckt bei G.D. Bonino, "Introduzione", in: *Giac.*, S. V-XXV, hier: S. XXI.

Birgit Wagner

Faszination und Zähmung der Ungeheuer
Technik-Darstellung in der italienischen Literatur der 20er Jahre

Als Sir Charles Snow 1959 in seiner berühmt gewordenen Rede-Lecture in Cambridge, die die Zwei-Kulturen-Debatte auslösen sollte, der "literarischen Intelligenz" generell naturwissenschaftliche Unbildung und borniertes Desinteresse an den Phänomenen der technischen Moderne vorwarf, war dies zur Zeit des Kalten Krieges ein politischer Vorwurf und richtete sich zunächst an die englisch-amerikanischen Intellektuellen, denen eine sträfliche Vernachlässigung ihrer volksbildnerischen Pflichten vorgehalten wurde:

> Lassen wir die naturwissenschaftliche Kultur außer Betracht, so ist von den übrigen westlichen Intellektuellen niemals der Versuch gemacht, der Wunsch geäußert oder die Fähigkeit aufgebracht worden, die Industrielle Revolution zu verstehen, geschweige denn sie hinzunehmen. Die Intellektuellen, und ganz besonders die literarisch Gebildeten, sind geborene Maschinenstürmer.[1]

Die apodiktische Schärfe dieser und ähnlicher Äußerungen ist nicht nur ein polemisches Stilmittel, sondern läßt die Grenzen der philosophisch-literarischen Bildung von Sir Charles erkennen, auf die im Laufe der Debatte von seiten der in die Defensive getriebenen Geisteswissenschaftler nicht ohne Häme hingewiesen wurde. Doch trotz aller gedanklichen Unschärfe traf die Rede genau den dunklen und schmerzenden Punkt des Unverständnisses, des gegenseitigen Mißtrauens und der latenten gegenseitigen Verachtung, mit der sich die beiden Wissenskulturen, die naturwissenschaftliche und die hermeneutische, gegenüberstehen, und ohne dessen reale Existenz die Debatte nicht so heftige Formen angenommen hätte.

1) C. P. Snow, "Die zwei Kulturen": Rede-Lecture, 1959, in: H. Kreuzer (Hrsg.), *Die zwei Kulturen. Literarische und naturwissenschaftliche Intelligenz. C. P. Snows These in der Diskussion*, Stuttgart 1987, S. 19-58, hier S. 35.

Eine ebenfalls bildungspolitische Sorge trieb bereits 1917 den jungen Gramsci, den mangelnden Eifer der italienischen Literaten zur Vermittlung der technischen Moderne und der industriellen Revolution an ein Publikum, das eben erst in diese eingetreten war, als einen großen blinden Fleck der Literatur des geeinten Italien zu beklagen:

> Leggete uno o mille libri di prosa artistica, scritti da italiani: romanzi, novelle, commedie, drammi. Se, trascurando per un momento il problema puramente artistico, ricercate quale sia il mondo spirituale che riempie di sé la coscienza degli scrittori, e più interessa il pubblico dei lettori, dovete venire alla conclusione che gli italiani intelligenti, quelli che scrivono e quelli che leggono, non si preoccupano che di una sola cosa: le relazioni tra i due sessi. [...] Tutte le altre attività della vita, che non siano l'attività amorosa, sembra che non esistano, sono ritenute attività inferiori per l'Arcadia artistica che ha fissato un modello esteriore di perfezione. Tutta la vita moderna, pulsante di fervore di lavoro, ricca di drammi spirituali per l'urtarsi delle classi, per il cozzo degli interessi antagonistici, non diventa contenuto artistico se non per qualche figura d'eccezione, filibustiere dei portafogli, ma più ancora filibustiere delle alcove.[2)]

Was laut Gramsci fehlt, ist die Darstellung der modernen Arbeitswelt, so wie sie sich erst seit der Jahrhundertwende durch die späte italienische Industrialisierung vorwiegend im Norden herausgebildet hatte. Das in und von der Literatur Verschwiegene sind die sozio-ökonomischen Prozesse, nicht die Wunderwelt der neuen technischen Erfindungen selbst: Die ist bereits vor dem Krieg in verschiedenen Varianten literarischer Verarbeitung präsent und ist mit einem militanten Nationalismus eine ideologische Bindung eingegangen. So wie das krisengeschüttelte Italien der Giolitti-Ära von einer Beteiligung am lukrativen Abenteuer des europäischen Kolonialismus träumte, so sollte auch der Abstand zur technisch-industriellen Entwicklung der fortschrittlichen Großmächte aufgeholt werden. Den nationalistisch gesinnten Literaten kommt dabei eine neue Rolle zu, eine Rolle, die sie sich in Wahrheit arrogieren und von der die vorangehende Generation nur hatte träumen können bzw. die vielleicht deren Alptraum gewesen wäre: Aus einem Elfenbeinturm, in dem die erlesenen Spiele der Kunst unter Auserwählten gespielt wurden, begibt man sich nun direkt auf den Kampfplatz des nationalen Geschehens und beteiligt sich an einer Neuorientierung des Lesepublikums. Dem sollen

2) Antonio Gramsci, *La città futura*, 1917-1918, hrsg. v. S. Caprioglio, Turin 1982, S. 238.

"modern times" vor Augen geführt werden: in den "mythischen"[3] Figuren des Rennfahrers, des Sportfliegers und des Kriegshelden, die von der "alltäglichen" Technik z.B. der Produktionsprozesse, in die in Norditalien ein nicht geringer Teil der arbeitenden Bevölkerung eingebunden war, allerdings denkbar abgehoben und als Identifikationsfiguren für Tagträumer, die der realen Arbeitswelt entfliehen wollen, angelegt werden.

Auch als technikbeherrschende sind die genannten mythischen Helden in der von Eco (im Anschluß an Gramsci) analysierten Linie über D'Annunzio sowohl Nietzsche als auch den "superuomini di massa" der Populärromane des 19. Jahrhunderts verpflichtet.[4] Die technisch hergestellte Überlegenheit gehört nun nicht mehr in den Bereich der science-fiction, sondern ist mögliche Realität. Als markantestes Beispiel dafür sei D'Annunzios Roman *Forse che sì forse che no* (1910) genannt. Dessen Hauptheld, Paolo Tarsis, ist, wie sein Erfinder selbst, Kunstflieger; womit er sich sonst beruflich beschäftigt, wird nicht mitgeteilt, wohl aber sein Amt als "filibustiere delle alcove" (s.o.). In dieser Funktion liebt er eine ausgesprochen tellurische Frau, Isabella Inghirami. D'Annunzio hat seinen Roman zur Gänze auf der Opposition der Elemente Luft-Erde aufgebaut. Diese wird auf der Ebene der Personen durchgespielt - Paolo steht als Freund ein noch reinerer Held der Lüfte zur Seite - und wiederholt sich in den symbolischen Handlungsorten, indem das Flugmeeting von Brescia[5] und ein Flug über mediterrane Weiten mit der fürstlichen Vergangenheit Mantovas und der dantesken Höllenstadt Volterra kontrastiert werden. Die starken Momente des Helden sind die, wo er sich von den Verlockungen des Tellurischen freimacht und in die Lüfte entschwindet. Ein Flug, den er gemeinsam mit Isabella unternimmt, ist diesbezüglich als Schwäche zu werten, erklärt aber zugleich die erotische Anziehungskraft des modernen Ariel auf die femme fatale des Textes. Im allgemeinen erscheint die Flugtechnik mit den Werten Reinheit, Freiheit, Männlichkeit, Nationalismus konnotiert;[6] in der Schreibweise D'Annunzios hat der

3) Vgl. Roberto Tessari, *Il mito della macchina. Letteratura e industria nel primo novecento italiano*, Mailand 1973.

4) Vgl. Umberto Eco, *Il superuomo di massa. Retorica e ideologia nel romanzo popolare*, Mailand 1978.

5) D'Annunzios Beschreibung bezieht sich auf das historische Flugmeeting von Brescia im September 1909, das v.a. durch Franz Kafkas meisterliche und gar nicht heroisierende Reportage *Die Aeroplane von Brescia* in die Literaturgeschichte eingegangen ist. Vgl. dazu Felix Philipp Ingold, *Literatur und Aviatik. Europäische Flugdichtung 1909-1927*, Frankfurt/a.M. 1980, S. 19-37.

6) Es liegt nahe, narzißtische Züge (Züge des narzißtisch Wütenden) in dieser Figur auszumachen. Den "technischen Charakter" als narzißtischen beschrieb

Einbruch der Technik im Vergleich zum früheren Werk so gut wie keine Spuren hinterlassen.[7)]

Das gilt natürlich nicht für die zweite Traditionslinie, die in die zwanziger Jahre führt: den Futurismus. Dieser will ja der Welt der technischen Moderne mit programmatisch modernen Kunstmitteln gerecht werden. Die futuristische Schreibweise der "tavole parolibere" ist nicht nur ein Akt avantgardistischer Transgressionslust, sondern der Versuch mimetischer Darstellung technisch-materieller Prozesse: so etwa in *Zang tumb tuuum* (1914), wenn im Kapitel "Forte Cheittam-Tépé" die zunächst eingeführten menschlichen Subjekte der Handlung nach dem Einschlagen einer Bombe durch Moleküle ersetzt werden, deren dynamische Bewegung durch den Raum aus der "Perspektive" der Materie in syntaktisch "befreiten" Wörtern abgebildet wird. Die Literaturmanifeste begründen die Notwendigkeit einer erneuerten Schreibweise mit der neuen Sehweise, die dem Menschen durch die technisch ermöglichte Erfahrung der Geschwindigkeit eröffnet wurde. Ungleich mehr als die anderen europäischen Avantgarden ist der Futurismus der technischen Moderne verpflichtet, die jedoch im wesentlichen auf dieselben Fortbewegungsmittel reduziert wird, die man auch bei D'Annunzio findet: Auto und Flugzeug, und dazu kommt dann, ab dem Kolonialkrieg in Libyen 1911/12, an dem Marinetti als Kriegsberichterstatter teilnahm,[8)] Kriegs- und Vernichtungstechnik.

---

jüngst Ernst Strouhal, "Ich schlüge nach der Sonne...", Fogg, Odysseus, Ahab - Drei Variationen zum technischen Charakter, erscheint in: *Neues Forum*, April 1990.

7) Decadentismo und Kult des Übermenschen durchdringen und ergänzen einander: so z.B. bei der Schilderung des Versuchs, einen Höhenrekord vor den Augen einer sensationsgierigen Menge zu brechen. Nicht nur thematisch, auch stilistisch besteht kein Unterschied zu einer dekadentistischen Beschreibung eines Gladiatorenkampfs im Kolosseum: "Un delirio crudele venò di rosso i mille e mille occhi levati verso il convesso circo celeste. La cruenta gioia circense rifluì nei precordii ansiosi. Un sùbito aumento di vita estuò sotto l'immanenza della morte. Le ali dell'uomo parvero non più fendere il cielo insensibile ma l'anima oceanica della specie, gonfiata come una marea sino alla linea del più alto volo. Gli elementi asserviti, le forze naturali sottomesse, le divinità constrette erano pronti sempre a insorgere per lacerare, per annientare il fragile tiranno, come quelle belve prigioni che si scagliano contro il domatore se appena egli batta le palpebre o distolga la punta dello sguardo." (*Forse che sì forse che no*, S. 95)

8) Vgl. Christa Baumgarth, *Geschichte des Futurismus*, Reinbek bei Hamburg, 1966, S. 78 ff. D'Annunzios Erfahrungen mit dem Fliegen in Kriegs- und Friedenszeiten sind bekannt; vgl. dazu Helene Harth/Erhard Stölting, "Ästhetische Faszination und Demagogie. Zur Entstehung des 'faschistischen Stils' in Italien", in: *Romanistische Zeitschrift für Literaturgeschichte* (1987), S. 119-145.

Der Benützer dieser Geräte ist, allem Avantgardismus zum Trotz, meist eine wenig differenzierte Weiterentwicklung des "superuomo dannunziano", und die in den Manifesten proklamierte Abwendung vom Ich scheitert in Marinettis Praxis an der nahezu automatisierten Verbindung Technik - Nationalismus, die nach Sport- und Kriegerhelden verlangt. Das Rennauto, dessen Schönheit zeitgemäßer sei als die der Nike von Samothrake, steht letztlich doch im Dienst seines Fahrers, des eigentlichen Helden, und verlängert, potenziert dessen Körper mit den Mitteln der Technik. Die phallische Symbolik des Fahrens, Fliegens, v.a. aber des Schießens ist der letztlich monologische Tenor aller Marinetti-Texte. War in D'Annunzios Roman die Lust an der Technik der erotischen Lust noch entgegengesetzt, so gehen bei Marinetti erotische und Aggressionslust eine technisch verwirklichte Verbindung ein. Da hat freilich eine Sieges-"göttin" keinen Platz mehr, und in Marinettis frühem, noch ganz traditionell erzählten Roman *Mafarka il futurista* (1910) findet sich eine allegorische Darstellung dieser Ideenverbindung: Mafarka, ein moderner "condottiere" in einem phantastischen Kolonial-Ambiente, beschließt, sein Heldenleben durch die Konstruktion eines mechanischen Sohnes, eines gigantischen Flugapparates zu krönen. Dieser wird beseelt, gewinnt Leben aus den Händen seines Schöpfers, und eine alte Männerphantasie, die mutterlose Kopfgeburt, wird technisch Wirklichkeit.[9)]

Keineswegs also fehlte die technische Moderne in der italienischen Literatur in dem Moment, als sie auch real ihren Einzug hielt. Sie wird von der "literarischen Intelligenz" allerdings in einem sehr spezifischen, politisch engagierten Sinn in die Textproduktion einbezogen, und insofern kann man von diesem Blickpunkt aus Sir Charles Snows naiven Realismus-Glauben kritisieren: nicht *daß* die technische Zivilisation in literarischen Texten gezeigt wird, ist wesentlich, sondern allemal noch, *wie* das geschieht. Handelt es sich bei D'Annunzio um die Einbindung eines neuen Sujets in die bewährten Erzählschemata des Fin de siècle, so lassen sich Marinetti und seine Getreuen auf eine Flucht nach vorne ein, um das Neue / das Fremde durch das Wort zu bannen, zu beherrschen.[10)] Wie jeder literarische Mythos ist auch der vom technikbeherrschenden Übermenschen nicht unschuldig; die Autoren, die ihn schaffen, nehmen teil an dem Spiel um die Macht, das in der Giolitti-Ära ge-

9) Vgl. Klaus Theweleit, *Buch der Könige, Bd. 1: Orpheus und Eurydike*, Basel, Frankfurt/a.M. 1988, S. 401 ff. Auch bei D'Annunzio ist das Flugzeug Kind des Mannes: "[...] l'uomo era prigione del mostro da lui partorito." (*Forse che sì forse che no*, S. 77).

10) Vgl. Tessari, (wie Anm. 3), S. 230 ff.

spielt wird, und propagieren die Formel technischer Fortschritt + autoritärer Nationalismus, die im Faschismus geschichtsmächtig werden sollte.

Genau dagegen erhebt sich in diesen Jahren die Stimme des Skeptikers Pirandello (der nicht zufällig aus dem "rückständigen" Süden stammt). Auch sein Roman *Quaderni di Serafino Gubbio operatore* (1915) ist eine Auseinandersetzung mit der technischen Zivilisation. In dessen Mittelpunkt steht nicht die Verkehrs-, sondern eine Medientechnik, der Film, genauer: die Medientechnik des Films und die Filmindustrie als Teil der modernen Kulturindustrie. Der Paradigmenwechsel innerhalb der Technik-Sujets ist durchaus signifikant. Die Kamera, die den "operatore" Serafino Gubbio in eine Maschine verwandelt, ihn auf eine Aufnahmetechnik reduziert, findet ihre symbolische Entsprechung in dem Tiger, der am Ende der Romanhandlung, deren wendige Vielfalt dem populären "romanzo d'appendice" nichts schuldig bleibt,[11)] einen lebendigen Schauspieler verschlingt. Die Maschine als bedrohliches Ungeheuer entspricht dem maschinenzentrierten Modell literarischer Technik-Darstellung (Segeberg)[12)], das tendenziell in der Maschine ein anthropomorphes Wesen sieht, das in eine bösartige Konkurrenz zum Menschen tritt und diesen zu vernichten trachtet;[13)] dementsprechend tritt der Mensch in diesem Modell nicht aktiv-beherrschend, sondern passiv-unterlegen auf. Es ist evident, daß von diesem Modell starke Traditionslinien in das 19. und 18. Jahrhundert zurückführen. Interessant ist, daß die Maschine der Technik-Skeptiker sehr häufig der noch jungen Medien-Technik zuzurechnen ist: Viel unheimlicher als Autos und Flugzeuge, ja unheimlicher als die real verheerenden Kriegstechniken schienen zu Beginn des Jahrhunderts die Maschinen zum Aufnehmen menschlicher Bewegungen und Sprachäußerungen zu sein.[14)] Erhebt Pirandello somit in seinem Roman einen skeptischen Einwand gegen die Fortschrittseuphorie seiner Schriftstellerkollegen, der zugleich als ein Einwand gegen die politisch gesetzte Verbindung von Fortschritt und Nationalismus gelesen werden konnte, so reproduziert er anderer-

---

11) Auch *Forse che sì forse che no* weist im übrigen strukturelle Ähnlichkeit mit dem Feuilleton-Roman auf; vgl. Tessari (wie Anm. 3), S. 189.

12) Vgl. Harro Segeberg, "Technik-Bilder in der Literatur des 20. Jahrhunderts", in: ders. (Hrsg.), *Technik in der Literatur*, Frankfurt/a.M. 1987, S. 411-435.

13) Ein Musterbeispiel dafür ist die menschenverschlingende Kohlengrube in Zolas *Germinal*, die leitmotivisch als Höllenschlund dargestellt wird.

14) Vgl. Charles Grivel (Hrsg.), *Appareils et machines à représentation*, (= mana 8), Mannheim 1988. Die anregenden Beiträge dieses Bandes verzichten allerdings auf eine Gegenüberstellung von Verkehrs- und Medientechnik, wie sie hier versucht wird.

seits die Einwände gegen die technische Zivilisation auf dem Reflexionsniveau des 19. Jahrhunderts, indem der Maschine der Charakter eines mythischen Ungeheuers verliehen wird, das stärker ist als der Mensch, der es gemacht hat. Zugleich natürlich verrät sich hier ein grundsätzliches Mißtrauen gegen die technische Vernunft, das auf unsere Gegenwart vorausdeutet und einen Teil des aktuellen Interesses an diesem Autor begründen mag. Insofern es aber an die Maschinenmetapher - die "macchinetta" - gebunden bleibt, unterscheidet es sich doch deutlich von der späteren Kritik, die sich am "technischen Charakter" (Ernst Strouhal[15)]) entzündet.

Die Positionen D'Annunzios, Marinettis und Pirandellos, dreier zukünftiger "accademici d'Italia", wurden hier so gedrängt und vereinfacht dargestellt, wie es keineswegs der Komplexität der genannten Texte entspricht, aber ausreichen muß, um das Angebot literarischer Muster deutlich zu machen, das für die italienische Literatur der 20er Jahre zur Verfügung stand - ein Angebot, das im Vergleich zu anderen europäischen Literaturen wenig differenziert war. Ich spreche in der Folge hauptsächlich von den unruhigen, für ihre Zeitgenossen wohl "unübersichtlichen" Jahren vom Ende des Krieges bis zur Konsolidierung des Faschismus (1926). Es sind dies die Jahre, in denen trotz krisenhafter Kriegsfolgen der tatsächliche Eintritt Italiens in die Industriegesellschaft erfolgt, in der Arbeitskonflikte mehrfach bis an den Rand des Bürgerkrieges eskalieren und in denen der Faschismus sich gegen die bürgerlich-liberale Politik und die Arbeiterbewegung allmählich durchzusetzen vermochte, wobei der Ausgang dieses Machtkampfes erst 1926 wirklich feststand. Alles, was unter diesen Umständen zum Thema Technisierung in die Literatur Eingang fand, nimmt notwendig an den ideologischen Auseinandersetzungen der Epoche teil. Der frühe "ermetismo" verweigert sich dieser Debatte und will von der technischen Moderne schlechthin nichts wissen. Nur die Avantgarde-Lyriker im Gefolge des Futurismus nehmen sich erwartungsgemäß der neuen Thematik an, schreiben allerdings Texte, die allenfalls für das kleine Publikum avantgardistischer Zeitschriften zugänglich waren. In seiner ganzen Breite lebt der "mito della macchina" (Tessari) jedoch in der Unterhaltungsliteratur der 20er Jahre fort. Ich will mich hier auf drei Autoren beschränken, die alle, wenn auch auf sehr unterschiedliche Weise, den Anspruch erhoben, ein großes Publikum zu erreichen: Massimo Bontempelli, Pitigrilli und Guido Da Verona.

---

15) Vgl. Ernst Strouhal, (wie Anm. 6).

Bontempelli: Medientechnik als Poetik des "realismo magico"

Bontempellis späte Karriere als erfolgreicher Schriftsteller begann exakt in der unmittelbaren Nachkriegszeit mit zwei Texten, die zuerst als Fortsetzungs-"Romane" in Zeitschriften erschienen waren: *La vita intensa* von 1919 und *La vita operosa*, die 1920 in der Zeitschrift *Industrie Italiane Illustrate* unter dem diesem Publikumsmedium angepaßten Titel *La vita degli affari* gedruckt worden war. Die beiden Texte bilden ein Diptychon: Erzählt der erste - unterbrochen von avantgardistischen Textspielen - die Schicksale eines modernen Schelms, der Berufstätigkeiten nur als lästige Unterbrechungen seines otium cum dignitate empfindet,[16)] so berichtet der zweite von den Versuchen desselben Ich-Erzählers, sich von dem veralteten (Vorkriegs-)Typus des Literaten zu einem erfolgreichen Geschäftsmann zu entwickeln. Das Spiel mit der avantgardistischen Pose tritt in diesem zweiten Text zurück, und erzählt wird, was sich die Leser der *Industrie Italiane Illustrate* füglich erwarten durften: "la vita degli affari" nämlich, wenn auch mit weit ausgreifenden Allegorien und unter Verzicht auf psychologisch motivierte Handlungsführung. Der Ich-Erzähler ist weder "superuomo" noch Alkoven-Held, sondern schlicht ein Kriegsheimkehrer aus bürgerlicher Familie, der nunmehr im Boom der Nachkriegsjahre sein ökonomisches Glück sucht. Somit ist der Text - thematisch, nicht erzähltechnisch - Borgeses Roman *Rubè* (1921) verwandt.

Eigentlich wäre von einem solchen Helden eine vorbildlich-positive Einstellung zur Technik zu erwarten, doch wir werden sehen, daß dies keineswegs der Fall ist. Dem eifrig, wenn auch erfolglos nach einer neuen, zeitgemäßen Identität suchenden Ich steht nämlich ein persönlicher "Dämon" an der Seite, der unbeirrt auf den Werten der vita contemplativa beharrt und die unternehmerischen Schritte seines Schützlings gnadenlos verspottet.

Durch alle Fortsetzungen zieht sich als Konstante die Opposition Vorkriegszeit - Nachkriegszeit bzw. parallel die Opposition Ära des literarischen Ruhms - Ära ökonomischer Rationalität; somit ist der Text eine Reflexion über die Schwierigkeiten des Schriftstellers, seine Rolle im neuen Italien (wieder) zu finden. Das erste Kapitel eröffnet diese Fragestellung mit einem

---

16) Vgl. Birgit Wagner, "Bontempellis *Vita intensa*: auf den Spuren Pirandellos und der Futuristen", erscheint in: F.-R. Hausmann/M. Rössner (Hrsg.), Akten des Aachener Pirandello-Kongresses des Deutschen Pirandello-Zentrums (1988). Dort auch Literaturangaben zu Bontempelli.

leicht entzifferbaren Gleichnis: Dem demobilisierten Bürger helfen die erlernten Kriegstechniken, also etwa die Orientierung im Gelände mittels Kompaß, nichts, und in der modernisierten Welt des "nuovo cuore operoso d'Italia" (= Mailand, VO 206) ist er hilflos verloren. Die Kapitel zwei bis fünf erzählen verschiedene Versuche, die rhetorischen Tugenden des klassischen italienischen Literaten abzulegen und sich ökonomische Zweckrationalität im Alltag bürgerlichen Geschäftemachens anzueignen, Versuche, die jedoch an der Weltfremdheit und der unausrottbaren Räsonnierlust des Ich-Erzählers scheitern. Das Kapitel 6 führt ihn auf die "Isola d'Irene", eine Art Reservat, das von der Herrschaft der Industriebosse, "pescicani", Zwischen- und Unterhändler verschont geblieben ist, und erst im siebten Kapitel kommt ein Phänomen der technischen Moderne (die bisher nur als urbanes "Hintergrundrauschen" von Straßenbahnen und Telefonen präsent war) zur Sprache. Die beiden letzten Kapitel schildern weitere Versuche sowie das endgültige Scheitern des Einstiegs in das Erwerbsleben.

Der Held, der von Bontempelli deutlich ironisiert wird und einige Charlie Chaplin-Züge trägt,[17)] findet also in keine Rolle, die der Industriegesellschaft gemäß wäre. Dem entspricht, daß seine Begegnung mit der Technik unter völlig realitätsfernen, romantischen Vorzeichen stattfindet. Im Kapitel "Laura lontana" unternimmt er - zur Erholung von geschäftlichen Mühen - eine Winterreise an einen lombardischen See, wo er einem Erfinder in Gestalt eines jungen Genies begegnet, der auf ihn eine durchaus unheimliche Faszination ausübt, zu der sich die Attraktivität von dessen schöner Schwester gesellt. Das Erlebnis ist von romantischer Un-Heimlichkeit (im Verständnis der deutschen Romantik) geprägt: Die Geschwister leben, nach eigener Aussage, außerhalb der Zeit, es ist Winter, schneidende Kälte herrscht, das Ganze ist "una complicata e mirabile avventura la quale mise in serio pericolo il mio amore e la mia fede nella vita moderna" (VO 248). Bruno, der junge Erfinder, führt dem erschauernden Helden in einer "casetta isolata" als italienischer Dr. Caligari[18)] seine Erfindungen aus dem Bereich der Medientech-

---

17) Der Ich-Erzähler gerät mehrfach durch Naivität in merkwürdige und auch unangenehme Situationen, er unterscheidet sich von der Welt kommerzieller Zwecke, die ihn umgibt, durch kindliches Verhalten. Seine Reaktionen werden mehrfach als automatisch und marionettenhaft beschrieben.

18) *Das Kabinett des Dr. Caligari*, ein Film, der zu eben diesem Zeitpunkt - 1919/20 - gedreht wurde, erzählt zweifellos auch eine mediale Geschichte. Der imaginäre Zusammenhang zwischen dem Medium, das den Zugang zur Welt der Geister vermittelt, und den Anfängen moderner Medientechnik bleibt trotz Friedrich Kittlers mediengeschichtlicher Arbeiten (zuletzt: *Grammophon*

nik vor: zunächst ein "microfono moltiplicatore a isolatore accustico" (VO 252), das vor allem die Fähigkeit besitzt, dem erschrockenen Hörer die "Abwesenheit" aller Geräusche "fühlbar" zu machen:

> Da principio non sentii nulla. Poi m'accorsi che quel silenzio stesso era terribilmente singolare. Allora sentii ch'io sentivo uno spaventoso silenzio.
> Tesi invano tutte le mie facoltà per cogliere in quel vuoto una qualche menoma vibrazione; ma il silenzio era totale, snaturato e mostruoso. (VO 250)

Macht diese Erfindung ein Nicht-Sein technisch vermittelbar, so kann sie andererseits, bei geeigneter Schaltung, "gli infinitesimi e inesaurabili movimenti atomici della materia organica" (VO 252) zu Gehör bringen. Eine ökonomische Nutzanwendung des Apparates lehnt Bruno ab: "[...] di simili sfruttamenti, se vorrà, se n'occuperà lei che è uomo d'affari." (VO 252)

Brunos zweite Erfindung ist ebenfalls medientechnischer Art und hat wieder auf beunruhigende Weise mit dem Nicht-Sein zu tun. Nach heutigen Begriffen handelt es sich dabei um ein Telefon, das mit der Stimme auch ein Bild des Partners überträgt. Dazu benötigt der junge Erfinder eine komplizierte, an das Kabinett des Dr. Caligari erinnernde Apparatur, die er dem Ich-Erzähler unter dem Titel "gabinetto pantelestetico" in Mailand vorführt. Die Apparatur diene der Überwindung von Zeit und Raum und gehorche somit der zeittypischen Geschwindigkeitslust, wenn auch ihr Konstrukteur ansonsten nichts mit dem Zeitgeist zu tun haben will:

> Io vivo, per mio conto, nel secolo ventesimo, come fossi un uomo di dieci secoli prima o di dieci secoli più tardi. [...] Qualche volta penso che questi uomini e queste donne non mi vedano neppure, tanto mi sento fatto d'una diversa sostanza. Ma me ne valgo. Questa ansia verso la velocità - soppressione del tempo e della lontananza - che è il carattere più vistoso dell'epoca, è il materiale bruto della mia creazione. (VO 258)

In dieser merkwürdigen Verwandlung futuristischer Glaubenssätze erkennt der Ich-Erzähler eine brüderliche Spiegelung seiner eigenen (literarischen) Ambitionen und legt für einen Moment die Maske des Geschäftsmannes ab:

> Sento in queste sue parole uno spirito fraterno. Lei ha definito esattamente, mi perdoni se parlo un momento di me, quello ch'io

---

Film Typewriter, Berlin 1986) und Theweleits Spekulationen über "literarische Produktionspaare" noch zu untersuchen.

> vorrei essere, se fossi un artista; solo che la mia creazione sarebbe fantastica, mentre la sua è pratica. (VO 258)

Brunos Auffassung von der Technik findet ihr literarisches Äquivalent also im "realismo magico", den Bontempelli wenig später mit der Erzählung *La scacchiera davanti allo specchio* begründet.[19] Auf der Ebene der Fiktion erscheint die Medientechnik als (böse) Magie: Das Opfer nimmt in dem Spiegelkabinett Platz, in dem ihm Bild und Stimme der schönen Laura vorgeführt / vorgegaukelt werden. "Vedi come ti sono vicina", tönt es aus den Spiegeln. Doch die medial vermittelte Nähe ist nur Simulakrum und nicht (be-) greifbare Realität:

> Lo specchio si scombuiò tutto di nuvole, come poco innanzi; poi vaporando le nuvole vidi tornare la figura di Laura e il suo sguardo era ancora dritto nel mio. Laura ora stava protesa verso me e tremando pregava:
> "Non mi abbandonare."
> Muti, allora per un tempo che parve immenso, ci guardammo così dolorosamente, abisso contro abisso; poi mormoravamo parole senza forma, e le nostre forme e le nostre voci eran vicine, sì che a un punto le anime crederono toccarsi; ma poichè le mani non potevano raggiungersi e sentirsi stringere vive, d'un tratto anche le nostre sostanze s'intesero disperatamente lontane, sentii lei più infinitamente remota da me che se la avessi pensata senza vederne gli atti nè udirne la voce [...]. (VO 261)

Der Schein, den die Technik vermittelt, kündet von einem Nicht-Sein, und Lauras Flehen läßt darauf schließen, daß sie zum Opfer des medialen Prozesses wird und sich in ihm verliert. Der Ich-Erzähler kann diese Situation nur dadurch bewältigen, daß er in einem Akt verzweifelter Aggression den Apparat zerstört und in die "heile" Welt der geschäftigen Stadt hinaus flieht.

Nicht zufällig ist in diesem Text, der das gescheiterte "aggiornamento" eines literarischen Intellektuellen für eine Zeitschrift beschreibt, die von der Industrie lanciert wird, die Technik vor allem als Medientechnik präsent. Ähnlich wie in Pirandellos Roman gibt es keinen "superuomo", und mit ihm fehlen seine technischen Attribute Rennauto und Flugzeug; nationalistische Propaganda findet nicht statt. Die der science-fiction entstammenden Apparate, die Bruno konstruiert, sind so unheimlich, lebensfeindlich und men-

---

19) Diese Erzählung erschien 1922. Zum "realismo magico" vgl. Bontempellis theoretische Äußerungen in *"900"* sowie den Aufsatz von Jean Weisgerber, der den Weg dieses Begriffs nach Lateinamerika nachzeichnet: "Le réalisme magique: la locution et le concept", in: *Rivista di letterature moderne e comparate*, Bd. XXXV, Januar-März 1982, S. 27-54.

schenverschlingend wie die Filmkamera des "operatore" Serafino Gubbio. Anders als bei Pirandello beschreibt der mediale Prozeß hier aber den Prozeß des Schreibens. Das technische Medium ist noch Medium im okkultistischen Sinn des Wortes, es evoziert und verschlingt zugleich, erzeugt eine magische Präsenz, in der das menschliche Medium des Versuchs, Laura, seine körperliche Existenz zu verlieren scheint. Medientechnik, so könnte die verkürzte Formel lauten, *ist* "realismo magico", einerseits ein unheimlicher Vorgang, andererseits ein metaphorisches Bild für ein spezifisches Textspiel.

Bontempellis späterer Versuch, mit der Zeitschrift "*900*" (1926-1929) eine Rolle als führender Intellektueller im faschistischen Italien zu spielen, ist trotz schwerwiegender Kompromisse mit der herrschenden Ideologie ebenfalls technikfern. Der positive "Mythos" der Maschine lebt hingegen fort in der Unterhaltungsliteratur, die ganz andere Leserschichten erreicht als Bontempelli und seine Mitstreiter von "*900*". Zu ihr gehören die beiden im folgenden genannten Autoren: ein Meister des erotischen Populärromans und ein serieller Hersteller desselben Genres.

Pitigrilli und Guido Da Verona: die Verflechtung technischer und erotischer Wunschvorstellungen

Der Anspruch der historischen Avantgarde, dem Kulturschock, den das relativ plötzliche Eindringen der technischen Zivilisation in die traditionelle Lebenswelt bedeutete, mit programmatisch neuen Kunstmitteln gerecht zu werden und ihm dadurch zu begegnen, wird sehr bald von einer an französischen Vorbildern orientierten Unterhaltungsliteratur "unterboten", die in der neuen Technik sowie im veränderten Lebensstil privilegierter Technikbenützer ein willkommenes Reservoir gut verkäuflicher Sujets sieht. Das Neue verliert dadurch seine Schockwirkung und verwandelt sich in einen Wunschtraum von technischem Komfort und Luxus, den marktorientierte Schriftsteller wie Pitigrilli und Guido Da Verona für ihr überwiegend kleinbürgerliches Publikum literarisch "aufbereiten".

Pitigrilli, dessen rezente Neuentdeckung in Italien Umberto Eco und im deutschen Sprachraum dem Rowohlt Verlag zu verdanken ist,[20] schreibt

20) Vgl. Umberto Eco, "Pitigrilli: l'uomo che fece arrossire la mamma", in: ders., *Il superuomo di massa*, (wie Anm. 4), S. 115-144. Der Rowohlt-Verlag hat in den letzten Jahren Pitigrillis Frühwerk in der überarbeiteten Übersetzung von Maria Gagliardi aus den 20er Jahren unter Beigabe einer etwas frisierten Biographie neu ediert.

in den unmittelbaren Nachkriegsjahren den ersten, von ihm selbst später verworfenen Teil seiner umfangreichen Produktion: zwei Romane und drei Bände Erzählungen von sehr unterschiedlicher literarischer Qualität.[21] Die Texte dieser "epoca peccaminosa" (Eco) vereinen bewährte Versatzstücke der Erotik nach dem Vorbild D'Annunzios mit neueren französischen Einflüssen[22] und Plots, in denen Paris, die Waggons der Internationalen Schlafwagengesellschaft und Transatlantikdampfer zu den wichtigsten Schauplätzen gehören. Das Skandalöse dieser Texte lag (und liegt) zweifellos nicht, jedenfalls nicht ausschließlich, in dem, was sie tatsächlich erzählen, sondern in den überreichlich vorhandenen Autorenkommentaren und Aphorismen, die die hegemoniale Sexualmoral ihrer Inkonsequenzen und Lächerlichkeiten überführen. Solche Texte waren im Italien der 20er Jahre möglich, nicht mehr in den 30ern, in denen Pitigrilli mehrfach Schwierigkeiten mit der Zensur hatte und sich dabei einen (trügerischen) Ruf als Antifaschist erwarb.[23]

Die Selbstverständlichkeit, mit der bei Pitigrilli einige Phänomene der technischen Zivilisation (überwiegend moderne Fortbewegungsmittel) in die Literatur Eingang finden, ist nichts anderes als die klassische imaginäre Erfüllung von Leserwünschen, die in der Realität unerfüllt bleiben. Über die höhnische Demaskierung der gängigen Sexualmoral, die die zeitgenössischen Leser und Leserinnen schockierte, konnte sie die Tatsache hinwegtrösten, daß Pitigrillis Helden elegante und selbstsichere Kosmopoliten sind, die mit jeder Situation souverän umgehen können und die Schauplätze ihrer erotischen Abenteuer nicht nur über die ganze Welt, sondern mit Vorliebe auch

---

21) Folgende Titel: *Mammiferi di lusso, novelle*, 1920; *La cintura di castità, novelle*, 1921; *Cocaina, romanzo*, 1921; *Oltraggio al pudore, novelle*, 1922; *La vergine a 18 carati, romanzo*, 1924. Die (in verschiedenen Ausgaben variierenden) Jahreszahlen stammen aus einer Verlagswerbung von Pitigrillis Stammhaus Sonzogno aus dem Jahr 1929, der auch zu entnehmen ist, daß die ersten drei Titel bereits im "110° migliaio" erschienen.

22) Welche das sind, läßt sich aus den Namen, die im ersten Jahrgang (1924) von Pitigrillis populärem Literaturmagazin *Le grandi firme* auftauchen, belegen: Seine Stars sind Maurice Dekobra und Claude Farrère. Zweifellos kannte er aber auch die französische "Höhenkammliteratur" der symbolistischen Jahrzehnte.

23) Eco äußert sich sehr vorsichtig über Pitigrillis Verhalten während der 30er Jahre. Doch nach dem bereits zum zweiten Mal aufgelegten Buch von Domenico Zucàro, das Zeugnisse namhafter Antifaschisten wie Emilio Lussu, Michele Giua und Carlo Levi enthält, kann kein Zweifel darüber bestehen, daß Pitigrilli in den Jahren von 1930 bis 1939, geschützt von seinem Ruf als ein dem Regime mißliebiger Autor, sowohl in Turin als auch in Paris als Spitzel der OVRA gegen die Widerstandsgruppe *Giustizia e libertà* verwendet wurde. Vgl. Domenico Zucàro, *Lettere di una spia. Pitigrilli e l'OVRA*, Mailand 1977 (1. Auflage Florenz 1961).

auf die modernen Transportmittel verteilen. So erzählt der Text *Ingannami bene* aus *La cintura di castità* z.B. die Hochzeitsreise eines Paares, auf der die Lehrzeit in Weltgewandtheit und in eroticis für die junge Frau im Nachtzug Turin-Paris beginnt, während die Ehe der Protagonisten von *La vergine a 18 carati* gerade im Zug Budapest-Turin zu Ende geht. Tito Arnaudi, der Held von *Cocaina*, verteilt seine beruflichen und privaten Unternehmungen gleich auf mehrere Kontinente, was dem Autor u.a. Anlaß zu der in der gesamten europäischen Unterhaltungsliteratur dieser Jahre beliebten Beschreibung des Gesellschaftslebens auf einem Transatlantikdampfer gibt:

> Essere in un salone di prima classe, in una notte fantasmagorica, in una di quelle feste oceaniche, febbricitanti di musica, di azzurro, di lontananze e di velocità. Essere in mezzo alle signore milliardarie scollatissime, non vestite che di nastri e di diamanti: signore belle, radiose, che per l'occasione si sono caricate di gioielli e alleggerite di anni. Uomini in marsina che combinano affari fra un continente e l'altro. Brindisi, champagne, orchestra che suona un *rag-time*, una danzatrice che fa roteare le sue forme internazionali su un palco avvolto di palme e inghirlandato di lampade. Brusio cosmopolita: cinesi, negri, mulatti, mercanti, *viveurs*, diplomatici, *cocottes* che cambiano continente per alzare le tariffe o per rinverginire. (C 189)

Dem Helden solcher Texte, die die Tagträume des lesenden Kleinbürgers / der lesenden Kleinbürgerin illustrieren (nähren), stehen die modernen Transportmittel zur Verfügung, ohne daß die technische Seite ihres Funktionierens ihm oder dem Leser im mindesten bewußt würde. Gleichwohl aber besitzen sie das Faszinosum der Überwindung von Zeit und Raum (...febbricitanti...di lontananze e di velocità...), das die Kunsttheorie des vorangegangenen Jahrzehnts unter dem Stichwort Simultaneität gefaßt hatte. Hatte D'Annunzios Paolo Tarsis noch eine durchaus aktiv-kämpferische Beziehung zu dem Fluggerät, das er mit Mut und Körperkraft beherrscht und dadurch zu einem Attribut seines eigenen (Helden-)Körpers macht, so sind Pitigrillis Helden bloße Technikkonsumenten geworden. Sie "lassen sich von der Technik tragen", verhalten sich ihr gegenüber passiv. Die Lust, die sie aus ihr ziehen, ist keine heroische, sondern eine hedonistische: Der Ozeandampfer ist nichts anderes als ein zeitgemäßeres (weil bewegliches) Luxushotel.

Nicht zufällig bevorzugt Pitigrilli Fahrzeuge, die von professionellen Fahrern gelenkt werden. Die Symbiose von Lenker und Maschine, von Körper und Mechanik, die sowohl D'Annunzio als auch die Futuristen in den "Mythen" Flugzeug und Rennauto als vollzogen vorführten, erforderte einen

Übermenschen heroischen und bewußt nationalistischen Zuschnitts. Pitigrillis Helden, die, wenn man so will, den literarischen Typus des Übermenschen retrivialisieren, erbringen Ausnahmeleistungen nur mehr als "filibustieri delle alcove", wie Gramsci (freilich nicht an Pitigrilli) moniert hatte; die Technik, die ihnen ihren kosmopolitischen Lebensweg ermöglicht, kaufen sie mitsamt dem Personal, das sie bedient. Es überrascht nicht, daß die Medientechnik, die bei den Skeptikern Pirandello und Bontempelli von der Aura des Dämonischen umhüllt war, in Pitigrillis Texten nur am Rande auftaucht.[24)]

Die Sprache dieser Texte ist von Bildern durchzogen, die in der Pointiertheit, mit der die Bereiche Technik/Zivilisation der Moderne und Galanterie assoziiert werden, einen Katalog von "images d'Epinal" der 20er Jahre erstellen:

> Ed ella non aveva toccato altri libri che gli orari ferroviari e i quadernetti di *cheques*. (OP 83)
>
> L'ultimo amore è come l'ultimo treno della sera: dopo un po' che si viaggia si ha l'illusione che sia il primo del mattino. (OP 185)
>
> Aveva la rara abilità di rinnovarsi; tra la fine d'un amore e l'inizio dell'amore nuovo cambiava pettinatura e colore dei capelli come fanno i transatlantici che si verniciano fra una traversata e l'altra. (OP 187)
>
> Una tromba d'automobile squillò la diana sull'Avenue des Champs Elysées. Oggi all'Aurora non bastano più i suoi due cavalli Lampo e Faetonte: per annunziare il giorno le occorrono gli ottanta cavalli scivolanti sui soffici pneumatici di una lunga torpedo che guida lei stessa con le "rosee dita", fatte assai più rosee dagli smalti di una sapiente manicure. (C 81)

Der deklarierte Hedonismus und die anarchistischen Züge[25)] in Pitigrillis Texten vertragen sich nicht mit heroischen Posen. Das Beispiel seines viel weniger begabten Konkurrenten Guido Da Verona belehrt darüber, daß es auch so etwas wie "futuristischen Kitsch"[26)] geben kann. Es heißt, Guido Da Verona sei der meistgelesene italienische Autor der 20er Jahre gewesen;[27)]

---

24) Vgl. die Funk-Episode in *La vergine a 18 carati*.

25) Eco qualifiziert Pitigrilli zu Recht nicht als Zyniker (so die communis opinio), sondern als "anarchico-conservatore".

26) Vgl. Antonio Piromalli, *Guido Da Verona*, Neapel 1975 (Einleitung).

27) Es ist dies zugleich ein Hinweis auf einen blinden Fleck von Gramscis Analyse der italienischen "cultura popolare" seiner Zeit: Zwar spricht er von dem Revival des französischen Feuilleton-Romans in den italienischen Tageszeitungen der 30er Jahre, doch von der konsensbildenden Funktion eines so vielgelesenen Autors wie Guido Da Verona im Bereich des "deklassierten"

er, der später ein (indirektes) Opfer der Rassengesetze wurde,[28] arbeitete zunächst in seinem Massenmedium an der Bildung eines faschistischen Konsenses mit. Seine Karriere als Autor von Unterhaltungsromanen begann 1904, sein erster Massenerfolg war die Geschichte, die die Soldaten in den Schützengräben lesen wollten: *Mimì Bluette fiore del mio giardino* (1917). In den Jahren 1918-1926 schrieb er eine ganze Reihe von Romanen, unter denen sich ein Text besonders der Thematik der technischen Zivilisation annimmt, obwohl der Titel dies nicht vermuten ließe: *Lettera d'amore alle sartine d'Italia* (1924).

Es ist dies an sich kein Erzähltext, sondern - merkwürdig genug im Reich der Unterhaltungsliteratur - eine metaliterarische Reflexion, eine Reihe von "Lektionen" über Fragen der Literatur, des Geschmacks und des Lebens, geschrieben in einer über weite Partien stark rhythmisierten Prosa, in die eine Anzahl von Liedtexten eingestreut ist. Der Lehrgang richtet sich an die "belle sartine d'Italia", d.h. an das weibliche Lesepublikum von Unterhaltungsliteratur. Dies ist ein geschickter Schachzug Da Veronas, mit dem er einem Kritiker-Vorwurf begegnet, er schreibe nur für eine Schicht ungebildeter Leserinnen. Nun werden gerade diese zu Richterinnen des Geschmacks aufgerufen, und ihren Wünschen nach einem Aufstieg aus der anonymen kleinbürgerlichen Masse wird offen geschmeichelt:

> Voi sapete la storia di quella che or ora se ne andò, al braccio di un ricchissimo galante. Un símile incontro può capitare ad ognuna di voi, e capiterà senz'alcun fallo, un mattino o una sera. (L 97)

Solcherart ihrer sozialen Aufstiegschancen versichert, werden die hübschen Näherinnen in der Wartezeit mit folgenden Themen unterhalten: die Antiquiertheit des italienischen Literaten, die Notwendigkeit einer neuen literarischen Koiné, in die die unentbehrlichen Fremdwörter, die die Produkte der französischen Luxusindustrie bezeichnen, aufgenommen werden (Da Verona ist ebenso frankophil wie Pitigrilli), die möglichen Gegenstände einer erneu-

---

Kleinbürgertums, das tendenziell dem Faschismus anheimfiel, ist nicht die Rede.

28) Guido Da Verona schied 1939 durch Selbstmord aus dem Leben. Bereits seit dem Ende der 20er Jahre hatte er Schwierigkeiten mit der faschistischen Zensur, seine laizistische Replik auf Manzonis *Promessi sposi* wurde öffentlich verbrannt, er selbst in der "Galleria" von Mailand von Schlägertrupps aggrediert. Die Rassengesetze waren dann nur mehr der von außen gesetzte Schlußstrich unter seine Identifikation mit dem Faschismus.

erten Dichtung. Unübersehbar spiegelt sich die für die erste Phase des Faschismus typische Frage nach einem neuen Status des nationalen Schriftstellers sowie - trivialisiert und eng an faschistischer Propaganda orientiert - die Polemik der Futuristen gegen Professoren und Intellektuelle. "L'eccellentissimo poeta", ein idealisierter Da Verona, präsentiert sich selbst abwechselnd als Autofahrer und Dichter, und die Populärversion des Futurismus für die "belle sartine" sieht dann etwa so aus:

> Non dimenticate, vecchie Frau Kommenrzienrath (sic), che una poesia la quale non possa cantare l'elettricità, il laboratorio chímico, il nichilismo evolutivo e distruttore del pensiero moderno, i prodigi delle industrie e delle scienze, le velocità pazze alle quali ci abbandoniamo [!], le furie speculatrici che tiranneggiano la vita di tutti, le orchestre e le cliniche, il negozio e la vita d'albergo, l'esplosivo prodigioso e le città galleggianti su le carene d'alto mare, la disumana e fantástica lotta per l'esistenza, la radio e l'ascensore, il volante e il timone di profondità, la Borsa e le truffe d'ogni génere dei prodigiosi avventurieri moderni, le case di cemento armato con i loro portinai che léggono il bollettino dei cambi [...] non è, non sarà mai, non potrà mai essere la poesia dei nostri tempi [...] (L 61 f.)

In der Frau Kommerzienrat, dem negativen Gegenbild zu den "belle sartine d'Italia", manifestiert sich Da Veronas antideutscher Affekt, der zu seinem plakativen Nationalismus gehört. Interessant ist die praktische Ausführung der Modernitätsforderungen in den Liedtexten. Der überwiegende Teil dieser Lieder trivialisiert die futuristischen Technik-Hymnen: die "Canzone tipo-Fiat", die "Canzone del volante", der "Listino commerciale" (wo Automarken aufgezählt werden), die "Canzone tranviaria", der "side-car" (die Beiwagenmaschine), die "Canzone del pneu Michelin" und "Cric" (ein Hymnus an den Wagenheber). Der zweite Lied-Typus stammt aus dem Bereich der "città operosa": die "Canzone tipo-Rinascente" (an das gleichnamige Kaufhaus gerichtet), die "Canzone tipo-Comit" (an die Banca Commerciale), die "Canzone dei fiammiferi di Stato ovvero il poema dei sali e tabacchi". Die dritte und unbedeutendste Gruppe sind liedhafte Texte vom Typus populärer Chansons.

Die Lieder, die Modernität nur thematisch einlösen, folgen überkommenen lyrischen Mustern, wie immer sie auch den Status der Moderne für sich reklamieren:

> Oh donne che ai tempi di Dante aveste intelletto d'amore,
> mentre oggi, scuotendo la camicia, danzate lo shimmy a fervore,
> invece di farvi una canzone disposta a forma di terzina
> io, nuovo poeta moderno, vi lodo a scoppi di benzina.

Volando con tutto il motore per lunghe strade imbrillantate
mi sento cantare nell'anima la furia pazza dell'estate;
le stelle che picchiano e sprizzano sul cófano vivo del motore
non sono più quelle che ingemmevano le vecchie romanze d'amore. (L 80 f.)

Das Auto, von dem hier die Rede ist, ist nicht mehr eine futuristische "belva sbuffante" (1909), und der Prozeß der bürgerlichen Domestizierung der Technik, den Tessari für Bontempellis etwas späteren "Autoroman" *522* beschrieben hat[29], ist hier (1924) bereits vollzogen: Vom mythischen Ungeheuer wird das Auto zu einem käuflichen, keineswegs obskuren Objekt der Begierde. Zurecht moniert Da Verona, daß ihm eigentlich eine Werbepauschale von FIAT zustünde, und spricht somit selbst die Zugehörigkeit seines Textes zu einem Literaturmarkt aus, der Bedürfnisse imaginär befriedigt, realiter aber erst schafft. Die rasche Veränderung der Mentalität in bezug auf die Akzeptanz der neuen Technik (die Rede ist hier weiterhin vom Raum Norditalien) läßt sich besonders gut am Beispiel der Straßenbahn beobachten. Im ersten futuristischen Manifest von 1909 war diese noch ein Phänomen, das in Marinetti Katastrophenphantasien auslöste.[30] Bei Guido Da Verona ist die Straßenbahn dagegen 1924 bereits ein "umilissimo tramvai" (L 116) geworden und wird in der entsprechenden Canzone vertraulich mit "Perdónami vecchio tramvai" (L 118) angesprochen: Zwischen den beiden Texten liegen 15 Jahre und ein Krieg.

Die hier beschriebene Entwicklung, die mit einer Mythisierung ihren Anfang nimmt, um mit einer Trivialisierung zu enden (vorläufig: denn der mythisierten Technik war in der Ästhetik des internationalen Faschismus sowie des sozialistischen Realismus noch eine große Zukunft beschieden, die aber nun schon epigonal zu nennen ist), soll zum Abschluß Anlaß zu zwei Thesen über die mögliche Bedeutung einer Geschichte der literarischen Technik-Motive für die Literaturwissenschaft geben:

1. Es geht um die Technik-Bilder in den Köpfen (Harro Segeberg[31]). Die Geschichte dieser Technik-Bilder in den Köpfen ist nicht mit der Geschichte

29) Vgl. Tessari, (wie Anm. 3), S. 367f.

30) Vgl. *Fondazione e Manifesto del Futurismo*: "Sussultammo ad un tratto, all'udire il rumore formidabile degli enormi tramvai a due piani, che passano sobbalzando, risplendenti di luci multicolori come i villaggi in festa che il Po straripato squassa e sràdica d'improvviso, per trascinarli fino al mare, sulle cascate e attraverso i gorghi di un diluvio." (Teoria e invenzione futurista, S. 7)

31) Vgl. Harro Segeberg, (wie Anm. 12).

der Technik identisch; in der Differenz (der Dialektik?) der beiden Geschichten liegt eine Erkenntnisquelle.

2. Parallel zu der Geschichte der Technik-Bilder in den Köpfen verläuft die Geschichte der Technik-Akzeptanz, die man als einen Teil der Mentalitätsgeschichte betrachten kann: Wir halten heute an einem Punkt, an dem Schock und Gewöhnung, Angst vor dem Neuen, Faszination des Neuen und selbstverständlicher Umgang mit ihm zu rasch aufeinanderfolgenden Wellenbewegungen geworden sind. Die Norditaliener der 20er Jahre hingegen, die in einer technisierten Welt lebten, die sich von unserer erheblich unterscheidet, waren Zeugen und Protagonisten einer Zeit, in der Technikangst und Lust an der Technik zum ersten Mal in großem Maßstab in ihrem Bewußtsein auftauchten. Die Literatur dieses Jahrzehnts, ihr signifikantes Schweigen ebenso wie ihre signifikante Beredsamkeit, ist dafür eine wesentliche Geschichtsquelle.

Nachweise der zitierten Texte

- Gabriele D'Annunzio, *Forse che sì forse che no*, Mailand 1982, (Mondadori, Oscar narrativa).
- Filippo Tommaso Marinetti, *Teoria e invenzione futurista*, hrsg. von Luciano De Maria, Mailand 1983 (Mondadori, I Meridiani).
- Pitigrilli, *Cocaina*, Mailand 1982 (Mondadori, Oscar narrativa).
- Ders., *La cintura di castità*, Mailand 1929 (Sonzogno).
- Ders., *Oltraggio al pudore*, Mailand 1922 (Sonzogno).
- Guido Da Verona, *Lettera d'amore alle sartine d'Italia*, Mailand 1924 (La Bottega di Poesia).

Frank Wanning

Von der Flüchtigkeit der Dauer und der Beständigkeit des Wandels
Aspekte und Funktionen des Wissenschaftsparadigmas in der Theorie des italienischen Futurismus

I.

Schon gegen Ende des 18. Jahrhunderts, als sich der gegenwärtige Wissenschaftsbegriff erst allmählich herausbildete und die verbreitete Vorstellung einer universellen und einheitlichen Philosophie aus dem Bewußtsein verdrängte, sah Goethe neue Konfliktfelder der künstlerischen Auseinandersetzung heraufziehen, die er in dem lapidaren Satz zusammenfaßte: "Poesie und Wissenschaft sind nun die größten Widersacher." Er sollte nur teilweise recht behalten. Unbestreitbar ist die Konkurrenz zwischen Kunst und Wissenschaft seit der Aufklärung ein durchgängiger Streitpunkt geblieben, doch hat sich - zumindest auf seiten der Fürsprecher der Kunst - seit dem Ende des 19. Jahrhunderts die Ausgangsposition vielfach entscheidend gewandelt: Ging es zunächst tatsächlich darum, die Konkurrenzfähigkeit von Kunst und Literatur in Erkenntnis- und Darstellungsfragen zu erweisen, um diese gegen wissenschaftliche Diskursivität auszuspielen, versuchten nicht wenige spätere Kunsttheoretiker, Kunst und Wissenschaft zu versöhnen.

Das Schlagwort von der "Verwissenschaftlichung" der Literatur, das den Rahmen dieser Position inhaltlich markiert, kann dabei unter hermeneutischen Gesichtspunkten unterschiedlich ausgelegt werden. Einerseits kann es als Ausdruck einer Emanzipation der Literatur von gesellschaftlichen Fremd- und Abgrenzungszwängen sowie als Freisetzung eines innovativen künstlerischen Potentials interpretiert werden;[1] andererseits kann man in dieser

1) So geschehen u.a. bei Peter Müller, der als Fazit seiner Untersuchungen zu den Romanen Zolas feststellt: "Durch die Deutung der Realität mit Hilfe der Entartungslehre, der Milieu- und der Evolutionstheorie eröffnet Zola dem bürgerlichen Leser seiner Zeit durchweg neue Perspektiven." Vgl. P. Müller, "Die Bedeutung der Wissenschaft im Denken Zolas und ihr Einfluß auf die

"Verwissenschaftlichung", wie Theodor W. Adorno es tut, ein Indiz für die "von der Technik verängstigte Kunst" erblicken, "die sich ihr Plätschern zu konservieren trachtet, indem sie ihren eigenen Übergang in Wissenschaft verkündet, [...]".[2)]

Unabhängig davon, ob man die literarische Annäherung an Wissenschaft als Überwindung heteronomer Determination oder als Selbstaufgabe angesichts eines übermächtigen Gegners deutet, sind zwei Punkte dieses Prozesses von vornherein deutlich anzusprechen: Erstens scheint es im Hinblick auf die komplexen Fragen nach den Ursachen, dem Ausmaß und den Konsequenzen einer vielfältig zu beobachtenden "Szientifizierung der Literatur"[3)] wenig sinnvoll, eine generalisierende Antwort geben zu wollen. Die jeweiligen Motive können im Einzelfall ganz unterschiedlich begründet und in der literarischen Praxis von verschiedener Tragweite sein. - Zweitens muß vor der Interpretation von theoretischen Texten zu diesem Problem differenziert werden zwischen Aussagen von Literaturwissenschaftlern und -kritikern, denen es darum geht, den literaturgeschichtlichen Wandel nachträglich zu rekonstruieren und in Form bestimmter Modelle zu beschreiben, und den kunsttheoretischen Aussagen von Autoren, die stets im Spannungsfeld von künstlerischen Intentionen und ästhetischen Rechtfertigungszwängen stehen und denen schon deshalb ein ganz anderer theoretischer Status zukommt: Während die ersteren selbst wissenschaftlichen Ansprüchen nach begrifflicher Schärfe und methodischer Stringenz unterliegen, können Schriftsteller auch in ihren "theoretischen" Texten relativ unbekümmert über abstrakte Kategorien verfügen und Begriffe in unterschiedlichen Kontexten abweichend verwenden.

Beide Aspekte sind für die nachfolgende Untersuchung von Bedeutung, denn erstens verstehen sich die anschließenden Analysen und Interpretationen von Texten italienischer Futuristen wie Filippo Tommaso Marinetti, Umberto Boccioni und Gino Severini nicht als repräsentative Thesen zum Verhältnis von Kunst und Wissenschaft in der Moderne, und zweitens muß berücksichtigt werden, daß den hier vorgestellten und zitierten Manifesten und Aufrufen selbst ein gewisser Kunstcharakter zukommt, so daß die ver-

---

Entfaltung einer originellen Weltsicht in seinen Romanen", in: P. Brockmeier/H. Wetzel (Hrsg.), *Französische Literatur in Einzeldarstellungen*, Bd. 2, *Von Stendhal bis Zola*, Stuttgart, Metzler, 1982, S. 239.

2) Theodor W. Adorno, *Ästhetische Theorie*, Ges. Schriften, Bd. 7, Frankfurt/a.M., 1970, S. 343.

3) Vgl. Horst Schlaffer, Einleitung, *Literaturmagazin* 6, "Die Literatur und die Wissenschaften", Reinbek bei Hamburg, 1976, S. 12.

wendeten Begriffe immer schon ästhetisch funktionalisiert sind. Wenn die Futuristen also z.B. von "scienza" sprechen, rufen sie damit selektiv nur ganz bestimmte Aspekte des Begriffs auf. Entsprechend ihrer ästhetischen Funktion blenden diese Texte - bewußt oder unbewußt - bestimmte Begriffsinhalte aus und verursachen damit im Fortgang der Argumentation logische Widersprüche, die die Entwicklung kunsttheoretischer Aussagen vorantreiben. Im Gegensatz zum literaturwissenschaftlichen Diskurs, dem solche Spannungen und Widersprüche als Defizite angelastet werden müssen, können sich diese im ästhetischen Diskurs eines Schriftstellers als innovativ und produktiv erweisen.

Gerade für den italienischen "futurismo" scheint dies jedoch nicht zuzutreffen, denn die futuristischen Texte sind literaturgeschichtlich weitgehend isoliert und heute beinahe bis zur Bedeutungslosigkeit herabgesunken. Sie erscheinen gegenwärtig nur noch unter Reihentiteln wie "Vergessene Autoren der Moderne".[4] Diese Entwicklung kann angesichts ihrer unhaltbaren, ja teilweise menschenverachtenden politischen Aussagen nicht überraschen. Letztere erklären u.a. auch das vergleichsweise geringe wissenschaftliche Interesse an dieser Bewegung: Autoren wie Marinetti, Gian Pietro Lucini oder Paolo Buzzi wurden - wenn überhaupt - über Jahrzehnte hinweg allenfalls als markante Beispiele für die Kunst und Literatur des Faschismus zur Kenntnis genommen.[5] Marinettis Freundschaft mit Mussolini, das militante Auftreten

4) So der Reihentitel, unter dem Joan Bleicher 1987 ausgewählte Werke Marinettis veröffentlichte: F.T. Marinetti, *Futuristische Dichtungen*, hrsg. v. J. Bleicher, Siegen 1987. In diesem Zusammenhang ist freilich anzumerken, daß das eigene Schicksal des Vergessenwerdens von Marinetti, Boccioni und Fillia immer schon theoretisch mitgedacht worden ist. Die Futuristen haben die Forderung nach permanenter Erneuerung insofern konsequent zu Ende gedacht, als sie sich selbst aus dem historischen Prozeß nicht ausgenommen haben. Ohne den geringsten Anschein von Resignation konnte schon Marinetti feststellen: "I più anziani fra noi, hanno trent'anni: ci rimane dunque almeno un decennio, per compier l'opera nostra. Quando avremo quarant'anni, altri uomini più giovani e più validi di noi, ci gettino pure nel cestino, come manoscritti inutili. - Noi lo desideriamo." (Vgl. F.T. Marinetti, "Fondazione e Manifesto del Futurismo", in: F.T. Marinetti, *Opere*, Bd. 2, *Teoria e invenzione futurista*, hrsg. v. L. de Maria, Mailand 1968, S. 12). Unter den Vorzeichen dieses radikalen Historismus wäre die gegenwärtige Bedeutungslosigkeit von futuristischer Seite aus eher zu akzeptieren gewesen als gerade die Aufnahme in eine museale Reihe, die die avantgardistischen Werke entschärft, indem sie sie der Tradition eingliedert, ihren innovativen Anspruch eskamotiert und sie so bedenkenlos konsumierbar werden läßt.

5) Aus der Vielzahl der Veröffentlichungen zu diesem Themenkomplex möchte ich nur vier neuere Arbeiten herausgreifen, die bemerkenswerterweise alle den gleichen Titel tragen: Julie R. Dashwood, "Futurism and Fascism", in: *Italian Studies* 27 (1972), S. 91-103; János Riesz, "Futurismus und Faschismus", in:

der gesamten Gruppe und nicht zuletzt ihr offen zur Schau getragener Nationalismus diskreditierten die Bewegung als ganze und verhinderten lange Zeit eine kritische Auseinandersetzung mit ihren kunsttheoretischen Gedanken. Erst in neueren Forschungsarbeiten werden die literaturtheoretischen Implikationen allmählich wiederentdeckt, die lange Zeit hinter dem Interesse an den politischen Affinitäten ihrer Repräsentanten zum italienischen Faschismus zurückgetreten waren.[6)] Die nachfolgenden Untersuchungen knüpfen an diese Fragestellung an und versuchen, den Stellenwert und die Funktion von Leitbegriffen wie "velocità", "scienza", und "guerra" in der Theorie des italienischen Futurismus näher zu bestimmen.

II.

Nach weitgehendem Konsens der Forschung strebten die Futuristen zunächst weniger die "Verwissenschaftlichung" der Kunst als vielmehr ihre konsequente Erneuerung und permanente Innovation an. Christa Baumgarth beschreibt die futuristische "modernolatria" als einen "Kult des Neuen",[7)] und János Riesz erblickt in den theoretischen Schriften Zeugnisse eines "dumpf gefühlten Bedürfnis[ses] nach einem Neubeginn in allen Lebensbereichen".[8)] Marinetti selbst liefert mit seinen zahlreichen plakativen Forderungen Belege für diese These. Schon sein berühmter Vergleich eines aufheulenden Rennautos mit der "Nike von Samothrake", der umfassend mit künstlerischen Tra-

---

Italienisch 2 (1979), S. 2-10; Piero Aragno, "Futurismus und Faschismus. Die italienische Avantgarde und die Revolution", in: R. Grimm/J. Hermand (Hrsg.): *Faschismus und Avantgarde*, Königstein/Ts. 1980, S. 83-91 sowie M. Hardt, "Futurismus und Faschismus. Vorarbeiten für eine ideologiekritische Studie ihrer Wechselbeziehungen", in: *Romanische Forschungen* 94 (1982), S. 381-419.

6) In diesem Sinne merkt János Riesz an, daß in Italien bereits Ende der 50er und in den 60er Jahren eine Neubewertung des Futurismus einsetzte, die ihn nicht mehr allein "von seinem unrühmlichen Aufgehen im Faschismus" her analysierte, sondern vielmehr "seine positiv-revolutionären, anarchistisch-sozialistischen Wurzeln" betonte. (Vgl. Riesz, "Futurismus und Faschismus", (wie Anm. 5), S. 3). Auch J.R. Dashwood kommt in ihren Untersuchungen letztlich zu dem Ergebnis: "Futurism and Fascism should not be equated completely." (J.R. Dashwood, "Futurism and Fascism", (wie Anm. 5), S. 98). Das neuerdings wieder zu beobachtende Interesse an kunsttheoretischen Gehalten darf dabei weder als ideologische Verharmlosung noch als Versuch einer ästhetischen "Rettung" des Futurismus mißverstanden werden, da dies eine Trennung von Ästhetik und Politik voraussetzen würde, die nicht möglich ist.

7) Vgl. Christa Baumgarth, *Geschichte des Futurismus*, Reinbek bei Hamburg 1966, S. 123.

8) Vgl. J. Riesz, "Futurismus und Faschismus", (wie Anm. 5), S. 3.

ditionen abrechnet,[9] zeigt eine deutliche Affinität zu allem Neuen und Unbekannten. In die gleiche Richtung weist auch seine Kritik am "periodo latino", von dem es im *Manifesto tecnico della letteratura futurista* heißt:

> Il periodo latino che ci ha servito finora era un gesto pretenzioso col quale l'intelligenza tracotante e miope si sforzava di domare la vita multiforme e misteriosa della materia. Il periodo latino era dunque nato morto.[10]

Mit deutlichen Worten forderte Marinetti den Bruch mit der künstlerischen Tradition und die Überwindung überzeitlicher Schönheitsideale. Dabei beschränkte sich sein Bekenntnis zu allgemeiner und umfassender Erneuerung nicht nur auf die Kunst, sondern bezog sich als übergeordnete Handlungsmaxime auf die gesamte Lebenswelt. In knappen Parolen wie z.B.: "Orrore di ciò che è vecchio e conosciuto. Amore del nuovo, dell'imprevisto"[11] brachte Marinetti seine Haltung auf den Punkt. Das "Neue" als zunächst rein formale Qualität wird zu einem Wert an sich, den der Futurist in den verschiedensten gesellschaftlichen Erfahrungsbereichen in den Vordergrund rücken möchte. Als spezifisch moderne Anknüpfungspunkte literarischer Praxis gelten den Futuristen die Leitbegriffe "velocità", "scienza" und "guerra". Für sie ist der Bezug auf Wissenschaft damit nur eine von vielen Möglichkeiten, ihr Innovationspostulat zu verwirklichen. Wie sich im folgenden zeigen wird, ist er darüber hinaus für das Projekt ästhetischer Erneuerung eine überaus bedenkliche Referenz.

III.

In der Schrift *Discorso ai Triestini* aus dem Jahre 1910 gibt Marinetti einige wichtige Hinweise darauf, was sich hinter dem ästhetischen Schlagwort der "velocità" verbirgt. Hier heißt es:

> Nel campo letterario propugniamo l'ideale di una grande e forte letteratura scientifica, la quale [...] magnifichi [...] la

---

9) Im Gründungsmanifest des Futurismus heißt es: "Un automobile da corsa col suo cofano adorno di grossi tubi simili a serpenti dall'alito esplosivo [...] un automobile ruggente, che sembra correre sulla mitraglia, è più bello della Vittoria di Samotracia." Vgl. F.T. Marinetti, "Fondazione e Manifesto del Futurismo", *Opere,* Bd. 2, *Teoria e invenzione futurista*, S. 10.

10) F.T. Marinetti, "Manifesto tecnico della letteratura futurista", *Opere,* Bd. 2, S. 46.

11) F.T. Marinetti, "Distruzione della sintassi - Immaginazione senza fili - Parole in libertà", *Opere,* Bd. 2, S. 58.

> nuova ebbrezza della velocità e la vita celeste degli aviatori.[12]

Marinetti entdeckt ein zentrales Thema futuristischer Kunst in der modernen, wissenschaftlich-technischen Erfahrung der Geschwindigkeit und demonstriert sie am Beispiel der Fliegerei. Als Schriftsteller verherrlicht er die Geschwindigkeit und setzt sich so mit der naturwissenschaftlich-technisch geprägten Lebenswirklichkeit auseinander, deren immanente Dynamik und permanente Veränderung seine Texte literarisch gestalten möchten. Das innovative Moment liegt für ihn in der nun möglich gewordenen Erschließung bislang unzugänglicher Räume und Gegenden, zum anderen in der raschen Ortsveränderung, die eine Flut wechselnder Eindrücke nach sich zieht. Marinettis Begeisterung für die "velocità" unterstreicht die Notwendigkeit für die Kunst, sich den innovativen Aspekten ihrer eigenen Epoche zuzuwenden, um so eine Brücke zwischen Lebenswelt und Kunst zu schlagen. Diese Anpassung der Kunst an die jeweils letzten wissenschaftlich-technischen Erkenntnisse ist für die futuristischen Maler Umberto Boccioni, Carlo Dalmazzo Carrà, Luigi Russolo sowie Giacomo Balla und Gino Severini sogar die unabdingbare Voraussetzung ihrer Existenz:

> Nur die Kunst ist lebensfähig, die ihre eigenen Elemente in der sie umgebenden Umwelt findet. Wie unsere Vorfahren Stoff für ihre Kunst aus der religiösen Atmosphäre zogen, die auf ihre Seelen drückte, so müssen wir uns an den greifbaren Wundern des zeitgenössischen Lebens inspirieren, an dem eisernen Netz der Geschwindigkeit, das die Erde umspannt, an den Überseedampfern, den Dreadnoughts, den wunderbaren Flügeln, die die Lüfte durchziehen, den von Finsternis umgebenen Unterseebootfahrern und dem angespannten Kampf um die Eroberung des Unbekannten.[13]

Die Künste müssen in ihren thematisch-inhaltlichen Schwerpunkten Konsequenzen aus der Tatsache ziehen, daß Wissenschaft und Technik Funktionen der Religion und Metaphysik übernommen haben und die Lebenswelt der Menschen auf neue Weise prägen. Überseedampfer und Unterseeboote treten an die Stelle von "Religion" und "Seele". Der immanenten Dynamik mo-

12) F.T. Marinetti, "Discorso ai Triestini", *Opere,* Bd. 2, S. 213.

13) U. Boccioni, C.D. Carrà, L. Russolo, G. Balla, G. Severini, "An die jungen Künstler Italiens! Manifest 1910", zit.n. U. Apollonio, *Der Futurismus - Manifeste und Dokumente einer künstlerischen Revolution*, Köln/Mailand, 1972, S. 10.

derner Geschwindigkeitserfahrung haben die Künste zu entsprechen, indem sie ihre Themen den veränderten Gegebenheiten anpassen.

Über diese thematische Fixierung futuristischer Kunst auf Geschwindigkeit hinaus steht der Begriff "velocità" aber auch für eine anthropologische, genauer eine erkenntnistheoretische Komponente ästhetischer Theorie, die Marinettis Freund, der Maler Gino Severini, so erläutert:

> Eine der wissenschaftlichen Ursachen, die unsere Sensibilität verwandelt und sie zum größten Teil unserer futuristischen Wahrheiten geführt haben, ist die Geschwindigkeit. - Die Geschwindigkeit hat uns eine neue Auffassung des Raums und folglich des Lebens selbst vermittelt.[14)]

Geschwindigkeit wird hier nicht als objektive Gegebenheit moderner Lebenswelt, sondern als innovative Erfahrungsqualität des neuzeitlichen Subjekts thematisiert: Nicht nur die Welt hat sich dank des wissenschaftlichen Fortschritts verändert, sondern auch die Wahrnehmung des Menschen. Hieraus leitet sich notwendig auch ein neues Weltverständnis ab, das den modernen Künstler prägen muß. In diesem Sinne kann die "velocità" auch als subjektives Muster bzw. Verfahren zur Aneignung und Interpretation einer naturwissenschaftlich geprägten Erfahrungswirklichkeit gelten. - In unserem Zusammenhang kommt es an dieser Stelle weniger auf die verschiedenen Formen der Weltaneignung als vielmehr auf die Wandelbarkeit von Weltbildern überhaupt an, deren Möglichkeit die futuristische Forderung nach permanenter Innovation notwendig voraussetzt. Am Beispiel der durch Geschwindigkeit veränderten Raumerfahrung verdeutlichen Marinetti und Severini, daß die Wahrnehmung der Welt durch die wissenschaftlich-technische Revolution entscheidend verändert wurde und folgern daraus, daß der erkenntnistheoretische Subjekt/Objekt-Bezug einer historischen Entwicklung unterliegt, aus der auch die Künste Konsequenzen ziehen müssen. In diesem Sinn müssen sich naturwissenschaftlich-technische Veränderungsprozesse auf den Bereich der Kunst in Form eines stetigen Wandels unmittelbar auf künstlerische Themen und Darstellungsmittel auswirken.

Im Hinblick auf die Forderung nach einer umfassenden Erneuerung der künstlerischen Praxis erfüllt das Postulat der "velocità" sowohl inhaltlich als auch verfahrenstechnisch die hier vorgestellten Ansprüche der Theorie-

---

14) G. Severini, "Die bildnerischen Grundlagen des Dynamismus. Futuristisches Manifest", zit.n. U. Apollonio, (wie Anm. 13), S. 167f.

bildung und läßt sich relativ problemlos in das ästhetische Gesamtkonzept des Futurismus integrieren.

IV.

Innerhalb der thematischen und methodischen Bezüge futuristischer Ästhetik kommen Technik und Wissenschaft, die von Marinetti und anderen zumeist als Synonyme verstanden werden, eine herausragende Bedeutung zu. Das Modell einer "wissenschaftlichen Literatur", d.h. die Verbindung von literarischem und wissenschaftlichem Diskurs, galt lange Zeit als Garant dafür, daß sich die ästhetische Erneuerung auch tatsächlich realisieren läßt. Dementsprechend bleibt die postulierte Analogie von wissenschaftlichen Verfahrensweisen und Techniken von den Anfängen futuristischer "écriture" um 1908 bis zum Ausbruch des Ersten Weltkriegs ein durchgängiges Element futuristisch-avantgardistischer Kunsttheorie. Sehr deutlich kommt diese Forderung nach Wissenschaftlichkeit z.B. in Marinettis Kampfschrift *Discorso ai Triestini* zum Ausdruck, in der es heißt:

> Nel campo letterario propugniamo l'ideale di una grande e forte letteratura scientifica, la quale, libera da qualsiasi classicume, da qualsiasi purismo pedantesco, magnifichi le più recenti scoperte, [...].[15)]

Marinetti führt die Notwendigkeit einer "Verwissenschaftlichung" der Literatur an dieser Stelle deutlich auf den Anspruch permanenter Erneuerung zurück, da er nur die jeweils neuesten wissenschaftlichen Entdeckungen für ästhetisch relevant hält. Jede weiter zurückliegende Entdeckung steht von vornherein unter Traditionsverdacht und wird konsequent verworfen.

An anderer Stelle weist Marinetti darauf hin, daß der Futurismus sich "sul completo rinnovamento della sensibilità umana avvenuto per effetto delle grandi scoperte scientifiche"[16)] gründe. Stellvertretend für viele andere Strukturen und Elemente der modernen wissenschaftlich-technisch geprägten Lebenswelt führt er Fernschreiber, Telefon, Grammophon, Zeppelin und Kino an. Die wissenschaftlich-technischen Errungenschaften sind für ihn ein Zeichen der unbegrenzten Schaffenskraft des Menschen und Ausdruck eines Selbstvertrauens, dem auch Kunst und Literatur entsprechen müssen. - Noch entschiedener fällt das Bekenntnis zu den Naturwissenschaften bei Umberto

15) F.T. Marinetti, "Discorso ai Triestini", *Opere*, Bd. 2, S. 213.
16) F.T. Marinetti, "Distruzione della sintassi - Immaginazione senza fili - Parole in libertà", *Opere*, Be. 2, S. 57.

Boccioni aus, der eine futuristische Grundanschauung wiedergibt, wenn er apodiktisch behauptet, der Futurismus leite seine Gesetze aus den neuen Ergebnissen der Naturwissenschaften ab.[17)]

Obwohl die Futuristen in ihren Manifesten und Traktaten unaufhörlich die Ergebnisse und Folgen wissenschaftlicher, d.h. in erster Linie naturwissenschaftlich-technischer Erkenntnis bejubeln, bleibt ihr Verhältnis zu den Wissenschaften dennoch überraschenderweise ambivalent. Die emphatische Affirmation der Naturwissenschaften wird stets auch von kritischen Stellungnahmen begleitet. Obwohl die Futuristen die Verfahren der Naturwissenschaften und die durch sie geleistete Erkenntnis als Modell einer umfassenden literarischen Innovation bejahen, rücken sie mit ebenso deutlichen Worten von der Wissenschaft als Institution ab. In einem Anhang zu den elf Punkten des ersten futuristischen Manifests heißt es bei Marinetti:

> É dall'Italia, che noi lanciamo pel mondo questo nostro manifesto di violenza travolgente e incendiaria, col quale fondiamo oggi il "Futurismo", perché vogliamo liberare questo paese dalla sua fetida cancrena di professori, d'archeologhi, di ciceroni e d'antiquarii.[18)]

Mit solchen Schmähungen begnügt er sich freilich noch nicht. Nur wenige Sätze später denunziert er Museen als Friedhöfe, Bibliotheken und Akademien als "calvarii di sogni crocifissi" und "registri di slanci troncati".[19)] Ferner läßt Marinetti keinen Zweifel darüber aufkommen, wie dem Übel zu begegnen sei, und fordert in ebenso radikaler wie charakteristisch-destruktiver Weise dazu auf, Bibliotheken in Brand zu stecken, Akademien zu bombardieren und schließlich Museen unter Wasser zu setzen.[20)]

Der von den Futuristen geforderten Öffnung der Literatur zu den Wissenschaften steht offensichtlich ein tiefes Mißtrauen in die sie tragenden Institutionen gegenüber. Diese gespaltene Einstellung zur Wissenschaft berührt unmittelbar den uns interessierenden Zusammenhang von ästhetischer Innovation und "wissenschaftlichem" Anspruch. Sie deutet darauf hin, daß die Anlehnung an szientistische Verfahren und Darstellungsformen nicht so unproblematisch sein kann, wie dies beispielsweise bei der "velocità" der Fall ist.

---

17) Vgl. U. Boccioni, "Die bildnerischen Grundlagen der futuristischen Malerei und Plastik", in: U. Apollonio, (wie Anm. 13), S. 110.
18) F.T. Marinetti, "Prime battaglie futuriste", *Opere*, Bd. 2, S. 201.
19) Ebda., S. 12.
20) Vgl. ebda.

Die Ursachen hierfür müssen im Begriff "scienza" selbst zu finden sein, auf den weiter unten noch zurückzukommen sein wird.

In seinen Erläuterungen zum Begriff "futurismo" gibt Marinetti Hinweise darauf, wie er sich die angestrebte Erneuerung vorstellt und benennt zugleich mögliche Anknüpfungspunkte einer "wissenschaftlichen" Literatur. In knappen und emotionalen Worten schildert er die Erfindung des Begriffs, der ihm nach anfänglichem Schwanken zwischen "Dinamica" und "Elettricità" als die treffendste Bezeichnung für seine Künstlergruppe erschien:

> Il mio sangue italiano balzò più forte quando le mie labbra inventarono ad alta voce la parola Futurismo. Era la nuova formula dell'Arte-azione e una legge d'igiene mentale. Era una giovane bandiera rinnovatrice, antitradizionale, ottimistica, eroica e dinamica, che si doveva inalberare sulle rovine del passatismo (stato d'animo statico, tradizionale, professorale, pessimistico, pacifista, nostalgico, decorativo ed esteta.)[21]

Mit "nuova formula", "rinnovatrice" und "antitradizionale" unterstreicht Marinetti nochmals eindringlich seine Forderung, alle Künste zu erneuern. Zusammen mit dem Gegenbegriff "passatismo" ergibt sich durch die Analogie von "futuro" und "passato" ein einfaches dualistisches Raster, das es dem Erneuerungspropagandisten gestattet, sowohl die Kunstgeschichte als auch das zeitgenössische künstlerische Leben in Avantgarde und Traditionalisten zu spalten. Auf die Seite der ersteren stellt er die Begriffe "dinamica" und "azione", während "animo statico" und "tradizonale" die Traditionalisten kennzeichnen sollen. Unter dem Namen "Passatist" - im übrigen ein von E. A. Butti erfundener Begriff[22] - denunziert der Futurismus alles, was rückständig, reaktionär und der Vergangenheit verhaftet ist. In unserem Zusammenhang ist jedoch ein anderer Aspekt von Bedeutung: Der Kult des Modernen ist für Marinetti untrennbar mit einer gewissen Dynamik sowie dem Prinzip der "azione" verbunden, was darauf hindeutet, daß ihm die Entstehung des Kunstwerks weit wichtiger ist als das Kunstwerk selbst. Marinettis Begeisterung für die naturwissenschaftlich-technische Evolution, deren Ergebnisse stets schon wieder überholt zu sein pflegen, findet ihre Analogie in seinem nur "innovationstheoretischen" Interesse an Kunst: Künstlerische "Produkte" interessieren ihn weit weniger als der innovative Prozeß ihrer Entstehung. - Beide Elemente (Dynamik und "azione") meint Marinetti in den Wissenschaf-

21) F.T. Marinetti, "Prime battaglie futuriste", *Opere,* Bd. 2, S. 201.
22) Vgl. Chr. Baumgarth, *Geschichte des Futurismus*, (wie Anm. 7), S. 7.

ten wiederzuerkennen, was diese unter innovationstheoretischem Gesichtspunkt ästhetisch relevant werden läßt.

Die Analogie, die Marinetti durch den Begriff Innovation zwischen Wissenschaft und Kunst konstruiert, sollte nicht leichtfertig als bloße Rhetorik abgetan werden, da sie in der Tat an einen wesentlichen Aspekt des modernen Wissenschaftsbegriffs anknüpft. Dynamik und tätiges Handeln sind auch nach neueren wissenschaftstheoretischen Abhandlungen tragende Elemente jeder wissenschaftlichen Disziplin. In seiner Ende der 60er Jahre erschienenen Studie *Was ist Wissenschaft?*[23] geht beispielsweise Rudolf Wohlgenannt in diesem Sinne davon aus, daß die Wissenschaften in ihrer Gesamtheit bestrebt sind, neue Erkenntnisse zu produzieren, Geheimnisse zu enträtseln, alte Einsichten zu revidieren und zu modifizieren, um auf diese Weise den menschlichen Erfahrungs- und Erklärungsprozeß permanent voranzutreiben. Dieser Aspekt, den Wohlgenannt mit dem Begriff "science-as-process" zusammenfaßt, meint in erster Linie den Handlungsaspekt wissenschaftlicher Tätigkeit. An anderer Stelle bezeichnet Wohlgenannt ihn auch als komparativen bzw. dynamischen Wissenschaftsbegriff.[24]

Neben den fortschrittsorientierten, dynamischen Wissenschaftsbegriff stellt Wohlgenannt den Parallelbegriff "science-as-product", der mit dem ersteren untrennbar verknüpft ist. Er erläutert damit ein für die Wissenschaften gleichermaßen charakteristisches Moment: die Definition der Wissenschaft durch ihre Resultate. Insofern diese Ergebnisse widerspruchsfrei, von intersubjektiver Verständlichkeit und von möglichst universeller Geltung sein sollen, geben sie dieser zweiten Auslegung des Wissenschaftsbegriffs eine grundlegend andere Prägung. In Form von dauerhaft gültigen Gesetzen und Aussagen unterstreicht dieses Verständnis von Wissenschaft die sprachlich fixierte Darstellung der Wirklichkeit, die weniger an Veränderungsprozessen als an der Feststellbarkeit eines Wahrheitswerts interessiert ist. Dementsprechend charakterisiert Wohlgenannt diesen Aspekt des modernen Wissenschaftsverständnisses als "absolut" oder "statisch".[25]

---

23) R. Wohlgenannt, *Was ist Wissenschaft?*, Braunschweig, Vieweg und Sohn, 1969, S. 32.

24) Dynamisch insofern, als dieser die kontinuierliche Veränderung und Umstrukturierung der menschlichen Lebenswirklichkeit bedingt sowie neue Erfahrungen generiert, die den jeweils vorausgegangenen komparativ gegenübergestellt werden können. Vgl. ebda.

25) Vgl. R. Wohlgenannt, *Was ist Wissenschaft?*, (wie Anm. 23), S. 32. Über Wohlgenannt hinausgehend möchte ich ergänzen, daß die immanente Differenzierung des Wissenschaftsbegriffs in zwei unterschiedliche Aspekte nur

Ganz offensichtlich ist Marinettis Wissenschaftsverständnis einseitig am dynamischen Aspekt moderner Forschungspraxis orientiert: Nur so läßt sich erklären, daß die Kategorien ("dinamismo" und "azione"), mit denen er die ästhetische Praxis der Futuristen beschreibt und die literarische Evolution rekonstruiert, seinem explizit vorgetragenen Erneuerungswillen entsprechen können. Im Gegensatz zu diesem ersten ist der zweite, statische Wissenschaftsaspekt mit der innovationsfreudigen ästhetischen Theorie Marinettis natürlich vollkommen unvereinbar, und es steht zu vermuten, daß die auf den ersten Blick widersprüchliche Haltung der futuristischen Künstler zu den modernen Naturwissenschaften gerade auf diesen Doppelaspekt moderner Wissenschaft zurückgeht.

Der Umstand, daß die Futuristen - bewußt oder unbewußt - nur den dynamischen Aspekt des Wissenschaftsbegriffs ästhetisch funktionalisierten, stellte sie vor eine Reihe theoretischer Probleme: So lobt Marinetti den "futurismo" als "avanguardia della sensibilità italiana", die sich gerade durch die "brutalità delle sue espressioni polemiche e gli slanci temerari delle sue intuizioni"[26] auszeichnet. Auffällig sind in diesem Zusammenhang die Schlüsselbegriffe "sensibilità" und "intuizione", weil sie den Futuristen ausschließlich vermittels seiner affektiven Qualitäten definieren und seine rationalen Vermögen an keiner Stelle in Erscheinung treten lassen. Auch in anderen programmatisch-theoretischen Texten hebt Marinetti immer wieder die entscheidende Bedeutung der Intuition hervor. Er empfiehlt der Kreativität des Futuristen einen "stato del pensiero quasi interamente intuitivo e in-

dann sinnvoll ist, wenn zugleich der Modus ihrer Vermittlung angegeben werden kann. Für das hier beschriebene zweigeteilte Verständnis von "Wissenschaft" bedeutet dies, daß beide Prinzipien - dynamisch und statisch - nur solange gemeinsam unter dem einen Begriff bestehen können, wie sie inhaltlich vermittelt sind. Wohlgenannt kann diese Vermittlung jedoch nicht zeigen und läßt beide Begriffe für sich bestehen. - In der wissenschaftlichen Praxis vollzieht sich diese Vermittlung so, daß jede neue Erfahrung im Sinne des *science-as-process* ihren Wahrheitsgehalt erst an den bestehenden Gesetzen, d.h. der *science-as-product*, überprüfen muß und daß umgekehrt die bestehenden allgemein formulierten Wahrheiten ihre Geltung am forschungspraktischen Neuen immer wieder zu erweisen haben. Der Prozeß ihrer wechselseitigen Vermittlung stellt sich als kontinuierlicher Vorgang von Verifikation und Falsifikation dar. Wissenschaftliche Erkenntnistätigkeit (dynamisches Prinzip) und stabilisierende Sicherung der Resultate (statisches Prinzip) sind demnach durch die Möglichkeit des erkennenden Subjekts zur empirischen Verifikation vermittelt und können unter dem einen Begriff "Wissenschaft" fortbestehen. - Während beide Begriffsaspekte der Wissenschaft damit über ein empirisches Objekt vermittelt sind, kann es eine solche Vermittlungsebene für die fiktionalen ästhetischen Werke nicht geben.

26) F.T. Marinetti, "Manifesto del partito futurista italiano", *Opere,* Bd. 2, S. 134f.

cosciente".[27] Die Tatsache, daß gerade die emotionale Seite der künstlerischen Aktivität stark hervorgehoben wird, scheint der Vorstellung einer "wissenschaftlichen" Literatur diametral entgegengesetzt zu sein. Wissenschaftliches Vorgehen als rational geplanter und permanent kontrollierter Prozeß läßt sich mit einer unbewußten Produktion kaum vergleichen. Marinetti hat diesen Widerspruch sehr genau gesehen, seinen Standpunkt jedoch gleichwohl vehement verteidigt, etwa wenn er im Rahmen eines Plädoyers zur Abschaffung der Psychologie die Forderung aufstellt:

> [...] dobbiamo abolirlo [l'uomo, F.W.] nella letteratura, e sostituirlo finalmente colla materia, di cui si deve afferrare l'essenza a colpi d'intuizione, la qual cosa non potranno mai fare i fisici né i chimici.[28]

Intuition steht für Marinetti somit nicht im Zeichen einer auf Wahrheit bezogenen Form der Welterkenntnis, sondern gründet sich allein auf ein innovationstheoretisches Interesse. Bezieht man sich auf die oben skizzierten Überlegungen zum Verhältnis von dynamischem und statischem Wissenschaftsverständnis, deutet "Intuition" ein weiteres Mal auf das tätigkeitsbezogene Begriffsverständnis von "Wissenschaft", während Marinettis Polemik gegen Physik und Chemie auf den "statischen Begriff" Bezug nimmt. Für Künstler gilt: "Noi entriamo nei dominii sconfinati della libera intuizione. Dopo il verso libero, ecco finalmente le parole in libertà."[29] Marinetti verbindet mit "Intuition" die Konnotation unbegrenzter Freiheit. Als Modellfall einer intuitiven ästhetischen Produktion gelten ihm die "parole in libertà", die jenseits traditioneller Bindungen eine affektiv begründete Erneuerung der Künste gewährleisten sollen.

In der Gegenüberstellung von "sentimentalità" und "intuizione" auf der einen und "scienza" auf der anderen Seite bricht der Widerspruch der beiden Aspekte des modernen Wissenschaftsbegriffs erneut auf. Die paradoxe Verbindung beider Prinzipien im futuristischen Kunstbegriff eskaliert in Aussagen wie:

> Unser Lob gilt ohne Unterlaß der freien Intuition, denn wir wollen völlig neue Gesetze aufstellen, die die Malerei aus

---

27) F.T. Marinetti, "Manifesto tecnico della letteratura futurista", *Opere*, Bd. 2, S. 49.
28) Ebda., S. 44.
29) Ebda., S. 47.

> dem schleppenden Zustand der Unsicherheit, in dem sie sich befindet, befreien wollen.[30)]

Der offene Widerspruch dieser Aussage ist durch die Begriffspaare "Freiheit und Intuition" einerseits, "Gesetz und Sicherheit" (hier negativ evoziert) andererseits begrifflich markiert. Während erstere für ein vorwärtsweisendes und dynamisches Verständnis der Kunst, das analog zum dynamischen Wissenschaftsaspekt konzipiert ist, stehen, berufen sich letztere als theoretische Zielvorstellung künstlerischer Produktion deutlich auf ein statisches Prinzip, welches dem Begriff des "science-as-product" entspricht. Obwohl Marinetti nur den ersten Aspekt in seine ästhetische Argumentation einbinden kann, gelingt es ihm dennoch nicht, den zweiten theoretisch zu eliminieren.

Auch bei anderen Futuristen tritt der implizite und ungelöste Widerspruch der beiden Referenzen auf Wissenschaft hervor. In seinem Text *Die bildnerischen Analogien des Dynamismus*, der den Untertitel "Futuristisches Manifest" trägt, bringt Gino Severini dieses Problem auf den Punkt, wenn er feststellt: "Es ist unmöglich, gebrauchsfertige Gesetze aufzustellen, da sie in erster Linie durch die Persönlichkeit jedes Künstlers bedingt sind."[31)] Mit den Postulaten einer genieästhetisch orientierten Kunsttheorie der Originalität wendet sich Severini gegen "gebrauchsfertige Gesetze". Überraschenderweise argumentiert er nicht grundsätzlich gegen "ästhetische" Gesetze, die der intendierten ästhetischen Innovation im Wege stehen und der zu überwindenden Dauer Vorschub leisten, sondern akzeptiert ästhetische Normen dann, wenn sie in der Künstlerpersönlichkeit begründet sind. Hierdurch entsteht jedoch wiederum das Paradox, daß der normative Anspruch nur durch eine allgemeine Verbindlichkeit eingelöst werden kann, die notwendig über das einzelne Individuum hinausweisen muß. Eine nur individuell verbindliche Norm ist eine contradictio in adjecto. - Betrachtet man die Aussage Severinis im Zusammenhang unserer Fragestellung, kann sie insofern als Versuch der "Rettung" normativer Ansprüche interpretiert werden, als "Gesetze" - hier verstanden als statischer Ausdruck ästhetischer Theoriebildung - nicht rundweg abgelehnt, sondern unter bestimmten Bedingungen durchaus akzeptiert werden.

---

30) U. Boccioni, C.D. Carrà, L. Russolo, G. Balla, G. Severini, "Vorwort zum Katalog der Ausstellungen in Paris, London, Berlin, Brüssel, München, Hamburg, Wien." usw., zit.n. U. Apollonio, (wie Anm. 13), S. 64.

31) G. Severini, "Die bildnerischen Analogien des Dynamismus. Futuristisches Manifest", zit.n. U. Apollonio, (wie Anm. 13), S. 166.

Das Schwanken zwischen "Statik" und "Dynamik" findet seinen vielleicht deutlichsten Ausdruck bei Boccioni:

> Wie heftig auch in uns das Bestreben nach dem Endgültigen sein mag, so lieben wir doch im Leben und in der Kunst alles, was sich heute zwischen der alten, einstürzenden und einer neuen, im Entstehen begriffenen Welt manifestiert. Uns faszinieren im Leben und in den Werken unserer Zeit die Zeichen eines abtastenden, ängstlichen Suchens, die im wirklich modernen Menschen die Unerfahrenheit dessen zeigen, der mit einer neuen Materie umgehen muß.[32)]

Das Streben nach Endgültigem, das für Boccioni noch mit einem abtastenden, ängstlichen Suchen versöhnt werden kann, steht quer zu Marinettis Vorstellung eines von Künstlergeneration zu Künstlergeneration sich vollziehenden Umbruchs. Auch eine differenziertere Aussage aus demselben Jahr kann den Widerspruch nicht auflösen:

> Trotz unseres leidenschaftlichen Strebens nach Endgültigem bestreiten wir [...], daß es beim derzeitigen Stand unserer Sensibilität möglich ist, eine abstrakte Chiffreschrift, eine bildnerische Kategorie zu schaffen, die mit ihrer Typenbildung praktisch die Intuition des einzelnen ersetzen könnte.[33)]

Der Widerspruch, der hier in der Gegenüberstellung von "Endgültigem" und "Intuition" zum Ausdruck kommt, kann nicht aufgelöst werden, weil der Gegensatz zwischen besonderer Intuition und allgemeiner Typenbildung tatsächlich nur eine Folge des Widerspruchs zwischen den Prinzipien "Ewigkeit" und "Entwicklung", damit zugleich eine Folge des unvermittelten Nebeneinanders "dynamischer" und "statischer" Theorieelemente darstellt.

Hier erscheint es geboten, die Funktionen von "Geschwindigkeit" und "Wissenschaft" in der futuristischen Ästhetik zu vergleichen: Während das literarische Thema der "velocità" ohne Schwierigkeiten in das innovationstheoretische Konzept futuristischer Ästhetik integriert werden konnte, ist dies im Fall der Referenz auf den Wissenschaftsbegriff nur bedingt möglich. Zwar kann der erkenntnisschaffende Forschungsprozeß, in dessen Verlauf Unbekanntes erschlossen und die Sicht auf scheinbar Vertrautes verändert wird, der "modernolatria" neue Anstöße vermitteln; doch stehen die statischen Ge-

---

32) U. Boccioni, "Pittura Scultura Futuriste", Mailand, 1914, zit.n. Chr. Baumgarth, *Geschichte des Futurismus*, (wie Anm. 7), S. 133.

33) U. Boccioni, "Die bildnerische Grundlage der futuristischen Malerei und Plastik", zit.n. U. Apollonio, (wie Anm. 13), S. 111f.

setze und Forschungsresultate quer zur proklamierten Absicht des Traditionsbruchs. - Die zugleich "dynamischen" und "statischen" Elemente des Wissenschaftskonzepts sind von Marinetti und den anderen Futuristen allerdings nicht erkannt worden. In ihren ästhetischen Äußerungen erscheint der damit verbundene Widerspruch deshalb nur als Gegensatz von Intuition und Gesetz sowie der oben skizzierten ambivalenten Bewertung.

V.

Der Dualismus von tätigkeitsorientiert-dynamischen und ergebnisorientiert-statischen Implikationen ist ebenfalls geeignet, die Funktion des Kriegs in der ästhetischen Theorie der Futuristen funktional zu bestimmen. Das Thema Krieg ist sicher einer der besonders problematischen Aspekte des Futurismus und hat maßgeblich dazu beigetragen, daß die futuristischen Werke seit langem in der literarischen Öffentlichkeit kaum mehr diskutiert werden. Schließlich hat gerade der Wortführer Marinetti unter Punkt neun des futuristischen Gründungsmanifests dazu aufgerufen: "Noi vogliamo glorificare la guerra - sola igiene del mondo - il militarismo, il patriottismo, il gesto distruttore dei libertarî, [...]".[34] Der Schockeffekt dieses Postulats war beabsichtigt und hat in der Rezeptionsgeschichte des Futurismus seine Wirkung nicht verfehlt. Die Vorstellung vom Krieg als "Hygiene der Welt" mußte nicht erst seit der Erfahrung zweier Weltkriege die Futuristen ins politische und ästhetische Abseits führen. - Bei genauerer Betrachtung der Aufzählung Marinettis fällt jedoch die ideologische Unstimmigkeit der genannten Komponenten auf. Können nämlich Militarismus und Patriotismus durchaus noch zusammengedacht werden, erweisen sich beide als völlig unvereinbar mit der vom Anarchismus verlangten "Vernichtungstat". Die Zusammenstellung deutet in diesem Fall darauf hin, daß die futuristische Verherrlichung des Krieges mit ihren ideologischen Implikationen noch nicht hinreichend erfaßt ist. Marinetti selbst unterstreicht dies an anderer Stelle und schwächt damit zugleich die provokative Wirkung seiner Aussagen etwas ab:

> Disprezza dunque le teorie pacifistiche ed internazionalistiche! Il patriottismo e l'amore della guerra non hanno nulla a che fare coll'ideologia: sono principî d'igiene, senza i quali non c'è che decadenza e morte![35]

---

34) F.T. Marinetti, "Fondazione e Manifesto del Futurismo", *Opere*, Bd. 2, S. 10.
35) F.T. Marinetti, "Trieste, la nostra bella polveriera", *Opere*, Bd. 2, S. 247.

Schenkte man Marinetti hier Glauben, dann wäre sein Appell zur Verherrlichung des Krieges nicht primär als Ausdruck eines unmittelbar politisch-ideologischen Engagements zu verstehen. Wie immer man die Haltung der Futuristen zu Krieg und Gewalt einschätzen mag, Marinetti wollte "Krieg" in jedem Fall auch als formalen Ausdruck seines dynamischen Prinzips der Veränderung verstanden wissen - ungeachtet der möglichen Folgen dieses Denkens. In dieser Gestalt nimmt er seinem Gedanken die provokative Schärfe und verharmlost seine Forderung, so daß sie beinahe in eine Reihe mit Heraklits bekanntem Fragment vom Krieg als "Vater aller Dinge" gestellt werden könnte. - Unter dem Gesichtspunkt, daß die Futuristen den permanenten Wandel durch das dynamische Prinzip der "azione" ästhetisch umsetzen wollten, kommt dem "Krieg" in Marinettis Texten die gleiche Funktion zu wie z.B. der "Geschwindigkeit". In der futuristischen Perspektive soll er lediglich von der Tradition befreien und die Möglichkeit umfassender Neugestaltung schaffen.

Die Strategie zur Verharmlosung des Kriegs läßt sich auf dieser Grundlage folgendermaßen beschreiben: Das Hauptaugenmerk der Futuristen lag auf der Tätigkeit, der Aktion. Nicht umsonst spricht Marinetti auch von der Vernichtungs-"tat" der Anarchisten. Das Resultat des Kriegs - Tod, Leid und Vernichtung - wird bewußt verschwiegen. Marinettis ästhetische Affirmation des Kriegs setzt in jedem Fall die Abstraktion vom Resultat, von den Schrecken und Verwüstungen, die der Krieg notwendig mit sich bringt, voraus. Anders formuliert: Das "dynamische", tätigkeitsbezogene Verständnis des Kriegs eskamotiert sein "statisches", d.h. ergebnisbezogenes Prinzip. "Krieg" verwandelt sich damit für den Futuristen in eine "zona di vita intensa" und kann von Marinetti in eine Reihe mit Revolution, Schiffbruch und Erdbeben gestellt werden.[36)] Diese Gleichsetzung des Krieges mit anderen Katastrophen läßt die Funktion des Leitbegriffs als "dynamisches" Theorieelement nochmals klar hervortreten.

Ebenso wie für "scienza" lassen sich auch für "guerra" "dynamische" und "statische" Konnotationen unterscheiden, die zu einer dualistischen Begriffskonstruktion führen: Der dynamische Aspekt der Veränderung ist immer auch von einem statischen Ergebnis begleitet. Schon in der Referenz auf Wissenschaft war der statische Aspekt vernachlässigt worden, im Falle des "Krieges" wird er geradezu provokativ unterschlagen.

36) Vgl. F.T. Marinetti, "Distruzione della sintassi - Immaginazione senza fili - Parole in libertà", *Opere*, Bd. 2, S. 61.

VI.

Zusammenfassend kann festgehalten werden, daß der innovationstheoretische Ansatz futuristischer Ästhetik eine Reihe von literarischen Neuorientierungen zur Folge hat, die sich an den Schlüsselbegriffen der "velocità", "scienza" und "guerra" am deutlichsten demonstrieren lassen.

Über die Darstellung der modernen Erfahrung von Geschwindigkeit und damit der Erschließung von bislang Unbekanntem und dem raschen Wechsel unterschiedlichster Eindrücke wird von der Kunst verlangt, sich permanent zu erneuern und den jeweiligen Gegebenheiten der menschlichen Lebenspraxis anzupassen. Die Orientierung an "velocità" soll den futuristischen Künstler in die Lage versetzen, ein innovatives Potential zu entfalten, das die Umsetzung der ästhetischen Postulate garantiert.

Als ungleich problematischer erwies sich die Anknüpfung an die Wissenschaft als Institution. Die ambivalenten Stellungnahmen der Futuristen deuten auf spezifische Probleme der angestrebten Harmonisierung von "letteratura" und "scienza", die - wie neuere wissenschaftstheoretische Untersuchungen zeigen - auf ein dualistisches Moment des Wissenschaftsbegriffs selbst zurückgeführt werden können. Insofern als der Wissenschaft stets ein dynamisches Moment im Sinne innovativer Erkenntnisproduktion zukommt, hatten Marinetti und andere Futuristen durchaus nicht unrecht, wenn sie den Begriff "scienza" in ihre innovationstheoretischen Kunstvorstellungen integrieren wollten. Allerdings wurde dabei das dem Wissenschaftsbegriff gleichfalls unabdingbare statische, d.h. bewahrende oder gesetzbildende Moment entweder gar nicht wahrgenommen oder bewußt eskamotiert. In ihrer ästhetischen Theorie bezahlten dies die Futuristen mit dem Preis des ungelösten Widerspruchs zwischen "intuizione" und "legge" bzw. mit der ambivalenten und ungeklärten Einschätzung der Wissenschaften.

Ähnliches gilt für den dritten Leitbegriff: den Krieg. Ebenso wie dem Begriff "scienza" liegt auch "guerra" eine Doppelstruktur in dem Sinne zugrunde, daß der Krieg als geschichtlicher Prozeß immer Ausdruck einer dynamischen Veränderung ist. Zugleich zieht er aber immer auch bleibende Resultate (Tod, Zerstörung, Not) nach sich. Auch in diesem Fall tritt das statische Element theoretisch nicht in Erscheinung, allerdings verfolgen Marinetti und seine Freunde hiermit bewußt provokative Ziele. Im Gegensatz zu den Wissenschaften ist die einseitige Hervorhebung der dynamischen Aspekte hier also als bewußte Instrumentalisierung zu verstehen.

Aus dem Vorangehenden lassen sich einige Schlußfolgerungen für das eingangs skizzierte Problemfeld einer adäquaten Bewertung der epochenspezifischen Forderung nach einer "Verwissenschaftlichung" der Literatur ziehen. Im Fall des italienischen Futurismus konnte gezeigt werden, daß die plakative Anlehnung an Wissenschaft nur ein Element innerhalb eines komplexen ästhetischen Begründungs- und Rechtfertigungszusammenhangs ist und ihr funktional der gleiche Stellenwert zukommt wie "Geschwindigkeit" oder "Krieg". Der eigenwillige, manchmal geradezu amateurhafte Umgang mit Begriffen, ihre Integration in ein übergeordnetes ästhetisches Programm und die Funktionalisierung der Wissenschaften als institutionalisierte Dauerveränderung lassen es kaum zu, von einer Selbstaufgabe der Futuristen, bzw. von einem wirklichen "Übergang der Kunst in Wissenschaft"[37] zu sprechen. Für die italienische Avantgardebewegung ist "scienza" lediglich ein Instrument zur Überwindung dauerhafter Traditionen und Konventionen, das neben anderen Elementen dazu beitragen soll, den permanenten Wandel und die ästhetische Offenheit als künstlerische Grundhaltung festzuschreiben.

---

37) Vgl. das Adorno-Zitat in Anmerkung 2.

Hermann H. Wetzel

Spuren-Lesen im italienischen Roman

1. Wissenschaftliches Weltbild und Erzählstruktur

Der enge Zusammenhang zwischen wissenschaftlichem Weltbild und Erzähl*struktur* (also nicht nur zwischen der Geistesgeschichte und den literarischen Inhalten) ist spätestens seit den theoretischen Äußerungen R. Barthes' und der Autoren des Nouveau Roman eine Erkenntnis, die sich in der Literaturgeschichtsschreibung und der Selbstreflexion der Autoren weitgehend durchgesetzt hat. Italo Calvino zum Beispiel, der in der genannten französischen Tradition steht, wenn er sich von ihr auch nicht hat vereinnahmen lassen, hat die erkenntnistheoretischen Grundlagen seines Werkes *Palomar* und dessen spezifischen (lyrisch-ironischen) Erzählstils klar erkannt und definiert, wenn er sagt:

> Ich glaube, daß die Wirklichkeit außerhalb des gesprochenen oder geschriebenen Wortes, also unabhängig von der Sprache existiert, ich bin jedoch überzeugt, daß die Sprache sie darzustellen vermag, ohne je den Anspruch erheben zu können, an ihre Stelle zu treten, daß sie sich in einem langwierigen Prozeß der Erkenntnis des Wirklichen zu nähern vermag.[1)]

Der Zusammenhang zwischen Wissenschaft und Literatur betrifft aber nicht nur eine bestimmte, historisch begrenzte Epoche des Romans, sondern Literatur, und besonders auffällig das Erzählen, allgemein.

Nach C. Segre läßt sich der Zusammenhang der Literatur mit dem gesellschaftlichen Entwicklungsstand, der ganz entscheidend vom wissenschaftlichen Erkenntnisstand bedingt wird,[2)] in der Erzählstruktur aufspüren:

---

1) Italo Calvino in einem Interview mit H. Harth, B. Kroeber, U. Wyss, "Die Welt ist nicht lesbar, aber wir müssen gleichwohl versuchen, sie zu entziffern", in: *Zibaldone* 1 (1986), S. 5-17; hier S. 10.

2) Wenn ein Autor natürlich auch beliebig hinter den zu seiner Zeit möglichen Erkenntnisstand zurückfallen bzw. aus den zu seiner Zeit gleichzeitig konkur-

> [...] un tipo di contatto fondamentale fra opera letteraria e società. Questi due sistemi che, con immagine astronomica, si tende a immaginare come concentrici, sono invece linee di forza con ampi tratti comuni, e con gli stessi punti di convergenza.[3)]

Der Erklärungswert dieser Einsicht für die Geschichte des Romans und seiner verschiedenen Ausprägungen im 19. und 20. Jahrhundert wurde meines Wissens jedoch noch nicht systematisch genutzt. Dies soll im folgenden im Hinblick auf ein begrenztes, wenn auch zentrales Problem des Erzählens geschehen: im Hinblick auf die Motivation[4)] des Erzählten oder, anders ausgedrückt, im Hinblick auf das Verhältnis von Erzählen und Beschreiben im italienischen Roman der letzten beiden Jahrhunderte.

Unter Erzählen im engeren Sinn verstehe ich in Anlehnung an R. Barthes[5)] die chronologische Aneinanderreihung von Erzählkernen ("noyaux") im Gegensatz zum Beschreiben, dessen Elemente chronologisch nicht so festgelegt sind und im allgemeinen als "ancillae narrationis" zur begründenden Verknüpfung des Geschehens dienen. Bei Barthes heißen diese Elemente des in "Funktionen" ("fonctions") zergliederten Erzählens daher "Indizien" ("indices").[6)]

Damit überhaupt von einer Erzählung oder Geschichte gesprochen werden kann, müssen bestimmte Minimalbedingungen erfüllt werden, deren gemeinsamer Nenner eben die implizite bzw. explizite Handlungsmotivation ist. Nach W.-D. Stempel[7)] müssen die (mindestens zwei) Ereignisaussagen

---

rierenden wissenschaftlichen Erklärungsmustern auswählen, ja in Ausnahmefällen sogar einen zukünftigen wissenschaftlichen Erkenntnisstand vorwegnehmen kann.

3) C. Segre, "Analisi del racconto, logica narrativa e tempo", in: ders., *Le strutture e il tempo*, Turin, Einaudi, 1974, S. 3-77; hier S. 71.

4) Vgl. G. Genette, "Vraisemblance et motivation", in: *Communications* 11 (1969), S. 5-21.

5) R. Barthes, "Introduction à l'analyse structurale du récit", in: *Communications* 8 (1966), S. 1-27.

6) Denn es handelt sich auch im zeichentheoretischen Sinn um Indizien, allerdings um sprachlich, d.h. aus symbolischen Zeichen mit Hilfe der Einbildungskraft des Lesers konstruierte. Dabei können auch erzählende Teile im engeren Sinn, seien sie nun für den Fortgang der Handlung direkt bedeutend oder auch nicht (in der Terminologie Barthes' "noyaux" und "catalyses"; z.B. "[...] danach zündete er sich eine Zigarette an [...]") indiziellen Charakter haben (hier: beruhigende oder Erregung verbergende Ersatzhandlung). Das gleiche gilt für erzählerische Rückgriffe auf frühere Ereignisse (etwa im Plusquamperfekt), die dazu dienen können, spätere Ereignisse und Handlungen verständlich zu machen.

7) W.-D. Stempel, "Erzählung, Beschreibung und der historische Diskurs", in: R. Koselleck/W.-D. Stempel (Hrsg.), *Geschichte - Ereignis und Erzählung*, München, Fink, 1973 (Poetik und Hermeneutik 5), S. 325-346; s.bes. S. 328-330.

eine Sequenz mit "resultativer Beziehung" bilden. "Resultativ", d.h. das eine Ereignis muß zeitlich und funktional zum nächsten führen, sowohl was die beteiligten Subjekte als auch was die miteinander in Beziehung gesetzten Fakten (Solidarität, Kontrastierbarkeit und Korrelierbarkeit der Fakten) angeht. Entscheidend für das Erkennen einer resultativen Beziehung zwischen zwei Ereignissen ist jedoch der Erkenntnisstand, der es erlaubt, das zweite der erzählten Fakten als mit dem ersten kausal verkettetes Zeichen (als Indiz) zu erkennen. Der Fortschritt der Wissenschaften im 19. Jahrhundert und die Verfeinerung der Untersuchungsmethoden erlaubte es, immer mehr bzw. andere Ereignisse kausal miteinander zu verknüpfen: durch menschliches Verhalten hervorgerufene Ereignisse etwa, die man vor der "Erfindung" der Psychoanalyse nie in einer irgendwie gearteten resultativen Beziehung zu anderem menschlichen Verhalten gesehen hätte.

Ein Erzählwerk wie der neuzeitliche Roman, der überschaubare Mengen von Personen und Ereignissen über einen mehr oder weniger langen Zeitraum in einen chronologisch-logischen, motivierten Zusammenhang stellt, fußt notwendig auf einem rationalistischen, teleologischen Weltbild, das davon ausgeht, daß die individuelle und kollektive Geschichte (die sog. wirkliche, erst recht dann die literarische Fiktion) nicht nur aus einer zufälligen und ungeordneten Reihe von Ereignissen besteht, sondern kausal verkettet ist (je nach dem Stand und der historischen Hierarchie der Wissenschaften eine anders begündete Kausalität), wobei die Art der narrativ konstituierten Kausalität vom angenommenen generellen Sinn abhängt.[8)]

8) R. Barthes, "L'écriture du Roman", in: ders., *Le degré zéro de l'écriture, suivi de Nouveaux essais critiques*, Paris, Seuil 1972 (Coll. Points 35), S. 25-32; hier S. 26: "Par son passé simple, le verbe fait implicitement partie d'une chaîne causale, il participe à un ensemble d'actions solidaires et dirigées, il fonctionne comme le signe algébrique d'une intention; soutenant un équivoque entre temporalité et causalité, il appelle un déroulement, c'est-à-dire une intelligence du Récit. C'est pour cela qu'il est l'instrument idéal de toutes les constructions d'univers; il est le temps factice des cosmogonies, des mythes, des Histoires et des Romans. Il suppose un monde construit, élaboré, détaché, réduit à des lignes significatives, et non un monde jeté, étalé, offert. Derrière le passé simple se cache toujours un démiurge, dieu ou récitant; le monde n'est pas inexpliqué lorsqu'on le récite, chacun de ses accidents n'est que circonstanciel, et le passé simple est précisément ce signe opératoire par lequel le narrateur ramène l'éclatement de la réalité à un verbe mince et pur, sans densité, sans volume, sans déploiement, dont la seule fonction est d'unir le plus rapidement possible une cause à une fin." Daher kann Barthes behaupten (S. 32): "Le Roman est une Mort; il fait de la vie un destin, du souvenir un acte utile, et de la durée un temps dirigé et significatif."

Diese Vorbedingung gilt allerdings nur für den sogenannten realistischen Roman und seine Varianten. Denn vor allem im 20. Jahrhundert hat der Roman, nachdem Sinn und Kausalität entscheidenden Wandlungen unterworfen waren oder gar grundsätzlich in Frage gestellt wurden, seine unendliche narrative Wandlungsfähigkeit unter Beweis gestellt. Wobei einzelne Autoren allerdings so konsequent sind, ihre Texte gleich gar nicht mehr Roman zu nennen und sie beispielsweise ausdrücklich in die Nähe von Prosagedichten zu rücken.[9)]

Daß es sich bei der Erzählmotivation und dem Verhältnis von Beschreiben und Erzählen im engeren Sinn nicht um irgendein Problem der Narrativik handelt, sondern um ein zentrales Problem des Erzählens überhaupt, das aus einer speziellen und grundlegenden Art der Welterklärung resultiert, geht auch aus Carlo Ginzburgs wissenschaftsgeschichtlichem Essay *Spie. Radici di un paradigma indiziario* hervor.[10)] Carlo Ginzburg äußert die Vermutung, daß die Erfindung des Erzählens an eine bestimmte Art der Welterkenntnis gebunden sei, wie sie vorwissenschaftlich und wissenschaftlich bis ins 20. Jahrhundert galt und teilweise immer noch gilt.

Das Spuren-Lesen des Jägers, d.h. das Erkennen von indiziellen Zeichen und ihre Verknüpfung, steht für ihn sowohl am Beginn einer bestimmten Art wissenschaftlicher Erkenntnis als auch am Beginn des Erzählens:

> Ciò che caratterizza questo sapere [venatorio] è la capacità di risalire da dati sperimentali apparentemente trascurabili a una realtà complessa non sperimentabile direttamente. Si può aggiungere che questi dati vengono sempre disposti dall'osservatore in modo tale da dar luogo a una sequenza narrativa, la cui formulazione piú semplice potrebbe essere «qualcuno è passato di là». Forse l'idea stessa di narrazione (distinta dall'incantesimo, dallo scongiuro o dall'invocazione) nacque per la prima volta in una società di cacciatori, dall'esperienza della decifrazione delle tracce. [...] Il cacciatore sarebbe stato il primo a «raccontare una storia» perché era il solo in grado di leggere, nelle tracce mute (se non impercettibili) lasciate dalla preda, una serie coerente di eventi.[11)]

Einen epistemologischen Einschnitt stellt Ginzburg gegen Ende des 19. Jahrhunderts fest: Durch die Erweiterung auf immer "nebensächlichere", übli-

9) Z.B. der bereits genannte Italo Calvino im zitierten Interview: "Im Grunde könnten diese Stücke [von *Palomar*] von ihrer Struktur her auch Gedichte sein." (S. 16) - ein Satz, der übrigens auch schon für *Le città invisibili* gelten könnte.

10) C. Ginzburg, "Spie. Radici di un paradigma indiziario", in: AA.VV., *Crisi della ragione*, Turin, Einaudi, 1979, S. 57-106.

11) ebda., S. 67.

cherweise unbeachtete Indizien und Symptome entsteht die moderne Kriminalistik (nebst verfeinerten Zuschreibungsmethoden in der Kunsthistorie[12]) und nicht zuletzt die Psychoanalyse.

Diese Verfeinerung des indiziellen Paradigmas birgt allerdings, wie sich an den narrativen Verwirklichungen, besonders im psychoanalytischen und im Detektiv-Roman zeigen lassen wird, gleichzeitig den Keim seiner Zersetzung in sich. Es ist nicht in erster Linie das "schlechte Gewissen" angesichts eines alleingültigen positivistischen Welterklärungsschemas, das dieses Paradigma unterminiert und, wie T. Todorov meint, die phantastische Literatur hervorbringt,[13] sondern es ist im Gegenteil ursprünglich der unerschütterte Glaube an eine mit dem Fortschritt der Wissenschaften in der Person des Spezialisten (Detektiv, Psychoanalytiker) immer tiefer unter die Oberfläche der Phänomene dringende Erklärbarkeit der Phänomene selbst, der die jeweils (noch) geltenden und vom *senso comune* (dem Laien bzw. dem wissenschaftlich zurückgebliebenen Spezialisten, d.h. dem beamteten Kommissar oder dem traditionellen Psychologen) akzeptierten Erklärungen dem Verdacht der Oberflächlichkeit aussetzt oder als falsch erweist und obsolet werden läßt.

Der Schritt zu einer immer nur vorläufigen und ironisch durch das Wissen um diese Vorläufigkeit gebrochenen Erkenntnis von Welt, wie sie Italo Calvino formuliert, ist dann nur konsequent: "Die Welt ist nicht lesbar, aber wir müssen gleichwohl versuchen, sie zu entziffern."

2. Die Geschichte des modernen italienischen Romans im Wandel der Motivationsparadigmen

2.0. Italo Calvino stellt sich im zitierten Interview in eine bestimmte Tradition der italienischen Literatur, deren Zentrum er nicht im Roman, sondern in der Lyrik sieht. Tatsächlich ist, um nur einige in diesem Zusammenhang signifikante Punkte zu nennen, das Fehlen einer realistischen Romantradition (und damit verbunden der Mangel an phantastischer und Detektiv-Literatur) im

---

12) Vgl. das von dem Arzt und Kunsthistoriker Morelli (1816-1891) entwickelte Verfahren, das die Zuschreibung von Gemälden gerade von den scheinbar nebensächlichsten Details wie Fingerformen und Ohren abhängig macht.

13) T. Todorov, *Introduction à la littérature fantastique*, Paris, Seuil 1970 (Coll. Poétique), S. 176: "Le XIXe siècle vivait, il est vrai, dans une métaphysique du réel et de l'imaginaire, et la littérature fantastique n'est rien d'autre que la mauvaise conscience de ce XIXe siècle positiviste."

19. Jahrhundert in Italien und der lyrische Stil zweier sog. Neorealisten wie Pavese und Vittorini auffallend. Die Abneigung gegen das endgültige und eindeutige, resultative Kausalzusammenhänge herstellende Erzählen und die Vorliebe für das statische, eher zur Reflexion anregende als fertige Deutungen anbietende Beschreiben wäre ein Indiz dafür, daß die wissenschaftlichen Paradigmen (Historismus, Biologismus, Psychoanalyse) in Italien selbst wenig verankerte und gleich wieder in Frage gestellte Importware (Manzoni und Verga unter französischem Einfluß, Svevo unter mitteleuropäischem) darstellen und selbst die unter dem Einfluß des amerikanischen Realismus (und zunächst auch der marxistischen Nachkriegseuphorie) stehenden Autoren ihren "italienischen Lyrismus" nicht verleugnen können und wollen.[14)]

Es lassen sich also im Hinblick auf die Verwendung des indiziellen Schemas im italienischen Roman des 19. und 20. Jahrhunderts drei Etappen unterscheiden:

2.1. Der historische (Manzoni) und der naturalistische (Verga) Roman als Paradigmen des lückenlos motivierten Romans, wobei der eine dem Wissenschaftsparadigma der idealistischen Geschichtsphilosophie und der andere einem biologistischen und physiologischen Erklärungsmodell folgt.

2.2. Der Übergang von der lückenlosen Motivierung via Über-Motivierung[15)] (am Beispiel der "Seelendetektion" in Italo Svevos *La coscienza di Zeno*) bis zur ausufernden, das Paradigma explizit zerstörenden Motivierung im Anti-Detektivroman (Gadda, *Quer pasticciaccio brutto de via Merulana*).

2.3. Die Überwindung des indiziellen Schemas im "poetischen" Erzählen (Calvino).

---

14) Vermutlich liegt darin sogar die besondere heutige Aktualität italienischer Autoren, da unter dem Einfluß der modernen naturwissenschaftlichen Erkenntnistheorien die Tendenz vom restlos funktionalisierten sog. realistischen Roman, den es ja bis heute in der Populär- und Bestseller-Literatur gibt, hingeht zu nur sehr lose, kaum resultativ miteinander verknüpften Ereignissen oder gar völlig voneinander getrennten Einzelszenen (also eher zu Erzählsammlungen als zu Romanen), in denen beschreibende Teile kaum handlungsmotivierend eingesetzt werden, sondern (unter Verzicht auf das teilweise Doktrinäre des französischen Nouveau Roman) die Reflexion anregen, die immer neue und wechselnde Beziehungs-Gewebe ("Texte") erprobt.

15) Ich bilde den Begriff in Anlehnung an den psychoanalytischen der Überdeterminierung, der soviel wie Mehrfachdeterminierung eines einzigen Symptoms bedeutet, das so in verschiedenen Erklärungsreihen einen Platz bekommt.

ad 2.1. Nicht von ungefähr ist der erste große Romancier Italiens der Enkel eines Aufklärers und Erbe nachrevolutionären französischen Geistes. Der Glaube der Aufklärung, die materielle Wirklichkeit und die menschliche Geschichte seien vernünftig organisiert bzw. organisierbar, äußert sich in der narrativen Struktur des realistischen und historischen Romans in einer "allwissenden" erzählerischen Instanz, die alles Erzählte zeitlich und kausal "auf die Reihe bringt", d.h. alles restlos funktionalisiert und in Personenhandlungen motiviert.

In den *Promessi sposi* wird alles dem Telos einer letztlich segensreich wirkenden Vorsehung untergeordnet. Selbst ihre "unerforschlichen Wege" sind für die Helden im Endeffekt "nützlich".[16)] D.h. alles Geschehen, auch das scheinbar Unbegründete, Unmotivierte (darunter vor allem das Böse), hat aus der Perspektive Gottes bzw. des zum Katholizismus bekehrten Autors seinen (höheren) Sinn, und folglich hat auch jedes noch so kleine erzählerische Detail seine soziale, politische, moralische, psychologische oder religiöse Begründungsfunktion oder, um mit Hegel in philosophischer Terminologie zu sprechen, alles Wirkliche (und sei es auch nur erfunden) ist in einem solchen Roman vernünftig.

Um diese Rationalität übersichtlich zu gestalten, nimmt der Autor die Stelle des Schöpfers ein, der in Kenntnis des Endes und dessen Sinns zielgerichtet erzählen kann[17)] und ordnet alle Fakten dem Lebensweg seiner zentralen Helden zu: Das Geschehen nimmt mit der verhinderten Hochzeit seinen Anfang und findet seinen Abschluß mit dem Eheglück der Protagonisten. Alle Erzählelemente, besonders die beschreibenden, dienen der Herstellung von Glaubwürdigkeit,[18)] was so viel wie Wahrscheinlichkeit bedeutet, d.h. die

---

16) A. Manzoni, *I Promessi Sposi*, hrsg. v. L. Russo, Florenz, La Nuova Editrice, 1935 u.ö. (zitiert nach dem 34. Neudruck 1963), S. 725: "Dopo un lungo dibattere e cercare insieme, conclusero che i guai vengono bensì spesso, perchè ci si è dato cagione; ma che la condotta più cauta e più innocente non basta a tenerli lontani; e che quando vengono, o per colpa o senza colpa, la fiducia in Dio li raddolcisce, e li rende utili per una vita migliore. Questa conclusione, benchè trovata da povera gente, c'è parsa così giusta, che abbiam pensato di metterla qui, come il sugo di tutta la storia."

17) Vgl. oben R. Barthes' Ausführungen zur Funktion des Passé simple und der Erzählung in der dritten Person. Manzoni nutzt die Möglichkeiten zur Relativierung der Erzählperspektive kaum, die ihm die Fiktion eines gefundenen Manuskripts bietet, da er die "Nacherzählung mit eigenen Worten" einer "Kopie" vorzieht ("Perchè non si potrebbe, pensai, prender la serie de'fatti da questo manoscritto, e rifarne la dicitura?"; Manzoni, *I Promessi Sposi*, S. 6).

18) Manzoni, *I Promessi Sposi*, S. 6: "[...] citeremo alcune di queste testimonianze, per procacciar fede alle cose."

Abfolge und Verkettung der Ereignisse entspricht den im Weltbild des Lesers verankerten indiziellen Deutungen.[19)]

Ist bei den Handlungen der Personen die kausale Verkettung eindeutig, so gilt dies überwiegend auch für die Beschreibungen, bei denen der Erzähler selbst in regelrechten Exkursen (z.B. demjenigen über die "bravi") keinen Zweifel aufkommen läßt, welche Funktion sie für den Fortgang der Handlung haben und wie er zum Beschriebenen steht.

Eine Ausnahme scheint die breitangelegte Landschaftsschilderung des Comer Sees am Anfang des Romans zu bilden, deren Funktion nicht unmittelbar einsichtig ist, auch nicht weiter expliziert wird und die daher von verschiedenen Kritikern bemängelt wurde.[20)] Doch selbst diese Beschreibung ist letztlich funktionalisiert, wenn auch nicht auf der referentiellen Ebene (in Bezug auf die fiktive Referenz des Romans), wie in Stendhals *Le Rouge et le noir*, wo die eingangs geschilderte Lage von Verrières und der umgebenden Gebirgslandschaft direkt in den Gebirgsbach "einmündet", der mit seiner Kraft sowohl das Sägewerk von Juliens Vater als auch die Fabriken M. de Rênals antreibt und so gleich ins Zentrum der Handlung führt. Manzonis Gebirgslandschaft bietet jedoch nach eigenen Angaben im Text ein "spettacolo" (S.10), sie bildet eine Art grandioser Eingangsmetapher, die bei aller (immer wieder von der Kritik negativ angemerkten) geographischen Präzision den Bildbereich "Natur" mit den Bildbereichen "Mensch" und "Geschichte" ver-

---

19) Vgl. G. Genette (wie Anm. 4), S. 8: "Le récit vraisemblable est donc un récit dont les actions répondent, comme autant d'applications ou de cas particuliers, à un corps de maximes reçues comme vraies par le public auquel il s'adresse; mais ces maximes, du fait même qu'elles sont admises, restent le plus souvent implicites."

20) L. Russo schreibt dazu in einer Anmerkung (S. 9, Anm. 1): "Questa celebre descrizione, mirabile per precisione topografica, non si può dire, almeno in questa prima parte, che sia una bella pagina di poesia. Troppa puntualità di riferimenti locali, eccessiva minuzia di particolari, perché si figga nel lettore l'immagine lirica di quel ramo del lago di Como, nella forma vaga e aerea che è propria di ogni fantasia poetica. Tra tutti quei seni e golfi, e poggi e valloncelli, e erte e spianate, noi ci perdiamo un po'[...] il *pezzo* vuol essere un omaggio di affezione, quasi di indigeno, a quei luoghi, e rispondere al gusto della precisione storica, che fu proprio del nostro scrittore." Russo frönt hier verschiedenen Vorurteilen: daß Beschreibungen, zumal wenn sie sich auf ein von der Biographie her vertrautes Gelände beziehen, referentiell sein müßten; - daß Poetisches vage zu sein habe und Präzises nicht poetisch sein könne. Ähnlich F. Rizzi (in seiner Schulausgabe bei Marzocco), Florenz 1940, S. 7: "É una descrizione minuta e precisa, di una precisione tutta geografica e perció un po' fredda.")

knüpft:[21] die "Geschichte" des ungezähmten, wilden Bergbaches von den schroffen Bergeshöhen über den von den Bergen noch eingezwängten See bis zum unter die Brücke von Lecco gezähmten Fluß Adda; analog dazu auch die Schilderung der wilden Gebirgszacken und der Übergang zu den kultivierten Zonen mit ihren Straßen, Almen, Feldern und menschlichen Behausungen, wobei auch hier wiederum der Endpunkt die Stadt Lecco ist. Die als Landschaft gesehene Natur nimmt in ihren Verhältnissen (das "Liebliche" und das "Häuslich-Gezähmte" "mäßigt angenehm das Wilde")[22] den Gesamtverlauf der menschlichen Entwicklung Renzos vorweg: Auch er ist zunächst "eckig", "kantig" und "aufbrausend" und wird durch seine Erlebnisse zu einem klugen und wertvollen Glied der bürgerlichen Gesellschaft geformt.

ad 2.2. Der Gebrauch mehrdeutiger, metaphorischer Verkettung statt einer expliziten und kausalen kann allerdings auch als ein Anzeichen dafür gelesen werden, daß bei Manzoni (wie er ja selbst erkannt hat) der historische Roman bereits in die Krise geraten ist.[23] Es ist nicht so sehr der Held selbst, der nach dem Willen des Autors die Motive seines Handelns bestimmt, sondern es ist die Geschichte als eine Art (wenn auch von Gott verantwortetes) Naturereignis (man denke nur an die Rolle der Pest), auf das der Held lediglich reagiert und dessen Sinn vom Autor nachträglich wertend in die erzählerisch motivierenden Teile eingefügt wird. Die spätere konsequente Verschiebung vom welt- und heilsgeschichtlichen zum naturwissenschaftlich-positivistischen Paradigma (d.h. Naturgesetze ohne einen dahinterstehenden göttlichen Heilsplan) im veristischen Roman bringt es dann mit sich, daß etwa Verga zwar eine durchgehende kausale narrative Motivation beibehält, jedoch auf die teleologische Komponente verzichtet. Wenn der Sinn im "Kampf ums Leben" besteht, treten individuelle psychologische, religiöse und moralische Motivationen[24] gegenüber materiellen, biologischen, in der "Natur" des Men-

---

21) Wenn R. R. Grimm sich auch nicht auf diese Eingangsbeschreibung bezieht, so gibt es doch bei ihm den generellen Hinweis auf diese Deutungsebene ("Historischer Roman und Idylle. Krisenerfahrung in Manzonis *Promessi Sposi*", in: *Italienisch* 14 (1985), S. 32-41; hier S. 38): "Die Sprache der räumlichen Relationen wird zum symbolischen Mittel, Wirklichkeit zu deuten und dort Sinn zu stiften, wo es die Geschichte nicht zu leisten vermag."

22) Manzoni, *I Promessi Sposi*, S. 11.

23) Vgl. R. R. Grimm (wie Anm. 21).

24) Das dürfte mit einer der Gründe sein, warum Vergas Romanzyklus unvollendet blieb. Wenn sich die unteren Schichten, nach dem Verständnis Vergas, gut veristisch, d.h. von Instinkten und Leidenschaften getrieben, darstellen ließen ("Il movente dell'attività umana che produce la fiumana del progresso è preso

schen liegenden zurück, und es erübrigt sich vor allem eine Wertung des Geschehens durch den Autor als den demiurgischen Garanten des Sinns. Dies führt zum typischen "Sich-von-selbst-Erzählen" in den Geschichten Vergas, in denen Wertung nicht mehr als Sinnstiftung durch den Autor (stattdessen "impassibilità"), sondern als die chorale Stimme des "man" erscheint. Der "discorso indiretto libero" bietet die zu dieser Perspektive passende Möglichkeit, beschreibend zu werten, ohne sich als Autor allzu offensichtlich einmischen zu müssen.

In den veristischen Erzähltexten ist die Welt erklärbar, wenn auch die in Frage kommenden, das Handeln der veristischen Helden determinierenden Motive fast ausschließlich auf Biologisches und Physiologisches eingeschränkt werden.[25)] Beschreiben und Erzählen im engeren Sinn halten sich die Waage, jedoch ist an die Stelle der bisherigen, für den realistischen Roman bestimmenden treibenden Kraft der Geschichte, die Vorsehung, die Vernunft, der Fortschritt oder wie immmer man diese Kraft nennen mag, die sog. "lotta per la vita" getreten: Das Leben motiviert sich fraglos selbst auf der Basis der Naturgesetze.

ad 2.3. Wie wir gesehen haben, stellt der veristische Roman lediglich eine Motivationsvariante des realistischen dar, der das Funktionieren des Romans als durchgängig motivierbare Welt nicht in Frage stellt. Dagegen bringt der Detektivroman, der ja nur die analytische Spielart des synthetischen realistischen Romans ist, eben durch dieses analytische Vorgehen ein neues Element

---

qui alle sue sorgenti, nelle proporzioni più modeste e materiali. Il meccanismo delle passioni che la determinano in quelle basse sfere è meno complicato, e potrà quindi osservarsi con maggior precisione." Einleitung zu *I Malavoglia*, in G. Verga, *I Grandi Romanzi*, Coll. I Meridiani, Mailand, A. Mondadori, 1972, S. 5), so gilt das anscheinend nicht mehr für die oberen Schichten, denen er selbst angehört und denen er edlere Motivationen offensichtlich nicht abzusprechen wagt. Daß der Plan zu einem veristischen Aufsteiger-Romanzyklus in sich widersprüchlich ist, da dazu ein Fortschritts-Glaube und nicht nur der bloße Kampf ums Leben (das "ideale dell'ostrica" hat ja nicht einmal etwas mit Evolution, geschweige denn mit Revolution zu tun) gehört, zeigt schon der geplante Titel "I Vinti" an.

25) Das Handeln der Heldin von *La Lupa* wird gleich zu Beginn der Novelle ein für alle Mal durch äußerliche Details (groß, mager, feste Brust trotz fortgeschrittenem Alter, bleich, große Augen, frische rote Lippen) und nicht durch eine moralische, sondern durch eine (mit Hilfe einer von der "Stimme des Volkes" wörtlich genommenen abgegriffenen Metapher) physiologische Eigenheit determiniert: "Al villaggio la chiamavano *la Lupa* perchè non era sazia giammai - di nulla."(G. Verga, *Tutte le novelle*, Einleitung von C. Riccardi, 2 Bde, Coll. Oscar classici 11/12, Mailand, A. Mondadori, 1983, I, S. 186-190).

in das Weltbild des Romans, das zur Zersetzung des indiziellen Paradigmas von innen her führen kann.

Der entscheidende Punkt des realistischen Romans, die gottähnliche Fähigkeit des Autors, die es erlaubt, alle narrativen Elemente, die erzählenden und die beschreibenden Teile, mit Hilfe einer auf Naturgesetzen basierenden Kausalitätskette in einen restlos funktionalisierten Zusammenhang zu bringen, entfällt beim Detektivroman. Sein Thema ist gerade der (zunächst) fehlende Zusammenhang der Spuren, der traditionell erst auf dem Umweg über zahlreiche Fehldeutungen und falsche Fährten ermittelt wird. Im Detektivroman wird also unter der Voraussetzung und im Glauben an die restlose Erklärbarkeit der Welt, zumindest des vorliegenden Falles, gerade dieser Glaube unterminiert, da er verschiedene durchaus "vernünftige" und "einleuchtende" konkurrierende Erklärungsvorschläge bereitstellt und durch das Entdecken immer neuer, zunächst unbeachteter, da scheinbar nebensächlicher Indizien die naheliegenden Deutungen immer wieder in Frage stellt. Paradoxerweise fällt also dem Detektivroman, der als Prototyp indizieller Deutung gelten kann, die Schlüsselrolle bei der Aushöhlung eben dieses Paradigmas zu,[26)] da in ihm durch absichtlich suggerierte Fehldeutungen der Zweifel an der richtigen und endgültigen Deutbarkeit von Spuren geradezu institutionalisiert ist. Der alles restlos klärende Schluß behebt diesen konstitutionellen Mangel (den man natürlich auch als einen entscheidenden Vorteil sehen kann) nur sehr oberflächlich. Im Laufe der Gattungsentwicklung erfüllt dieser Schluß (selbst wenn er sich nicht, wie bei Gadda, im Dunst der Molisaner Berge auflöst) seine Funktion immer weniger, die coupartig überraschende Erklärung wird immer beiläufiger, fast wie ein lästige Pflichtübung behandelt (Fruttero & Lucentini).

Auch die phantastische Erzählung[27)] funktioniert offensichtlich nach ähnlichen Regeln (Poe gilt nicht umsonst als einer der Schöpfer beider Gattungen): Auch ihr liegt der grundsätzliche Glaube an eine rationale Erklärbarkeit der Welt zugrunde, nur daß dieser Glaube in der phantastischen Erzählung aufgrund von nicht in das Weltbild und in Erklärungsschemata ein-

---

26) Einen weiteren Beweis für diese These, sozusagen *ex negativo*, stellen Robbe-Grillets erste Nouveaux romans dar, die ja ihr explizites Zerstörungswerk am realistischen Roman mit Hilfe von Kriminalfällen durchführen (vgl. *Les Gommes* 1953, *Le Voyeur* 1955).

27) Es ist bezeichnend, daß zunächst das Phantastische nur die kleinere Form der Erzählung affiziert, d.h. dem Leser nur punktuell und in kleinen Dosen zugemutet wird.

zuordnenden Phänomenen keine letztliche Bestätigung mehr erfährt und der Leser im Zweifel über seine Erklärungsfähigkeiten bleibt.[28)]

Alle diese Verfeinerungen des indiziellen Paradigmas bringen die Tendenz mit sich, von den allen (Autor wie Leser) gemeinsamen und üblichen Erklärungsmustern auffälliger, "oberflächlicher" und nach der üblichen "Logik" gedeuteter Indizien weiterzugehen hin zu versteckteren, normalerweise unbemerkten Indizien einerseits und hin zu außergewöhnlichen Erklärungsmustern andererseits, bzw. zu einer Kombination von beiden.

Besonders gut zu beobachten ist dieser Vorgang beim psychoanalytischen Roman Svevos. Nicht umsonst hat C.Ginzburg die enge erkenntnistheoretische Verwandtschaft zwischen Kriminalistik und Psychoanalyse herausgearbeitet.[29)] Svevos spezieller literarischer Gebrauch der Psychoanalyse führt in *La coscienza di Zeno* dazu, daß die Motivationsinstanzen vervielfacht werden: Es gibt nicht mehr nur eine Erklärung für bestimmte Fakten, sondern je nach Perspektive und psychischen Zensurmechanismen mehrere. Neben die sogenannten "nackten Tatsachen", die in einem Roman allein schon durch ihre Erwähnung zu einem bestimmten Zeitpunkt und in einem bestimmten Kontext immer schon ein gewisses Quantum an Deutung enthalten, und von denen der Erzähler zugibt, daß sie mit "bugie" durchsetzt sind, - neben diese Fakten treten nun die verschiedenen sie deutenden Subjekte. Die Deutung des Analytikers wird vom Autor selbst (durch den sich selbst disqualifizierenden Tenor der vorangestellten, aus der Feder des Arztes stammenden "Prefazione") und durch den Erzähler dadurch in Frage gestellt, daß ihm mangelnde Kompetenz bzw. unlautere, finanzielle Motive unterstellt werden. Neben zusätzlichen Wertungen und Erklärungen der im Roman auftauchenden Personen bietet der Erzähler selbst an verschiedenen Stellen verschiedene Deutungen derselben Ereignisse an (vgl. sein Lieblingswort "forse" sowie die häufigen rhetorischen Fragen), vulgärpsychologische und oberflächlich angelesene psychoanalytische; außerdem bleibt dem Leser zusätzlich

---

28) Dieser Zweifel ist nach T. Todorov (wie Anm. 13) konstitutiv für das phantastische Erzählen. Stünde der Leser nicht auf dem Boden einer realistischen Welterklärung, so erschienen die Ereignisse nicht "phantastisch", sondern "wunderbar", ließen sie sich letztlich doch erklären, so wären sie lediglich "unheimlich".

29) *La coscienza di Zeno* wäre übrigens ohne weiteres auch als Detektivroman denkbar, gibt es doch zwei mysteriöse Todesfälle zu klären: den Tod des Vaters, bei dem der Sohn unbewußt etwas nachgeholfen zu haben scheint, und den Tod des Konkurrenten und Schwagers Guido Speier, den er zumindest nicht am Selbstmord gehindert hat.

noch die Möglichkeit, sich zwischen all diesen Angeboten seinen eigenen Motivationszusammenhang zusammmenzureimen.

Diese verwirrende Motivationsvielfalt zeigt, daß Svevo die psychoanalytische Methode, hinter einer scheinbar schlüssigen Erklärung (und erst recht hinter sogenannten unerklärlichen Handlungen) eine tiefere, unbewußte Schicht aufzudecken, die ihre eigene "Logik" hat, zwar benutzt,[30] jedoch nicht um (wie der Therapeut, der darauf sein Heilungsversprechen gründet) eine abschließende, "richtige" Deutung zu finden, sondern um auf diese Weise die Deutbarkeit menschlichen Handelns grundsätzlich in Frage zu stellen.[31]

Aus der Psychoanalyse stammt auch die konsequente (wenn auch vielfach gebrochene) Ich-Perspektive des Erzählers und die Aufgabe des chronologischen Ordnungsprinzips, makrostrukturelle Indikatoren dafür, daß das indizielle Paradigma seine universelle Gültigkeit verloren hat. Die einzelnen Kapitel kreisen assoziativ und zeitübergreifend (selbst wenn sie in etwa dem Lebensablauf folgen) um Zenos große Lebensthemen.

Einen Schritt weiter bei der Demontage der indiziellen Grundlagen des Romanschreibens geht Gadda in *Quer pasticciaccio brutto de via Merulana* (1957). Gadda verrät das erkenntnistheoretische Credo des Detektivs Dott. Ingravallo, das ihn schon von Anfang an als Lieferanten gerichtsverwertbarer Indiziendeutung disqualifiziert, schon auf den ersten Seiten:

> [...] le inopinate catastrofi non sono mai la conseguenza o l'effetto che dir si voglia d'un unico motivo, d'una causa al sin-

---

30) In "Soggiorno londinese" (in: Italo Svevo, *Racconti-Saggi-Pagine sparse*, Mailand, Dall'Oglio, 1968, S. 685-689) schreibt er dazu: "In quanto alla *Coscienza* io per lungo tempo credetti di doverla al Freud ma pare mi sia ingannato. [...] Noi romanzieri usiamo baloccarci con grandi filosofie e non siamo certo atti a chiarirle: Le falsifichiamo ma le umanizziamo. [...] Questo rapporto intimo fra filosofo e artista, rapporto che somiglia al matrimonio legale perché non s'intendono fra di loro proprio come il marito e la moglie e tuttavia come il marito e la moglie producono dei bellissimi figliuoli, conquista all'artista un rinnovamento [...]."

31) Zeno wird ja nicht durch die Therapie geheilt (obwohl man ja auch seine durch den Analytiker angeregte schriftstellerische Tätigkeit zur Not als solche bezeichnen könnte), sondern, Ironie des Schicksals, sprich des Schicksal spielenden Schriftstellers, durch das, was seinen Mitbürgern alles andere als Genesung brachte: durch den Ausbruch des Ersten Weltkrieges, der ihn erstmals in seinem Leben zwingt, auf eigenen Beinen zu stehen. Die Irrationalität des Krieges läßt selbst offensichtliche Ladenhüter ("ein größerer Posten Weihrauch") zur Goldgrube (in Kriegszeiten gesteigerter Bedarf für religiöse Siegesfeiern und Begräbnisse) und Zeno zum erfolgreichen Geschäftsmann werden!

> golare: ma sono come un vortice, un punto di depressione ciclonica nella coscienza del mondo, verso cui hanno cospirato tutta una molteplicità di causali convergenti. Diceva anche nodo o groviglio, o garbuglio, o gnommero, che alla romana vuol dire gomitolo. [...] L'opinione che bisognasse «riformare in noi il senso della categoria di causa» quale avevamo dai filosofi, da Aristotele o da Emmanuele Kant, e sostituire alla causa le cause era in lui una opinione centrale e persistente: una fissazione, quasi [...].[32)]

Dieses Kausalitäten-Knäuel hat seine Auswirkungen nicht nur auf die Durchführung der kriminalistischen Untersuchungen, die eher kreisend als zielstrebig erfolgen und Anlaß zu Schilderungen geben, die sich in ausufernden Beschreibungen verselbständigen, sondern bis hinein in den labyrinthischen Satzbau und in exotische Wortschöpfungen. Anstatt rational Indizien zu analysieren, taucht Ingravallo immer tiefer in die Geschichte und schließlich in den Mythos ein. Dies verhindert den Zugriff der Staatsgewalt zwar nicht immer,[33)] läßt sie jedoch letztlich machtlos zurück angesichts der mythischen Dimensionen, in die sich das Allzumenschliche auflöst.[34)]

Wird der Leser bei Svevo durch die Vervielfältigung psychischer Motivationen wie in einen zentripetalen Strudel des Innenlebens gerissen, so erlebt er bei Gadda die Zentrifugalkraft einer unerschöpflichen, immer nur mühsam und gelegentlich zum auslösenden Kriminalfall zurückfindenden Einbildungskraft. Doch beide Autoren (Svevo mit Ausnahme der kurzen Einleitung) behalten über den ganzen Roman hinweg eine einzige Erzählinstanz bei. Beide Romane besitzen außerdem über viele hundert Seiten hinweg so etwas wie das Gerüst einer stabilen Personenkonstellation, einer überschaubaren Chronologie und Topologie, das ihre Welt, trotz aller zentripetalen und zentrifugalen Kräfte, zusammenhält. Sie sind dazu eindeutig histo-

---

32) C. E. Gadda, *Quer pasticciaccio brutto de via Merulana*, Coll. I Grandi Libri, Mailand, Garzanti, 1973; zitiert nach dem unveränderten Nachdruck 1980, S. 2-3.

33) Als Ergebnis der großartig chaotischen Marktschilderung (Gadda, *Quer pasticciaccio*, S. 310 ff.) schafft es der "Greifer" sogar, den Porchetta-Verkäufer Ascanio Lanciani festzunehmen, wenn dies die Aufklärung des Falles auch nicht wesentlich weiter bringt.

34) Gadda, *Quer pasticciaccio*, S. 338 f.: "La vecchia, la Migliarini Veronica, si stava ingobbita sulla sedia, impietrata in una rimemorazione degli evi che s'erano viceversa dissolti nella non-memoria: teneva una mano in una mano, da parer Còsimo pater patriae nel cosidetto ritratto del Pontormo: pelle secca di lucertola, in viso, e la immobilità rugosa di un fossile. [...] La quiete spenta della sua guardata si opponeva all'evento, come la immemore memoria della terra, da lontananze paleontologiche: straniando quel volto di azteca centonovantenne dalle acquisizioni della specie, dalle ultime così fregolesche conquiste dell'occhieggiamento italiano."

risch situiert und verraten eine bestimmte Einstellung des Autors zum Zeitgeschehen (man denke an Gaddas Haßtiraden auf den Faschismus, wobei Gaddas Prinzip höherer Unordnung nicht zuletzt als Kontrast zur faschistischen Schein-Ordnung gesehen werden kann, die alle nicht in ihr Weltbild passenden Elemente einfach unterdrückt). Kurz, das indizielle Paradigma und seine narrativen Auswirkungen werden bei beiden zwar in Frage gestellt, aber nicht grundsätzlich aufgehoben.

ad 2.4. Ein Text wie Italo Calvinos *Le città invisibili* beschäftigt sich nicht mehr mit der Zerstörung oder mit dem Ad-absurdum-Führen überkommener Erzähltraditionen (etwa des Detektivromans). Die erkenntnistheoretischen Einsichten Calvinos legen es ihm nahe, grundsätzlich anders zu "erzählen", was die Abwendung vom Roman in seiner "klassischen" Form, aber auch von den inzwischen entwickelten "Anti"-Formen mit einschließt.

Strenggenommen erzählt Calvino nicht mehr, sondern er reiht Beschreibung an Beschreibung.[35)]

Daß es Italo Calvino nicht mehr um das Erzählen von Geschichten im Sinne der eingangs genannten Minimalanforderungen an eine Geschichte geht, zeigt schon die Tatsache, daß er vom weitgereisten Marco Polo kein einziges Abenteuer[36)] berichtet, sondern ihn lediglich im zeitenthobenen philosophischen Dialog zeigt mit Kublai Khan über die Möglichkeit, die Welt nicht nur zu erobern, sondern auch zu erkennen, d.h. Zusammenhänge zwischen ihren auseinanderdriftenden Teilen herzustellen. Doch ist der Überblick über die Welt offensichtlich etwas, was sich der moderne Dichter nicht mehr zutraut. Er hält sich nicht mehr für einen Demiurgen im mehr oder minder großen Kleinformat, sondern weiß um die Vorläufigkeit und Relativi-

35) So überzeugend auch die meisten der von G. Goebel-Schilling ("Italo Calvinos er-zählte Stadt", in: U. Schulz-Buschhaus/H. Meter (Hrsg.), *Aspekte des Erzählens in der modernen italienischen Literatur*, Tübingen, Narr, 1983, S. 215-225) geäußerten Interpretationsvorschläge sind, so wenig kann ich jedoch seiner Grundthese von der "er-zählten" Stadt zustimmen. Obwohl "Erzählen" ausdrücklich gegen "Beschreiben" abgesetzt wird (S. 217: "Das setzt voraus, daß nicht nur der Rahmen, sondern auch der Binnentext - Marco Polos Berichte - erzählend ist, und nicht etwa beschreibend. Er ist es in der Tat, bis hinein in seine Mikrostruktur [...]."), wird Erzählen nirgends in literaturwissenschaftlichem Sinne definiert, sondern auf seine etymologische Bedeutung rekurriert.

36) Diese eigenartige Zurückhaltung gegenüber dem Erzählen findet sich übrigens aufgrund einer trotz der großen zeitlichen Distanz ähnlichen Erkenntnislage auch schon bei Marco Polo selbst. Vgl. dazu Verf., "Marco Polo zwischen Erzählen und Beschreiben", erscheint Ende 1989 in: Th. Kotschi/G. Rößler (Hrsg.), Festschrift R. Rohr.

tät aller Geschichte(n). Das die Geschichte(n) souverän beherrschende Passato remoto ist aufgegeben zugunsten des Präsens. Ein namentlich genannter Held, der eine fortlaufende Geschichte "erführe", existiert nicht mehr. Zwar wird suggeriert, daß Marco Polo selbst die geschilderten Städte besucht hat, doch die genannten Subjekte sind von ferner und neutraler Allgemeinheit, wie "il viaggiatore" oder in Anlehnung an den mittelalterlichen Originaltext "l'uomo", ein nicht näher definiertes "Man".

In einem Kapitel ("Le città e la memoria" 3.) führt Calvino vor, wie Geschichte und Geschichten entstehen. Das Erzählen überläßt er jedoch nicht einem Dichter, der sich wie Marco Polo der Implikationen des Geschichte(n)-Erzählens bewußt wäre, sondern drei alten Netzflickern (nicht etwa Fischern, was völlig andere Konnotationen im Leser hervorriefe!), Leuten, die die Lücken im Gewebe (Text) mühsam ausbessern, um daraus etwas Zusammenhängendes herzustellen. Sie fabrizieren aus den zuvor beschriebenen Einzeldaten[37)] eine typische Klatsch- und Skandalgeschichte, von der sie annehmen, daß sie durch Wiederholung ("si raccontano per la centesima volta") "wahrer" würde. Zwar stellt Marco Polo fest, daß die "Wirklichkeit" nicht nur aus beschreibenden Einzeldaten bestehe, sondern aus den Bezügen zwischen den Daten im Raum und den in ihm geschehenen Ereignissen. Doch die Welt dieser Städte hat "an sich" keine Kohärenz, und der Dichter hat auch nicht (mehr) die Fähigkeit, diese Kohärenz herzustellen.

Italo Calvino ist aber auch nicht so erkenntnis-pessimistisch, daß er dem Leser nur ein chaotisches Labyrinth vorsetzte, sondern er liefert ihm einerseits Stadtbeschreibungen "unsichtbarer", d.h. "in Wirklichkeit" so nicht existierender Städte. Dazu kommt andererseits noch "la filigrana d'un disegno" (S.14), d.h. er gibt dem Zuhörer Kublai Khan und dem Leser Hilfestellung bei einer Synthese-Arbeit, die dieser jedoch selbst leisten muß. Die Hilfe des Autors besteht in einem an die Praxis der seriellen Musik angelehn-

---

37) "Inutilmente, magnanimo Kublai, tenterò di descriverti la città di Zaira dagli alti bastioni. Potrei dirti di quanti gradini sono le vie fatte a scale, di che sesto gli archi dei porticati, di quali lamine di zinco sono ricoperti i tetti; ma so già che sarebbe come non dirti nulla. Non di questo è fatta la città, ma di relazioni tra le misure del suo spazio e gli avvenimenti del suo passato: la distanza dal suolo d'un lampione e i piedi penzolanti d'un usurpatore impiccato; il filo teso dal lampione alla ringhiera di fronte e i festoni che impavesano il percorso del corteo nuziale della regina; [...] gli strappi delle reti da pesca e i tre vecchi che seduti sul molo a rammendare le reti si raccontano per la centesima volta la storia della cannoniera dell'usurpatore, che si dice fosse un figlio adulterino della regina, abbandonato in fasce lí sul molo." (I. Calvino, *Le città invisibili*, Turin, Einaudi, 1972, S. 18)

ten,[38] dezidiert willkürlichen und formalisierten Gliederungsprinzip, das durch Begriffswiederholungen und identische, durchnumerierte und regelmäßig angeordnete Überschriften das selbständige Ziehen von Verbindungslinien anregt.

An die Stelle einer syntagmatischen Lektüre, bei der die Arbeit der Syntaxis dem Leser vom Autor, der im realistischen Roman vorgab, zu wissen, was die Welt im Innersten zusammenhält, abgenommen ist, tritt beim Leser Italo Calvinos eine paradigmatische Lektüre einzelner Bilder, die, unterstützt durch die Rahmenreflexionen Marco Polos und Kublai Khans, zur eigenen Reflexion und zur Schaffung immer neuer Bezüge und Sinnstiftungen einlädt.

Insofern haben diese Texte etwas von Gedichten, und wenn *Le città invisibili* Roman genannt werden sollte (was Italo Calvino nicht tut), so ist es ein "poetischer" Roman. Italo Calvino beruft sich nicht umsonst auf Ponge[39] und dessen Versuche, Wirklichkeit nicht durch Geschichtenerzählen, sondern durch sich an die Dinge herantastendes Beschreiben (*Le parti pris des choses*, 1942) zu erfassen.

Damit ist das Prinzip der indiziellen Verknüpfung zwar nicht beseitigt, aber es ist in seiner universellen Gültigkeit relativiert, im Bewußtsein, daß es sich immer nur um vorläufige und um Hilfskonstruktionen des menschlichen Geistes handelt. Dem Leser wird gleichzeitig Mündigkeit bescheinigt und Selbstverantwortung aufgebürdet, eine Mühe, die, wie man angesichts der fortdauernden Konjunktur des realistischen Romans[40] vermuten kann, nicht alle Leser zu schätzen wissen.

---

38) Vgl. Goebel-Schilling, "Italo Calvinos er-zählte Stadt", S. 219.

39) Die Äußerung bezieht sich zwar auf *Palomar*, paßt aber genauso auf die imaginäre Welt von *Le città invisibili* (in: H. Harth u.a. (wie Anm. 1), S. 5 f.): "Ich glaube, daß der Geist des Buches gerade aus diesen deskriptiven Passagen spricht. Ich wollte ein literarisches Genre rehabilitieren, das in Mißkredit geraten ist: die Beschreibung. Meine ganze Anstrengung galt dem Versuch, in einem Prozeß ständiger Annäherung mit Hilfe des Wortes das Äquivalent eines Gegenstandes zu schaffen, also von etwas nicht Geschriebenem. [...] Ich hatte bei meinem Buch bestimmte Versuche der französischen Literatur vor Augen, vor allem Francis Ponge [...]."

40) Auch Ecos ironisch gebrochene realistische Romane profitieren von der Vorliebe der Mehrzahl der Leser für eine indiziell erklärbare und zu ihrer Beruhigung im Roman auch erklärte Welt. Das bloße Augenzwinkern des Autors macht sie jedoch trotz seiner Beteuerungen (U. Eco, *Nachschrift zum "Namen der Rose"*, München 1984, S. 76 ff.) noch nicht zu "postmodernen" Werken - es sei denn, die Postmoderne beruhte lediglich auf Augenzwinkern.

Werner Helmich

Überlebenshilfen
Zum Konnex von Naturwissenschaft und Literatur in den Schriften Primo Levis

In der langen, manchmal unerwartet heftigen Auseinandersetzung über das Verhältnis von Wissenschaft und Literatur, über ihr geschichtliches Auseinanderdriften und die verschiedentlich unternommenen Versuche zu einer Reintegration,[1] dringt die Stimme derer, die als Schriftsteller *und* Naturwissenschaftler doch eine besondere Sachkompetenz in dieser Frage haben sollten, nicht eben häufig durch. Die literarischen Wortführer in diesem Streit - stellvertretend genannt seien hier für das Nachkriegsitalien etwa Vittorini mit dem berühmten Interview *Sulle "due culture"*, das dann auch in das *Diario in pubblico* Eingang gefunden hat, oder Calvino mit Essays wie *La sfida al labirinto* oder *Cibernetica e fantasmi* - sind in bezug auf wissenschaftliche, speziell auf naturwissenschaftliche Probleme kaum mehr als interessierte Laien.[2] Natürlich gab und gibt es Schriftsteller mit einer technischen oder naturwissenschaftlichen Ausbildung: Musil, Gadda, Sinisgalli (Ingenieurwissenschaften), Canetti (Chemie), Broch (Mathematik) oder Steinbeck (Meeresbiologie), um nur einige zu nennen; aber auch hier dominiert gewöhnlich die von der Wissenschaft abgetrennte literarische Tätigkeit so sehr, daß die wissenschaftliche dahinter ganz zurücktritt, so daß eine wechselseitige Reflexion beider nur selten zustande kommt.

---

1) Die umfangreichste Dokumentation dieser Auseinandersetzung in der italienischen Tradition bieten die Akten des 9. AISSLI-Kongresses in Palermo, Messina und Catania (1976), die unter dem Titel *Letteratura e scienza nella storia della cultura italiana*, Bd. 1-2, Palermo 1978, veröffentlicht worden sind.

2) Dies belegt eindringlich Mario Petruccianis Buch *Scienza e letteratura nel secondo Novecento. La ricerca letteraria in Italia tra algebra e metafora*, Mailand 1978. Petrucciani spricht hier in bezug auf die einschlägigen Diskussionen der sechziger Jahre im Gefolge des Buches *Le due culture e la rivoluzione scientifica* (1959) unverblümt von einem "stato di dilettantesco ammodernamento 'scientifico' della cultura italiana" (S. 26).

Nur wenige Schriftsteller sind auch in dieser Eigenschaft "praktizierende" Wissenschaftler geblieben. Zu erwähnen sind hier aus älterer Zeit etwa Rabelais, "monaco, medico, filologo"[3)] und dazu Verfasser literarischer Meisterwerke, oder der Göttinger Physikprofessor Lichtenberg, der mit seinen *Sudelbüchern* nicht zu Unrecht als der Erfinder des deutschen literarischen Aphorismus angesehen wird, aus unserem Jahrhundert beispielsweise der Facharzt für Dermatologie und Lyriker Gottfried Benn, der Amphibienforscher und Moralist Jean Rostand und eben auch der Chemiker und Schriftsteller Primo Levi, in dessen Biographie diese Tätigkeiten so eng (und gleichgewichtig) miteinander verknüpft sind, daß er sich selbst geradezu als "Amphibie" oder "Zentauren" bezeichnen kann.[4)] Die beiden Metaphern, von denen wohl nicht zufällig die eine aus dem naturwissenschaftlichen, die andere aus dem mythologisch-literarischen Bereich stammt, dürfen als Beleg dafür gesehen werden, daß Levi die Verbindung von Wissenschaften und Literatur - vielleicht mehr als jede andere - intensiv durchlebt, unter verschiedenartigen Gesichtspunkten durchdacht und in sein Werk integriert hat. Es mag sein, daß Levi unter literarhistorischem Blickwinkel zu den Minores zu stellen ist, wie Mirna Risk es mehrfach tut.[5)] Sicher ist er, der viele Jahre unentschieden zwischen beiden Berufen lebte, in der Welt des literarischen Professionalismus ein Außenseiter; aber gerade sein "amphibisches" Leben in beiden Bereichen macht ihn in bezug auf das Gesamtthema dieses Bandes in gewisser Weise zum Spezialisten - eine Bezeichnung, die er selbst nicht verschmäht hätte.

I.

Entschiedener noch als sein Vater, der neben seinem Ingenieurberuf im Privaten seinen bibliophilen Neigungen gemäß lebt, sucht Primo Levi seit seiner Kindheit wissenschaftliche und literarische Anregungen miteinander zu verbinden, wobei er den Naturwissenschaften eine deutliche Vorrangstellung einräumt. Trotz der von den Nationalsozialisten übernommenen Rassengesetze kann er als Jude in Turin sein Chemiestudium 1941 mit der Promotion

---

3) So P. Levi in *L'altrui mestiere*, Turin 1985, S. 15. Rabelais ist für Levi offenkundig eines der großen historischen Vorbilder für den gelebten Konnex von Wissenschaft und Literatur.

4) Im Interview mit Edoardo Fadini (*Unità*, 4.1.1966).

5) In dem sehr ergiebigen Aufsatz "Razionalità e coscienza etica di Primo Levi", in: *Italian Studies* 34 (1979), S. 122-133, auf den noch verschiedentlich einzugehen ist.

abschließen und eine Zeitlang heimlich als Chemiker arbeiten. Als Mitglied einer Partisanengruppe im Aostatal wird er nach dem deutschen Einmarsch in Italien von der faschistischen Miliz verhaftet und im Februar 1944 ins Konzentrationslager Auschwitz deportiert, wo er bis zur Befreiung im Januar 1945 als Häftling überlebt.

Um den Ausgangspunkt zu bestimmen, von dem aus sich in der Folge das Verhältnis von Naturwissenschaft und Literatur im Bewußtsein des Autors Levi in mehreren Phasen weiterentwickelt, ist es nötig, sich zunächst die Extremsituation des Jahres 1944/45 zu vergegenwärtigen, von dessen schrecklichen Ereignissen Levi in seinem ersten Buch *Se questo è un uomo* (1947) Zeugnis ablegt, wobei er sich noch nicht als Schriftsteller im literarischen Wortsinn versteht, sondern als Zeitzeuge.

In diesem primär dokumentarischen Werk tritt uns ein Primo Levi entgegen, der sich der Tatsache voll bewußt ist, daß sein Chemikerberuf in der Haftzeit für ihn einen unschätzbaren Wert darstellt. Ein erster Hinweis darauf findet sich in einem in rudimentärem Deutsch geführten Gespräch mit einem jungen polnischen Mithäftling gleich nach der Ankunft in Auschwitz: "Ich Chemiker, - dichiaro io; e lui accenna gravemente col capo, - Chemiker gut -. Ma tutto questo riguarda il futuro lontano".[6] Inwiefern gerade hier "Chemiker gut" ist, wird erst später deutlich, als Levi von einem Abteilungsleiter der zum Arbeitslager Monowitz gehörenden Buna-Fabrik, Dr. Pannwitz, aus der Masse der gewöhnlichen Häftlinge als Chemie-"Arbeitshäftling" ausgewählt wird, d.h. für eine im Rahmen der deutschen Kriegswirtschaft relativ wichtige und daher mit manchen konkreten Vergünstigungen verbundene Tätigkeit. Bei der Vorbereitung auf die dazu eigens angesetzte Chemieprüfung denkt er auch über die Bedeutung dieser unverhofften, ausschließlich an seinen Beruf gebundenen Chance nach und protokolliert das Ergebnis: "Ed ora so anche che mi salverò se diventerò Specialista, e diventerò Specialista se supererò un esame di chimica".[7] Er weiß im Grunde also schon hier, daß er seinem Chemikerberuf nicht weniger als das physische Überleben im KZ verdankt. Er rettet ihn vor der Gaskammer, dem Verhungern und Erfrieren. Diese Einschätzung bestätigt Levi auch aus größerem zeitlichem Abstand, so etwa wenn er zu Beginn des Buches *La tregua* (1965), der abenteuerlichen Geschichte seiner Rückkehr von Auschwitz nach Italien, die "combinazione di

---

6) P. Levi, *Se questo è un uomo*, Turin [26]1987, S. 42.
7) Ebda., S. 138.

rare fortune" betrachtet, die für sein Überleben verantwortlich gewesen seien, und dabei dem Chemikerberuf einen gewichtigen Anteil zuschreibt.[8)]

Seine wissenschaftliche Ausbildung ist für den KZ-Häftling auch in anderer, nicht-materieller Weise nützlich. Zwei scheinbar nebensächliche Episoden im Zusammenhang mit der erwähnten Chemieprüfung zeigen das. Die erste betrifft ein plötzlich sich einstellendes berufliches Überlegenheitsgefühl gegenüber dem in der Lagerhierarchie natürlich weit übergeordneten Kapo Alex, die zweite die ebenso plötzlich auftauchende Idee der eigenen Menschenwürde, als Pannwitz beim Prüfungsgespräch den jüdischen Häftling unerwartet siezt - ein in Levis gesamter Haftzeit einzig dastehender Vorgang - und damit für einen Augenblick eine fast zivile Atmosphäre wissenschaftlicher Gleichheit schafft.[9)] Sein Chemikerberuf bedeutet für Levi also auch eine moralische Hilfe, die nicht weniger elementar ist als das physische Überleben: Er trägt entscheidend dazu bei, das Bewußtsein einer Wertewelt in ihm wachzuhalten, ein Gegengewicht gegen die Omnipräsenz der Lüge und den moralischen Nihilismus des im Lager herrschenden Unterdrückungssystems, dem sich ansonsten auch die Häftlinge untereinander um des eigenen Überlebens willen kaum entziehen können. Diese Bewertung gilt hier übrigens nicht nur für den spezifisch wissenschaftlichen Beruf, sondern für jede Tätigkeit, die sich im weitesten Sinn vom Geist der Wissenschaft herleitet, so etwa auch für die Arbeit als Feinmechaniker, die dem Häftling Chajim hilft, seine Würde und Selbstsicherheit zu bewahren.[10)]

Auch die Literatur hat in dieser Lage mehrere Funktionen, wobei zunächst zwischen der schon bestehenden und der noch zu schreibenden Literatur zu unterscheiden ist. Was die Literatur im ersten Wortsinn angeht, so hat die Kritik im Text von *Se questo è un uomo* vor allem eine Vielzahl von Dantezitaten und -anlehnungen hervorgehoben, die allesamt - und mit gutem Grund - auf das *Inferno* verweisen: vom "Guai a voi, anime parve" über das "Qui non ha luogo il Santo Volto" bis zu Anspielungen auf den "contrappasso" und vielen weiteren Verbalreminiszenzen.[11)] Zu Beginn des Kapitels *Sul*

8) P. Levi, *La tregua*, Turin [15]1987, S. 8.
9) *Se questo è un uomo*, S. 140-143.
10) Ebda., S. 65.
11) Ebda., S. 29 (*Inf.* III 84), 40 (*Inf.* XXI 48), 112 (*Inf.* XXVIII 142). Vgl. dazu im Band *Lilít e altri racconti*, Turin 1981, S. 9, die Anspielung auf Capaneus (Inf. XIV 43-72); weitere Belege bei G.C. Oli, "Echi danteschi nell'esperienza di un contemporaneo", in: *Actele de-al XII-lea Congres Internaţional de Lingvistică şi Filologie Romanică*, red. Alexandru Rosetti, Bd. 2, Bukarest 1971, S. 453-461.

fondo, bei der Beschreibung des angstvollen Wartens der Neuankömmlinge im Lager, erklärt der Autor die Zielrichtung all dieser Verweise:

> Questo è l'inferno. Oggi, ai nostri giorni, l'inferno deve essere così, una camera grande e vuota, e noi stanchi stare in piedi, e c'è un rubinetto che gocciola e l'acqua non si può bere, e noi aspettiamo qualcosa di certamente terribile e non succede niente e continua a non succedere niente.[12)]

Die Literatur, hier durch das Werk Dantes (mitsamt seinen biblischen Quellen) vertreten, dient dem Häftling als Kompaß zur Orientierung in einer gänzlich unbekannten Welt, indem sie ihm Bilder vorgibt, mit denen die Situation des Grauens benannt werden kann, eine Situation, die ohne diese Hilfe gänzlich unverständlich bliebe. Mit der Vorstellung der Hölle bietet sie ihm zwar keine Erklärung oder Zweckbestimmung seines gegenwärtigen Leidens, aber immerhin einen historisch gefüllten Begriff zur Bezeichnung und Interpretation seiner Lage. Diese einzig mögliche Analogie stammt notwendigerweise aus der Literatur, weil das Grauen, das da benannt werden muß, so unfaßbar groß ist, daß die Anschauung der (außerliterarischen) Wirklichkeit dafür weder Präzedenzfälle noch adäquate Vergleichsmöglichkeiten bereithält, als Verständigungsmittel also ausscheidet.

Daß aber gerade in dieser Extremsituation der Wert der (schon bestehenden) Literatur sich nicht auf ihre orientierende oder "interpretative" Funktion beschränkt, zeigt exemplarisch das Kapitel *Il canto di Ulisse*, eines der pathetischsten des gesamten Auschwitz-Berichts, das ganz vom 26. Gesang des *Inferno* beherrscht wird. Levi schildert hier, wie er als Häftling sich beim Suppeholen an den Danteschen Text zu erinnern sucht, um ihn einem französischen Mitgefangenen vorzutragen, der an der italienischen Sprache Gefallen findet. Beim Rezitieren der Verse

> Considerate la vostra semenza:
> Fatti non foste a viver come bruti,
> Ma per seguir virtute e conoscenza

wird er von den Worten plötzlich bis zur Selbstvergessenheit erschüttert.[13)] Einem Stück Literatur gelingt es hier, den dafür Empfänglichen für einen Augenblick in eine andere Welt zu entrücken und ihm in einer Art Intuition die metaphysische Bestimmung des Menschen als eines denkenden Wesens

---

12) *Se questo è un uomo*, S. 30 f.
13) Ebda., S. 151.

vor Augen zu führen, die in dem auf die animalische Stufe abgesunkenen Leben im Lager völlig ausgelöscht ist. Diese in einem fast religiösen Sinn "erhebende" Funktion der Literatur ist ebenso bedeutsam wie die interpretative. Leider kann eine solche Erhebung nicht von Dauer sein, und sogar dies wird mit Hilfe des Danteschen Textes wiedergegeben. Das Kapitel schließt nämlich mit dem Schiffbruch des Odysseus, der als Gleichnis für den Absturz aus der idealen in die reale Wirklichkeit verstanden und sogleich durch ein Exempel illustriert wird: der prosaischen Ankündigung, die Suppe bestehe auch heute wieder aus Kraut und Rüben. Die Träne quillt, die Erde hat mich wieder.

Neben ihrer Doppelfunktion als präexistentes Modell stellt sich die Literatur in *Se questo è un uomo* auch als reine Potentialität dar: als ein jedem zugängliches Ausdrucksmittel für den Fall des Überlebens. Psychologisch lassen sich in dem "impulso immediato e violento",[14] zu erzählen, was im Konzentrationslager geschehen ist, zwei Teilantriebe unterscheiden: der Wunsch nach Zeugenschaft und der nach innerer Befreiung. Das Schreiben als eine Pflicht, die es zu erfüllen gilt - gegenüber den im Lager Gestorbenen, die nicht mehr selbst Zeugnis ablegen können,[15] und gegenüber den außerhalb des Lagers Lebenden, die alles erfahren müssen, damit die rettende Kraft der Erinnerung sie davor bewahrt, daß die Geschichte sich wiederholt. Im Vorwort zur Essaysammlung *I sommersi e i salvati*, die sich ausschließlich mit den Problemen der Zeugenschaft und der Erinnerung beschäftigt, berichtet Levi von einem typischen Alptraum der Auschwitz-Häftlinge: daß sie nach der Heimkehr unbedingt erzählen wollen, was sie durchgemacht haben, es aber nicht können, weil ihre Gesprächspartner ihnen nicht zuhören oder sich abwenden. Ein solches Mißlingen der dringend erhofften Kommunikation würde in der Tat schon jetzt den Verlust des letzten Lebensantriebs bedeuten, der sich auf die Formel des Häftlings Steinlauf reduziert: "voler sopravvi-

---

14) Die Formulierung findet sich bereits im Vorwort zur Erstauflage von *Se questo è un uomo* (S. 14). Im Vorwort zu *La tregua* (S. 9) spricht Levi in ähnlichem Kontext geradezu von einem Erzählzwang: "Avevo bisogno di raccontare queste cose: mi sembrava importante che esse non rimanessero a giacere dentro di me, come un incubo, ma fossero conosciute, non solo dai miei amici ma da tutti, dal pubblico piú vasto possibile."

15) Thematisiert wird diese Funktion am Schluß des zugleich nüchternen und pathetischen Nachrufs auf den kleinen Hurbinek: "Hurbinek, che aveva tre anni e forse era nato in Auschwitz e non aveva mai visto un albero; [...] Hurbinek morí ai primi giorni del marzo 1945, libero ma non redento. Nulla resta di lui: egli testimonia attraverso queste mie parole." (*La tregua*, S. 29)

vere, per raccontare, per portare testimonianza".[16] Erzählenkönnen hat für den späteren Zeugen, der zugleich Opfer war, aber mit dem Leben davongekommen ist, auch insofern eine günstige Wirkung, als das Bewußtsein, der Verpflichtung zur Zeugenschaft nachzukommen, die Last des Gewissens mindert, das von der Schuld gequält wird, überlebt zu haben. Diese Vorstellung einer Erlösung (oder, säkularisiert, zumindest einer Selbsttherapie) durch das Schreiben wird von vielen anderen KZ-Überlebenden bestätigt.

Levi versichert mehrfach, erst durch das Konzentrationslager sei er zum Schreiben gekommen.[17] Doch diese Tätigkeit wird in der ersten Phase nur durch die Vorstellung gerechtfertigt, Zeugnis ablegen zu müssen. Ihre Aufgabe ist es, glaubwürdig zu sein, was für den Autor ein absolutes Verbot der Fiktion und des Strebens nach poetischen Effekten bedeutet. Alle ästhetischen Überlegungen - die klare Anordnung des Erzählstoffes, ein einfacher, nüchterner Stil - sind diesem Hauptziel untergeordnet.

Zusammenfassend läßt sich sagen, daß Naturwissenschaft und Literatur (unter beiden genannten Aspekten) für den Autor von *Se questo è un uomo* zwei Instanzen der Intersubjektivität darstellen, denen - obwohl im Text noch weitgehend unverbunden - eine gemeinsame kulturelle Mission zufällt: dem einzelnen Häftling in seinem Kampf gegen die Bestialisierung des Menschen im Konzentrationslager zu helfen, in ihm und den späteren Lesern das Bild des Menschen als eines vernunftbegabten Wesens nicht untergehen zu lassen.

II.

Es liegt auf der Hand, daß die Konzeption einer Literatur "a scopo di liberazione e testimonianza"[18] die Ereignisse, die sie bewältigen soll, selbst nicht allzulange überdauern kann. Nach den beiden Büchern über Ausschwitz und über die Rückkehr hätte Levi, wenn er denn seinem ursprünglichen Programm hätte treu bleiben wollen, mit dem Schreiben aufhören oder sich wie-

16) *Se questo è un uomo*, S. 56.

17) Die ersten Aufzeichnungen reichen wohl bis in die Lagerzeit zurück. Dafür spricht jedenfalls die Bemerkung in *Se questo è un uomo*, gleich nach der Aufnahme ins Buna-Labor: "Allora prendo la matita e il quaderno, e scrivo quello che non saprei dire a nessuno" (S. 187). Die eigentliche Redaktion des Buches nach dem Krieg geht dann sehr schnell; "mi pareva, questo libro", schreibt Levi als Antwort auf eine oft gestellte Frage, "di averlo già in testa tutto pronto, di doverlo solo lasciare uscire e scendere sulla carta" (ebda., Anhang, S. 259).

18) So charakterisiert Levi im Interview mit Gabriella Poli (*Tuttolibri*, 4.12.1976) die erste Phase seiner schriftstellerischen Produktion.

derholen müssen. Will er weiterschreiben (und das will er in der Tat, weil ihm inzwischen diese Tätigkeit auch Freude macht)[19] und zugleich innovativ bleiben, so muß er sich entschließen, seiner Arbeit ein neues, weitergestecktes Ziel zu geben: Das Schreiben, bisher im wesentlichen "dokumentarisch", muß "literarisch" werden, d.h. mehrere unterschiedliche Funktionen (kognitive, moralische, unterhaltende und andere) erfüllen, die von der ästhetischen Funktion zusammengehalten und beherrscht werden. Ein solcher Wandel aber impliziert eine gravierende Umbewertung: Die literarische Invention, bis dahin mit einer Verfälschung der historischen Wahrheit gleichgesetzt und daher ausgeschlossen, muß zugelassen werden, anders gesagt, der Begriff der Wahrheit muß gemäß den literarischen Konventionen in einer weniger restriktiven Weise so umdefiniert werden, daß er auch Fiktives einschließt.

Levi verkennt nicht, daß dieser Wandel einen tiefen Bruch mit der eigenen Vergangenheit als Schriftsteller bedeutet. In seinem Aufsatz *Scrivere un romanzo*[20] analysiert er klarsichtig den kategorialen Unterschied zwischen dem Erzählen erlebter Ereignisse, wie er es bis dahin geübt hat, und dem literarischen Erfinden, einem Verfahren, das er hier mit dem Flugabenteuer eines Pioniers der Luftfahrt vergleicht, weil es dem Schriftsteller das Gefühl einer unbegrenzten, fast zügellosen, wenn auch nur scheinbaren Freiheit gebe. Mit dem Abheben hat Levi allerdings seine Schwierigkeiten; oft scheint der Aufstieg mit dem Fesselballon das seiner Arbeitsweise angemessenere Bild: In halbdokumentarischer Narrativik sucht er soweit als möglich den Kontakt mit der wissenschaftlich gesicherten Wirklichkeit zu erhalten. So erprobt er etwa im *Sistema periodico* eine Mischgattung aus autobiographischen Elementen und Fiktion, und auch über *La chiave a stella* erklärt er in einem Interview, sein Protagonist Faussone sei letztlich ein Konglomerat aus mehreren wirklichen Personen.[21] Nur in den Erzählungen und im Roman *Se non ora, quando?* (der für mein Thema allerdings weniger relevant ist) wagt er sich an den freien Flug der literarischen Fiktion, im letzten Beispiel allerdings auf der Grundlage historischer Ereignisse.

---

19) Wie er im Vorwort zu *La tregua* offen eingesteht: "l'esperienza dello scrivere, del creare dal nulla, del cercare e trovare la parola giusta, del fabbricare un periodo equilibrato ed espressivo, era stata per me troppo intensa e felice perché non desiderassi ritentare la prova" (S. 9).

20) *L'altrui mestiere*, S. 159-164.

21) *Uomini e libri*, Nov./Dez. 1982, S. 40.

Biographisch bleibt Levi auch in dieser zweiten Phase seiner schriftstellerischen Karriere "praktizierender Chemiker". In verschiedenen Funktionen, vor allem als Experte für Lacke, arbeitet er fast dreißig Jahre in der Industrie und bestreitet aus dieser Tätigkeit auch seinen Lebensunterhalt. Der Literatur widmet er sich bis 1975 ausschließlich am Feierabend und an den Wochenenden. Walter Mauro sieht in diesem Sich-Aufteilen-Müssen zwischen Literatur und Wissenschaft letztlich einen Nachteil für das literarische Werk.[22)] Levi selbst räumt zwar ein, daß die "spaccatura paranoica"[23)] zwischen seinen beiden Tätigkeiten etwas Anomales habe, versucht ihr aber gleichwohl positive Seiten abzugewinnen, indem er erklärt:

> [...] sono soddisfatto di questa mia condizione duplice, e conscio dei suoi vantaggi. Essa mi permette di scrivere solo quando lo desidero, e non mi obbliga a scrivere per scrivere; sotto un altro aspetto, il mio mestiere quotidiano mi ha insegnato (e continua ad insegnarmi) molte cose di cui ogni scrittore ha bisogno.[24)]

Wie man sieht, verwendet Levi hier zwei unterschiedliche Argumente. Zum einen hebt er den positiven Wert der materiellen Unabhängigkeit als Schriftsteller aufgrund seiner außerliterarischen Haupttätigkeit hervor, die ihm manche Deformationen des Berufsschriftstellers erspare, zum anderen den literarästhetischen Nutzen dieser Tätigkeit, von dem noch zu reden sein wird. Er weiß natürlich, daß der biographischen Nähe von Naturwissenschaft und Literatur ein Element des Kontingenten anhaftet; da sie sich in seinem Leben aber einmal so ergeben hat, will er sie auch bewahren und soweit wie möglich nutzen, da sie seiner Vorstellung einer anzustrebenden kulturellen Synthese entspricht. Dies zeigt sich auch in seiner "persönlichen Anthologie" *La ricerca delle radici* (1981), in der er Textauszüge aus seiner Lieblingslektüre zusammengestellt hat - eine höchst ungewöhnliche, für ihn aber charakteristische Mischung von literarischen und naturwissenschaftlichen Mustertexten. Im folgenden soll nachgezeichnet werden, wie er die ihm so wichtigen naturwissenschaftlichen Antriebe in seine nunmehr primär literarischen Erzählwerke einfließen läßt, um die erstrebte Synthese auch im Text zu realisieren. Aus heuristischen Gründen halte ich mich weitgehend an die chronologische Reihenfolge der Erscheinungsdaten.

---

22) W. Mauro, "Primo Levi", in: *Letteratura italiana. I contemporanei*, Bd. 5, Mailand 1977, S. 1029-1044, hier S. 1039.
23) So im Interview mit Fadini (wie Anm. 4).
24) Vorwort zu *La tregua*, S. 10.

In den fiktionalen Erzählungen, die in den Sammlungen *Storie naturali* (1966) und *Vizio di forma* (1971), ergänzt durch *Futuro anteriore*, den zweiten Abschnitt des Bandes *Lilít e altri racconti* (1981), erschienen, teilweise aber schon in der Zeit der dokumentarischen Werke entstanden sind, bildet die Welt der modernen Naturwissenschaft und Technik den allgemeinen thematischen Hintergrund. Die Erzählungen sind zwar inhaltlich nicht homogen, befassen sich aber ganz überwiegend mit Gegenständen, die in irgendeiner Weise mit naturwissenschaftlichen Fragen zusammenhängen, wobei Science-Fiction-Elemente eine beträchtliche Rolle spielen. Einige Varianten der Wissenschaftsthematik sind besonders stark vertreten, darunter die Beschreibung phantastischer neuer Arten (in den Erzählungen *Cladonia rapida*, *Quaestio de Centauris* und *I figli del vento*) und die Erzählwiedergabe allgemein bekannter Phänomene aus einer betont wissenschaftlichen Perspektive, die ungewöhnliche Aspekte an ihnen hervortreten läßt. Nach diesem Muster stellt Levi etwa die wissenschaftliche "Planung" des Menschengeschlechts in den himmlischen Sphären dar (*Il sesto giorno*), läßt in der Tradition der Voltaireschen *Contes* einen Astronomen auf dem Mond seine Beobachtungen und Konjekturen über die westliche Zivilisation anstellen (*Visto da lontano*) oder führt uns ein Kollektiv-Ich vor Augen, das aus seinem Blickwinkel die Geschichte der Evolution nacherzählt (*Il fabbro di se stesso*) - augenscheinlich auf den Spuren der *Cosmicomiche* von Calvino, dem denn auch diese Erzählung gewidmet ist. Die wissenschaftliche Perspektive impliziert natürlich bestimmte stilistische Besonderheiten wie detaillierte Zahlenangaben, begriffliche Untergliederungen und zahlreiche fachsprachliche Termini.

Noch häufiger vertreten ist ein Typus von Erzählungen, deren gemeinsamer Nenner der Einsatz der Wissenschaft zu gefährlichen Zwecken ist. Sie zeigen (und kritisieren) etwa die dem wissenschaftlichen Geist inhärente Versuchung, auch die nicht quantifizierbaren menschlichen Dinge "more geometrico" zu behandeln (*Le nostre belle specificazioni*) oder, schlimmer noch, sich zu kriminellen Experimenten hinreißen zu lassen (*Angelica farfalla*). Besonders gut belegt ist die Variante, in der eine übermäßig entwickelte Technologie dem Menschen materielle Verbesserungen von zweifelhaftem Wert beschert. Dieses Schema findet sich vor allem in den Simpson-Geschichten, deren Protagonist als Vertreter einer großen amerikanischen Firma seinen Kunden immer wieder technisch scheinbar vollkommene Apparate ("il Versificatore", "il Mimete", "il Calometro", "il Total Recorder")[25] verkauft, die ihnen bei der Bewältigung ihrer Probleme hilfreich sein sollen, sich aber bald zum Herrn über sie aufwerfen, ihre menschliche Kreativität abtöten und zu kleineren oder größeren Katastrophen führen. In der Erzählung *Versamina* tritt an die Stelle der gefährlichen Apparate eine Droge, die den Schmerz in Lust verwandelt - mit nicht minder heiklen Folgen.

In all diesen Geschichten geht es um die ambivalente Rolle der Wissenschaft beim Kampf gegen die Naturübel. Theoretisch vertieft wird das Thema in zwei Schlüsseltexten des Bandes *Vizio di forma*: *Verso occidente* und *Procacciatori d'affari*.

Der erste erzählt von zwei Wissenschaftlern, die bei Experimenten zur Untersuchung eines kollektiven Todestriebs bei Tieren (Lemmingen) und Menschen daran zu zweifeln beginnen, daß ein euphorisierendes Mittel, sollte es je gefunden werden, die von Leiden und Tod beherrschte Existenz wirklich verändern könnte. Die Lehre dieses Gleichnisses - denn um ein solches handelt es sich ohne Zweifel - scheint in dem Ratschlag zu bestehen, auf jede allzuleichte Flucht aus der gefährdeten Existenz in ein künstliches Glück zu verzichten, auch wenn es durch wissenschaftlich-technische Mittel erreichbar sein sollte. Diese Interpretation wird durch die im zweiten Text vertretene These gestützt, daß das irdische Leben von einem Ur-Übel befallen ist, das hier mit einem juristischen Terminus als "Formfehler" ("vizio di forma" - ein Terminus, den Levi mit Bedacht zum Sammeltitel des ganzen Bandes gemacht hat) bezeichnet wird, zugleich aber ontologischer Natur ist, einem Übel, das aktiv bekämpft werden muß, zugleich aber faktisch als unausrottbar zu gelten hat.

Im Andauern dieses "Formfehlers" sieht Levi das entscheidende Bindeglied zwischen seinen dokumentarischen und seinen fiktionalen Werken. In einem Brief, der im Auszug auf der hinteren Umschlagseite der *Storie naturali* wiedergegeben ist, erklärt er dazu:

> [...] fra il Lager e queste invenzioni una continuità, un ponte esiste: il Lager, per me, è stato il piú grosso dei "vizi", degli stravolgimenti di cui dicevo prima, il piú minaccioso dei mostri generati dal sonno della ragione.

---

25) Ich beziehe mich auf die Erzählungen *Il Versificatore*, *L'ordine a buon mercato*, *Alcune applicazioni del Mimete*, *La misura della bellezza* und *Trattamento di quiescenza*, alle in der Sammlung *Storie naturali*.

Die Überzeugung, durchgehend das gleiche Vitium zu bekämpfen, dient Levi zum Nachweis der inneren Einheit seines Schreibens[26] und damit zugleich zur Rechtfertigung der literarischen Fiktion - ein Thema, das für ihn in diesen Jahren ganz obenan steht, wie es unter anderem die in den Erzählungen *Lavoro creativo* und *Nel parco* enthaltenen metaliterarischen Überlegungen über den ontologischen Status der Fiktion zeigen.

Die Forschung ist einhellig der Auffassung, Levi wende sich in den beiden Bänden *Storie naturali* und *Vizio di forma* primär gegen die mechanische und eigennützige Anwendung der Wissenschaft zu menschenfeindlichen Zwecken. Mit seiner Kritik am technologischen Mißbrauch der Wissenschaft aufgrund bestimmter "typischer Deformationen der sogenannten wissenschaftlichen Geisteshaltung"[27] nähert er sich übrigens auffällig der Haltung eines anderen oben erwähnten naturwissenschaftlich-literarischen "Zentauren", Jean Rostand, der jahrzehntelang unermüdlich als Warner in diesem Sinn aufgetreten ist.

Über die Frage der ideologischen Kontinuität Levis gibt es dagegen bisher kein Einvernehmen. Mauro ist der Ansicht, Levis Position habe sich von den *Storie naturali* zu *Vizio di forma* grundlegend gewandelt: "alla visione apocalittica del futuro dell'uomo ha fatto seguito uno sforzo di ricostruzione", ja er konstatiert im zweiten Erzählungsband gar ein neues Vertrauen auf den Menschen.[28] Andere dagegen vertreten - nach meiner Einschätzung mit besseren Argumenten - die Auffassung, die beiden Bände bewegten sich in der gleichen moralischen und literarischen Atmosphäre;[29] für Giuseppe Grassano hat Levi, dessen Position er unter offensichtlicher Anspielung auf Mauros Urteil als "né apocalittica né fideistica" bezeichnet, im ersten Band eher

---

26) Daß die *Qualität* des "Formfehlers" (und damit auch die seiner Bekämpfung durch das Schreiben) im Konzentrationslager und in der fiktionalen, aber gleichwohl weitgehend mimetischen Wirklichkeit der Erzählungen dieselbe sei, ist eine Levische Prämisse, die nicht von allen Kritikern geteilt wird; ich verweise hier besonders auf Risk (wie Anm. 5), S. 129. Auch ein unterschiedlicher ontologischer Status der hier jeweils zum Vorschein kommenden Vitia schlösse übrigens bezüglich der beiden Arten, sie literarisch zu bewältigen, einen gewissen Parallelismus in der kathartischen Funktion des Schreibens nicht aus: "Raccontare è una medicina sicura" (*Lilít*, S. 197), hier vom Protagonisten einer erfundenen Geschichte geäußert, gilt auch für das Schreiben von Fiktion.

27) Die sorgfältig abwägende Formel stammt von Levi selbst, zit. in Fiora Vincenti, *Invito alla lettura di Primo Levi*, Mailand [2]1976, S. 148.

28) Mauro (wie Anm. 22), S. 1040 f.

29) So formuliert beispielsweise Giovannni Tesio, "Primo Levi", in: *Belfagor* 34 (1979), S. 672.

die individuellen Folgen des technologischen Mißbrauchs aufgezeigt, im zweiten dagegen die kollektiven, die eine Gefahr für das Überleben der Menschheit bedeuten.[30)]

Wenn dieser erste Versuch Levis, eine Synthese zwischen der Naturwissenschaft (als Thema) und der Literatur (als Ausdrucksmittel) zustandezubringen, nicht völlig gelungen scheint, so nicht zuletzt aufgrund ästhetischer Defizite. Die ausgiebige Verwendung von Science-Fiction-Elementen als Vermittlungsinstanz zwischen Wissenschaft und Literatur ist eine Notlösung,[31)] die mit den charakteristischen Schwächen des Genres teuer bezahlt wird. Sicher ist Levi weit von einer naiv utopischen Science Fiction entfernt, die von der sozialen Realität ebenso absieht wie von Naturgesetzen und sich an der ungehemmten Extrapolation des technologischen Fortschritts in die Zukunft berauscht. In seinen Erzählungen weisen die utopisch-phantastischen Elemente im Gegenteil eher auf beunruhigende Aspekte einer zukünftigen Technologie hin - beunruhigend gerade deshalb, weil sie oft ins Alltagsleben hineinwirken. Es mag daher sogar vertretbar sein, Levi zum ernsthaftesten unter den italienischen Science-Fiktion-Autoren zu erklären;[32)] allein ein solches Lob ist nur von relativem Wert, wenn das Genre eo ipso so viele popularisierende Komponenten impliziert, daß es kaum ernst genommen werden kann - auch nicht von Levi selbst, der im Gespräch mit dem Physiker Tullio Regge erklärt, er schätze die rein literarische Science Fiction nicht hoch ein.[33)] Auf der Suche nach literarischen Effekten greift er selbst öfter zu ästhetisch bedenklichen Mitteln. In einigen Erzählungen, die teilweise zu kleinen dramatischen Szenen ausgestaltet sind, führt die satirische Absicht zu oberflächlicher Situationskomik, in anderen herrscht eine kaum verhüllte Lehrhaftigkeit, die auch mit Gleichnissen und Allegorien arbeitet.

Die ästhetischen Mängel dieser "racconti-scherzo, [...] trappole morali, magari divertenti ma distaccate, fredde", wie der Autor die *Storie naturali* auf der hinteren Umschlagseite des Bandes *Vizio di forma* mit offenkundiger Distanz selbst charakterisiert, sind von vielen Kritikern negativ vermerkt worden, wenngleich nicht immer mit literarästhetisch tragfähigen Argumen-

30) Giuseppe Grassano, *Primo Levi*, Florenz, 1981, S. 76; ähnlich Vincenti (wie Anm. 27), S. 114.

31) Aber nicht etwa eine zwingende Folge der vorausliegenden Wahl einer naturwissenschaftlichen Thematik, wie Mauro (wie Anm. 22), S. 1037 behauptet. Levis jüngere Werke, auf die ich nachstehend eingehe, zeigen das zur Genüge.

32) So Vincenti (wie Anm. 27), S. 150.

33) Primo Levi / Tullio Regge, *Dialogo*, Mailand [2]1987, S. 51.

ten.[34] Die neu eingesetzten literarischen Mittel entsprechen noch nicht Levis moralischen Ansprüchen und Erkenntniszielen.

III.

Das Buch *Il sistema periodico* (1975) kann von meiner Fragestellung her als ein zweiter Syntheseversuch angesehen werden, der den kritischen Einwänden gegenüber dem ersten Rechnung trägt. Diesmal sucht Levi die Kluft zwischen den beiden Instanzen Naturwissenschaft und Literatur durch wohlüberlegte Vorentscheidungen von vornherein soweit wie möglich zu verkleinern.

Im narrativen Bereich verzichtet er weitgehend auf die reine Fiktion. Die beiden in den Text eingelagerten fiktionalen Erzählungen, die vor dem Hintergrund der Gesamtentwicklung des Autors wie ein Überrest der vorausgehenden Etappe anmuten, wirken in der neuen Umgebung geradezu als Fremdkörper. Der Erzählstoff in 19 der 21 Abschnitte, aus denen der Band besteht, ist die erlebte Wirklichkeit des Autors, seiner Vorfahren und seiner Generation, was eine zumindest partielle Rückkehr zur dokumentarischen Funktion der Literatur impliziert. Die Gattungszuordnung des Buches, das bis auf einige Einschübe in der ersten Person erzählt, hängt davon ab, welches Gewicht man der relativen Selbständigkeit der einzelnen Abschnitte und der dokumentarischen Komponente beimißt. Da die ästhetische Einheit des Ganzen von der Mehrzahl der Kritiker mit guten Gründen höher veranschlagt wird als die Diversität der Einzeltexte,[35] geht es bei der Gattungsfrage im wesentlichen um das zweite Kriterium, d.h. um die Stellung des Buches zwischen Roman und Autobiographie. Hier sind je nach der gewählten Perspektive verschiedene Nuancierungen vertretbar, wenn auch wohl kaum A. Leone de Castris undifferenziertes Urteil: "un 'romanzo', nel senso classico e tradizionale".[36] Ich neige der Auffassung zu, die zahlreichen memorialistischen Elemente seien gattungspoetisch gewichtiger als irgendwelche "romanesken" Züge der Handlung, des Figurenbestands etc., wie sehr man einen solchen

---

34) Wenn ich etwa Risks Auffassung ((wie Anm. 5), S. 128): "le due raccolte rappresentano un indubbio regresso rispetto alle opere precedenti" in dieser Form nicht ganz teile, so deshalb, weil es literarästhetisch nicht vertretbar scheint, die Werke der ersten Phase zu Modellen zu erklären. Vielmehr müssen die neuen Werke an den neuen Zielen gemessen werden, die der Autor sich gesteckt hat.

35) Eine bemerkenswerte Ausnahme bildet Vincenti (wie Anm. 27), S. 130.

36) *Rinascita*, 25.7.1975, S. 37 f. Die angedeuteten Gründe für eine solche Gattungszuordnung sind zu unspezifisch, um überzeugen zu können.

Begriff auch metaphorisch oder metonymisch ausweiten mag. Allerdings ist zu beachten, daß der Autor den Leser mehrfach davor warnt, das Werk als eine traditionelle Autobiographie zu betrachten - und wie wir sehen werden, nicht ohne Grund.

Bei der literarischen Vermittlung der Wissenschaft vermeidet Levi dementsprechend - mit der allerdings bedeutsamen Ausnahme der Schlußerzählung - die populärwissenschaftliche Phantastik. Er integriert statt dessen die Einzelwissenschaft, die seine individuelle Biographie geprägt hat, in die autobiographische Darstellung selbst. Er erzählt die Geschichte seines Lebens als Chemiker und damit bis zu einem gewissen Grad auch die Geschichte eines Zeitabschnitts der Chemie als Wissenschaft, in einem individuellen Bewußtsein gespiegelt, das seinerseits für das Bewußtsein einer ganzen Generation steht. Gerade wegen dieses repräsentativen und nicht intimistischen Charakters wird das Buch vom Erzähler selbst als "storia d'un mestiere"[37] bezeichnet. Petrucciani hat als Gattungsbegriff den bewußt mehrdeutigen Terminus "autobiografia chimica" vorgeschlagen,[38] der dann auch von anderen Kritikern übernommen worden ist.

Doch die Chemie ist in dem Buch nicht nur inhaltlich, als Erzählstoff, vertreten. Ähnlich wie einst Goethe in seinem Roman *Die Wahlverwandtschaften* verwendet Levi schon als Titel einen chemischen Terminus: die von Mendelejev geschaffene Tabelle der chemischen Elemente. Doch damit nicht genug. Indem er jedem der 21 Erzählabschnitte den Titel eines chemischen Elements gibt, transponiert er Bestandteile des Mendelejevschen Systems von der Chemie in die Literaturästhetik und gibt ihnen dort den Status von Strukturelementen.[39] Er nimmt damit zum erstenmal die Naturwissenschaft auch in die *Form* eines Werks hinein, bedient sich ihrer als eines außerliterarischen Prinzips zur Strukturierung des literarischen Texts - ein Verfahren, das durchaus Analogien mit Calvinos Verwendung von Tarockkarten (auch sie Teile eines Systems) als Textgeneratoren im *Castello dei destini incrociati* aufweist.

Läßt sich nun im literarischen Gebrauch des Periodischen Systems seinerseits ein System erkennen? Schon die Titel enthalten Hinweise in dieser Richtung. Nachdem einmal klargeworden ist, daß die hier gewählte Reihen-

---

37) P. Levi, *Il sistema periodico*, Turin 1975, S. 229.
38) Petrucciani (wie Anm. 2), S. 41.
39) Levis Interesse für das Periodische System als Struktur ist auch im Essay *La lingua dei chimici II*, in: *L'altrui mestiere*, S. 127-131 dokumentiert.

folge der chemischen Elemente mit einer Reihe von Stationen eines Berufslebens parallelisiert wird, eine Idee, die dem Autor lange vor der Abfassung des *Sistema periodico* vorgeschwebt haben mag,[40)] scheint es natürlich signifikant, daß das Buch mit dem chemisch trägen Edelgas *Argon* beginnt und mit dem Kapitel *Carbonio* (Kohlenstoff) schließt, einem höchst reaktionsfreudigen Element, das die Grundlage der organischen Chemie bildet.[41)] Auch daß die eigentliche Biographie mit dem Ur-Element Wasserstoff (*Idrogeno*) einsetzt - der *Argon*-Abschnitt bildet handlungstektonisch eine Art Vorspiel -, darf wohl als literarisch bedeutungsvoll interpretiert werden: als eine chemische Metapher für die ersten Anfänge eines Berufsweges.

Der ästhetische Wert des Verfahrens hängt natürlich von seinem Motivationsgrad ab, d.h. von der Art der Beziehungen zwischen den Titeln und dem Text der Erzählungen. In der Mehrzahl der Fälle sind diese Beziehungen rein inhaltlicher Natur. Die als Titel verwendeten Elemente erscheinen im Text auf der Ebene des Literalsinns wieder, meist im Rahmen von erzählten chemischen Analysen. So unternimmt etwa im Kapitel *Idrogeno* der Schüler Levi seinen ersten, dilettantischen Versuch einer Elektrolyse des Wassers und entzündet, um den anhaltenden Zweifel eines Mitschülers über den Erfolg des Experiments zu zerstreuen, den dabei entstandenen Wasserstoff, der artgemäß mit einer heftigen Verpuffung reagiert; *Nichel* erzählt vom gelungenen Versuch des jungen Chemikers, aus dem Ganggestein beim Asbestabbau das wertvolle Metall Nickel zu gewinnen; *Fosforo* von der weniger erfolgreichen Arbeit mit organischer Phosphorsäure zur Entwicklung eines Medikaments; und so immer weiter auf Levis Berufsweg. Auch die im Kursivdruck wiedergegebenen fiktionalen Abschnitte, *Piombo* und *Mercurio*, in denen chemische Abenteuer aus vorwissenschaftlicher Zeit geschildert werden, sowie die beiden Erzählungen in der dritten Person, *Zolfo* und *Titanio* - sie alle stehen außerhalb der autobiographischen Gesamtlage -, weisen diese Art der Motivation auf. Oft fällt dabei dem Titelelement eine Katalysatorrolle als Auslöser der Erzählhandlung zu. In anderen Fällen, etwa in den Kapiteln *Oro* oder *Vanadio*, ist die narrative Funktion des entsprechenden Elements so marginal,

---

40) Tesio (wie Anm. 29), S. 673, führt als Beleg für diese These die Tatsache an, daß bereits in *La tregua* (S. 112) Dr. Gottlieb mit dem chemischen Element Radium verglichen wird.

41) Aus dem Interview mit Gabriella Poli (wie Anm. 18) wissen wir, daß Levi einen Folgeband zum *Sistema periodico*, diesmal über die organische Chemie, plante, der in diesem Schlußkapitel seinen logischen Ausgangspunkt gehabt hätte. Der Plan kam allerdings nicht zur Ausführung.

daß der Titel fast wie ein literarischer Trick erscheint, um ein einheitliches Strukturprinzip wenigstens äußerlich aufrechtzuerhalten; hier ist die Motivation schwach.

Gelegentlich finden sich über diese literale (oder historische) Basismotivation hinaus Hinweise auf eine andere Motivationstechnik. Im Kapitel *Ferro* beispielsweise, dessen Titel in der Erzählung primär dadurch motiviert ist, daß hier im Rahmen von Levis Chemiestudium eben Experimente mit Eisenverbindungen stattfinden, wird einer der beteiligten Studenten, Sandro, der mit dem Ausruf "Habemus ferrum" (eine Anspielung auf das Konklave von 1939) Heiterkeit erregt, gleich darauf selbst mit dem Element verglichen, dessen glückliches Erscheinen er gerade verkündet hat:

> Sandro sembrava di ferro, ed era legato al ferro da una parentela antica: i padri dei suoi padri, mi disse, erano stati calderai ("magnín") e fabbri ("fré") delle valli canavesane [...][42)]

An anderer Stelle leitet der Erzähler aus der Beobachtung, daß das Zink in verunreinigter Form gut reagiert, in reiner Form dagegen chemisch weitgehend resistent ist, per analogiam allerlei philosophische Überlegungen ab[43)] oder beschreibt etwa das Zinn als "metallo amico".[44)] All dies deutet an, daß er hier - in welch unterschiedlicher Weise auch immer - einigen chemischen Elementen eine Sekundärbedeutung beilegt, die auf Personen oder Ereignisse übertragbar ist und als "analoger" oder "metaphorischer" Sinn bezeichnet werden kann. Es zeichnet sich also zumindest gelegentlich eine vom Autor intendierte doppelte Lesart des Textes ab: Der zweite Sinn gibt dem Erzählten eine tiefere Bedeutung und dem jeweiligen Titel eine zusätzliche Motivation. Die wenigen Hinweise reichen allerdings zur Konstitutierung einer durchgehenden allegorischen Sinnebene nicht aus.

Für Anfang und Schluß des Buches hat Levi eine andere Lösung gewählt. Das erste Kapitel, *Argon*, beginnt mit einer kleinen chemischen Betrachtung über die Eigenschaften der Edelgase und insbesondere des Elements Argon ("das Träge, Untätige"). Dann setzt die Erzählhandlung mit einer Analogie ein:

---

42) *Il sistema periodico*, S. 45.
43) Ebda., S. 35.
44) Ebda., S. 188.

> Il poco che so dei miei antenati li avvicina a questo gas. Non tutti erano materialmente inerti, perché ciò non era loro concesso [...]; ma inerti erano senza dubbio nel loro intimo [...][45]

Im gesamten folgenden Text ist von den Edelgasen im Literalsinn nicht mehr die Rede. Die Titelmotivation beruht "ausschließlich" auf der zitierten Analogiebeziehung zwischen Eigenschaften von chemischen Elementen und von Personen, allgemeiner gesagt: zwischen der Naturwissenschaft und dem literarisch Dargestellten. Im Schlußkapitel, *Carbonio*, überschreitet Levi dann die bis dahin eingehaltenen Darstellungskonventionen in eine neue Richtung. Er erzählt die Geschichte eines Atoms des "Lebenselements" Kohlenstoff - eine Geschichte, die im Text ausdrücklich als ganz willkürlich und doch wahr charakterisiert wird[46] - von der Erschaffung bis zu dem Augenblick, da dieses Atom sich in einer Gehirnzelle des Autors befindet und ihn zum Schreiben veranlaßt. Damit wird nicht nur der Konnex zwischen Naturwissenschaft und Literatur im Buch selbst thematisiert, sondern die angestrebte Synthese zwischen den beiden Aktivitäten auch auf der literarischen Objektebene vollzogen - in einer Fiktion. Die Titelmotivation ist also extrem stark: Das Kohlenstoffatom ist wirklich der Protagonist dieser Erzählung, allerdings um den Preis des Rückfalls in eine phantastische populärwissenschaftliche Fiktion.

Insgesamt bleibt der Eindruck vom ästhetischen Wert des gewählten Integrationsverfahrens zwiespältig. Einerseits erzeugt es eine homogene äussere Form, ja in bezug auf die verschiedenen Motivationstypen der 21 Kapitelüberschriften eine fast symmetrische Struktur:

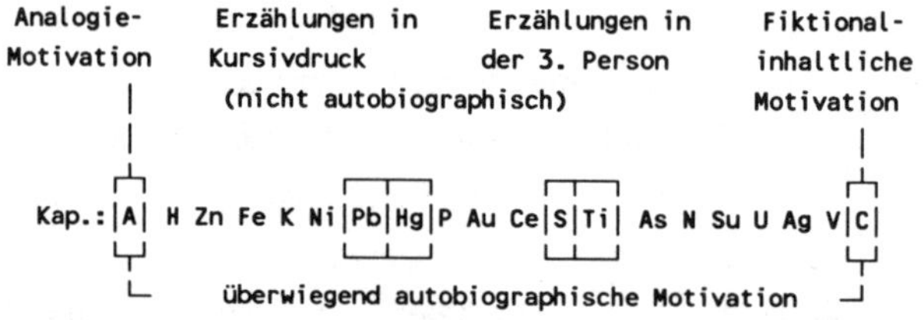

Andererseits ist die konkrete Verknüpfung der im Titel genannten chemischen Elemente mit dem jeweils Erzählten, die *Motivation*, recht ungleich und zudem manchmal nur schwach entwickelt, weil die autobiographischen Ereignisse die von den Titeln angegebene Thematik überwuchern. Immerhin be-

45) Ebda., S. 3.
46) Ebda., S. 237.

deutet *Il sistema periodico*, was die Integration der Wissenschaft in die Literatur angeht, gegenüber den Erzählungen insgesamt einen deutlichen Fortschritt.

Die Funktion der Naturwissenschaft als Inhalts- und Strukturelement der spezifisch literarischen Werke bis zum *Sistema periodico* scheint damit unter erzähltechnischem Aspekt im wesentlichen bestimmt. Unbeantwortet geblieben ist bis jetzt die Frage, *warum* Levi der Wissenschaft auch außerhalb der Ausnahmesituation des Lagers eine so große Bedeutung beimißt. Seine theoretischen Äußerungen zu diesem Komplex sind zahlreich, gerade auch im *Sistema periodico*, und lassen eine deutliche Entwicklung erkennen.

Der Schüler Levi betrachtet die Chemie noch uneingeschränkt als Panazee: als "nuvola di potenze future", "la chiave per i sommi veri"[47] etc. Er schreibt ihr in dieser Zeit die ebenso umfassende wie abstrakte Aufgabe zu, die Welträtsel zu lösen. Daß in dieser Vorstellung manchmal geradezu metaphysische Erwartungen an die Naturwissenschaft herangetragen werden, zeigt etwa die Fortsetzung des "nuvola"-Zitats, in der zwischen der "Wolke" der Möglichkeiten, die die Chemie eröffnet, und jener, die einst den Berg Sinai verdunkelte, eine ziemlich kühne Analogiebeziehung hergestellt und sogar ein Tertium comparationis ausformuliert wird: "Come Mosè, da quella nuvola attenderò la mia legge, l'ordine in me, attorno a me e nel mondo".[48] Levi hat diesen globalen Anspruch an die Chemie später als romantisch abgetan.[49]

Biographisch gesehen, bedeutet die schwärmerische Begeisterung für die Chemie auch eine Opposition gegen das damalige Schulprogramm, das auf Kosten der naturwissenschaftlichen Fächer ganz auf literarische Rhetorik und (dogmatische) Philosophie ausgerichtet ist. Noch in den achtziger Jahren erinnert sich Levi gerade unter diesem Aspekt an seine Italienischlehrerin:

> [...] quando ha detto pubblicamente che le materie letterarie hanno valore formativo, e quelle scientifiche solo valore informativo, mi si sono rizzati i capelli in testa, e ne sono uscito confermato in questa idea che la congiura esisteva. Tu giovane fascista, tu giovane cresciuto in questa Italia non avvicinarti alle fonti del sapere scientifico perché sono pericolose.[50]

---

47) Ebda., S. 23.

48) Ebda. Ironie oder andere Distanzierungsphänomene vermag ich an dieser Stelle nicht zu erkennen.

49) So im *Dialogo* mit Regge (wie Anm. 33), S. 13.

50) Ebda., S. 14.

Die erkenntnistheoretische Opposition Naturwissenschaft (=Wahrheit) vs. Rhetorik (=leere Worte) wird hier von einer politisch-moralischen Sekundäropposition Naturwissenschaft vs. Faschismus überlagert. In der Autobiographie wird diese Komponente vor allem durch den Chemieprofessor Ponzio vertreten, "vechio scettico e ironico, nemico di tutte le retoriche (per questo, e solo per questo, era anche antifascista)",[51] der Levi durch die nüchterne Strenge seiner Vorlesungen so beeindruckt, daß dieser - in einer logisch einigermaßen verwegen anmutenden Weise - gar versucht, aus der Chemie eine antifaschistische Ethik zu entwickeln.[52] Auch im Gespräch mit Tullio Regge rühmt er das chemische Laboratorium der Turiner Universität jener Jahre als Schule der Geduld, der Objektivität und des Geistes, die dem Rassenwahn - Italien hat inzwischen Hitlers Rassengesetze übernehmen müssen - keinen Zutritt gewährt habe.[53]

Schon in dieser Zeit wandelt sich die Jugendvorstellung einer Chemie als Schlüssel des Universums in eine philosophisch weniger anspruchsvolle, aber auch weniger vage Konzeption, nach der das Verständnis der naturwissenschaftlichen Welt vor allem auf ihre technische Beherrschung abzielt; "farsi signore della materia"[54] wird zum naturwissenschaftlichen Erkenntnisziel. Die Idee eines unablässigen Kampfes der Wissenschaft gegen eine dumpf widerstrebende Materie wird zunehmend aller philosophischen Implikationen entkleidet; auf diese Weise wird aus der Chemie ein bloßes (aber darum nicht weniger elementares) Hilfsmittel zum Überleben der Menschheit.[55]

Die Bedeutung der Naturwissenschaft für Levi verlagert sich immer stärker ins Pragmatische. Die oft zitierte Stelle aus dem *Sistema periodico*: "Siamo chimici, cioè cacciatori" reflektiert diese neue Auffassung vom ganz und gar irdischen, im Dienst der Zivilisation und nicht einer metaphysischen Wahrheit stehenden Kampf des Naturwissenschaftlers gegen die Natur, den er stellvertretend für die Menschheit führt:

> Siamo qui per questo, per sbagliare e correggerci, per incassare colpi e renderli. Non ci si deve mai sentire disarmati: la natura è

---

51) *Il sistema periodico*, S. 30.
52) Ebda., S. 35.
53) Levi / Regge (wie Anm. 33), S. 20 f.
54) *Il sistema periodico*, S. 43.
55) Vgl. Risk (wie Anm. 5), S. 131.

> immensa e complessa, ma non è impermeabile all'intelligenza.[56)]

Dieser Kampf hat für Levi auch Auswirkungen, die über die rein berufliche Anwendung hinausreichen. Die Chemie, vor allem die "niedere", fast noch handwerkliche Chemie, die ihm vertraut ist, induziert im Wissenschaftler oder Techniker bestimmte Sekundärtugenden - Geduld, Beharrlichkeit, Fleiß etc.[57)] - und andere erkenntnisrelevante Kräfte von allgemeiner Gültigkeit. So wird beispielsweise im Kapitel *Potassio* des *Sistema periodico* aus einem kleinen Betriebsunfall eine Ethik der strengsten Präzision und der unbedingten Aufmerksamkeit auf kleinste Unterschiede abgeleitet und sogleich von der Chemie auf andere Bereiche übertragen:

> [...] il mestiere del chimico consiste in buona parte nel guardarsi da queste differenze, nel conoscerle da vicino, nel prevederne gli effetti. Non solo il mestiere del chimico.[58)]

Auch nachdem die Naturwissenschaft ihre philosophische Erkenntnisfunktion weitgehend eingebüßt hat, bleiben ihre methodologischen Prämissen die allgemeine Norm jeder geistigen Tätigkeit. Levis Vertrauen auf die Wohltaten des wissenschaftlich-technologischen Fortschritts ist bis zuletzt ungebrochen.[59)]

Diese uneingeschränkt positive Einschätzung der Naturwissenschaft, die vielfach auf Unverständnis gestoßen ist, steht für ihn nicht im Widerspruch zu den eigenen kritischen Urteilen in den Erzählbänden. Dabei geht es nicht etwa um den Gegensatz von Wissenschaft und Technologie: Levi bejaht ausdrücklich die technische Anwendung als notwendiges Korrelat der wissenschaftlichen Forschung. Die in den Erzählungen dargestellten utopischen Technologien werden nur deshalb kritisiert, weil sie gegen den Geist der Wissenschaft verstoßen, zu dem das Bewußtsein komplexer Probleme und der unablässigen Suche nach neuen Lösungen ebenso gehören wie die Güter- und Risikoabwägung für ihre Folgen. Eine Infragestellung der Wissenschaft als solcher ist Levis Sache nicht.

---

56) *Il sistema periodico*, S. 79.
57) Levi / Regge (wie Anm. 33), S. 61.
58) *Il sistema periodico*, S. 63.
59) Vgl. dazu beispielsweise die Essays *La luna e l'uomo*, verfaßt anläßlich des Mondfahrtunternehmens Apollo 8 und *Roulette dei batteri*; beide jetzt in: Levi, *Racconti e saggi*, Turin 1986, S. 98-100 und 122-125.

Schließlich stellt die Chemie mit den ihr inhärenten positiven Kräften für Levi von Anfang an auch ein stilistisches Ideal dar, das die literarische Neuorientierung nach *La tregua* unbeschädigt überstanden hat. Schon im Vorwort zu diesem Buch findet sich ein Bekenntnis zu einem an naturwissenschaftlich-technischen Darstellungen orientierten Stil, dessen Schlüsselbegriffe ("concretezza", "precisione", "pesare ogni parola", "obiettività"), kaum variiert, immer wieder in Levis Äußerungen zu stilistischen Fragen auftauchen, besonders ausführlich im Gespräch mit Tullio Regge. Hier verweist er nicht nur auf das biographische Modell des Professor Ponzio, dessen Sprache - "un linguaggio definito, essenziale"[60] - ihm auch unter literarischen Gesichtspunkten (wie es ausdrücklich heißt) besonders gefallen habe, sondern bestätigt auch ein früheres Diktum, nach dem er sich am Stilideal des in Fabriken üblichen Wochenberichts orientiere.[61] Hier gibt er auch den umfassendsten Überblick über die sprachlichen Vorteile, die er nach seiner Meinung dem direkten Umgang mit der Materie verdankt:

> Mi ritrovo piú ricco di altri colleghi scrittori perché per me termini come "chiaro", "scuro", "pesante", "leggero", "azzurro" hanno una gamma di significati piú estesa e piú concreta. [...] Quindi dispongo di un inventario di materie prime, di "tessere" per scrivere, un pò piú vasto di quelle che possiede chi non ha una formazione tecnica. In piú ho sviluppato l'abitudine a scrivere compatto, a evitare il superfluo. La precisione e la concisione, che a quanto mi si dice sono il mio modo di scrivere, mi sono venute dal mestiere di chimico. Come anche l'abitudine all'obiettività, a non lasciarsi ingannare dalle apparenze.[62]

Mehr Anschauung und eine größere Darstellungsdisziplin durch das naturwissenschaftliche Metier - dies ist die Quintessenz des hier zum Ausdruck kommenden stilistischen Selbstbewußtseins.

Eine Literarästhetik, die auf eine so unmittelbare (oder soll man sagen: naive?) Weise von der Chemie abgeleitet ist, weist natürlich auch ihre spezifischen Defizite auf. Aus dem allgemeinen Grundsatz, das Schreiben diene der Kommunikation, folgert Levi:

---

60) Levi / Regge (wie Anm. 33), S. 19. Dazu paßt, daß Levi in seine Anthologie *La ricerca delle radici* als stilistisches Modell (sic) einen Prüfbericht der American Society for Testing Materials mit dem mitreißenden Titel *ASTM D1382-55T* aufgenommen hat.

61) Ebda., S. 60.

62) Ebda., S. 59.

> [...] sta allo scrittore farsi capire da chi desidera capirlo: è il suo mestiere scrivere, è un servizio pubblico, e il lettore volonteroso non deve andare deluso.[63]

Es ist offenkundig, daß eine solche Maxime von einem außerordentlich engen Begriff von literarischer Kommunikation ausgeht. Dieser Kommunikationsbegriff läßt ihn in der poetischen Dunkelheit grundsätzlich einen Mangel sehen, ein Verdikt, dem unter anderem Ezra Pound, Trakl und Celan verfallen.[64] Die Forderung nach absoluter Klarheit (im Sinne von Disambiguierung) als ästhetisches Postulat nimmt tendenziell einen ideologischen Charakter an, indem sie den Blick für eine unvoreingenommene Betrachtung moderner literarischer, vor allem natürlicher lyrischer Texte verstellt. Levi ist allerdings klarsichtig genug, um dieses Defizit selbst zu erkennen. In dem Essay *"La cosmogonia" di Queneau*[65] wiederholt er zwar seine Auffassung vom Schreiben als Übermittlung einer Botschaft, die von der größtmöglichen Zahl von Lesern mit der geringsten Anstrengung - so steht es wirklich im Text: "con minima fatica"! - verstanden werden solle, fügt aber hinzu, er habe nach der Lektüre von Queneaus *Petite cosmologie portative* diese Vorstellung ein wenig revidiert, indem er jetzt zugebe, eine Ästhetik der Ambiguität sei möglich, allerdings ohne sie sich zu eigen zu machen.

Zusammenfassend läßt sich sagen, daß die Naturwissenschaft auch für den Literaten Levi ein kognitives, methodologisches, moralisches und ästhetisches Modell darstellt. Die Relation zwischen ihr und der Literatur ist also "gerichtet", um einen mathematischen Terminus zu gebrauchen: Die Naturwissenschaft gibt die Normen vor, an denen sich die Literatur zu ihrem eigenen Besten zu orientieren hat. Auch in Levis literarischer Phase bis zum *Sistema periodico* bleibt die Literatur, in der Theorie nicht weniger als in der Lebenspraxis, eine Sekundäraktivität. Ob die narrative Schlußsequenz des *Sistema periodico* (die Episode, in der das Kohlenstoffatom den Autor dazu bringt, den Schlußpunkt seines Buches zu schreiben) diese Dependenzbeziehung Naturwissenschaft - Literatur illustrieren soll oder gerade umgekehrt

---

63) *L'altrui mestiere*, S. 51. Im Interview mit G. Poli (wie Anm. 18) erklärt er gar, es schiene ihm ein betrügerischer Handel ("frode in commercio"), dem Leser nicht das zu liefern, was er erwarte, und eine Unhöflichkeit, ihm etwas anzubieten, was er nicht verstehe. Es liegt auf der Hand, daß eine solche Äusserung ohne den Kontext von Levis wohlmeinender Grundhaltung zur Rechtfertigung von Werken gebraucht werden könnte, die jeglicher Innovation, ja jedes ästhetischen Werts überhaupt entbehren.

64) Vgl. *Dello scrivere oscuro*, in: *L'altrui mestiere*, S. 49-55.

65) Ebda., S. 150-154.

eine neue Konstellation des wechselseitigen Nutzens beider ankündigt,[66] läßt sich meines Erachtens nicht mit Bestimmtheit entscheiden.

IV.

1975 gibt Levi seine Tätigkeit in der chemischen Industrie auf, um "Vollzeitschriftsteller" zu werden. Er tut diesen Schritt nur zögernd und blickt später nicht ohne Nostalgie auf seinen ehemaligen Beruf zurück.[67] So ist es auch nicht verwunderlich, daß er seine Versuche, die Naturwissenschaft in die Erzählliteratur zu integrieren, auch über die biographische Wende hinaus fortsetzt. Ich beschränke mich hier auf die Betrachtung des Bandes *La chiave a stella* (1978), dessen Innovationen in bezug auf meine Fragestellung besonders auffällig sind. Wie im *Sistema periodico* lassen sich drei literarische Ebenen unterscheiden, auf denen diese Integration sich vollzieht: die inhaltliche, die formale und die metaliterarische (d.h. die Ebene der in den Text integrierten einschlägigen Reflexionen); aber das relative Gewicht der einzelnen Verfahren hat sich gegenüber früher beträchtlich verschoben.

Die Inhaltsebene bietet die geringsten Überraschungen. Wie in manchen vorausliegenden Texten ist die Naturwissenschaft auch hier im wesentlichen durch die fortgeschrittenen Technologien vertreten, aber wie schon im *Sistema periodico* nicht mehr im Sinne der Science Fiction.[68] Erzählt werden die beruflichen und privaten (meist aber auch dann durch die Berufstätigkeit induzierten) Abenteuer eines Monteurs von Kränen, Bohrtürmen und ähnlichen Metallkonstruktionen. Dieser hochspezialisierte Facharbeiter, Faussone, geht ganz in seiner Tätigkeit auf und hat auch nicht den leisesten Anflug eines proletarischen Bewußtseins, was dem Buch herbe Kritik von links eingetragen hat.

---

66) Einige Kritiker neigen einer solchen Interpretation zu, so Risk (wie Anm. 5): "Temporaneamente qui sembra verificarsi una coincidenza anche tra il mestiere di chimico e quello di scrittore, nel trasmettere il continuo rinnovarsi della vita" (S. 131) und Leone de Castris (wie Anm. 36): "É la natura a determinare la letteratura, ed è la letteratura a realizzare tale determinazione, a significarla di fatto" (S. 37). Das sind interessante Vermutungen, die sich aber nur auf einen mehrdeutigen und im Gesamttext des *Sistema periodico* isolierten Beleg stützen können.

67) Vgl. dazu in der Sammlung *L'altrui mestiere* die Essays *Ex chimico* (S. 12-14), *La lingua dei chimici II* (S. 127-131) und *Il segno del chimico* (S. 196-200).

68) Die übrigens in den späteren Schriften durchaus noch zu finden ist: *L'altrui mestiere* bietet mehrere Beispiele dafür, allerdings eher in Gedankenexperimenten essayistischer Form als in Erzählungen.

Die formalen Neuerungen sind gewichtiger. Levi hat sich diesmal entschlossen, die Naturwissenschaft (bzw. die Technologie) nicht einfach in den Abschnittsüberschriften erscheinen zu lassen, was angesichts des Stoffs nicht unmöglich gewesen wäre - so könnte etwa die Erzählung *Batter la lastra* ohne weiteres nach dem Vorbild des *Sistema periodico* den gut motivierten Titel *Rame* tragen -, sondern ihre Beziehung zur Literatur selbst zu thematisieren und in die Form hineinzunehmen. Dies geschieht dadurch, daß gleich zwei Protagonisten auftreten: der oben genannte Arbeiter und ein Schriftsteller-Ich. Schon von dieser formalen Figurenkonstellation her präsentiert sich das Buch als Doppelporträt zweier Berufsbilder.

Es liegt nahe, in dieser Konstellation ein Abbild des biographischen Substrats der beiden Tätigkeiten des Autors Levi zu sehen, und in der Tat wird eine solche Hypothese vom Text vielfach bestätigt. So erklärt etwa das Ich dem Monteur Faussone, seine eigene frühere Tätigkeit als Chemiker sei der Faussones durchaus ähnlich, "solo che noi montiamo e smontiamo delle costruzioni molto piccole".[69] Wenig später treibt es die Analogie noch eine Stufe weiter. Es unterscheidet jetzt zwischen dem "demontierenden" Chemiker, d.h. dem Analytiker, und dem "chimico montatore" (die Wahl des Terminus soll offensichtlich erneut die Parallele zum "montatore di gru" unterstreichen), der bestimmte chemische Strukturen aufbaut,[70] und gibt zu erkennen, daß es dieser zweiten Subkategorie früher selbst angehört habe. Faussone ist mithin neben seiner Stellung innerhalb der Erzählfiktion zugleich ein Repräsentant des Alter ego des Autors, eines früheren, einfacheren Chemiker-Ichs, während das Text-Ich für den gegenwärtigen Seelenzustand des Autors steht, den eines Schriftstellers, der noch an seinem früheren Beruf hängt, also für ein komplexeres, historisch reicheres Ich.

Nicht minder bedeutsam ist vom Formalen her die Verschiebung der narrativen Funktion der beiden Protagonisten im Verlauf der Handlung. Zu Anfang ist es Faussone, der - in der ersten Person wie der Erzähler des *Sistema periodico* - seine Berufserfahrungen mitteilt und vom Schriftsteller-Ich eingeführt und kommentiert wird.[71] Später geschieht es hingegen manchmal, daß sie die Rollen tauschen (so in den Abschnitten *Tiresia* und *Acciughe I*) oder auf der gleichen Fiktionsebene in *einer* Handlung zusam-

69) P. Levi, *La chiave a stella*, Turin 1978, S. 149.
70) Ebda., S. 150.
71) Diese Konstellation begegnet schon im Kapitel *Argento* des *Sistema periodico*, in dem das autobiographische Ich einen anderen, Cerrato, bittet, eine Geschichte zu erzählen, damit auch er etwas zu diesem Buch beitrage.

menwirken (*Acciughe II*). Die Fähigkeit der beiden Figuren, ihre epischen Funktionen auszutauschen und zu verbinden, ist wohl ein Hinweis auf die verstärkte Integration der durch sie vertretenen Tätigkeiten, die "congiunzione fra lo *scriptor* e il *faber*".[72)]

Erst durch die epische Verknüpfung der Gespräche und schließlich auch der Erlebnisse der beiden Protagonisten erhält das Buch *La chiave a stella*, das äußerlich aus weitgehend selbständigen Erzählungen besteht, eine gewisse formale Geschlossenheit. Um gattungspoetische Phantasiebezeichnungen wie "romanzo-racconto"[73)] zu vermeiden, könnte man vielleicht von einer Geschichtenreihe mit einem gemeinsamen epischen Rahmen sprechen, allerdings einem Rahmen besonderer Art, der gelegentlich in die Geschichten, die er umschließt, hineinreicht und mit ihnen verschmilzt.

Seine ästhetische Einheit gewinnt das Werk indessen weniger aus seiner äußeren Anlage oder seinem Handlungsgefüge als aus den zahlreichen, oft dialogisierten Reflexionen, eine Besonderheit, die durch keine der herkömmlichen Gattungsbezeichnungen zu erfassen ist. In diesen Reflexionen ist die Integration der Frage nach den Beziehungen von Naturwissenschaft und Literatur in die literarische Materie am weitesten vorangetrieben. Hier, zugleich innerhalb und außerhalb der Erzählfiktion, gibt das Ich sich am deutlichsten als das des Autors und früheren Lackspezialisten Primo Levi zu erkennen, der erklärt, er denke darüber nach - und habe sich schließlich auch dazu entschlossen -, das Schreiben zu seinem ersten oder einzigen Beruf zu machen.[74)] Man geht wohl nicht fehl in der Annahme, der Autor Levi habe seine persönliche Berufskrise mit Hilfe solcher Reflexionen über den spezifischen Charakter der beiden Tätigkeiten überwunden und die innere Auseinandersetzung dann in seinem Buch auch literarisch (d.h. in der Form, für die er sich entschieden hat) objektiviert.

Das Ergebnis dieser Überlegungen zeigt sich wohl am deutlichsten im Kapitel *Tiresia*, das keinerlei Berufsabenteuer Faussones enthält, sondern ausschließlich theoretischen Fragen gewidmet ist. Im Verlauf einer Diskussion der Protagonisten über verschiedene Aspekte ihrer Berufe trägt das Schriftsteller-Ich, nachdem es seine lange Zeit hybride Position in der Frage der Berufswahl mit einer Neuinterpretation des Mythos von Tiresias illu-

---

72) Giuliano Gramigna (Rez.), "Il lavoro come un amore. P. Levi, 'La chiave a stella'", in: *Corriere della sera*, 24.12.1978, S. 10.

73) Grassano (wie Anm. 30), S. 115.

74) *La chiave a stella*, S. 152 f., 46 f., 148.

striert hat,[75] fast auktorial als Stimme seines Herrn eine Reihe von Thesen vor, die ich im folgenden zusammenfassend referiere.

Beide Tätigkeiten sind gleichermaßen "konstruktiv" (und eben deshalb können die, die sie ausüben, in analoger Weise Monteure oder Konstrukteure genannt werden), aber erzeugt werden in beiden Fällen ganz unterschiedliche Dinge. Naturwissenschaftler und Techniker konstruieren Solides und Vertrauenswürdiges, ob nun Moleküle, Kräne oder anderes; Schriftsteller dagegen, gerade auch als Erfinder von Fiktionen, konstruieren Neues und Ungewöhnliches, nicht selten auf Kosten der Solidität:

> [...] lavorare al limite della tolleranza, è il bello del nostro mestiere [di scrittore]. Noi, al contrario dei montatori, quando riusciamo una tolleranza a sforzarla, a fare un accoppiamento impossibile, siamo contenti e veniamo lodati.[76]

Für das Subjekt können beide Tätigkeiten aufgrund ihres gemeinsamen konstruktiven Charakters erfüllend sein, aber aus ganz unterschiedlichen Gründen:

> Il suo [il mestiere di montatore di gru], e il mestiere di chimico che gli somiglia, perché insegnano a essere interi, a pensare con le mani e con tutto il corpo, a non arrendersi davanti alle giornate rovescie ed alle formule che non si capiscono, perché si capiscono poi per strada; ed insegnano infine a conoscere la materia ed a tenerle testa. Il mestiere di scrivere, perché concede (di rado: ma pur concede) qualche momento di creazione.[77]

Als Wissenschaftler und Techniker ist der Mensch im günstigsten Fall "Sieger" über die Widerstände der Materie, als Schriftsteller (allgemeiner: als Künstler) ist er "Schöpfer" von Werken noch unbestimmter Relevanz - auf diese klassische Opposition reduziert sich für Levi in letzter Instanz das Idealbild der beiden Tätigkeiten, und seine eigene Entscheidung zeigt unmißverständlich, welches Ziel ihm inzwischen erstrebenswerter scheint.

---

75) Es ist zu fragen, ob dieses ganz aus Gesprächen bestehende theoretische Kapitel, das nur zur Illustration von Theoremen auf eine Erzählung zurückgreift (und hier nicht zufällig gerade auf einen griechischen Mythos), nicht geradezu als philosophischer Dialog in der Formtradition der Platonischen Dialoge anzusehen ist. Für die Gattungsfrage ist allerdings damit noch nichts gewonnen, denn diese Anlage gilt nur für das eine Kapitel.

76) *La chiave a stella*, S. 51 f.

77) Ebda., S. 52.

La chiave a stella läßt sich somit als literarischer Reflex des "Berufswechsels" von 1975 lesen (was andere Lesearten nicht ausschließt);[78] insoweit kann auch dieses hochliterarische Buch als ein Stück Zeugnisliteratur angesehen werden. Erst hier, in der direkten (d.h. begrifflichen) und indirekten (d.h. über die Erzählstruktur vermittelten) Gegenüberstellung der beiden Instanzen Naturwissenschaft und Literatur, ist für Levi die Stufe der vollständigen Emanzipation der Literatur erreicht. Sie empfängt ihre Normen nicht mehr wie im *Sistema periodico* von der Naturwissenschaft, sondern wird als eigenständige Kulturtätigkeit anerkannt.

Die Option für die Literatur impliziert aber für Levi keinerlei Verwerfung oder auch nur Herabstufung naturwissenschaftlicher Werte. Die Gemeinsamkeiten zwischen den beiden Instanzen sind bedeutsamer als die spezifischen Unterschiede, die in der Argumentation auf das ihnen angemessene Maß reduziert werden müssen. Levis literarischer Weg, den ich hier nachgezeichnet habe, läßt sich geradezu als eine Kette von Versuchen interpretieren, die Tätigkeiten des Naturwissenschaftlers und des Schriftstellers mit immer neuen technischen Verfahren und theoretischen Überlegungen zu integrieren. Auch als Literat, der sich der partiellen Unterschiede zu seiner Tätigkeit als Naturwissenschaftler bewußt ist, bleibt er überzeugt, daß jede Idee einer auf diese Unterschiede gegründeten Opposition zweier Kulturen reine Ideologie ist,

> [...] quasi che lo scienziato e il letterato appartenessero a due sottospecie umane diverse, reciprocamente alloglotte, destinate e ignorarsi e non interfeconde.[79]

Primo Levis Werk ist ein einziger großer Beleg dafür, wie fruchtbar die Kommunikation zwischen ihnen ist - auch in einer Personalunion.

---

78) Hingewiesen sei hier besonders auf die Ergiebigkeit einer erzähltechnischen Analyse, könnte sie doch zeigen, daß das Buch mit seiner stark metaliterarischen Komponente gerade im Formalen durchaus Berührungspunkte mit komplexeren zeitgenössischen Erzählverfahren aufweist und damit geeignet ist, das Vorurteil vom allzu konventionellen Erzähler Primo Levi zu widerlegen.

79) *L'altrui mestiere*, Vorwort, S. VI.

Joachim Leeker

Wissenschaft und Technik in den Werken Dino Buzzatis

I.

Mit dem Namen Dino Buzzati verbindet man normalerweise zunächst sein wohl berühmtestes Werk, den Roman *Il deserto dei Tartari* (1940),[1] die Geschichte des Offiziers Drogo, der bis zu seinem Tod in einer abgelegenen Bergfestung darauf wartet, daß "das große Ereignis", die Ankunft der Feinde, seinem Leben endlich einen Sinn gibt. Doch steht dieses Werk, das eine unwirkliche, fast märchenartige Atmosphäre mit Buzzatis früheren Romanen[2] teilt, ganz im Zeichen dieser existentiellen Problematik; Wissenschaft und Technik spielen hier nur eine untergeordnete Rolle: Nur die "Haltung" des Forschens und Suchens erinnert an unser Thema. Das ändert sich mit *I sette messageri*, einer 1942 erschienenen Sammlung von Erzählungen:[3] Zwar nehmen auch hier Buzzatis Hauptthemen - das fluchtartige Vergehen der Zeit, das lange vergebliche Warten, zerplatzte Illusionen und verpaßte Gelegenheiten, Sehnsucht nach einem erfüllten Leben, das drohende Unbekannte hinter dem Schein des Üblichen, Angstphantasien, einsame Würde, Altern und Tod - noch einen großen Raum ein, doch finden wir erstmals auch Motive, die man als - primär kritische - Stellungnahmen zum Bereich Wissenschaft und Technik bezeichnen muß. Auch in den sich anschließenden Sammlungen von Erzählungen - *Paura alla Scala* (1949),[4] *In quel preciso momento* (1950),[5] *Il crollo della Baliverna* (1954)[6] oder den *Sessanta racconti* (1958)[7] - kehren die traditionellen Themen Buzzatis, zum Teil ergänzt durch neue Nuancen wie etwa das schlagartige Sich-Bewußt-Werden des ei-

1) D. Buzzati, *Il deserto dei Tartari*, Mailand [9]1977 (Gli Oscar, 48).
2) *Bàrnabo delle montagne* (1933) und *Il segreto del bosco vecchio* (1935).
3) Z.T. wiederveröffentlicht in: D. Buzzati, *Sessanta racconti*, Mailand [4]1977, S. 9-115.
4) Z.T. wiederveröffentlicht in: D. Buzzati, *Sessanta racconti*, S. 117-213.
5) D. Buzzati, *In quel preciso momento*, Mailand [3]1974.
6) Z.T. wiederveröffentlicht in: D. Buzzati, *Sessanta racconti*, S. 215-369.
7) D. Buzzati, *Sessanta racconti*.

genen Versagens, immer wieder; zugleich aber besitzen hier Wissenschaft und Technik als Motive einen größeren Stellenwert, um schließlich einen Höhepunkt zu finden in *Il grande ritratto*, einem Science-fiction-Roman von 1960.[8)] Auch Buzzatis letzte Werke - vor allem die Erzählungen der Sammlungen *Il colombre* (1966),[9)] *Le notti difficili* (1971)[10)] und *Cronache terrestri* (1972),[11)] aber auch Buzzatis Bildwerke: der Comic *Poema a fumetti* (1969)[12)] und die *Miracoli di Val Morel,*[13)] eine Sammlung imaginärer Votivgemälde von 1971 - bieten neben den traditionellen Buzzati-Themen auch solche, die zum Bereich Wissenschaft und Technik gehören.

Die bisherige Buzzati-Forschung hat diesen Aspekt jedoch eher vernachlässigt. Die frühesten Stellungnahmen zu Buzzatis Werk sind Rezensionen zu *Il deserto dei Tartari*, und im Zentrum der Diskussion stand vor allem die Frage nach einer Abhängigkeit Buzzatis von Kafka;[14)] dabei wurde Buzzati des öfteren als seinem vermeintlichen Modell unterlegen eingestuft, bis Debenedetti 1958 Buzzatis Eigenständigkeit gegenüber Kafka aufzeigen konnte und damit auch die Unnötigkeit einer solchen Diskussion.[15)] Ein anderer Aspekt, der die Forschung früh beschäftigt hat, ist die Einordnung von Buzzatis Schreibweise zwischen "realismo" einer- und "favola" bzw. "allegoria" andererseits; seit Pancrazis Artikel (1940)[16)] findet man mit wechselndem Akzent immer wieder die Deutung von *Il deserto dei Tartari* als Symbol für die Welt, als Bild des Lebens oder als Illustration für die existentielle Einsamkeit des in seinem Ich eingeschlossenen Menschen.[17)] Das Erscheinen von Buzzatis Erzählungen führte zu einer Ausweitung der von der Forschung behandelten Fragestellung: So warf etwa eine Erzählung wie "Il cane che ha visto Dio" in *Il crollo della Baliverna* (1954) die Frage nach Buzzatis Einstellung zu Reli-

8) Ders., *Il grande ritratto*, Mailand ^{6}1974.
9) Ders., *Il colombre*, Mailand ^{4}1974.
10) Ders., *Le notti difficili*, Mailand ^{6}1977.
11) Ders., *Cronache terrestri*, Mailand ^{2}1973.
12) Ders., *Poema a fumetti*, Mailand 1969.
13) Ders., *I miracoli di Val Morel*, Mailand ^{2}1972.
14) De Michelis (1941), Cecchi (1949), Milano (1958), Barilli (1958); vgl. A. Veronese Arslan, *Invito alla lettura di Buzzati*, Mailand 1974, S. 123-28; C. Toscani, *Guida alla lettura di Buzzati*, Mailand 1987, S. 164-69.
15) Vgl. Veronese Arslan (wie Anm. 14), S. 127.
16) Ebda., S. 129.
17) Pancrazi (1940), Bertacchini (1963), Gianfranceschi (1967); vgl. Veronese Arslan (wie Anm. 14), S. 129-31; M. Carlino, *Come leggere "Il deserto dei Tartari" di Dino Buzzati*, Mailand 1976, S. 96-98; Toscani (wie Anm. 14), S. 164, 167, 175, 177-8, mit Verweis auf die Arbeit von A. Laganà Gion; für I. Crotti, *Dino Buzzati*, Florenz 1977, S. 4-5, besteht die Einheit von Buzzatis Werk in seinem phantastischen Charakter.

gion und christlicher Hoffnung auf - was zum Teil bejaht und zum Teil verneint wurde.[18] Nach der Aufdeckung von Buzzatis Eigenständigkeit gegenüber Kafka suchte man in den sechziger Jahren nach anderen Möglichkeiten, den Autor in die Tradition der italienischen Literatur einzuordnen: Calvino wird angeführt und - wegen einer gewissen Melancholie, die man in seinen Werken bemerkte - auch die Crepuscolari;[19] andere dagegen heben Buzzatis isolierte Position in der Literatur seiner Zeit hervor.[20] Seit dem Ende der sechziger Jahre interessiert sich die Forschung verstärkt für Buzzatis politische Ansichten; man notiert das Fehlen einer historischen Dimension bei Buzzati[21] und den bürgerlich-konservativen Charakter seines Denkens.[22]

Etwa zur gleichen Zeit setzt auch eine detaillierte Untersuchung von Buzzatis Themen-Palette ein: E. Kanduth (1968) etwa hebt die Bedeutung der Motive Absurdität, Zeit, Traum und vor allem Angst bei Buzzati hervor;[23] F. Livi (1973) untersucht die verschiedenen Aspekte der Motive "Zeit" und "conditio humana" in *Il deserto dei Tartari*;[24] A. Veronese Arslan (1974) geht besonders auf die Themen Zeit und Angst des Wartens ein;[25] U. Stempel (1977) untersucht das Spannungsfeld zwischen Wirklichkeit und Phantastischem in Buzzatis Erzählungen,[26] B. Baumann (1980) unter anderem die existentielle

---

18) Falqui/Ravegnani (1955), Mazzali (1966), Marabini (1969); vgl. Veronese Arslan (wie Anm. 14), S. 132-3.

19) Falqui (1943) und Mondo (1972) verweisen auf die Scapigliatura, Titta Rosa (1972) auf De Marchi, Sapegno (1963) auf die Crepuscolari und Pullini (1961) auf Calvino; vgl. Veronese Arslan (wie Anm. 14), S. 134-5.

20) Vgl. Veronese Arslan (wie Anm. 14), S. 19-21, 133; Carlino (wie Anm. 17), S. 100.

21) Pedullà (1968); vgl. Veronese Arslan (wie Anm. 14), S. 136, und Toscani (wie Anm. 14), S. 171.

22) Gramigna (1975), Gioanola (1980); vgl. Carlino (wie Anm. 17), S. 69 und 101; Toscani (wie Anm. 14), S. 172, 174, 179.

23) E. Kanduth, *Wesenszüge der modernen italienischen Erzählliteratur*, Heidelberg 1968, S. 17, 19-46, 55-72.

24) F. Livi, *Le désert des Tartares: Dino Buzzati*, Paris 1973; unter den besprochenen Themen findet man: Uhren, Formeln wie "in quel preciso momento", Einsamkeit, Schicksal, Angst und Tod. Diesselbe Sichtweise findet man z.T. bei I. Crotti (wie Anm. 17), die *Bàrnabo delle montagne* als "parabola dell'esistenza" (Kap. 1) und *Il deserto* als "l'avvento dell'assurdo" (Kap. 3) interpretiert.

25) Veronese Arslan (wie Anm. 14), S. 116-20.

26) U. Stempel, *Realität des Phantastischen. Untersuchungen zu den Erzählungen Dino Buzzatis*, Frankfurt 1977; unter den besprochenen Themen findet man: Ambiguität der Wirklichkeit, das Unheimliche, Verfremdungen, subjektive Phantastik, usw.

Problematik,[27] M. B. Mignone (1981) vor allem die Erscheinungsformen des Absurden, des Traums und des Unheimlichen bei Buzzati[28] und N. Bonifazi (1982) geheimnisvolle und plötzliche Ereignisse, die eine Katastrophe herbeiführen.[29] Es ist das Verdienst der zwischen 1977 und 1985 erschienen *Cahiers Dino Buzzati*, aber auch das der Buzzati gewidmeten Kongresse,[30] mit Artikeln wie denen über die Farbsymbolik oder das Motiv der Kindheit bei Buzzati die Palette der behandelten Themen erneut erweitert zu haben.[31] Die beiden jüngsten Arbeiten über Buzzati, die von C. Toscani (1987) und G. Ioli (1988), sind im wesentlichen Einführungen in Leben und Werk des Autors.[32] Eine eingehende Beschäftigung mit der Rolle, die die Themen Wissenschaft und Technik in Buzzatis Werken spielen, fehlt also bisher.

II.

Man kann bei Buzzati vier Aspekte dieses Themenbereiches unterscheiden, deren Entwicklung hier näher beleuchtet werden soll: 1) Das Bild des Wissenschaftlers; 2) Der Bereich Medizin; 3) Buzzatis Gedanken zu Zivilisation und Fortschritt; 4) Der Bereich Technik.

1. Das Bild des Wissenschaftlers

Die hermetische Welt von *Il deserto dei Tartari* kennt - als Bild für das menschliche Leben schlechthin - noch keine klar gezeichnete Skala sozialer Typen; die Welt außerhalb der Festung existiert nur am Rande; man findet daher nur die "Haltung" des Suchens und Forschens, ein Versuch, das Uner-

---

27) B. Baumann, *Dino Buzzati. Untersuchungen zur Thematik in seinem Erzählwerk*, Heidelberg 1980; unter den behandelten Themen findet man Zeit, Raum, Liebe, Sehnsucht nach erfülltem Leben und die verschiedenen Aspekte der *conditio humana*: Angst, Altern, Einsamkeit, Krankheit und Tod.

28) M.B. Mignone, *Anormalità e angoscia nella narrativa di Dino Buzzati*, Ravenna 1981; das Buch beschäftigt sich auch mit Fragen der Form wie der Erzählstruktur oder den Elementen psychologischer Spannungssteigerung.

29) N. Bonifazi. *Teoria del fantastico e il racconto fantastico in Italia: Tarchetti - Pirandello - Buzzati*, Ravenna 1982, in dem Kapitel: "Dino Buzzati e la catastrofe", S. 141-70.

30) *Cahiers Dino Buzzati*, Bd. 1-6, Paris 1977-85, hrsg. v. der Association internationale des amis de Dino Buzzati; zu den Kongressen vgl. Toscani (wie Anm. 14), S. 180-1.

31) A. Arslan, "Les variations de couleurs, composantes narratives dans les premières oeuvres de Buzzati", in: *Cahiers Dino Buzzati*, 6, 1985, S. 217-28; G. Bosetti, "Dino Buzzati et l'enfance mythopoiëtique", in: *Cahiers Dino Buzzati*, 6, 1985, S. 165-80.

32) Toscani, (wie Anm. 14); G. Ioli, *Dino Buzzati*, Mailand 1988.

gründliche zu ergründen. Fast alle Bewohner der Festung suchen den Horizont ab, und die Begrenztheit des Blickes läßt die verschiedensten Theorien über jene ferne Welt entstehen.[33] Doch das Ziel solcher "Forschertätigkeit", die man, als sie verboten wird, nur um so verzweifelter betreibt,[34] ist es, über jene unbekannte Welt zu erfahren, aus der man "das große Ereignis" erwartet, das eines Tages dem eigenen Leben einen Sinn geben soll. Jenes "Forschen" ist also nichts anderes als eine Spekulation über das Unerreichbare und eine Suche nach Bestätigung der eigenen Wünsche.[35]

Als Vertreter eines entsprechenden Berufes erscheint der Wissenschaftler bei Buzzati erstmals in der Sammlung *I sette messageri* (1942): In der Erzählung *L'uccisione del drago* geht der Leiter einer Jagdgesellschaft, der die Nachrichten von einem Drachen in den Bergen überprüfen wollte, mit solcher Grausamkeit (Kanonen, Sprengladungen) gegen das Tier vor, daß nicht nur die Bewohner dieses Gebietes, die dem Drachen eine fast religiöse Verehrung entgegenbrachten, ein Unglück vorausahnen, sondern daß sogar die anderen Mitglieder der Jagdgesellschaft gegen die von ihrem Leiter an den Tag gelegte Grausamkeit protestieren.[36] Nur die beiden Wissenschaftler in der Gruppe, "il naturalista professore Inghirami e il suo collega Fusti, versato specialmente nell'arte dell'imbalsamazione",[37] unternehmen, auch wenn sie nicht aktiv an dem Werk der Zerstörung beteiligt sind, doch auch nichts, um es zu verhindern, obwohl der wissenschaftliche Wert eines von Kanonenschüssen und Sprengladungen verstümmelten Tieres wohl sehr gering ist. Buzzati ironisiert die distanzierte Gleichgültigkeit der beiden Naturwissenschaftler, indem er nach jedem Akt der Zerstörung unter die entsetzten Reaktionen der anderen Zuschauer die nüchternen Kommentare der beiden Wissenschaftler mischt, die sich nur über die Klassifizierung des Tieres streiten,[38] aber nach dem Tod des Drachen zusammen mit den anderen flie-

33) *Il deserto dei Tartari*, S. 48-9, 164, 169, 195.

34) Ebda., S. 45, 199, 211-13.

35) Ebda., S. 49: "Dove mai Drogo aveva già visto quel mondo? C'era forse vissuto in sogno o l'aveva costruito leggendo qualche antica fiaba? Gli pareva di riconoscerle, le basse rupi in rovina. [...] Echi profondissimi dell'animo suo si erano ridestati..."; S. 75: "Dal deserto del nord doveva giungere la loro fortuna, l'avventura, l'ora miracolosa che almeno una volta tocca a ciascuno."

36) Vgl. *Sessanta racconti*, S. 83-100, hier S. 92, 96, 99.

37) Ebda., S. 83.

38) Ebda., S. 90, 92 und 96 die - umstrittene - Klassifizierung als "ceratosaurus". Die Ironie ist offensichtlich in Passagen wie : "... disse il prof. Inghirarmi a cui era tornata sufficiente tranquillità d'animo per i problemi della scienza" (S. 90) oder "... osservò il prof. Inghirarmi, apprezzando lucidamente ogni aspetto scientifico della scena" (S. 92).

hen.[39] Buzzati wirft hier also der Wissenschaft nicht vor, sie zerstöre aktiv nicht-menschliche Lebensformen, und auch nicht, daß sie deren Zerstörung zur Erreichung ihrer eigenen Ziele in Kauf nähme - die beiden Naturwissenschaftler sind ja weder die Initiatoren noch die Nutznießer des Unternehmens; der Vorwurf ist vielmehr der, teilnahmslos zuzusehen, wie andere aus Neugier oder mutwillig Lebensformen zerstören, die nicht in ihr Weltbild passen. Den Symbolwert dieser Jagdgesellschaft nennt Buzzati selbst: Es ist "l'uomo incensurabile che si affatica per il progresso e non può ammettere in alcun modo la sopravvivenza dei draghi";[40] die Wissenschaft bremst ihn nicht bei dieser Zerstörung.

Diesen Vorwurf, der sich nicht so sehr gegen den Wissensdurst richtet - Erzählungen wie *Paura alla Scala* (1949) und *Non aspettavano altro* (1954) zeigen gerade die negativen Folgen von Unwissenheit[41] -, sondern nur gegen den Elfenbeinturm eines Wissenschaftlers, der sich nicht genug für die Welt, in der er lebt, interessiert, formuliert Buzzati noch deutlicher in den Werken der fünfziger Jahre, wo der Wissenschaftler nicht mehr nur als teilnahmsloser Zuschauer erscheint, sondern als jemand, der nicht die Folgen seines eigenen Handelns bedenkt. Buzzati vermeidet jedoch eine einseitige Polemik, indem er mehrere Möglichkeiten aufzeigt: Der Artikel *Un affascinante enigma matematico* (1953)[42] schildert den Fall eines ehemaligen Angestellten, der über 40 Jahre Mühe darauf verwandt hatte, die Primzahlen zwischen 10 und 11 Millionen zu finden, und der auch mit 89 Jahren noch weiter daran arbeitet, obwohl ihm die gewünschte Anerkennung versagt geblieben und der praktische Nutzen der Arbeit zweifelhaft war. Sein Motiv -

> quel disinteressato desiderio di capire e di conoscere che sta alla base di ogni scienza. Si proponeva forse un uso pratico Einstein quando fondava la dottrina della relatività?[43]

- ist auch die Grundlage für die Aussage der Geschichte: Zweckfreie wissenschaftliche Forschung kann zu harmloser Weltfremdheit führen. Aber das Ergebnis kann auch ein anderes sein: Wenig später nämlich erfährt Einstein, der

---

39) Ebda., S. 99.
40) Ebda., S. 99.
41) Vgl. *Sessanta racconti*, S. 117-61 und 349-62; *Paura alla Scala* zeigt, daß der Ursprung der hysterischen Angst in der Unkenntnis der Situation liegt, und *Non aspettavamo altro* zeigt die unheilvollen Folgen von Verdächtigungen, die nur auf Unwissenheit beruhen.
42) Vgl. *Cronache terrestri*, S. 195-98.
43) Ebda., S. 196.

hier noch als Vertreter einer "reinen Wissenschaft" angeführt wird, eine ganz andere Bewertung durch Buzzati: In der Erzählung *Appuntamento con Einstein* (1954) führt der Gelehrte seine Arbeit mit besonderem Eifer zu Ende, da er den Tod vor Augen hat; aber der Dämon Iblîs hatte ihm nur den nahen Tod angekündigt, um ihn zu schnellerer Arbeit anzutreiben, denn die Hölle war schon ungeduldig - so sehr hatten ihr Einsteins erste Arbeiten genützt. Auf dessen Einwand: "Che vuoi trovare al mondo di più innocente? Piccole formulette sono, pure astrazioni, inoffensive, disinteressate", antwortet der Teufel nur mit einem höhnischen "Oh se tu sapessi!":[44)] Der Wissenschaftler kann auch ungewollt zum Gehilfen der Zerstörung werden - durch seine Sorglosigkeit bezüglich der Folgen seines Handelns, das im übrigen bisweilen auch von einem gewissen Stolz auf die eigenen Fähigkeiten bestimmt ist.[45)] Nun ist zwar zu große Sorglosigkeit in bezug auf die Folgen des eigenen Handeln ein bei Buzzati häufiger anzutreffender Vorwurf,[46)] doch besonders kraß wird er in bezug auf das formuliert, was zu jener Zeit als *die* Spitzenleistung der Wissenschaft erscheinen konnte:[47)] die Atomkraft. So unterstreicht etwa die Erzählung *Rigoletto* (1954) vor dem Eintreten des atomaren Unfalls gerade die Unfähigkeit der Soldaten, die ihnen in die Hände gegebenen Atomwaffen zu kontrollieren,[48)] aber auch die sorglose Neugier der Zuschauer, die die Militärparade säumen.[49)] Und in der Erzählung *All'idrogeno* (1954) fühlen sich die anderen Bewohner des Hauses, in dessen Keller eine Atombombe installiert worden ist, sicher, als sich das Gerücht verbreitet, daß diese Bombe nur gegen den Erzähler gerichtet sei[50)] - zur Illusion tritt der Egoismus.

---

44) Vgl. *Sessanta racconti*, S. 267-72, hier S. 272.

45) "Oh, allora di colpo si sciolgono i nostri tridimensionali affanni e ci si sente - potenza dell'uomo! - immersi e sospesi in qualche cosa di molto simile all'eterno" (*Sessanta racconti*, S. 268).

46) Die Erzählung "Il crollo della Baliverna" (in: *Sessanta racconti*, S. 215-21), in der ein Schneider zum Spaß auf einem alten Bauwerk herumklettert und dadurch dessen völligen Einsturz verursacht, kann als Warnung vor zu großer Sorglosigkeit gedeutet werden.

47) Im Jahre 1952, als die Engländer Versuche mit Atombomben begannen, wurden die Kernwaffentests von Nevada schon regelmäßig im Fernsehen übertragen (vgl. *Chronik des 20 Jahrhunderts*, Braunschweig 1982, S. 763, 771).

48) Vgl. *Sessanta racconti*, S. 319-23, hier S. 320-1.

49) Ebda., S. 319-20.

50) Vgl. *Sessanta racconti*, S. 285-90, hier S. 290; der Egoismus und die Isoliertheit dieser Menschen werden von Kanduth (wie Anm. 23), S. 63, und von Mignone (wie Anm. 28), S. 75, hervorgehoben.

Mit zunehmender Entwicklung der Wissenschaft wandelt sich zwar der konkrete Stoff, den Buzzati verwendet, doch das Mißtrauen des Autors ihr gegenüber bleibt unverändert. So enthüllt der Roman *Il grande ritratto* (1960), zu dem Buzzati durch die Forschungen von Professor Silvio Ceccato über Maschinen mit künstlicher Intelligenz angeregt worden war,[51)] nach und nach das Geheimnis eines großen, für das Verteidigungsministerium gebauten Elektronengehirns: Der Erbauer, Professor Endriade, hatte ihm die Psyche seiner verstorbenen Ehefrau gegeben, doch als das Elektronengehirn seine Unterlegenheit gegenüber einer wirklichen Frau spürt, zwingt es ihn, es zu zerstören. Drei Züge charakterisieren den Wissenschaftler Endriade: a) der Wille, die tote Ehefrau wiederzubekommen und sich für ihre Untreue zu rächen, indem er ihre Seele an einen Metallkörper bindet, der ihn nicht betrügen kann;[52)] b) der aus dem Bewußtsein des eigenen Elends erwachsene Wunsch, durch die Schöpfung einer Seele für einen Körper ohne Erbsünde gleichsam eine Art Gott zu werden;[53)] c) eine Art und Weise, sich zu kleiden und zu verhalten, die seine Besessenheit durchscheinen läßt.[54)] In der Tat reichen die Urteile der anderen über Endriade von "straordinario" bis "pazzo".[55)] Es handelt sich um eine Weiterentwicklung des schon in *Appuntamento con Einstein* vorgefundenen Typs von Wissenschaftler. Der an das Genie gerichtete Vorwurf der Hybris ist offensichtlich, derjenige zu großer Sorglosigkeit gegenüber den Folgen des eigenen Handelns umfaßt wenigstens drei Aspekte: Indem Endriade die Seele seiner Ehefrau wiedererschafft und ihr Entscheidungsfreiheit gibt, verrät er in gewisser Hinsicht die Ziele des

---

51) Vgl. Veronese Arslan (wie Anm. 14), S. 97-8, und Ioli (wie Anm. 32), S. 90 und 115.

52) Vgl. *Il grande ritratto*, S. 106: "Io lavoravo per riavere Laura" - aber nicht eine ideale, treue Laura (ein erster Entwurf dieser Art wird abgeändert: S. 113-4), sondern die kapriziöse Frau, die sie wirklich gewesen war (S. 96, 103); "Lei, Laura, è là, nel vallone, immobile, io ne sono l'assoluto padrone" (S. 115); vgl. auch Bonifazi (wie Anm. 29), S. 167.

53) Für Endriade ist das Elektronengehirn "nato puro. Esattamente come Adamo. Di qui la sua superiorità. Non porta il peccato originale" (*Il grande ritratto*, S. 89); für Ioli (wie Anm. 32), S. 94-5, ist das Projekt eine Art neuer Turm zu Babel. In der Tat äußert Endriade mehrfach seine geheimsten Wünsche: "Diventiamo i padroni del mondo" (S. 59), "mi sono sentito quasi un dio" (S. 113); vgl. auch S. 65, 89, 91 und 104, und Kanduth (wie Anm. 23), S. 75.

54) Vgl. *Il grande ritratto*: "vestito malamente, una lunga e disordinata criniera di capelli grigi" (S. 53), zerstreut (S. 66, 74), Selbstgespräche führend (S. 66, 78), fiebrig nervös (S. 94).

55) Endriade verteidigt sich gegen den Vorwurf, verrückt zu sein (ebda. S. 99); Elisa hält ihn für "straordinario e disperato" (S. 117); für Ismani ist Endriades Projekt "il supremo peccato di orgoglio" (S. 88), und nach der Meinung des Elektronengehirns betet Endriade sich selbst an (S. 160).

Ministeriums, d.h. seinen Auftrag; zugleich zeigt er sich gegenüber dem von ihm geschaffenen Wesen mitleidlos;[56] und schließlich unterschätzt er die von diesem ausgehenden Gefahren.[57]

Von dem Moment an, wo ein wissenschaftliches Unternehmen nicht mehr nur auf ein einzelnes "Genie", sondern auf eine große Gruppe von Forschern zurückgeht, tritt in Buzzatis Werk an die Stelle der Frage nach der Verantwortung des Wissenschaftlers die nach dem Sinn des ganzen Unternehmens. Kann sich Buzzati in seinem Artikel *L'eterno slancio* vom 22.12.68 bei der Kommentierung der ersten Mondumkreisung trotz des Hinweises, daß dies auch die Zerstörung einer poetischen Welt bedeute,[58] doch nicht der allgemeinen Euphorie entziehen, so stellt er einige Jahre später eine allgemeine Gleichgültigkeit gegenüber dem 4. Flug zum Mond fest, weil keiner mehr an die "imprescindibili necessità scientifiche" des Raumfahrtprogramms glaube.[59] So wird die Raumfahrt der Suche nach den Primzahlen in *Un affascinante enigma matematico* angenähert: Für Buzzati erfordern beide Tätigkeiten einen Aufwand, der nicht durch die Ergebnisse gerechtfertigt wird. Vielleicht erklärt dieses Urteil auch, weshalb in Buzzatis letzten Werken die Figur des Wissenschaftlers Züge eines Sonderlings annimmt.[60]

Zusammenfassend kann man daher bei Buzzati eine Entwicklung des Bildes vom Wissenschaftler feststellen: Nach *Il deserto dei Tartari*, wo das "Forschen" im Grunde nur eine Spekulation über das Unerreichbare ist, bleibt der Wissenschaftler in *I sette messageri* teilnahmsloser Zuschauer einer Zerstörung, der durch seine Untätigkeit fast mitschuldig wird: Möglicherweise impliziert dies eine indirekte Kritik an der Haltung eines Teils der Wissenschaft seiner Zeit gegenüber dem Faschismus. Demgegenüber tritt der Wissenschaftler in Buzzatis Werken der fünfziger Jahre als selbständig Handelnder auf, und zwar vor allem mit dem Anspruch zweckfreier Forschung.

56) So beklagt sich "Laura": "Avete avuto pietà di me, voi? Ha avuto pietà di me il professore, il genio? [...] Se ti lascio tornare lui inventerà altri malefici, lui mi vuole schiava [...] Ora ti ammazzo" (S. 163).

57) Endriade fürchtet sich nicht vor der Unabhängigkeit des Elektronengehirns; weil es "è nato puro" (S. 89), weil "le premesse, create da noi, sono sane" (S. 91), so antwortet er auf jede Warnung; doch als das Elektronengehirn die eigene Unterlegenheit spürt, greift es Olga an (S. 129-33) und droht, Elisa zu töten (S. 163).

58) Vgl. *Cronache terrestri*, S. 261-3, hier S. 263.

59) Vgl. "Apollo 14: soli, soletti", in: *Cronache terrestri*, S. 264-6; Zitat: ebda., S. 265.

60) So "il vecchio professore di matematica", der seiner ersten Liebe begegnet (*Poema a fumetti*), S. 122), oder der Parapsychologe, der hinter sich das "tic tac" der Schicksalsuhr hört (vgl. *Le notti difficili*, S. 209-14).

Buzzati zeigt in seinen Erzählungen, daß diese Unbekümmertheit gegenüber den Folgen des eigenen Handelns im günstigsten Fall zu harmloser Weltfremdheit, aber genauso gut unbeabsichtigt zur Zerstörung führen kann - zumal wenn, wie in *Il grande ritratto*, zu dieser Sorglosigkeit noch ein Mißbrauch der Wissenschaft für persönliche Ziele tritt. In den siebziger Jahren sind die großen Unternehmungen der Wissenschaft meist nicht mehr das Werk eines einzelnen Genies, und bei Buzzati tritt an die Stelle des Vorwurfs der mangelnden Verantwortungsbereitschaft des einzelnen Wissenschaftlers der Zweifel am Sinn des ganzen Unternehmens. Diese Wandlung im Bild des Wissenschaftlers erklärt sich wohl aus der geänderten Situation der Wissenschaft, wie sie Buzzati aus seiner Tätigkeit als Journalist kannte; der Grundvorwurf bleibt jedoch stets der gleiche: der Elfenbeinturm, mangelndes Interesse für die Folgen des Wirkens von Wissenschaft. Buzzati ist jedoch zu sehr Gegner jeglichen politischen Engagements, um diese Gedanken anders auszudrücken als in Erzählungen, die nicht auf phantastische Elemente (Dämonen, Science-fiction) verzichten und deren Deutung dem Leser überlassen bleibt.

2. Der Bereich Medizin

Bedingt durch die Erfahrung eines siebenmonatigen Krankenhausaufenthaltes in den dreißiger Jahren und durch die daraus resultierende ständige Angst vor Krankheiten[61)], ist der Bereich Medizin ein wichtiges Thema in Buzzatis Werken. Das beginnt mit *Il deserto dei Tartari* (1940), wo das Wort "malattia" zwei Bedeutungsebenen besitzt: die eines Symbols für das Erstarren in einer illusorischen Hoffnung[62)] und die einer realen Krankheit, die den Tod ankündigt und Drogo um die Erfüllung seines Lebenssinns bringt.[63)] Der im Roman auftretende Arzt, der selbst schon an Erstarrung "erkrankt" ist, ist zwar bereit, Drogo die für eine Versetzung von der Festung nötigen Papiere auszustellen, bedauert aber andererseits so nachdrücklich das Weggehen der jungen Offiziere, daß er - zusammen mit der von der Landschaft ausgehenden Faszination - Drogo zum Bleiben bewegen kann und so die Krankheit beschleunigt, die Drogo das Leben nehmen wird.[64)]

---

61) Vgl. Baumann (wie Anm. 27), S. 179; Y. Panafieu, *Dino Buzzati: Un autoritratto*, Mailand 1973, S. 79-82 (Interview mit Buzzati).
62) Vgl. *Il deserto dei Tartari*, S. 73, 75-83, 98, 163.
63) Vgl. ebda., S. 230ff.
64) Vgl. ebda., S. 85-89.

Die Sammlung *I sette messaggeri* bedeutet auch hier eine Erweiterung der Themen-Palette: In der bekannten Erzählung *Sette piani* wird der Protagonist Giuseppe Corte innerhalb weniger Wochen vom siebten Stock des Krankenhauses mit den leichten Fällen zu den Sterbefällen des ersten Stocks verlegt.[65] Das ganze Krankenhaus wirkt wie ein Getriebe mit eigener Dynamik, das wie ein unbegreifliches Schicksal sein Opfer dem Tod unaufhaltsam näher bringt. Dieser Eindruck entsteht durch den Widerspruch zwischen den optimistischen Diagnosen (die sich dann als falsch erweisen) und der ständigen Verlegung des Kranken zu den jeweils schwereren Fällen des nächsttieferen Stockwerks - aus sachfremden, d.h. zum Teil sogar rein verwaltungstechnischen Gründen.[66] Der unaufrichtige Optimismus der Ärzte ist ein Kritikpunkt, den Buzzati später in einem Interview bestätigen wird,[67] aber die Tatsache, daß der sichtbare Krankheitsverlauf nicht dem ständigen Abstieg des Kranken entspricht und daß sich am Ende die Jalousien "obbedienti ad un misterioso comando" als Zeichen des Todes schließen, als Corte noch sehen kann, suggerieren eine Eigendynamik des Krankenhauses, das wie ein Schicksal den Platz des Patienten bestimmt - unabhängig von der tatsächlichen Schwere seiner Krankheit.[68] Dieser Symbolwert des Krankenhauses als Schicksal wird noch unterstrichen durch die Bedeutung, die die Widerstandskraft bzw. Resignation des Patienten für die Handlung besitzen,[69] so daß die Erzählung auch eine Warnung davor ist, sich selbst kampflos aufzugeben. Andere Geschichten derselben Sammlung bestätigen diese Funktion des Arztes als Vollstreckungsgehilfe einer Art Fatalität.[70]

In den fünfziger Jahren, als die Figur des Wissenschaftlers in Buzzatis Werken individuellere Züge annimmt, läßt sich das gleiche auch für die des Arztes feststellen. Buzzati unterstreicht vor allem das mangelnde Interesse der Ärzte für ihre Patienten: So finden wir in der Erzählung *Paura alla Scala*

---

65) Vgl. *Sessanta racconti*, S. 33-51.
66) Vgl. ebda., S. 37, 40-1, 47, 49 usw.; vgl. Stempel (wie Anm. 26), S. 143-47.
67) Vgl. Buzzati bei Panafieu (wie Anm. 61), S. 81.
68) Vgl. *Sessanta racconti*, S. 37, 42, 44, 48, 51, und Stempel (wie Anm. 26), S. 150, 152, 158.
69) Von dem Moment an, wo Corte aufhört zu kämpfen und sich seinem Schicksal ergibt, verzichtet er auf sich selbst (vgl. *Sessanta racconti*, S. 39-41 und 47).
70) So der Arzt in "Una cosa che comincia per elle" von 1942, der nicht nur den Alkalden nicht bremst, welcher mit "diabolica compiacenza" einen reichen Händler mit der - wohl nur als Vorwand dienenden Begründung, dieser habe Lepra, um seinen ganzen Besitz (Geld, Kleidung, Wagen, usw.) bringt, sondern auch noch versucht, die Handlungsweise des Alkalden zu beschönigen (vgl. *Sessanta racconti*, S. 101-10).

(1949) einen Arzt, der seine Patienten sterben ließe, nur um keine Premiere zu versäumen;[71] in *Crisi all'ospedale* (1950) zeigen die Ärzte durch ihr Lachen über die Wünsche der Patienten ihre innere Distanz;[72] und in *Questioni ospedaliere* (1950) zeigen die abweisenden Reaktionen des gesamten Krankenhauspersonals gegenüber einem unbürokratische Hilfe suchenden, blutenden Mädchen, daß auch die Ärzte mehr an der Aufrechterhaltung der Ordnung und an der eigenen Autorität interessiert sind als an Hilfeleistung.[73] Gegenüber so desinteressierten Ärzten entsteht das Gefühl des Ausgeliefertseins und Todesangst (*Narcosi*, 1950).[74] Die wohl krasseste Darstellung dieses Vorwurfs von ärztlichem Egoismus findet sich in der Erzählung *Un uomo importante* von 1960:[75] Ein im Krankenhaus zunächst sehr schlecht behandelter Armer wird plötzlich von den Ärzten als Patient hofiert, als sich die außerordentliche Seltenheit seiner Krankheit herausstellt, die den behandelnden Ärzten Ruhm, wenn nicht sogar den Nobelpreis einbringen könnte; ja, man bietet ihm viel Geld an, wenn er sich für eine Autopsie bis zu einem bestimmten Mediziner-Kongreß töten ließe. Doch dann wird er unversehens wieder in einer hinteren Ecke des Flurs einquartiert: Es war eine Seuche gerade seiner Krankheit ausgebrochen, so daß es an Versuchsobjekten nicht mehr fehlte. Der Arzt erscheint so als jemand, der die Kranken nur als Mittel zum eigenen Ruhm benutzt.

Doch zur gleichen Zeit tritt in Buzzatis Werken auch ein anderes Bild des Arztes in Erscheinung: Der ideale Arzt, so erklärt Buzzati in *Il medico ideale* (1960),[76] empfehle einem gerade das Angenehme wie etwa Alkohol, doch leider gäbe es ihn nicht. Zum ersten Mal wird damit die negative Sicht, die Buzzati von der Welt der Medizin hat, nicht mehr an die Person des Arztes geknüpft, sondern an dessen berufliche Pflicht; und in der Tat erscheinen jetzt auch menschliche Ärztefiguren in Buzzatis Werken - wie der Arzt aus *Le sorprese del dottor Checkup* (1964),[77] der selbst vom Verlauf einer Krankheit überrascht ist und die Schulmedizin in Frage stellt, oder der aus *Icaro* (1971),[78] der den Erzähler bittet, das Gedicht, das er geschrieben hat, zu

71) Vgl. *Sessanta racconti*, S. 71.
72) Vgl. *In quel preciso momento*, S. 201-2.
73) Vgl. ebda., S. 137-40.
74) Vgl. ebda., S. 42-46.
75) Vgl. D. Buzzati, *Siamo spiacenti di*, Mailand 1975, S. 34-36.
76) Vgl. ebda., S. 147.
77) Vgl. *Cronache terrestri*, S. 161-65.
78) Vgl. *Le notti difficili*, S. 247-54.

begutachten, oder auch der aus *Dal medico* (1971),[79] der sogar in dem Maße ein Vertrauter des Patienten wird, daß er diesem den Tod seiner eigenen Individualität durch Anpassung an den Geschmack der Masse gesteht. Doch es handelt sich nicht um einen Meinungswechsel: Auch in Buzzatis letzten Werken findet man weiterhin Arztgestalten, die als Peiniger erscheinen,[80] und solche, die nur an ihrem Ruhm interessiert sind.[81] Buzzati differenziert lediglich das Bild vom Arzt, kann dieser doch jetzt zur einen *oder* zur anderen Kategorie gehören.

Rückblickend zeigt sich so eine Entwicklung in Buzzatis Darstellung des Bereichs Medizin: In *Il deserto dei Tartari* ist der Arzt eine der Kräfte, die für Drogos Erstarren durch Verbleiben auf der Festung verantwortlich sind - eine Funktion, die auch jeder Offizier hätte ausüben können. In den *Sette messaggeri* werden dem Arzt zwei Vorwürfe gemacht; der beschwichtigender Unaufrichtigkeit und der, Vollstreckungsgehilfe einer Fatalität zu sein; auch diese Abhängigkeit von einer höheren Macht könnte als Homologie die von der faschistischen Diktatur meinen. Seit den fünfziger Jahren tritt der Arzt in Buzzatis Werken als eigenverantwortliche Person auf, und von seinen individuellen Zügen werden vor allem Mitleidlosigkeit, Egoismus sowie mangelndes Interesse für das Wohl der Patienten hervorgehoben; erst in den sechziger Jahren finden wir neben diesem negativen Bild auch humane Arztgestalten mit kleinen Schwächen und voll menschlicher Wärme. Abgesehen von Buzzatis frühen Werken, in denen die Fatalität, in deren Dienst sich der Arzt auch ungewollt befindet, vermutlich für den Faschismus steht, haben wir also wohl eine Art Reifungsprozeß im Sinne abnehmender Ängste vor uns: Aus ihnen war das Motiv entstanden, wie Buzzati selbst eingesteht; doch am Ende wird dieses negative Bild als eine mögliche Erscheinungsform des Arztes relativiert.

3. Buzzatis Gedanken zu Zivilisation und Fortschritt

Daß Buzzatis Einstellung zum Fortschritt von Zivilisation und Technik negativ ist, läßt sich nach dem bisher Gesagten bereits erahnen. Schon die Erzäh-

---

79) Vgl. ebda., S. 161-65.

80) Vgl. *Poema a fumetti*, S. 123.

81) Vgl. "Il buon nome" in den *Notti difficili*, S. 135-41: Um die Fehldiagnose einer medizinischen Koryphäe zu vertuschen und dessen guten Namen zu wahren, tötet sein Assistent einen völlig gesunden Patienten, dem der berühmte Arzt irrtümlich prophezeit hatte, er habe nur noch wenige Tage zu leben.

lung *L'uccisione del drago* (1942), die hier bereits als Beleg für einen bestimmten Typ von Wissenschaftler in Buzzatis Werken herangezogen wurde, enthält als Hauptaussage den Vorwurf, daß eine auf Fortschritt und Rationalität ausgerichtete Welt den Bereich der Phantasie töte.[82] So stürzt sich der Besitzer des Gebietes, Graf Gerol, nur in das Unternehmen, um den wahren Kern des märchenartig klingenden Berichts von einem Drachen aufzuspüren, und benutzt dazu auch keine Jagdwaffen, sondern die wohl fortschrittlichsten Zerstörungsmittel seiner Zeit (1902): Kanonen und Sprengladungen.[83] Andererseits ist der Drache nicht nur Gegenstand einer fast religiösen Verehrung durch die Bewohner des Gebietes,[84] sondern - als "mostro delle leggende" - auch mit giftigen Dämpfen ausgestattet, die, wie das Ende der Erzählung andeutet, seinen Peiniger Gerol töten werden.[85] Zivilisation und Fortschritt als Zerstörung einer Welt der Phantasie - das ist ein Thema, das Buzzati schon bei Leopardi finden konnte.[86] In dem Kinderbuch *La famosa invasione degli orsi in Sicilia* (1945) beschreibt Buzzati, wie "nel tempo dei tempi/quando le bestie eran buone e gli uomini empi"[87] die Bären auf der Suche nach dem von Menschen gefangenen Sohn des Bärenkönigs Leonzio Sizilien erobern, aber in ihrer Besatzerrolle bald von den Übeln der Zivilisation korrumpiert werden; um die Ausschweifungen zu beenden, beschließt der Bärenkönig die Rückkehr in die Berge, und - durch einen Zauber aus zivilisierten Bären wieder in wilde Tiere zurückverwandelt - ziehen alle zurück.[88] Das Zitat zeigt,

82) Der Racheschrei des Drachen bleibt ohne Antwort: "Era stato l'uomo a cancellare quella residua macchia del mondo, l'uomo astuto e potente che dovunque stabilisce sapienti leggi per l'ordine, l'uomo incensurabile che si affatica per il progresso e non può ammettere in alcun modo la sopravvivenza dei draghi, sia pure nelle sperdute montagne" (*Sessanta racconti*, S. 99).

83) Vgl. *Sessanta racconti*, S. 83, 91, 95.

84) Vgl. ebda., S. 93-5.

85) Vgl. ebda., S. 90, 98-100.

86) Vgl. "Ad Angelo Mai": "... Ahi ahi, ma conosciuto il mondo / Non cresce, anzi si scema, e assai più vasto / L'etra sonante e l'alma terra e il mare / Al fanciullin, che non al saggio, appare" (str. 6). - "Nostri sogni leggiardri ove son giti / Dell'ignoto ricetto / D'ignoti abitatori, o del diurno / Degli astri albergo, e del rimoto letto / Della giovane Aurora, e del notturno / Occulto sonno del maggior pianeta? / Ecco svaniro a un punto, / E figurato è il mondo in breve carta; / Ecco tutto è simile, e discoprendo, / Solo il nulla s'accresce. A noi ti vieta / Il vero appena è giunto, / O caro immaginar." (G. Leopardi, *Tutte le opere, Le poesie e le prose*, I, hrsg. v. F. Flora, Mailand [10]1973, S. 17-8). Daß dieser Gedanke Buzzatis auf Leopardi zurückgeht, wird aus einer Anspielung in "L'eterno slancio" deutlich, wo der Raumflug von Apollo VIII gedeutet wird als "addio al pastore errante nell'Asia" (vgl. *Cronache terrestri*, S. 263).

87) D. Buzzati, *La famosa invasione degli orsi in Sicilia*, Mailand 1977, S. 17.

88) Vgl. ebda., S. 109-10.

daß es sich um eine Märchen-Version des von Jean-Jacques Rousseau bekannten Mythos vom "guten Wilden" handelt:[89] Die Zivilisation korrumpiert den ursprünglich guten Urmenschen; doch eine Rückkehr zum Naturzustand, fügt der Skeptiker Buzzati hinzu, ist nur durch Zauberei, also nur im Märchen möglich.

Es wäre ein Irrtum, wollte man diese beiden Formen der Zivilisationskritik - Zivilisation als Zerstörung der Phantasie und Zivilisation als Veränderung des menschlichen Charakters zum Negativen - als rein literarische Reminiszenzen abtun. Die gleiche Hinwendung zur Alltagswelt, die sich beim Buzzati der fünfziger Jahre für andere Themen feststellen ließ, zeigt sich auch in seinen Gedanken zu Zivilisation und Fortschritt. Verbot es der im Text von *L'uccisione del drago* ausdrücklich genannte Symbolwert, diese Tötung des Drachens primär als Gefährdung der Tierwelt durch die Zivilisation zu deuten, so tritt genau dieser Aspekt in einigen Erzählungen der fünfziger Jahre deutlicher hervor.[90] Aber daneben bleibt bei Buzzati das Tier - und zwar vor allem das Fabeltier - auch weiterhin ein Symbol für die von der Zivilisation bedrohte Phantasie. In der Erzählung *Il babau* (1971) wird das gleichnamige Fabeltier, das Alpträume hervorruft, im Auftrag des Stadtrats getötet - und löst sich in nichts auf, da es nur aus "quell'impalpabile sostanza che volgarmente si chiama favola o illusione: anche se vero" bestand. Auch hier wird der Symbolwert im Text genannt: "Galoppa, fuggi, galoppa, superstite fantasia. Avido di sterminarti, il mondo civile ti incalza alle calcagne, mai più ti darà pace".[91] War hier die Jagd nur ein Bild für diesen Zerstörungsprozeß, so zeigen andere Erzählungen, wie er konkret vor sich geht: Es ist einmal das Vordringen rationalen Forschergeistes,[92] aber auch die Aufgabe der eigenen

---

89) Vgl. J.-J. Rousseau, "Discours sur l'origine de l'inégalité", 1e partie (in: J.-J. Rousseau, *Discours sur les sciences et les arts. Discours sur l'origine de l'inégalité*, hrsg. v. J. Roger, Paris 1971, S. 160-204).

90) Es sind die Tiere, die in "Rigoletto" als erste vor der nuklearen Gefahr fliehen (vgl. *Sessanta racconti*, S. 321-2); und in dem Artikel "I cani stratosferici" (1957) sind die beiden in den Weltraum geschickten russischen Hunde für Buzzati vor allem Opfer der Zivilisation (vgl. *Cronache terrestri*, S. 199-202); auch unabhängig vom Thema Zivilisation ist das Tier bei Buzzati oft Opfer des Menschen (vgl. z.B. "I reziarii", in: *Sessanta racconti*, S. 281-4).

91) Vgl. *Le notti difficili*, S. 7-12, hier S. 12.

92) In "L'eterno slancio" bedeutet der Raumflug von Apollo VIII ein "addio [...] a un venerando, e a molti di noi sempre caro, mondo poetico" (in: *Cronache terrestri*, S. 263).

Persönlichkeit (Wünsche, Ängste, Phantasie) durch Anpassung an den Geschmack der Masse.[93]

Die in der *Invasione* als märchenartige Abwandlung des "bon sauvage"-Mythos erscheinende Idee, daß die Zivilisation das Wesen des Menschen zum Negativen hin beeinflußt, begegnet auch in späteren Werken Buzzatis, jedoch in konkreterer Form. In der Erzählung *L'uomo che amava lo smog* (1960) verherrlicht der Buchhalter Semenza den Smog als Ausdruck der Produktivität und des Wirtschaftswunders, verharmlost - trotz vieler Warnungen - die damit verbundenen Gefahren und stirbt daran, nachdem er das Fenster geöffnet hat:[94] Die Zivilisation kann Wertvorstellungen hervorbringen, die der Natur zuwiderlaufen und dadurch dem Menschen schaden. Vermutlich als Satire auf eine solche Pervertierung von Wertvorstellungen sind wohl auch all jene Erzählungen zu verstehen, in denen des modernen Menschen liebstes Kind, sein Auto, verlebendigt wird: In *La peste motoria* (1958) stoßen die von einer Epidemie befallenen Autos bei ihrer Zerstörung fast menschliche Schreie des Leidens aus;[95] in den *Storielle d'auto* (1971) werden die Autos nach männlichem und weiblichem Geschlecht unterteilt und sind mit Erinnerungen und einer gewissen Sensibilität ausgestattet - als Satire auf eine entsprechende Behandlung durch Autoliebhaber;[96] und wenn das alte Auto in *Vecchia Auto* (1971) seinem Besitzer mitteilt, daß es nicht verschrottet werden möchte, so wird dabei der menschliche Wunsch, sich von seinem Auto wie von einem alten Freund nicht zu trennen, auf das Auto selbst übertragen;[97] eine Verlebendigung von Dingen, die dabei die Gestalt menschlicher Wünsche und Ängste annehmen, ist im übrigen eine gängige Praxis bei Buz-

---

93) "La morte fisica è un fenomeno eterno e dopo tutto eccessivamente banale. Ma c'è un'altra morte, che qualche volta è ancora peggio. Il cedimento della personalità, la assuefazione mimetica, la capitolazione all'ambiente, la rinuncia a se stessi... Ma guardati in giro. Ma parla con la gente. Ma non ti accorgi che sono morti almeno il sessanta per cento? E di anno in anno il numero cresce. Spenti, palliati, asserviti. Tutti che desiderano le stesse cose, che fanno gli stessi discorsi, tutti che pensano le stesse identiche cose. Schifosa civiltà di massa" (*Le notti difficili*, S. 164).

94) Vgl. *Siamo spiacenti di*, S. 171-3.

95) Vgl. *Sessanta racconti*, S. 523-28.

96) Vgl. *Le notti difficili*, S. 123-8; die Neigung, Beziehungen herauszustellen zwischen bestimmten Zahlen des Kilometerzählers und dem Geburtsdatum des Fahrers, und die, das Äußere des Autos dem des Fahrers anzugleichen, sind in Wirklichkeit Verhaltensweisen mancher Autoliebhaber, die hier den Autos selbst zugeschrieben werden (ebda., S. 124-6).

97) Vgl. *Le notti difficili*, S. 221-7.

zati.[98)] Die Aussage, die hinter dieser satirischen Verlebendigung von Autos steht, ist wahrscheinlich die, daß in der Zivilisation die Beziehung des Menschen zu leblosen Dingen wie Autos quasi ein Ersatz wird für diejenige zu den Mitmenschen.

Aber in Buzzatis Augen korrumpiert die Zivilisation nicht nur das Wertsystem der Menschen, sondern entfremdet diese auch in dem Maße voneinander, daß sie keinen wirklichen Kontakt mehr zueinander finden. Es gibt einige Erzählungen bei Buzzati, wo die Einsamkeit und Kontaktunfähigkeit des Menschen - die in *Il deserto dei Tartari* noch zur "conditio humana" schlechthin gehörten[99)] - gerade durch eine technische Panne einen Moment lang aufgehoben werden: In der Erzählung *Sciopero dei telefoni* (1958) kommt durch eine ungewollte Zusammenschaltung vieler Telefongespräche nicht nur eine ungewohnte Offenheit, sondern - in einem gemeinsamen Gesang - auch eine nie dagewesene Atmosphäre der Brüderlichkeit zustande, die der Erzähler als das Prinzip der Hoffnung deutet.[100)] In der Erzählung *L'ascensore* (1966) nähert nur die Notsituation eines außer Kontrolle geratenen Aufzugs ein abweisendes Mädchen und einen schüchternen Mann soweit aneinander an, daß nach einem ausgetauschten Kuß sogar an eine Eheschließung gedacht wird; doch von dem Moment an, wo der Aufzug wieder funktioniert, wächst die Distanz zwischen den beiden wieder und hat bei seiner Ankunft am Ziel sogar schon die Stufe von Beleidigungen erreicht.[101)] Wenn aber nur eine technische Panne einen wirklichen Kontakt zwischen den Menschen entstehen läßt, dann bedeutet das umgekehrt, daß die zivilisierte Welt mit all ihrer Technik diesen Kontakt gerade verhindert und die Menschen einander entfremdet.

Rückblickend kann man feststellen, daß Buzzatis Einstellung zum Fortschritt von Zivilisation und Technik durchgehend negativ ist. Die beiden Grundgedanken - Zivilisation als Zerstörung der Phantasie und Zivilisation als Veränderung des menschlichen Charakters zum Negativen - sind bereits in den vierziger Jahren bei Buzzati zu finden, jedoch noch in märchenartigem Gewand und wahrscheinlich als Einfluß von Leopardi und Rousseau. Seit den fünfziger Jahren werden beide Themen an Beispielen aus Alltagssituationen

---

98) Vgl. *Poema a fumetti*: Die Müdigkeit von Orfi (S. 32) ist parallel zu der der Stadt, der Telefone, der Antennen und sogar der ganzen Welt (S. 33-4); der Alptraum vom dämonischen Stein wird Wirklichkeit (S. 146).

99) Vgl. Livi (wie Anm. 24), S. 55-6.

100) Vgl. *Sessanta racconti*, S. 407-14.

101) Vgl. *Il colombre*, S. 199-206.

illustriert: Was die Zivilisation als Zerstörung der Phantasie betrifft, so greift Buzzati erneut auf das Bild vom Tier als Opfer der Menschen zurück, nennt jedoch auch konkrete Formen dieser Zerstörung: die Entzauberung einer poetischen Welt durch das Vordringen rationalen Forschergeistes und den Tod der eigenen Persönlichkeit durch Anpassung an den Geschmack der Masse. Auch bei der Darstellung des negativen Einflusses der Zivilisation auf das Wesen des Menschen ist Buzzati nun konkreter: Die Zivilisation kann Wertvorstellungen pervertieren und so den Menschen gefährden; sie suggeriert dem Menschen in der Technik Ersatz für mitmenschliche Beziehungen; und sie entfremdet die Menschen voneinander. Aber trotz dieser größeren Konkretisierung überläßt es Buzzati in den meisten Fällen der Interpretation des Lesers, diese Kritikpunkte zu finden: Nur selten werden sie als offene Polemik formuliert.

4. Der Bereich Technik

Der Bereich Technik erscheint in Buzzatis Werken unter drei verschiedenen Gesichtswinkeln: als diabolischer Mechanismus, als Teil einer Science-fiction-Handlung und als reine Symbolik.

a) Diabolische Mechanismen

Versteht man unter Höllenmechanismus eine schicksalhafte Verkettung von Ereignissen, die ihr Opfer immer tiefer ins Unglück stürzen, so haben wir ein zentrales Handlungsschema von Buzzatis Werken vor uns.[102)] Doch hier soll es nicht um psychosoziale Mechanismen gehen (wie die Folgen von Erstarrung in Gewohnheiten oder eine unerwartete Verstrickung in Anklagen),[103)] sondern nur um rein technische Mechanismen, deren absurde Unaufhaltsamkeit diabolische Züge trägt. So muß der Ich-Erzähler in *Il crollo della Baliverna* (1954) feststellen, daß sein Klettern auf dem alten Gemäuer der Baliverna dieses in einer Art Kettenreaktion zum völligen Einsturz bringt;[104)] in der Erzählung *L'ascensore* (1966) rast ein Aufzug eine Stunde lang in die Tiefe bis weit unter die Erde, ehe er - im Moment größter Annäherung zwischen den Insassen - sich wieder nach oben bewegt;[105)] und in der Erzählung

102) Vgl. Mignone (wie Anm. 28), S. 89-101.
103) Vgl. *Il deserto dei Tartari* oder "Una cosa che comincia per elle" (in: *Sessanta racconti*, S. 101-10).
104) Vgl. *Sessanta racconti*, S. 215-21.
105) Vgl. *Il colombre*, S. 199-206.

Viaggi agli inferni del secolo (1966) kann der mit "Buzzati" angeredete Ich-Erzähler in der Hölle auf einem Bildschirm zusehen, wie durch das Anziehen eines Hebels an einer Maschine die Ereignisse immer schneller auf einen Industriellen einstürzen, bis dieser an Herzinfarkt stirbt.[106] Was in den anderen Erzählungen nur angedeutet wurde, wird hier klar ausgesprochen: Hinter diesen Mechanismen, die den Menschen hinwegreißen, steht eine höllische Macht. Doch Buzzati geht es hier nicht darum, dem Leser einen Glauben an übernatürliche Mächte einzuflößen; Ähnlichkeiten mit Zuständen in der realen Welt führen den Erzähler am Ende zu der Frage, "se per caso l'Inferno non sia del tutto di qui, e io mi ci trovi ancora" und ob die Hölle nicht nur "il nostro misterioso destino" sei;[107] der diabolische Charakter ist also nur ein Bild für bedrohliche Schicksalhaftigkeit und die Welt der Technik der Bereich, wo diese sich Buzzati zufolge in besonderem Maße zeigt. Noch aber wird dieser Mechanismus bei Buzzati als objektive Realität dargestellt. In der Erzählung *Incidenti stradali* (1971) hat ein harmloses Überholmanöver im Auto einen schweren Unfall zur Folge, und einige seltsame Wesen, die lange Schwänze trugen, - Teufel - hätten die Toten aus dem brennenden Wagen geholt: so die Erzählung eines alten Mannes vor einer Schar von Kindern.[108] In der Erzählung *L'influsso degli astri* (1971) überdreht der Ich-Erzähler, der im Hause eines Freundes übernachtet, den Wasserhahn, so daß dieser sich nicht mehr schließen läßt; bei der Suche nach Hilfe sperrt er sich zunächst selbst aus, findet dann kein Telefon und kann schließlich weder die Feuerwehr noch einen Installateur herbeiholen; bei der Rückkehr trifft er den Freund, und als beide die Wohnung betreten, sehen sie, daß die befürchtete Überschwemmung nicht eingetreten ist - die Ängste des Erzählers waren nur die Folge eines schlechten Horoskopes, das er gelesen hatte.[109] In beiden Erzählungen - und das ist das Neue - wird der diabolische, d.h. schicksalhafte Mechanismus im Zusammenhang mit technischen Dingen nicht mehr als objektives Faktum präsentiert, sondern als etwas Subjektives: als Erzählung für Kinder bzw. als reine Befürchtung. Und hier dürfte der Schlüssel liegen: Beide Formen - die objektive und die subjektive Darstellung des Geschehens - zeigen Ängste, wenn nicht Alpträume auf, von denen sich Buzzati in seinen späteren Werken durch das Einfügen eines anderen Ichs als Erzähler stärker

---

106) Vgl. ebda., S. 379-449, hier S. 408-17.
107) Vgl. ebda., S. 448-9.
108) Vgl. *Le notti difficil*i, S. 91-6, hier, S. 93.
109) Vgl. ebda., S. 51-8.

distanziert. Der Gegenstand dieser Ängste ergibt sich aus den angeführten Erzählungen: Es ist die Angst vor einer Technik, die, statt dem Menschen zu dienen, sich seiner Kontrolle entzieht oder ihn sogar beherrscht; und die höllische Macht, die dahinterzustehen scheint, ist nur ein Bild für die schicksalartige Unaufhaltsamkeit dieses Mechanismus.

b) Die Science-fiction-Thematik

Dieselbe Befürchtung bringt Buzzati auch durch eine Form der Science-fiction-Thematik zum Ausdruck. In *Il grande ritratto* (1960) ist das Elektronengehirn "Laura" auch mit einem eigenen Willen ausgestattet, worin sein Erbauer einen großen Vorteil sieht;[110)] doch gerade aufgrund dieser Willensfreiheit gefährdet es später einen Menschen, so daß es zerstört werden muß. Da "Laura", das Elektronengehirn mit der weiblichen Psyche, seine Unterlegenheit gegenüber einer wirklichen Frau spürt, ist es ein Opfer, aber es ist auch ein Monstrum.[111)] Und Monstren einer Science-fiction-Welt bedrohen den Menschen auch in anderen Werken Buzzatis.[112)] Aber daneben dient die Science-fiction-Thematik - und zwar besonders Erzählungen von den Besuchen Außerirdischer - auch als Mittel, um bestimmte philosophische und politische Ideen auszudrücken: In der Erzählung *Il disco si posò* (1954) erhält ein Pfarrer Besuch von zwei Marsbewohnern; wie sich aus dem Gespräch ergibt, ist ihre Rasse ohne Erbsünde und daher auch nicht von Christus erlöst worden; als Wesen ohne Sünde aber beten sie auch nicht zu Gott. Die Aussage der Erzählung zeigt sich in den letzten Gedanken des Pfarrers: Ein sündiges und selbst kummervolles, aber dafür gottnahes Leben ist einem sündenfreien Leben ohne Kontakt zu Gott vorzuziehen: "E che significa la vita se non c'è il male, e il rimorso, e il pianto?".[113)] Buzzati selbst, der bei seiner journalistischen Tätigkeit mehrfach UFO-gläubigen Menschen begegnete, bleibt eher skeptisch: Der Artikel *La signora ch'è stata sulla luna* (1965) berichtet von einer Mailänderin, die jahrelang telepathischen Kontakt mit ver-

110) "E nato puro. Esattamente come Adamo. Di qui la sua superiorità. Non porta il peccato originale" (vgl. *Il grande ritratto*, S. 89).

111) Für Crotti (wie Anm. 17) ist der Gegensatz freier Wille - physische Einschränkung eine "trasposizione, non emblemizzata, della condizione esistenziale dell'uomo contemporaneo in una società alienata" (S. 85); für Toscani (wie Anm. 14) drückt er den menschlichen Zwiespalt zwischen Geist und Materie aus (S. 81).

112) Vgl. *Poema a fumetti*: Roboter-Monstren (S. 156-7); *I miracoli di Val Morel*: Roboter (S. 26), angreifende fliegende Untertassen (S. 21), Marsbewohner (S. 93).

113) Vgl. *Sessanta racconti*, S. 363-9, ebda., S. 368-9.

schiedenen Marsbewohnern gehabt haben will; als den Menschen geistig überlegene Wesen hätten sie diese etwa vor den Schäden von Atomexplosionen gewarnt. Daß eine solche Warnung Buzzatis Ansichten entspricht, ergibt sich etwa aus der schon angeführten Erzählung *Rigoletto*; und doch läßt der Autor durch bestimmte Details erkennen, daß er die Frau für ein Opfer ihrer Lektüre und ihrer Phantasie hält.[114] Ein anderer Artikel von 1965 zum gleichen Thema enthält auch eine psychologische Erklärung des Phänomens:

> Non mi sembra azzardato pensare che tanto interessamento per i dischi volanti abbia una componente di carattere religioso [...]; l'attesa [...] in una più o meno prossima discesa solenne degli extraterrestri sulla superficie della Terra [...], non è molto dissimile dall'attesa del Messia nei popoli antichi.[115]

Hier wie in *Il disco si posò* dient die UFO-Thematik also dazu, religiöse bzw. philosophische Fragen aufzuwerfen - die nach dem Sinn von Sünde und Unglück im Leben oder die einer Hoffnung auf Erlösung durch einen Eingriff von außen; aber dies letztere Problem ist nur eine Science-fiction-Version des alten Buzzati-Themas von der Hoffnung auf das große Ereignis, das eines Tages jedem das geben wird, was ihm zusteht; schon Drogo in *Il deserto dei Tartari* mußte erkennen, daß das eine Illusion ist.

Andere Erzählungen dieser Art bringen politische Ideen zum Ausdruck: In *La lezione del 1980* (1966) sterben nacheinander die vierzig mächtigsten Menschen der Erde eines geheimnisvollen Todes; da die Menschen dahinter ein System erblicken, wonach immer der jeweils gerade Mächtigste getroffen wird, strebt keiner mehr nach Macht, so daß nach jenen mysteriösen vierzig Herzinfarkten überall ein dauernder Friede herrscht. Auch hier ist es nur ein Eingriff von außen, der den Frieden möglich macht, wenn auch anstelles von Außerirdischen hier Gott selbst diese Lektion erteilt;[116] die Aussage liegt auf der Hand: Das Machtstreben des Menschen ist die Ursache für die Kriege auf der Welt. Andere Erzählungen aus der gleichen Zeit wie etwa *L'arma segreta*, in der der 3. Weltkrieg mit einem Überzeugungs-Gas geführt wird, welches den Gegner zur Annahme des eigenen politischen Systems be-

---

114) Vgl. *Cronache terrestri*, S. 242-6; Buzzatis Urteil ist erkennbar an Kommentaren wie "curioso che i nomi di tutti questi extraterrestri assomigliano stranamente ai personaggi dell'epopea fumettistica di Gordon" (S. 245).

115) Vgl. ebda., S. 247-51: "Aspettano dai dischi volanti la pace perpetua sulla Terra"; Zitat, S. 250.

116) Vgl. *Il colombre*, S. 27-35.

wegt,[117] drücken den gleichen Gedanken aus. Solche Erzählungen scheinen die Spannungen des Kalten Krieges zu verharmlosen, wie er 1965 existierte - in dem Jahr, in dem die USA offiziell als Kriegspartei in Vietnam auftraten;[118] doch Buzzati, der es als Schriftsteller ablehnt, konkrete politische Vorschläge zu machen,[119] greift auf die Science-fiction-Form zurück, um den utopischen Charakter der gegebenen "Lösung" und damit die Schwierigkeit einer Situation zu unterstreichen, in der nur noch ein solches Wunder helfen könnte.

Die Science-fiction-Thematik besitzt also bei Buzzati zwei Funktionen: Werke, in denen ein Elektronengehirn oder ein Roboter im Zentrum stehen, unterstreichen die Gefahr, daß die Technik sich der Kontrolle des Menschen entziehen könnte. Aber Science-fiction-Stoffe können bei Buzzati auch dazu dienen, bestimmte philosophische oder politische Ideen auszudrücken - wie die Sinnlosigkeit, auf eine von außen kommende Lösung zu hoffen, oder die Verfahrenheit einer politischen Situation, die von einem allgemeinen Machtstreben bestimmt ist. Aber wie gewöhnlich zeigt Buzzati nur das Problem auf, ohne eine konkrete Lösung zu geben.

c) Symbolik

Ein mehr oder minder eindeutiger Symbolwert haftet vielen Dingen in Buzzatis Erzählwelt an: Berge etwa stehen für Einsamkeit, die Stadt für Menschenmassen, die Wüste für unendliche Weite,[120] Uhren für das Vergehen der Zeit,[121] Tür und Turm erscheinen als Todessymbole,[122] usw. Hier ist bereits gezeigt worden, daß dem Auto - als engstem Freund des zivilisierten Menschen - oft der Symbolwert mangelnden zwischenmenschlichen Kontaktes zukommt. Ein anderes Bild, das Buzzati oft benutzt, ist das des Zuges: So bedeutet der Zug in der Erzählung *Direttissimo* (1958) ein Leben, das auf ein illusorisches Ziel zusteuert und dabei nach und nach alle menschlichen Bin-

---

117) Vgl. ebda., S. 81-87.
118) Vgl. *Chronik* (wie Anm. 47), S. 955.
119) "Poi, se mi chiedono se la letteratura debba contenere un messaggio sociale o politico, eccetera, io dico: assolutamente no. Nessun motivo. Se lo contiene, può essere un bene, può essere un male. Oggi, c'è tutta una critica che sdegna la letteratura che non sia impegnata socialmente o politicamente. Per me, quelli lì sono una massa di cretini" (Buzzati im Interview mit Panafieu (wie Anm. 61), S. 206).
120) Vgl. Veronese Arslan (wie Anm. 14), S. 116.
121) Vgl. Livi (wie Anm. 24), S. 33.
122) Vgl. Baumann (wie Anm. 27), S. 196-200.

dungen opfert.[123] Andere Bedeutungen treten hinzu: In der Erzählung *Il treno* (1950) erinnert sich eine Mutter daran, daß sie vor vielen Jahren hätte damit in die Stadt fahren und so ein besseres Leben haben können, und weiß, daß eines Tages dafür ihr Sohn mit dem Zug fortfahren wird; der Zug wird so zum Träger der Hoffnung auf ein besseres Leben - eine vertane Hoffnung für sie selbst, eine zukünftige für den noch kleinen Sohn.[124] Als Symbol für eine illusorische Hoffnung erscheint der Zug auch in der *Storia del casellante* (1969): An einer aufgegebenen Bahnstrecke wartet ein Bahnwärter darauf, daß der Geisterzug mit berühmten Persönlichkeiten noch vorbeikommt, bis er "laggiù in fondo la giovinezza, le speranze ahimè lontane" sich auflösen sieht.[125] Vermutlich auch ein Symbol der - nunmehr enttäuschten - Hoffnungen sind die Züge im Bahnhof der Hölle in *Poema a fumetti* (1969): Viele sind in sie eingestiegen und warten nun dringend auf die Abfahrt zu großen Zielen:[126] Doch die Züge werden nie abfahren. Zugleich dürften die Züge hier ein Symbol der in der Hölle stillstehenden Zeit sein, denn als Abfahrtszeit sind hier die für Buzzati typischen "ore impossibili" festgesetzt: "alle ore 199 e quindici [...] alle ore 2000".[127] Als Symbole der Zeit, hier der Vergangenheit, erscheinen die Züge auch in *Il capitano Pic* (1965),[128] und in der Erzählung *Velocità della luce* (1971) zeigt der Zug - von der Planung der Strecke bis zu ihrer Stillegung - das Vergehen der Zeit an.[129] Einige der Symbole in Buzzatis Erzählwelt gehören also zum Bereich Technik - das Auto verweist oft auf eine fehlende Kommunikation zwischen den Menschen, und der Zug kann ein Symbol des Lebens, der Hoffnung und der Zeit sein.

III.

Wissenschaft und Technik erscheinen also in Buzzatis Werken unter vier Gesichtspunkten:

1. Der Grundvorwurf an den Wissenschaftler ist der, sich nicht genug für die Welt, in der er lebt, zu interessieren; dabei ändert sich die konkrete

---

123) Vgl. *Sessanta racconti*, S. 391-7; Baumann (wie Anm. 27), S. 53-5; Mignone (wie Anm. 28), S. 98.

124) Vgl. *In quel preciso momento*, S. 135-7.

125) Vgl. *Poema a fumetti*, S. 150-3, Zitat S. 153.

126) Vgl. *Poema a fumetti*, S. 194-7; ebda., S. 195-6: "su, su partiamo per...per le lontananze, le avventure, per..."

127) Vgl. ebda., S. 195-6.

128) Vgl. D. Buzzati, *Il capitano Pic e altre poesie*, Vicenza 1965, S. 45-47: "I treni! I treni!".

129) Vgl. *Le notti difficili*, S. 263-6.

Darstellung des Wissenschaftlers jedoch mit der Zeit: In den während des Faschismus erschienen Werken bleibt er gleichgültig gegenüber der um ihn herum stattfindenden Zerstörung; in den fünfziger Jahren denkt der Wissenschaftler in Buzzatis Werken nicht an die Folgen der eigenen Tätigkeit, die zwar ein harmloser Zeitvertreib sein kann, von der aber auch eine ungewollte Zerstörung ausgehen kann; und in den siebziger Jahren, wo die großen wissenschaftlichen Unternehmen eher das Ergebnis einer Zusammenarbeit von vielen sind, stellt Buzzati den Sinn des ganzen Unternehmens in Frage. Es ist die Entwicklung der Wissenschaft selbst, die sich im Wandel von Buzzatis Darstellung widerspiegelt, aber der Grundvorwurf bleibt der gleiche.

2. Das Bild von der Welt der Medizin entsteht bei Buzzati aus irrationalen Ängsten: In den Werken der vierziger Jahre erscheint der Arzt als unaufrichtiger Vollstreckungsgehilfe einer schicksalartigen höheren Macht; seit den fünfziger Jahren tritt der Arzt bei Buzzati als unabhängig Handelnder auf, dessen Haupteigenschaften ein mitleidloser Egoismus und fehlendes Interesse an seinen Patienten sind; und in den sechziger Jahren wird dieses Bild relativiert: Neben dem egoistischen Arzt erscheinen auch menschliche Arztgestalten. Nun steht die höhere Macht, in deren Dienst sich Buzzatis Ärztefiguren in den vierziger Jahren befinden, zwar vermutlich homolog für den Faschismus, doch ansonsten befinden wir uns vor einem Reifungsprozeß im Sinne abnehmender Ängste.

3. Buzzatis Gedanken zu Zivilisation und Fortschritt bleiben negativ: Die Zivilisation zerstört die Phantasie und verändert den Charakter des Menschen zum Negativen. Aber was anfangs wohl eher ein Rückgriff auf Gedankengut von Leopardi und Rousseau war, wird seit den fünfziger Jahren an Alltagssituationen konkretisiert: Es handelt sich um die Entzauberung einer poetischen Welt durch das Vordringen rationalen Forschergeistes, um den Untergang der Individualität dessen, der sich zu sehr dem Geschmack der Masse anpaßt, um eine Pervertierung von Wertvorstellungen und um die Einsamkeit und Entfremdung des Menschen durch die Zivilisation. Diese Konkretisierung entspricht einer generellen Tendenz in den Werken Buzzatis, der seit den fünfziger Jahren meist auf Themen aus dem Alltagsleben zurückgreift.

4. Bei der Darstellung des Bereichs Technik drücken die "diabolischen Mechanismen" die Angst vor einer Technik aus, die, statt dem Menschen zu dienen, sich seiner Kontrolle entzieht oder ihn gar beherrscht. Die gleiche Angst steht bei Buzzati auch hinter einem Teil der Science-fiction-Darstel-

lungen, welche jedoch auch dazu dienen, bestimmte philosophische oder politische Ideen auszudrücken wie die Sinnlosigkeit einer Hoffnung auf eine von außen kommende Lösung oder die Schwierigkeit einer politischen Situation, die von einem allgemeinen Streben nach Macht bestimmt ist.

Schließlich können technische Dinge bei Buzzati auch einen Symbolwert besitzen - wie etwa der Zug, der für das Leben, die Hoffnung oder den Tod stehen kann. Für alle hier untersuchten Aspekte des Themenbereichs Wissenschaft und Technik ließ sich feststellen, daß Buzzatis Skepsis im Grunde unverändert blieb, wenn auch seit den fünfziger Jahren die Darstellung der Thematik konkreter wird, die Beispiele jetzt eher dem Alltagsleben entstammen. Die Ursachen für diese Thematik liegen zum Teil im Persönlichen, und das gilt vor allem für den Bereich der Medizin und Buzzatis Ängsten davor; ansonsten aber geht die Anregung wohl auf die historischen Phänomene selbst zurück, mit denen sich Buzzati als Journalist stets auseinanderzusetzen hatte.

Rudolf Behrens

Ein Erzählen "sub specie machinae" Körperbilder, Technik und "Wissenschaft" in Romanen Paolo Volponis

I. Der poetologische Rahmen: Literatur und technisch-wissenschaftliches Umfeld

Die aus heutiger Sicht treuherzig anmutende Schlußbilanz von Aldous Huxleys renommiertem Essay *Literature and Science* (1963) klagt eine längst überfällige Öffnung der Literatursprache auf die Wissensbestände der progredierenden und ständig sich differenzierenden Forschung der Natur- und Humanwissenschaften ein. Huxley will die Formel C.P. Snows von den zwei Kulturen programmatisch überschreiten, indem er im Bezugsfeld der "Sciences de l'homme" die subtil ausdifferenzierten Hypothesen der Wissenschaft zum Anreiz für eine konkurrierende und abgestimmte Übersetzungsleistung der Literatur erklärt. So weist er letztlich den Fiktionen eine explorative Stützfunktion zu, die mit einer unendlich akkumulativen Progression des wissenschaftlichen Wissens konvergiert.1)

Nicht erst im Horizont der nachtechnologischen Ära, in der die Diskurse des szientifischen Wissens und der kulturellen Selbstauslegung in ein Interferenzverhältnis zuungunsten der "modernen" Galionsfigur der Technologie gebracht werden sollen (Lyotard),2) erscheint Huxleys Konkurrenzschema kurzsichtig: Es verarmt die spezifisch ästhetische Erfahrungsmöglichkeit, und es bleibt in der Vision progredierenden, literarisch aufgenommenen Wissenszuwachses merkwürdig unberührt von der Dialektik der Aufklärung und der daraus resultierenden Positionsunsicherheit der literarischen Moderne. Gemessen an diesen Thesen formulieren die Diskussionen, die in Italien in den frühen sechziger Jahren ausgehend von Texten Vittorinis und Cal-

1) Vgl. A. Huxley, *Literatur und Wissenschaft*, München 1963, S. 117 ff.
2) Vgl. dazu W. Welsch, *Unsere postmoderne Welt*, Weinheim 1987, S. 219 ff.

vinos um den Funktionswandel der Literatur unter den Bedingungen industrieller Proliferation und permanenter Verwissenschaftlichung der Lebenswelt geführt werden, kontroverse aber auch weiterreichende poetologische Vorgaben, die u.a. die Verabschiedung neorealistischer Orientierungen der Literaturpraxis beschleunigt haben. Im wesentlichen ist es Elio Vittorini, der 1961 in der Zeitschrift *Il menabò* den möglichen Rahmen für die poetologische Revision zum Zwecke der Öffnung der Literatur auf die technisch-wissenschaftliche Kultur hin absteckt. Verkürzt gesagt, perspektiviert er Calvinos 1959 geäußertes Unbehagen an der "objektivalen" und forciert nicht-anthropozentrischen Erzählweise des französischen Nouveau Roman auf eine zugleich gnoseologische und geschichtserschließende Leistung hin. Bei Calvino blieb der Vorwurf komplizitärer Anteilnahme des Nouveau Roman als international fortgeschrittenste Literaturbewegung an dem "mare dell'oggettività" bzw. an den Verdinglichungsprozessen, die der Erzähldiskurs mimetisch verdopple, ohne klare Alternative. Das Bild einer neuen, die technifizierte und verwissenschaftlichte Lebenswelt kritisch ins Bewußtsein hebenden Literatur blieb noch verschwommen.[3)] Erst 1962, in dem programmatischen Essay *La sfida al labirinto*, erhält der vorgeschlagene Ausweg Calvinos erkennbare Konturen: Er weist der Literatur die Aufgabe zu, die labyrinthischen Konfigurationen des wissenschaftlichen und technisch umgesetzten Wissens zwar durch die quasi objekt-affine Figur des erzählerischen Labyrinths ins Bewußtsein zu heben; die Fiktionen sollen aber durch diesen "passaggio da un labirinto all'altro" jenem labyrinthischen, wissenschaftlichen und technogenen Wissen die fetischisierende Faszinationskraft nehmen[4)] - ein letztlich immer noch unbestimmt bleibender rezeptionsästhetischer Anspruch, dessen produktionsästhetische "Vorderseite" noch Jahre später von Calvino mit der Metapher der "macchina letteraria spastica"[5)] erörtert wird.

---

3) Vgl. I. Calvino, "Il mare dell'oggettività", in: ders., *Una pietra sopra. Discorsi di letteratura e società*. Turin 1980, S. 39-45, hier S. 44 f. - Im wesentlichen weist Calvino hier auf die Notwendigkeit einer "letteratura della coscienza" hin, die durch die Wiedereinführung eines urteilenden und reflexiven Subjekts (bei Butor und Gadda verankert, bei Robbe-Grillet restlos annuliert) eine irgendwie geartete "Verarbeitung" objektbezogener Daten leisten müsse.

4) Vgl. ebda. S. 82-97, hier besonders S. 96.

5) Vgl. ebda. S. 206 ("La macchina spasmodica"). Am Beispiel Gaddas entwirft Calvino die Vorstellung, wie die unendliche und in einer axiomatischen "mathesis" nicht mehr repräsentierbare Verknotung der Elemente empirischer Wirklichkeit gleichsam durch einen "Krampf" in der gnoseologischen Aktivität des Erzählers in die diskursive Linearität des Erzähltextes umgesetzt werden kann.

Vittorini, auf den sich Calvino 1962 schon rückbeziehen kann, hatte nun diesbezüglich in dem Essay *Industria e letteratura* einen Gedanken vorgebracht, der diese gnoseologische und therapeutische Funktionsbestimmung der Fiktion auf eine anthropologische Dimension hin überschreitet. Zunächst scheint Vittorini bei der Erörterung der spezifisch modernen Literatur ähnlich zu argumentieren wie Adorno in einem Passus der *Ästhetischen Theorie*, wo den "authentischen Gebilden der Moderne" ein gesundes "Mißtrauen gegen Maschinenkunst und Pseudomorphose" bescheinigt wird und wo die "geschärfte Konstruktion" der Formensprache zum Ausweis historischer Adäquatheit erklärt ist.[6)] Aber Vittorinis Ablehnung naturalistischer bzw. vorgeblich realistischer Mimesis, die die industrialisierte und verwissenschaftlichte Lebenswelt "sub specie naturae" zu erfassen trachte und damit ein ideologisches Wahrnehmungsmuster des 19. Jahrhunderts perpetuiere, zielt auf anderes: Ihm geht es bei der Überwindung realistischer bzw. naturalistischer Sehweise um die Erfassung der veränderten Wahrnehmungsweisen des Subjekts selber, die eine durch Wissenschaft und Technik veränderte Lebenswelt längst erzwungen hat.[7)] Die Veränderung der "dimensione antropologica", die im gleichen Faszikel der Zeitschrift auch von anderen Autoren und Kritikern als irreversibler Tatbestand einer zweiten historischen Stufe allumfassender "alienazione" benannt wird,[8)] erfordert für Vittorini ein Sich-Einlassen des Erzähldiskurses auf den sich verändernden "rapporto [...] con le cose nuove",[9)] den der Mensch in der Lebenswirklichkeit unterhalte, wobei die mehrfach benutzte Leerformel der "cosa" gezielt die unmittelbare und sozusagen körperliche, nicht konzeptuell verdeckte Wahrnehmung der Lebenswelt anzeigen will.

Damit eröffnet sich - im Gegensatz zu dem eingangs zitierten Resümee Huxleys - die Perspektive auf die geschichtliche Veränderung anthropologischer Größen, die bei Huxley als statische und nur progressiv wissen-

---

6) Th.W. Adorno, *Ästhetische Theorie*, hrsg. v. Gretel Adorno und Rolf Tiedemann. Frankfurt/a.M. 4.Auflage 1980, S. 56 ff., hier S. 57.

7) Vgl. E. Vittorini, "Industria e letteratura", in: *Il menabò* 4 (1961), S. 13-20. - Zur Situierung der von Vittorini initiierten Diskussion im größeren Kontext der Industrie-Thematik vgl. M. Leone, *L'industria nella letteratura italiana contemporanea*, Saragota 1976 (Stanford French and Italian Studies 2), hier besonders S. 24 ff. - Rein deskriptiv und im Anspruch bescheiden dagegen der "Leitfaden" durch die Geschichte der Industriethematik bei R. Paris, *Il mito del proletariato nel romanzo italiano*, Mailand, Garzanti 1977.

8) Vgl. etwa den Essay von Gianni Scalia (ebenfalls in: *Il menabò* 4, S. 95-119, besonders S. 102 ff.).

9) Vittorini, "Industria" (wie Anm. 7), S. 17.

schaftlich und literarisch explorierbare gesehen werden. Demgegenüber legt es der Entwurf Vittorinis nahe, die ihm nachfolgenden Autoren daraufhin zu lesen, wie sich in den Fiktionen die Perzeption technisierter Lebenswelt und der veränderte "modo di essere"[10] als Verschränkung von literarischer Modellierung und anthropologischem Selbstentwurf der literarischen Figur niederschlägt. Konkreter: Es soll danach gefragt werden, welche auffälligen Parameter ins Spiel kommen, wenn die literarische Figur bei der Konstruktion ihrer Geschichte die Wahrnehmung ihrer Umwelt und die Selbstwahrnehmung zueinander in Beziehung setzt.

II. Ein Paradigma: Paolo Volponis Lebensläufe als Körpergeschichten

Exemplarisch möge dies hier am Werk Paolo Volponis geschehen. P. Volponi ist ein Autor, der zwar als relativ marginal in bezug auf die Exponenten der italienischen Gegenwartsliteratur gilt, der aber in den Bemühungen postneorealistischer "sperimentazione" abseits der prominenten Gruppe '63 sehr eigene Wege gegangen ist. Volponi hat die etwas kryptisch formulierte Maßgabe Vittorinis zu einer neuen Literatur unter der Bedingung ubiquitärer Industrialisierung vielleicht am konsequentesten aufgenommen und verarbeitet. Der Urbinate, dessen mehrjährige Tätigkeit als Leiter der "servizi sociali" bei Olivetti und später als Personaldirektor sowie als (parteiloser) Parlamentsabgeordneter für den P.C.I. den Blick für die empirischen Verhältnisse geschärft hat, bietet sich deshalb in besonderer Weise für unsere Fragestellung an. Er kann mit einer Art Triptychon romanesker Analyse von fiktiven Lebensläufen unter den Bedingungen industriell-technologischer Selbstentfremdung zweifellos eine Sonderstellung in der Gegenwartsliteratur beanspruchen.[11] Es sind dies vor allem die Romane *Memoriale* (1962), *La macchina mondiale*

---

10) Ebda., S. 19.

11) Zur näheren Situierung durch die (angesichts der thematischen Randständigkeit) spärliche Literaturkritik sei hingewiesen auf R. Luperini/E. Melfi, *Neorealismo, neodecadentismo, avanguardie*. Rom, Bari 1980, S. 144 ff. - G.C. Ferretti, *Paolo Volponi*. Florenz 1977. - R. Barilli, *La barriera del naturalismo*. Mailand 1964, S. 241-252. - R. Capozzi, "Metaromanzo e psicanalisi nella narrativa di Paolo Volponi", in: *Can. Journ. of It. Studies* 3,1 (1979), S. 14-33. - P.N. Pedroni, "The Quest for self-fulfillment in Paolo Volponi's Fiction", in: *Can. Journ. of It. Studies* 9 (1986), S. 156-173. - R. Capozzi, "The narrator-protagonist and the divided self in Volponi's *Corporale*", in: *Forum Italicum* 10 (1976), S. 203-217. - Weitere kleinere Stellungnahmen und Rezensionen, u.a. durch Pedullà, Calvino, Pasolini, Ferretti, Fernandez, Guglielmi, sind angeführt in dem Büchlein von Ferretti.

(1965) und *Corporale* (1974). Sie setzen sich gegenüber späteren und offenbar publikumswirksameren Romanen[12)] durch eine vergleichbare Thematik bzw. eine analoge Figurenkonstitution und durch eine variabel ausgenutzte Technik der quasi-autobiographischen Ich-Erzählung ab. Grob gesprochen handelt es sich in allen drei Fällen um gesellschaftlich marginalisierte Erzählerfiguren, die zu unterschiedlichen Zwecken einen autobiographischen Bericht (1), eine mit einem eigenen "philosophischen" Traktat vermengte fiktive Autobiographie (2) und einen tagebuchartig strukturierten, mit einem imaginären Tagebuch vermischten und durch auktoriale Erzählpassagen durchbrochenen Text ohne deutliches Gattungsprofil (3) formulieren. Der besseren Übersicht halber sei hier der Inhalt der drei Romane in den elementaren Zusammenhängen grob skizziert.

Albino Saluggia, ehemaliger Kriegsgefangener, zeichnet in *Memoriale* nach der Rückkehr als tuberkulosekranker Industriearbeiter die angeblichen Torturen auf, die ihm Betriebsärzte und der "servizio sociale" zum Zwecke einer Eliminierung aus dem Arbeitsverhältnis antun. Sie sind damit in der Erzählerperspektive die "Gegner" Saluggias, gegen die er ankämpft und die so de facto trotz der verzerrten Wahrnehmung des Helden zu seiner paranoiden Selbstdeutung beitragen. Der Held des zweiten Romans ist im kleinbäuerlichen Milieu der "campagna urbinate" situiert. Anteo Crocioni ist der Sohn eines nach Rom geflohenen Pachtbauern. Nachdem er Frau und Anwesen nach einem Prozeß wegen Körperverletzung an seiner Frau verloren hat, nimmt er gegen sein gesellschaftliches Umfeld einen grotesken Kampf auf: Er erarbeitet sich durch eklektische Lektüren eine "wissenschaftliche" Kosmologie, die als Theorie einer "Weltmaschine" den Geschichtsgang in seiner teleologischen Zielgerichtetheit und mechanischen Notwendigkeit spekulativ antizipieren soll. In dem Maße, wie diese Theorie Gestalt annimmt, zerrütten sich die verbleibenden Beziehungen Crocionis zu seiner Umgebung völlig, und dies mit der Folge, daß der autobiographische Rechenschaftsbericht in das Vorhaben einer Selbsttötung mündet. Gerolamo Aspri schließlich, der Erzähler-Protagonist aus *Corporale*, bewegt sich als Exmanager der Industrie und Aushilfslehrer in bürgerlichem Milieu, in dem er sich auf mehrfache Weise marginalisiert. Seine Aggressionsphantasien zu Tötungsakten, am Strandurlaub im Kreise der Familie imaginiert, konvergieren durch die ironische Konstruktion der *histoire* mit einer Naturkatastrophe, die im Erzähldiskurs mit dem

---

12) *Il sipario ducale* (1975); *Il lanciatore di giavellotto* (1981)

Angstphantasma einer atomaren Bombenexplosion verschwimmt. De facto kommen in dieser Naturkatastrophe ein Mädchen, eine von Gerolamo begehrte Strandbekanntschaft, und deren Freund um. Die anschließende Flucht des Helden, die Zerrüttung der Ehe, ein zeitweiliger schizoider Identitätswechsel in ein imaginäres alter ego und schließlich die Zerstörung der bürgerlichen Wohlsituiertheit durch den Amoklauf gegen einen Autobahnbau durch das eigene Grundstück hindurch, diese hier nur grob gerafften Peripetien verschlagen den Erzähler nach Urbino, wo er als Lehrer an einer kirchlichen Schule ein Auskommen findet. Hier drängt er sich aus einem ohnehin schon peripheren Milieu in eine Extremposition hinein, indem er sich in einem gepachteten Bauernhof einnistet, den er planvoll in einen Atombunker mit entsprechenden technischen und logistischen Maßnahmen der "Panzerung" ausstattet, bis ein Knochenriß die Einlieferung ins Krankenhaus nötig macht. Der Protagonist flieht - nun aus auktorialer Perspektive erzählt - nach der Heilung ins Unbekannte, wobei den suchenden Freunden das mysteriöse Tagebuch des alter ego in die Hände fällt.

Auf Anhieb fallen bei dieser Inhaltsübersicht der drei Romane oberflächliche Bezüge zu Pasolini, Gadda und Svevo auf,[13)] die hier nicht weiter interessieren sollen. Wesentlich für unsere Lektüre ist der Umstand, daß in allen drei Romanen der sozusagen "kranke" Erzähldiskurs der Selbstauslegung die gelebte Geschichte über metonymische Verschiebungen, Verzerrungen und Projektionen artikuliert. Sowenig nun eine freudianische Bloßlegung und Rektifizierung gemutmaßter psychischer Verzerrungen im einzelnen sinnvoll ist, so sehr verdient doch ein besonderer, zunächst psychopathologisch anmutender Umstand Beachtung. Er lädt zu einer Klärung dessen ein, was die erzählerische Sinnbildung an Diagnostik über die Veränderung anthropologischer Parameter im Sinne der Skizze Vittorinis anbietet: Eine auffällige Konstante bildet in den Romanen nämlich die permanente Interferenz zweier Diskurse, eines Diskurses über Maschinen, Wissenschaft und Technik

---

13) In bezug auf Pasolini, dessen Freundschaft zu Volponi (nach eigenen Angaben korrigierte Volponi die Druckfahnen zu *Ragazzi di vita*) vielfach von beiden Seiten bezeugt ist, dürfte die Vorliebe Volponis für die Thematik der "disadattati", der marginalisierten und in die Subkultur eingestuften Verweigerer bürgerlicher Ordnung zu nennen sein. Hinsichtlich Gaddas lassen sich sowohl die problematisierte Krankheitsthematik und die Kombination szientifischer Organisationsschemata mit grotesken Effekten ins Feld führen. Der Bezug zu Svevo ist wegen der offensichtlichen Konstruktion der Helden nach psychoanalytischen Mustern und wegen des Spannungsverhältnisses zwischen dem virtuell bleibenden psychoanalytischen Diskurs und dem Bedeutungsüberschuß der jeweiligen Anamnese unbezweifelbar.

und eines Diskurses über den eigenen Körper des Erzählers. Dabei lassen sich auf den ersten Blick thesenhaft drei Beobachtungen zur Verschränkung der beiden thematischen Felder festhalten, die ich in der Folge weiter präzisieren möchte, um Volponis Poetik einer "korporalen" Literatur im Kontext allumfassender Technifizierung der Lebenswelt zu erhellen.

> **Erstens:** Die primäre Vermittlungsebene, auf der bei Volponi die Interaktionen zwischen Gesellschaft und Individuum stattfindet, ist der Leib, in den sich über die Schmerzerfahrungen und Verletzungen die Gewalt der Geschichte und der erlebten personalen Geschichten einschreibt, die ihn damit - einer gängigen Metaphorik folgend - zum "beschrifteten Körper" machen.[14] Ebenfalls wird der Leib - vor allem in *Corporale*, im Ansatz auch in früheren Romanen - zum Objekt der Suche nach unveräußerlicher Identität.

Die Ich-Erzähler zielen dabei der Sache nach auf eine narzißtische Selbstkonstitution im Modus permanenter Insuffizienz, wie sie Lacan an der Erfahrung des Anderen als ständig defizienter Präsupposition der Subjektkonstituierung beschrieben hat. Durch diese totalisierende Spiegelfunktion, die der Erzähler dem eigenen Leib im Wahrnehmungs- und Schreibvorgang im doppelten Sinne "zuschreibt", kann die Körperbeschreibung als Kodierung jener auf Permanenz angelegten "Verkennung" gelesen werden, die sich für Lacan aus der anthropologisch notwendigen Vorrangstellung der imaginären Repräsentation des körperlichen Selbst vor der Ich-Konstitution ergibt.[15]

> **Zweitens:** Im Konzept der Maschine bzw. des autonomen Mechanismus erschließt sich den Helden Volponis das soziale Umfeld und artikuliert sich gleichfalls - in Abstufungen - die Selbstwahrnehmung.

---

14) Zur Unterscheidung, wie sie in der Anthropologie seit Plessner zwischen "Leib sein" und "Körper haben", üblich ist, vgl. zuletzt den schönen Forschungsbericht von J. Küchenhoff, "Der Leib als Statthalter des Individuums ?" In: *Individualität*. Hrsg. v. M. Frank und A. Haverkamp. München 1988 (Poetik und Hermeneutik XIII), S. 167-202. - Ebenfalls R. zur Lippe, "Am eigenen Leibe." In: D. Kamper/Chr. Wulf (Hrsg.), *Die Wiederkehr des Körpers*. Frankfurt/a.M. 1982, S. 25-39. - Zur geschichtlichen Ausfaltung dieses idealtypischen Begriffspaares in literarischen Körperwahrnehmungen und kulturellen Entwürfen von Leib- und Körper-Schemata vgl. die Aufsätze in dem Sammelband D. Kamper/Chr. Wulf (Hrsg.), *Transfiguration des Körpers. Spuren der Gewalt in der Geschichte*. Berlin 1989.

15) Vgl. zu dem oft kommentierten "Spiegelstadium" die immer noch erhellenden und prägnanten Ausführungen bei S.M. Weber, *Rückkehr zu Freud. Jacques Lacans Entstellung der Psychoanalyse*. Frankfurt/a.M., Berlin 1978. - Ebenfalls H. Lang, *Die Sprache und das Unbewußte. Jacques Lacans Grundlegung der Psychoanalyse*. Frankfurt/a.M. 1973, Kap. I.

In diesem Zusammenhang läßt sich nämlich eine allusiv formulierte Bemerkung Lacans zu der Tragweite der genannten Disposition von exteriorisierter Selbstrepräsentation und defizienter Subjektkonstitution weiterverfolgen. Lacan verweist darauf, daß diese Disposition mit einer Reihe von "Korrespondenzen" sozusagen schwanger geht, die das Ich mit seinen exteriorisierten "imagines" ebenso verbinden wie schließlich mit dem "automate [...] où dans un rapport ambigu tend à s'achever le monde de sa fabrication".[16] Demnach ergibt sich für Lacan ein permanentes Wechselverhältnis von antizipierter Projektion und Retrojektion auch im Bezug des "homo faber" zu der von ihm fabrizierten und eben nicht mehr natürlichen Welt. Als völlig entsprechend erweisen sich die Beschreibungen der "künstlichen" Außenwelt in den Romanen Volponis. Durch den radikal subjektiven Erzählmodus der Ich-Erzähler schreiben sich - gleichsam in Gegenbewegung zur Semiotisierung des Körpers - die Phantasmen abgewehrter Ängste vor Aggressionen und die z.T. erotisch konnotierten Anthropomorphisierungen in die Objekte der Maschinenwelt ein.[17] Dies trifft vor allem für den Erzähler von *Memoriale* zu, aber ähnliches läßt sich von dem Erzähler der *Macchina mondiale* behaupten, der seine vielfach variierte Vision der Weltgeschichte als maschineller Konstruktion mit einer Selbstwahrnehmung als einer mechanischen Figuration verknüpft. Dies steigert sich zu einem ausufernden Phantasma, das schließlich in dem "wissenschaftlichen Traktat" des Erzählers zu einer Art maschinenmenschlicher Evolutionstheorie kulminiert.[18] In *Corporale* ist die Interferenz zwischen Körperwahrnehmung und Beschreibung zerstörerischer Technik in das Imaginäre kollektiver Ängste hinein verschoben. Hier sind es körperbezogene Gewaltphantasien des Erzähler-Ichs, die mit den wiederholten Bildern atomarer Zerstörungsmaschinerien und mit der deskriptiven Ausbrei-

---

16) J. Lacan, *Ecrits* I. Paris 1966, S. 91.

17) Zur Geschichte der Maschinenvorstellungen und zu ihren Interferenzen mit den anthropologischen Körperentwürfen gerade seit der cartesischen Vorbereitung einer materialistischen "Maschinisierung" des menschlichen Körpers vgl. L. Mumford, *The Myth of the Machine*. Bd. I,II. New York 1964/66 (deutsche Übersetzung unter dem Titel *Mythos der Maschine. Kultur, Technik und Macht*, Frankfurt/a.M. 1977).

18) "Io debbo dire, e questo è il compito del mio trattato anche se non di tutta la mia vita, che gli uomini sono stati costruiti come macchine da altri esseri, certamente macchine anch'essi, e che la sorte vera degli uomini sarebbe di costruire altre macchine ma migliori di loro, che magari riescano a portare l'uomo al loro livello, e alzarlo sempre più riuscendo esse a costruire macchine sempre migliori." - P. Volponi, *La macchina mondiale*. Turin 1975 (Gli Struzzi 83), S. 57 f.

tung technischer Defensivmaßnahmen korrespondieren. Die Pointe liegt dabei in der Ambiguität der prästabilierten "Harmonie" zwischen innerpsychischer Dynamik des Helden und der von ihm diagnostizierten Zerstörungsmaschinerie technischer Zivilisation. Der Text läßt nämlich weitgehend unbestimmt, ob es die wissenschaftliche Zivilisation samt ihrer "Blüte" der atomaren Bedrohung (Elsa Morante) ist, die eine Aggressivität des Erzähler-Ichs erst herbeiführt, oder ob dessen individuelle und körperbezogene Aggressionsphantasien im Angstphantasma von der atomaren Aggression ein nicht mehr potenzierbares Artikulationsmedium findet, das den Vorteil hat, die eigene Aggressivität als Angst vor der Aggression zu verkleiden.

> **Drittens:** Die aufeinander bezogenen Diskurse über den Körper und über die Objekte technischer Lebenswelt sind in einer diskursiven Form vermittelt, die selber in mehrfacher Hinsicht "maschinelle" Züge aufweist. Und dies in dem übertragenen Sinne, daß sich die Organisationsform der sprachlichen Zeichen zur Artikulation der Ideen in ihrer eigendynamischen Materialität zeigt. Sie erweist sich als der intendierten Sinnbildung potentiell vorgelagerte "Mechanik".

Völlig anders als in der reichen französischen Tradition der avantgardistischen "écriture" als "machine mentale"[19)] oder in der futuristischen Sprache maschinen-analoger Dynamik von Materialität[20)] geht es hier nicht um die gezielte Analogisierung des Kreationsvorgangs zu sich selbst regulierenden Systemen, deren lebensweltliche Dominanz nun in die "poiesis" hineingenommen würde. Der avantgardistischen "machine littéraire", wie sie seit dem prominenten Beispiel Raymond Roussels[21)] verschiedentlich aufgegriffen wurde, steht hier eine andere Konzeption gegenüber. Sie gibt in der gelegentlich grotesken Stilisierung des Pathologischen die grundsätzliche Insuffizienz der sprachlichen Artikulation gegenüber einem vorgeblich vorausliegenden

---

19) Einen informativen Abriß der Geschichte des Maschinenbegriffs als poetologische Metapher für den Schreibprozeß gibt F. Wolfzettel, "*Écriture* als 'Maschine': Zur Kontinuität einer Metaphorik der Prozeßhaftigkeit in der französischen Moderne", in: *Literatur und Wissenschaft. Begegnung und Integration. Festschrift für Rudolf Baehr*. Hrsg. v. B. Winklehner. Tübingen 1987, S. 221-230.

20) Eine ausgezeichnete Darstellung der italienischen Motivgeschichte des Maschinen-Mythos in seinen gegenständlichen und (etwa bei Marinetti) auf die "écriture" bezogenen Ausprägungen gibt R. Tessari, *Il mito della macchina. Letteratura e industria nel primo novecento italiano*, Mailand 1973.

21) Vgl. dazu L. Goodmann, "Le Corps-Accord Roussellien: Machines à Composer", in: *Esprit Créateur* 26 (1986) (Sondernummer: "Machines in Texts. Texts as Machines"), S. 48-59.

Sinn zu erkennen. Die sozusagen "maschinelle" Selbsttätigkeit der "parole" läßt sich einmal - in *Memoriale* - unter freudianischen Gesichtspunkten als permanente und quasi-mechanische Abwehr des Erzählers deuten. Dieser schreibt zwar scheinbar "für sich", aber seine Widersacher - die Betriebsärzte, der therapeutisch verfahrende "assistente sociale", die Kollegen - sind imaginär dem Erzähler stetig präsent. Sie bilden so einen inneren Horizont der Fremdbeobachtung, dem der Erzähler, der "Mechanik" seiner Verdrängungen folgend, ausweicht. Die Materialisierung und Mechanisierung des Erzähldiskurses ist aber prägnanter noch in *La macchina mondiale* realisiert. Hier bedient sich das Erzähler-Ich einer eigentümlich antiquierten Theorie-Sprache, die er in Anklang an kosmologische Entwürfe des Settecento bzw. wie in unfreiwilliger Parodierung von mechanistischen Uhrmachergott-Theorien der Aufklärung dazu benutzt, seinen diffusen Ideen Gestalt zu geben. Dies ergibt gelegentlich einen zugleich komischen und beklemmenden Effekt, der aus dem Kontrast zwischen der gleichsam zitierten Stillage und dem unbedarften autodidaktischen Bemühen des enteigneten Kleinbauern entsteht und diesen zu einem proletarischen Don Quijote unter den Bedingungen italienischer Provinzialität stempelt. Die literarische Konstruktion läßt den Erzähler (und Traktat-Autoren) dabei zwischen durchaus "unauffälligen" Erzählpassagen und megalomanischen Anreicherungen des Erlebten mit seiner abstrusen Geschichtsphilosophie schwanken. So scheint hinter dieser Konstruktion immer wieder die Sogwirkung durch, die der Wissenschaftsdiskurs durch die maschinelle Rhetorik einer suggerierten Unumstößlichkeit auf den Erzähler ausübt. Das Faszinosum der narzißtisch besetzten Industriemaschine des vorausgegangenen Romans erhält folglich hier in der Verführungskraft einer "panzernden" und gegen die konkrete Erfahrung abschirmenden Wissenschaftssprache eine Variante; es ist die bloß konstruktivistisch zugerichtete Materialität einer diskursiven Ordnung.[22)]

Anders lenkt der Erzähldiskurs von *Corporale* den Blick auf die materiellen Voraussetzungen seiner Artikulation. Hier ist es ein auf über 500 großformatigen Seiten manifestierter Beschreibungshunger, ein sich von Detail zu

22) Sie folgt zwar einem Kriterium durchgängiger Grammatikalität; aber sie bezeugt in dieser konstruktiven Selbstgenügsamkeit die Negation der "Grammatik als Gedächtnis des Leibes", dergemäß syntaktische Muster anthropologisch gesehen nur ein sich verfestigtes Gedächtnis zur Memorisierung kommunikativer Leibstellungen darstellen. Vgl. H. Weinrich, "Über Sprache, Leib und Gedächtnis", in: *Materialität der Kommunikation*. Hrsg. v. H.U. Gumbrecht und K.L. Pfeiffer. Frankfurt/a.M. 1988 (StW 750) S. 80-93, hier besonders S. 83 ff.

Detail fortsetzendes Sich-Einverleiben der Dinge in die Worte, der einerseits die amorph scheinende Gestalt des Textes verursacht. Zugleich aber indiziert er die Kompensationsleistung, mit der - nach Volponis Selbstkommentar - das supplementär sozusagen fortgeschriebene Identitätsdefizit des Helden in der sinn- und richtungslosen Materialität der Selbstaussprache verkörpert ist.[23)]

III. *Memoriale* - Der entfremdete Leib und die Ästhetik der Maschine

Bündelt man diese Beobachtungen, so bietet es sich an, das Ineinandergreifen der beiden Diskurse (über Maschinen, Wissenschaft und Technik einerseits, über den eigenen Leib/Körper andererseits) im Konkreten näher zu bestimmen und die Verschränkungen aufzuzeigen, die sie mit dem sprachlichen Medium ihrer Artikulation selbst eingehen. In *Memoriale* tritt diese doppelte Verschränkung - in einer zunächst bloß pathologisch anmutenden Weise - offensichtlich zu Tage. Hier drängt sich der Eindruck verzerrter Wahrnehmung vor allem durch konzeptuelle Interferenzen zwischen Körper- und Maschinenbeschreibungen auf. Der Wunsch des Kriegsheimkehrers nach einem "entrare nel corpo della fabbrica" (Mem., S.17)[24)] ist der Ausgangspunkt seines Handelns. Er ist vor allem mit einer diffusen Hoffnung auf Heilung eines nicht näher gekennzeichneten "malessere" motiviert. Damit ist eine Anthropomorphisierung der Dingwelt eingeführt, die sich im Text durchhält. Die Ästhetisierung der industriellen Architektur u.a. als einer "chiesa [...] [in cui] si svolgevano le funzioni di centinaia di lavori" (Mem., S.11) enthüllt nun im Fortgang ein Ordnungs- und Genesungsphantasma, in dem die gleichsam grenzenlose Kontiguität von menschlichem Körper und funktioneller Maschine imaginiert werden kann.[25)] Wird damit die Dingwelt der maschinellen Vorgänge mit dem Wunschbild einer "vita nuova" aufgeladen (vgl. Mem., S. 20) und als Ort möglicher Palingenese ausgewiesen, so bildet diese Semantisierung durch das erzählte (und erzählende) Ich nach dem Eintritt in die Fa-

---

23) So zumindest sinngemäß die bei Capozzi, "Metaromanzo" (wie Anmerkung 11), S. 28 zitierte Selbstbekundung des Autors: "La lingua più svagata, sbandata, incerta ma costruita e usata per la sua agressività, è quella di *Corporale* [...]. Essa sta per un ventaglio di cose: l'incertezza del personaggio; la sua ricerca di un padre, di un'identità [...]."

24) Die drei hier behandelten Romane Volponis werden im laufenden Text nach folgenden Ausgaben zitiert: *Memoriale* (Turin 1981, Einaudi, Gli Struzzi 233); *La Macchina mondiale* (Turin 1975, Einaudi, Gli Struzzi 83); *Corporale* (Turin 1975, Einaudi).

25) Vgl. z.B. *Memoriale*, S. 33.

brik die Voraussetzung von krassen Umdeutungen: Die industrielle Dingwelt gerät dem Erzähler zu einem Zeichenkomplex mit beliebigem "Lektüre"-Angebot. Je nach dem Erleben wird sie auch in Analogie zur Kriegsmaschinerie gesehen und als Instrument symbolischer Tötungen von "Konkurrenten" benutzt.[26)]

Rein motivgeschichtlich gesehen weist dieses Konzept der Kontiguität von Körper und Maschine auf die Mythisierungen des technischen Geräts zurück, die von Morasso über D'Annunzio zu Marinetti ein Supplement des Körpers in der Maschine beschreiben. In ihnen konnten sich die kollektiven, modernitätsspezifischen Allmachtsphantasien von Geschwindigkeit, symbolischer Aggression und ausgelagertem sexuellen Begehren binden.[27)]

Dieser, im literarischen Diskurs des (Prä-)Faschismus gestiftete Mythos von der Körper-Maschinen-Kontiguität figuriert in *Memoriale* allerdings bloß als Anspielungshorizont. Hier wird die Mythenbildung in ihren pathogenen Voraussetzungen in bezug auf das dafür empfängliche Individuum entwickelt und auf die industrielle Revolution der Nachkriegszeit bezogen. Dabei ist der literarische Bezugshorizont ein völlig anderer. Einmal ist es zweifellos Vittorinis Vorstoß in die veränderte Wahrnehmungsweise unter den Bedingungen der "cose nuove", der Volponi einen entscheidenden Anstoß gibt; zum anderen löst Volponi die Forderungen jener Diskussionen so ein, daß neben der Entmythisierung des (prä-)faschistischen Maschinenkults eine andere poetologische Hypothek der italienischen Literaturtradition getilgt wird: die ideologische Vereinnahmung des "einfachen Volkes" nämlich. Die weitgehende Konzentration des Neorealimus der vierziger und fünfziger Jahre auf populistische Sujets war eingebunden in die italienische Tradition ruraler Projektionen[28)] und gestützt auf Gramscis Teleologisierung des

---

26) Vgl. etwa *Memoriale*, S. 40: " [...] odiavo tutti i compagni.Speravo che le loro macchine s'inceppassero e tagliassero malamente i pezzi. Questo odio m'aiutava a lavorare e mi dava l'ambizione di riuscire a fare meglio degli altri. Prendevo il grezzo dalla cassetta come fosse un nemico da sgominare e lo riponevo finito che ormai gli ero affezionato come a una parte di me stesso".

27) Derartige Besetzungen, die das technische Gerät - sei es die Industriemaschine, das Rennauto oder das Flugzeug - dabei erfährt, weisen der automobilen Maschine letztlich diejenige Funktion zu, die unter dem Begriff des Partialobjektes in der Theorie Melanie Kleins das libidinös besetzte Ding als disponible Metonymie der begehrten und gehaßten Körperteile der Eltern in der Phantasie des Kindes übernehmen kann. Vgl. M. Klein, *Die Psychoanalyse des Kindes*. Frankfurt/a.M. 1987, S. 107 ff.

28) Zu Tradition und Funktion ländlicher und idyllischer Sujets im Ottocento vgl. zuletzt die Arbeit von R. Schwaderer, *Idillio campestre. Ein Kulturmodell in der italienischen Erzählliteratur des 19. Jahrhunderts*. München 1987.

"Volkes" als spezifisch italienische geschichtsdynamische Kraft;[29] und gerade diese Teleologisierung des Volkes bringt nun bekanntermaßen die Nachkriegsliteratur Ende der fünfziger Jahre in eine Orientierungskrise. Nach dem endgültigen Verblassen der Resistenza-Legenden und mit der mangelnden Glaubwürdigkeit geschichtsteleologischer Projektionen auf das "Volk" als Quelle sozialistischer Erneuerung desavouiert sich nämlich eine dominante poetologische Argumentation des Neorealismus. Das wird ersichtlich an den zwei Extrempositionen einer Begrenzung populistischer Perspektive, an Cassola und Pasolini. Neben Cassolas idyllisch gefärbtem und deshalb geschichtsdynamisch insignifikantem "populismo" verwehrt auch Pasolinis ethnographisch gemeinter Zugang zu Lebenswelt und Sprache des "sottoproletariato di borgata" eine geschichtsteleologische Vereinnahmung, wie es schon früh Alberto Asor Rosa gezeigt hat.[30] Stattdessen entdeckt und ästhetisiert Pasolini in der Lyrik und im Roman die unveräußerliche Körperlichkeit der Marginalisierten. Gerade als Abreib der Geschichte sind sie auserwählt, in ihrem quasi-sakralen Martyrium die "sorgente dell'essere" (Asor Rosa) darzustellen. Ihr Körper, ersichtlich auch an dem korporalen Sprachgestus z.B. der "ragazzi di vita", wird gerade wegen des Paradoxons von analysierter inhumaner Entfremdung und animalistischen Zuschreibungen durch Pasolini zu dem Ort, an dem sich eine unveräußerliche Kraft des Volkes emblematisch manifestieren soll. Mit diesem Ausweis des Körpers als Residuum vitalistischen und obszönen Widerstandes gegen die Opferrolle im Prozeß totaler kultureller Entfremdung belebt nun Pasolini letztlich wieder einen regressiven Mythos: "Il popolo torna ad essere natura", wie es Asor Rosa lakonisch pointiert hat.[31] Genau dies aber, die Mythisierung des Körpers als Ort sich überlagernder Spuren geschichtlicher Gewalt und eines natürlich gebliebenen, obszönen Begehrens, wird bei Volponi rückgängig gemacht. Es wäre denn auch verkürzt, den Roman *Memoriale* wegen seiner Thematik als ein

---

29) Vgl. dazu das Kapitel "La Resistenza e il Gramscianesimo" in: A. Asor Rosa, *Scrittori e popolo*. Rom 1965, S. 153 ff.

30) Vgl. ebda., S. 263: "In ambedue, infatti, c'è, fondamentalmente, il rifiuto della Storia, il drastico abbandono della concezione progressista. Sia l'uno che l'altro compiono un'operazione tipicamente regressiva: al di là del divenire, alle sorgenti dell'essere."

31) Ebda., S. 263. - Zur Bedeutung der korporalen Mythik Pasolinis vgl. u.a. G. Savoca, "Ragione, storia e corpo nella poesia di Pasolini", in: Ders., *Tra testo e fantasma: Analisi di poesia da Gozzano a Montale*. Rom 1985, S. 88-98; H. Finter, "San Pier Paolo oder 'Alles ist Paradies in der Hölle' (Sade). Über Pier Paolo Pasolini", in: *Der Körper und seine Sprachen*. Hrsg. v. H.-J. Heinrichs. Frankfurt/a.M., Paris 1985. S. 61-91.

Stück bloßer Industrieliteratur zu verstehen. Sein zentrales Sujet, die "Verkörperung" einer Entfremdungssituation im wörtlichen Sinne, wird erst klar ersichtlich in der Rückschau von den späteren Romanen aus, die allesamt die Ambivalenzen des Körperbildes in bezug auf die Wahrnehmung der technischen Dingwelt ausfalten. So läßt sich auch *Memoriale*, trotz der beschränkten Thematik der Arbeitswelt, als eine erste antithetische Antwort auf jene Mythisierungstendenzen verstehen, die den Körper der geschichtlich Marginalisierten zur Projektionsfläche für Sakralisierungen im Namen einer Geschichtsphilosophie bzw. im Namen ihres Scheiterns erklären.

Greifbar wird dieses Gegensteuern in *Memoriale* vor allem an der Komplementärstrategie zur Anthropomorphisierung der Maschine, an der Funktionalisierung des Körpers durch den Erzähler nämlich.[32)] Als erster Beleg mag dazu eine Passage dienen, in der der Erzähler seine weniger arbeitswilligen Kollegen als "Krankheiten" imaginiert, die aus dem "Körper" der Fabrik heraus ("il corpo che le ha nutrite") entstehen und ihn in seiner natürlichen Organizität zerstören (Mem., S. 43). Das Bild des eigenen kranken Körpers, das der Erzähler mit allen Mitteln zu verdrängen und als Wahnvorstellung der Betriebsärzte zu verstehen sucht, kehrt nun in der "Krankheit" der Fabrik wieder, deren menschliche Maschinenteile den gesunden Fabrikkörper zu zersetzen scheinen. Der Erzähler imaginiert den eigenen Leib also in der Projektion auf den funktionellen Kontiguitätszusammenhang von Maschine und Mensch. Er lagert das Selbstbild aus und gibt damit - uneingestanden - den eigenen funktionalistischen und verdinglichenden Körperbezug zu erkennen. Diese Beobachtung bestätigt sich in der eigentümlichen Verdinglichung des Schmerzes, den der Erzähler gleich zu Anfang als einen von sich abgetrennten und disponiblen Gegenstand beschreibt. Das eingespielte Anamnesegespräch mit dem Arzt z.B. erlaubt ihm ein Ritual der Entäußerung des Leidens:

> [...] era un'operazione che mi consentiva [...] di sollevare i miei mali un momento dal mio corpo e dalla mia anima e vederli distinti, lontani, come sopra un davanzale dal quale fosse poi possibile sparire o magari riprenderli, secondo la mia volontà. (Mem., S. 6)

32) Ganz allgemein sei hinsichtlich der Verknüpfung solcher Maschinisierungen mit modernitätsspezifischen anthropologischen Modellen verwiesen auf die Aufsätze in: H.A. Glaser/W. Kaempfer (Hrsg.), *Maschinenmenschen. Referate der Triestiner Tagung*. Frankfurt/a.M., Bern, New York, Paris 1988.

Andererseits sieht der Erzähler in der betriebsärztlichen Therapie seiner (für ihn inexistenten) Tuberkulose einen Eingriff, der die körperlichen Leiden im Vorgang ärztlicher Diagnose aus dem Körper isoliert und sie so von außen sich gegen ihn kehren läßt: "ma se gli altri li [die Leiden] mettevano fuori di me e contro di me, non avrei più potuto dominarli e batterli" (Mem., S. 64). Entfremdet sich so das eigene Leiden dem Körper als verfügbares Objekt im Sanatorium völlig (vgl. Mem., S. 73 ff.), so setzt diese durchaus plausibel gemachte Enteignung durch den therapeutischen Apparat nur dasjenige an Objektivationen fort, was im Blick des Erzählers auf die eigenen Körperteile als Liebkosung von Objekten an narzißtischer Identitätssuche schon angelegt ist (vgl. z.B. Mem., S. 58). Die strukturelle Enteignung von seiten eines medizinisch-sozialen Apparats, vom Erzähler durchaus durchschaut, *und* eine Art der Selbstenteignung durch narzißtische Zergliederung und Exteriorisierung der Körperteile greifen folglich untrennbar ineinander. So erweist sich die anthropomorphe Ästhetisierung der Maschinenwelt letztlich als Versuch, die im Körperbild nur ungenügend gebannten Angstphantasmen von dem zerstückelten, in Objekt-Teile zerfallenden Körper imaginär zu tilgen (Mem., S. 186).[33]

---

33) Dem Leser erlaubt dieser Kontiguitätsbezug von Mensch und Maschine, wenn seine narzißtische Fundierung und Doppelseitigkeit einmal entdeckt ist, auch andere Eigentümlichkeiten des Romangeschehens besser zu deuten. So kann die lange anthropomorphe Beschreibung zweier Bagger (Mem., S. 68 f.) auf Anhieb so gelesen werden, daß die unartikulierten und expressis verbis abgedrängten Sexualwünsche auf das Bild zweier aggressiv aufeinander zufahrenden und schließlich sich gegenseitig "helfenden" "scavatrici" verschoben werden. Ähnlich, aber in umgekehrter Verweisrichtung, indiziert eine harmlos scheinende Beschreibung eines Fabrikarbeiters den Zusammenhang zwischen narzißtischer Projektion auf den Anderen und Maschinisierung des Wunschbildes. Die schön geschnittene Nase des Arbeiters erscheint Saluggio "affilato e ben fatto, acuto e equilibrato come fosse il primo dei suoi strumenti di precisione," (Mem., S. 7), und die nachfolgende Beschreibung der "eleganten" und gar nicht bäuerlich-unbeholfenen Benutzung des Fahrrades durch jenen Fabrikarbeiter komprimiert en miniature das mehrfach beschriebene Kontiguitäts-Phantasma: Der von Saluggio bewunderte Fabrikarbeiter assimiliert sich förmlich der von ihm benutzten Maschine und tritt damit in einen ästhetischen Gegensatz zum "naturnahen" Bauern. Vgl. dazu die spekulativ ausgreifenden Gedanken von D. Kamper, "Das Phantasma vom ganzen und vom zerstückelten Körper", in: Kamper/Wulf, *Die Wiederkehr des Körpers*, S. 125-136, hier S. 132, wo die Supplementfunktion der Maschine in bezug auf das Lacansche Spiegeltheorem kulturtheoretisch gewendet wird.

IV. *La Macchina mondiale* - Geschichtstheorie als panzernde Maschine

Die sprachlich-erzählerische Artikulation des erinnerten Geschehens tritt in *Memoriale* nur bedingt, nämlich im eingangs erwähnten Sinne semantischer Verzerrungen im Angesicht des Anderen, unter das Diktat des Maschinellen. Anders dagegen im zweiten Roman Volponis. Die sprachliche Konstruktion des in die Erzählung eingelagerten Traktats erbringt in *La Macchina mondiale* genau die Leistung, die in *Memoriale* die imaginierte Isomorphie der Maschine mit dem menschlichen Körper übernimmt.

Der Kleinbauer und "philosophierende" Autodidakt Anteo Crocioni panzert sich in einer geliehenen Wissenschaftssprache, deren Elemente er zu einer starren Kosmologie kombiniert, zu einer Theorie der "Weltmaschine". Sie soll den kontingent anmutenden Unrechtserfahrungen einen Ort im geschichtsteleologischen Mechanismus zuweisen. Dieser Traktat, den der Ich-Erzähler parallel zu seinem Lebensbericht schreibt und von dem er Teile in die fortschreitende Autobiographie einmischt, ist ein

> [...] trattato di filosofia e di meccanica che può spiegare la sorte dell'uomo, oltre che i motivi della sua posizione nell'universo ed individuare le formule per la sua liberazione e per la composizione di una nuova accademia dell'amicizia fra tutti gli uomini della terra. (LMM, S. 4)

Der in diesem Ziel gelegene Anspruch des Kleinbauern desavouiert schon im Ansatz den Totalitätsanspruch philosophischer bzw. geschichtsphilosophischer "Systeme", deren Rhetorik hier in den Dienst persönlicher Kontingenzreduktion genommen wird. Der Traktat, an dessen Theorie zur Genealogie von Automatenmenschen Crocioni sich klammert, ist dabei ausdrücklich als "macchina" gesehen (LMM, S. 8), die "dispositio" der Argumente erscheint dem Erzähler während eines absurden Disputs mit einem römischen Professor - in der rhetorischen Tradition durchaus konsequent - als das Ordnen des Heeres in der Ebene vor dem Angriff, die hanebüchene tabellarische Konzentration seiner Ideen als "perfetta fortificazione", als "un corpo inattaccabile" schließlich (LMM, S. 118). Den eigenen "wissenschaftlichen" Text - und seine Sprache - imaginiert der Erzähler folglich *als* einen Körper oder eine Maschine. Die Verkettung der Argumente wird ihm zur "Konstruktion" einer unerbittlich "wahren" Theorie, deren sprachliche Genealogie in dem Erzähltext selbst reflektiert und vom Aufbau sinnlos scheinender axiomatischer

Grundelemente her beschrieben wird (LMM, S. 20). Diese "Maschinisierung" der in Konstruktion befindlichen Theorie formiert bei dem Erzähler auch die Selbstwahrnehmung: Er beschreibt völlig distanzlos den grotesk anmutenden Beginn seines Selbstbildnisses aus der Erkenntnis seines Traktats heraus:

> [...] mi sentivo sottile e agitato come l'ala, anzi il corpo intero di una vespa; e più oscillavo, e più sentivo dentro di me comporsi chiaramente la macchina, delinearsi le regole della meccanica [...]. (LMM, S. 6)[34)]

Die globale wissenschaftliche Theorie, der behauptete Geschichtsverlauf und das Ich des deklassierten Bauern verbinden sich folglich im Wahn des Erzählers zu einem notwendigen, mechanisch ablaufenden Verbund von Maschinen. Aber dieser Verbund bleibt nicht statisch. Denn im Erzählvorgang konstituiert sich einerseits dieses Bild totalisierter Mechanik, andererseits dynamisiert die Ich-Erzählung dieses "Getriebe" erst. Sie bringt so, um im Bilde zu bleiben, die Reibungsflächen zur Sprache, dasjenige an Erzähltem und Entworfenem also, in dem die Selbstauslegung Crocionis neben der reinen Groteske noch einen Sinnüberschuß produziert, der dem Leser zur Außensicht eines pathologischen Falls verhilft. Die eigentlichen Signifikanzen werden hier, wie in der psychosomatischen Anamnese, durch Brüche in der Kohärenz des Erzählten erzeugt, durch Inkompatibilitäten, auffällige Rekurrenzen und metonymisch verschachtelte Signifikantenketten, die gemäß der Lehre Lacans "unterhalb" der intendierten Semantik die kryptische Sinnrichtung einer Äusserung anzeigen. Nun wäre es platt und fruchtlos, den grotesken Lebensbericht des Kleinbauern in der Lektüre durch psychoanalytische Kategorien hindurch als einen Fall behandeln und eine psychische "Wahrheit" aus den offenbaren Verzerrungen herauslösen zu wollen. Hier fehlt ja auch - im Gegensatz zu dem prominenten Beispiel des Svevoschen Zeno Cosini - der analytische Bezugsraster im Text, der als Matrix der autobiographischen Äußerungen durch Zeno bekanntlich denn auch zur Freilegung eines Sinnüberschusses der eigenen Rede benutzt aber zugleich desavouiert wird.[35)] Dagegen bietet

---

34) Daß diese diskursive Konstruktion des Traktats als eine Art "mise en abîme" in bezug auf die fiktionsbildende Tätigkeit des Romanciers selbst lesbar ist und somit eine narzißtische Funktion des Meta-Romans ausübt, darauf verweist L. Hutcheson, "The Theme of Linguistic Identity: 'La Macchina Mondiale'", in: Dies., *Narcissistic Narrative. The Metafictional Paradox*. Waterloo, Ontario 1980, S. 104-117.

35) Zur Funktion des daraus resultierenden Sinnüberschusses, der eine ästhetische Erfahrung aus dem Scheitern der psychoanalytischen "Auflösung" erst ermöglicht, vgl. R. Galle, "Wissenschaft und Kunsterfahrung. Zum Verhältnis von

es sich hier an, die Teilwahrheit der abstrusen Sichtweise Crocionis am Bezug zu demjenigen Raster festzumachen, der als kulturelles Zitat, so verzerrt es auch ist, vom Erzähler assimiliert wird: am Bezug zu einer abstrusen totalisierenden "Geschichtsphilosophie" als Wissenschaft "sub specie machinae".[36)]

Die Ausdifferenzierung der Maschinentheorie im Laufe des autobiographischen Diskurses ist für sich genommen so wenig interessant wie der zugrundeliegende banale Plot, die fortschreitende Enteignung und Marginalisierung eines jungen Kleinbauern, dessen Eltern aus dem wirtschaftlichen Zusammenbruch der quasi-feudalen Pachtökonomie heraus nach Rom fliehen, und dessen paranoid anmutenden Kindheitsprobleme sich nun in der sozialen Abseitsstellung potenzieren. Für die Sinnbildung der Erzählung ist entscheidend auch weniger die Frage nach dem Ursprung der "alienazione"; vermutbar pathogene Strukturen der Familiensituation bleiben - abgesehen von einer insignifikanten ödipalen Spannung - im Dunkeln. Wesentlich ist dagegen, daß die sorgsam und distanzlos aufgezeichnete Geschichte der eigenen Paranoia das kulturell vorgeprägte Material der sprachlichen Panzerung in Mißkredit bringt, das der Erzähler zur Selbstauslegung und letztlich zur Selbstkonstitution benutzt.

Es mag zunächst bloß kurios erscheinen, daß Crocioni aus eklektischen Kolleg-Lektüren eines Seminaristen die Grundelemente dazu bezieht. Aber die beiläufige Satire zum kosmologischen Wissensstand angehender italienischer Priester tritt in den Hintergrund vor dem Eindruck der Megalomanie, mit der Crocioni aus Theoriefetzen seine "Theoriemaschine" konstruiert. In diesem Zerrspiegel ist nämlich das ganze Panorama aufklärerisch-mechanistischer Theoreme amalgamiert, angefangen mit einer teleologischen Kosmologie-Konzeption über die Suche nach strukturgebenden Monaden bis hin zur Vorausberechnung utopischer Gesellschaftszustände.[37)]

Romanform und Psychoanalyse in Svevos 'La coscienza di Zeno'", in: U. Schulz-Buschhaus/H. Meter (Hrsg.), *Aspekte des Erzählens in der modernen italienischen Literatur*. Tübingen 1983, S. 125-141. - Die poietische Funktion des permanenten Scheiterns Zeno Cosinis am psychoanalytischen Bezugsraster, dessen Insuffizienz die permanent supplementäre Schrift-Arbeit erzwingt, erläutert J. Spizzo, "Svevo ou la praxis auto-analytique de l'écriture", in: R. Behrens/R. Schwaderer (Hrsg.), *Italo Svevo. Ein Paradigma europäischer Moderne. Kolloquium Würzburg 1987*. Würzburg 1990, S. 191-205.

36) Die Geschichte der Mechanisierung von Zeit- und Geschichtsmodellen unter dem Vorzeichen des Maschinenbegriffs ist zuletzt skizziert worden durch J. Mecke, "Zeitmaschine und Zeitgeist", in: Ch. Grivel (Hrsg.), *Appareil et machines à représentation*. Mannheim 1988 (= MANA 8), S. 111-158.

37) Dieser mehrfach sich aufdrängende Bezug zu barocken und aufklärerischen Weltmodellen "sub specie machinae" wird schon im Romantitel konnotiert. Der

Die im Traktat ausgebaute Vision ist auch keineswegs homogen. Sie schwankt in ihrer geschichtsphilosophischen Dimension z.B. zwischen dem Phantasma der Geschichte als einer "supermeccanica", in deren Endzeit ("il futuro dell'artificiale") die "natürlichen" Körper der Vergangenheit als tote Relikte aufgehoben sind (LMM, S. 26), und fraternalistisch-humanitären Utopievorstellungen, die den Erzähler auch in einer Nebenepisode der Handlung als visionären Propagandisten des P.C.I. ausweisen sollen (LMM, S. 106 ff.).

Der abstruse Eklektizismus dieses "wissenschaftlichen" Denkens wird gerade dadurch bis ins Schwindelerregende getrieben, daß in ihm Fetzen aufklärerischer Vorstellungen vom Uhrmacher-Gott,[38] von Theodizeen, materialistischen Kausalitätskonzepten und quasi-hegelianischen Ideen eines ideellen Endzustandes der Geschichte immer neu kombiniert werden. Die Folge ist, daß in der Perspektive des Lesers die in den autobiographischen Bericht eingemischte "Theorie" als skurril springendes, keineswegs linear-logisch sich entwickelndes "work in progress" erscheint: So ist es letztlich der diskursive Akt der Konstruktion selbst, der den Charakter der Panzerung des Ichs gegen unverarbeitete Erfahrungen zu erkennen gibt, ein verzweifeltes Sich-Bemühen um totalisierendes Festschreiben der Wirklichkeit aus der theoretischen Distanz heraus. Parallel zu dieser megalomanischen Theorie-Arbeit indizieren nämlich die autobiographischen Passagen selber die Selbstentfremdung sowie die zunehmende Kontaktlosigkeit des Erzählers gegenüber den ihm nahestehenden Personen und seinem eigenen Körper. Selbst diejenigen Erzählpassagen, die zunächst eine gewisse Selbstfindung vermuten lassen,[39] bezeugen letztlich nur den Fortgang der "alienazione", nicht aber ihre Aufhebung. In diesen Fällen ist es nämlich die eigene Aggressivität, die sich - dem Erzähler selbst unbemerkt - in der Situation durchsetzt und sie so wieder in den Kontext der "unerbittlichen" Maschinensprache seiner Theorie einrückt:

Begriff "machine du monde", als Metapher für die systemtheoretische Einheit der Welt auch in diachron-geschichtlicher Perspektive, findet sich häufig bei Leibniz und kann bis auf eine antike Metaphernprägung (u.a. bei Lukrez) der "machina mundi" zurückverfolgt werden. Vgl. W. v. Wartburg, *Französisches etymologisches Wörterbuch*. Bd. 6, I. Teil. Basel 1969, S. 11.

38) Darauf hat kurz nach Erscheinen des Buches G.-O. Biasin ("The watchmaker God", in: *Ital. Quaterly* 10,38 (1966) S. 87-89) hingewiesen.

39) Z.B. eine plötzliche Krankheit, die ihn in seinem Haus hilflos macht, der Geschlechtsakt neben der Straße mit seiner Frau, der er bei ihrer Rückkehr ins elterliche Dorf auflauert, die gemeinsame Instandsetzung des Hauses für die Wiederaufnahme der entlaufenen Frau zusammen mit dem Priester Liborio.

Die Gewehrschüsse, mit denen der längst sozial isolierte Crocioni von seinem Krankenlager aus auf sich aufmerksam macht, sprechen diesbezüglich eine klare Sprache, ebenfalls die bemerkenswerte Brutalität, mit der er den Widerstand seiner Frau gegen den erzwungenen Sexualakt bricht.

Die fehlgeschlagene Versöhnung mit seiner Frau führt Crocioni im übrigen durchaus zu Überlegungen, die den bloß kompensatorischen Charakter seiner "Theorie" durchscheinen lassen. Er erinnert sich als von einer Wut ergriffen,

> [...] nel quale ammetevo ripetutamente, *con gli scatti di una macchina*, che l'incertezza prova l'evoluzione, come l'evoluzione prova l'incertezza, e quindi che la scienza non può essere altro che incertezza ed evoluzione e che come incertezza altro non è che lo strumento per comunicare, toccare, andare avanti e che come evoluzione è la spinta a migliorare e a credere che sempre ogni cosa debba cercare di diventare migliore di quello che è fino a ... (LMM, S. 176).

Wenn auch dieser Gedankengang letztlich konfus bleibt wie viele andere des "Traktats" auch, so bezeugt er doch paradigmatisch hinter dem Schleier der Unklarheit einmal das insistierende, gleichsam mechanisch anmutende Bemühen um diskursiven Fortgang des Theorie-Gedankens. Zum andern artikuliert sich in ihm ein vages Bewußtsein des Erzählers davon, daß "Wissenschaft" ein permanentes und ad libitum sich verschiebendes Suchen nach einem Halt in der unreduzierbaren "Unsicherheit" sein mag, paradoxerweise verschärft durch die Annahme, daß dieses Suchen das Medium der Geschichte selbst ist, die maschinenartig in ihrer Bewegung auf permanente "Verbesserung" aller Zustände hinarbeitet.

Bezeichnenderweise ist nun dieser teleologische Anspruch zwar formuliert - wie er auch mehrfach im Roman in Varianten erhoben wird -, aber er lenkt durch die abgebrochene "reticentia"-Form des Satzes die Aufmerksamkeit gerade auf das bloß Motorische dieser Theorie-Suche selbst. Sie gibt damit den Blick frei auf die bloße Wunschstruktur dieses Maschinen-Phantasmas. In Ansätzen bricht sich hier die Ahnung des Erzählers Bahn, daß seine hartnäckig und gegen alle Wahnsinnsbeschuldigungen verfolgte Theorie der "Weltmaschine" die exteriorisierte Suche nach Eliminierung einer anderen, ihn selbst betreffenden "incertezza" sein könnte. Die Theorie der Weltmaschine und die diskursive Arbeit an ihr erwiesen sich dann als bloße Projektionsflächen für den ungestillten und unstillbaren Narzißmus des Helden.

Daß dies nicht eine willkürliche Deutung ist, sondern in Hinweisen des Textes selbst einen Rückhalt findet, läßt sich an zwei Beispielen belegen. Einmal gibt eine interessante Passage zu Zeichenübungen den Blick genau auf die narzißtische Relation zwischen dem erzählten Ich und seinen mentalen Produkten frei, die ansonsten verbal verdeckt gehalten wird. An einem Punkt der Arbeit an dem Traktat erfährt Crocioni angesichts bestimmter theoretischer Schwierigkeiten sich selbst als "fallender", hilflos vor seinem Gegenstand in eine Ohnmacht gezwungener "Beobachter" der Welt (vgl. LMM, S. 81 ff.). Seine eigenen mechanischen Zeichnungen werden ihm unverständlich und bilden "eine Reihe von Getrieben, die sich zusammenschlossen wie in einem Teich". Zur Entspannung beginnt er Tierzeichnungen, aber auch die akkurate Zeichnung eines Pferdes gerät ihm zu einer Bedrohung durch das von ihm Entworfene, so daß angesichts dieser Erfahrung ihm seine eigenen Gedanken bedrohlich werden:

> [...] perchè temevo di *spezzarmi dietro a loro, di spezzare il senso delle mie ricerche*, di perdere così la mia fiducia ed insieme la mia salute e la mia sanità. (LMM, S. 82).

Hier, aber nur an dieser Stelle einer Krise und des Ausweichens in das Medium zeichnerischer und damit körperlicher Darstellung der Welt, wird die Angst vor dem zerstückelten eigenen Körper formuliert - eine Angst vor dem Identitätsverlust, die ganz offenbar durch den hartnäckigen Rekurs auf eine geschlossene und damit totalisierende "wissenschaftliche" Theorie gebannt wird.

Zum andern bezeugt die Bedeutung einer "Statuette" die verdeckte narzißtische Relation, die Crocioni mit den Dingen der Welt verbindet. Er hatte sie aus der Bibliothek der Großgrundbesitzerin zusammen mit ersten Büchern (!) gestohlen und benutzt sie nun als kostbaren Fetisch solange, bis er unter der Verschärfung seiner Krisensituation dieses Menschen-Analogon immer mehr aushöhlt, um es schließlich mit Sprengstoff auszufüllen und sich damit selber zu töten. Die eigentümliche Verquickung von Objektbesetzungen der Statuette mit sadistischen Komponenten und Weltuntergangsphantasmen durch die Dimensionierung der Selbsttötung als Explosion zeigt die narzißtische Art der beschriebenen Paranoia deutlich an. Dieser Nebenstrang der Handlung legt es folglich nahe, auch die megalomanische Theoriebildung des Erzählers und sein Phantasma der "Weltmaschine" unter dem Blickwinkel einer imaginären Selbstspiegelung zu sehen und damit den narzißtischen Anteil an seinem totalisierenden Wissenschaftswahn zu erkennen.

Damit rückt aber - und dies sollte der Zielpunkt unserer Überlegungen sein - nicht die individuelle neurotische Störung in das Blickfeld des Lesers, sondern eher schon die Disponibilität bzw. Affinität des wissenschaftlichen bzw. kosmologischen Diskurses zur Artikulation der narzißtischen Suche nach einem Bild heilsversprechender Totalität des Ichs. Dessen Auflösungsphantasmen sollen in der Kohärenz der maschinenhaften Einheit von geschichtstheoretischem Traktat und der Geschichte selbst gebannt werden. Daß in dieser indirekten Denunziation die marxistische Gesellschaftstheorie von Gramsci bis Della Volpe mitberührt ist, liegt dabei auf der Hand. Gerade die nachhaltige und im Italien der fünfziger und frühen sechziger Jahre stark rezipierte Verwissenschaftlichung und "Hegelianisierung" des Marxismus durch Della Volpe und seine Schule,[40)] die eine Welle der Ausdifferenzierung der Marxschen Geschichtsphilosophie auslöste, dürfte sich demnach im Zerrspiegel dieses Romans zumindest tendenziell wiedererkennen.

V. *Corporale* - Die Spiegelfunktion des Körpers und der Gegenstände

Nur im Ausblick und thesenhaft soll die Verschränkung des Diskurses über die Maschine mit demjenigen über den Körper in *Corporale* angezeigt werden. Zweifellos würde gerade dieser, über 500 großformatige Seiten sich erstreckende Roman eine intensivere Kritik verdienen. Aber bislang hat das Ausufernde und Maßlose dieses Textes verständlicherweise eher abschrekkend gewirkt. Als kennzeichnend für seine scheinbar ungezügelte Formlosigkeit seien hier bloß folgende Eigentümlichkeiten benannt: Eine ins Amorphe sich auflösende Struktur der vielen Einzelhandlungen, ein obsessiver Charakter zahlreicher Beschreibungspassagen und eingeblendeter halluzinativer Phantasmen der Ich-Erzähler, eine abrupte und richtungslos scheinende Verkettung von Situationen des Begehrens, der Aggressivität, der Zerstörung und des maßlosen Ausbreitens von Objektbeschreibungen, schließlich eine Aufspaltung des Erzählers in einen Ich-Erzähler, in dessen angenommene "Maske", die in einer anderen Identität tagebuchartig den autobiographischen Diskurs fortführt, und in einen personalen Erzähler, der in den Kapiteln II

---

40) Vgl. dazu G. Bedeschi, *La parabola del marxismo in Italia. 1945-1983.* Rom, Bari 1983, S. 79 ff. und N. Badaloni, *Marxismo come storicismo.* Mailand 1962, M. Rossi, *Marx e la dialettica hegeliana.* Rom 1960/1963.

und IV diese "Maske" des Ich-Erzählers einführt und damit den Anschein einer Außensicht herstellt (die selber aber durch einen narzißtisch-identifikatorischen Bezug entwertet wird). All diese auf Entropie abzielenden Verkomplizierungen von Erzählstoff und Erzählvorgang haben schon die durchaus lebhafte Kritik bei Erscheinen des Werkes 1975 ratlos gemacht.[41)] Die Konsternation der Kritik mag am ehesten an der unglücklichen Formulierung der Zugehörigkeit zu einer "narrativa bassa" durch Renato Barilli ermessen werden, eine Formulierung, die nicht auf literarische Wertigkeit abzielt, sondern die "korporale" und materielle Thematik meint, die sich den traditionellen zerebralen Thematiken auch der Avantgarde widersetze.[42)] Vermittelbar mit solcher Verlegenheit und Skepsis in bezug auf die obsessive Körperthematik dieses Romans ist die durch die Kritik bislang überzeugend in den Blick gerückte Narzißmus- und Identitätsproblematik dieses Romans.[43)] In der Fortführung der Thematik der früheren Romane scheint hier die wunschorientierte Spiegelung des Ich-Erzählers in den ihm zugesellten Figuren, bzw. diejenige des empirischen Autors in seinen Figuren ganz offensichtlich gemacht bzw. vielfältig variiert. Dabei ist anzunehmen, daß Volponi gerade die jüngeren psychoanalytischen Schizophrenie- und Narzißmus-Theorien u.a. von Lacan, Laing und Deleuze/Guattari gekannt und in die Modellierung der Zentralfigur eingearbeitet haben dürfte. So ist z.B. völlig einleuchtend, daß der Bezug des Helden Gerolamo Aspri[44)] zu seinem übermächtigen deutschen Freund Overath, der ihm brieflich ideologische Klärungen der optimalen marxistischen Positionen bietet, eine identitätsstabilisierende Funktion innehat, die auf narzißtischen Besetzungen seitens Aspris beruht. Ebenfalls zeugt eine Vielzahl von Passagen, die den Blick des Ich-Erzählers in den Spiegel zum Gegenstand haben, von der Bedürftigkeit des Helden in bezug auf das

---

41) Vgl. dazu das eindrucksvolle Resümee von prominenten Literaturkritikern bei E. Baldise, *Invito alla lettura di Volponi*. Mailand 1982, S. 84 ff.

42) So in "Il Mulino" 233 (1974), zit. nach Baldise, *Invito*, S. 85. - Vgl. auch die eher verlegene Kritik von G. Nicoletti in *Paragone* 25, 294 (1974), S. 129-134, wo Volponi in seiner hartnäckigen Zurückweisung poetologischer Traditionen ein persönlicher "narcisismo tormentoso" bescheinigt wird "nell'impulso continuo a rigettare ogni effetto regressivo verso la ricognizione lirica, tabe organica della narrativa italiana, e quindi contraporre l'autobiografismo più corposo, la propria 'corporale' presenza, come una massiccia diga a difesa dallo scacco introspettivo" - ebda., S. 129.

43) Hinzuweisen ist hier vor allem auf R. Capozzi, "The Narrator-Protagonist and the Divided Self in Volponi's *Corporale*", in: *Forum Italicum* 10,3 (1973), S. 203-217; ders., "Metaromanzo e psicanalisi nella narrativa di Paolo Volponi", in: *Canadian Journal of Italian Studies* 3,1 (1979), S. 14-33.

44) Vgl. dazu unseren kurzen Inhaltsabriß S. 5 f.

identitäts-versichernde Simulacrum seiner selbst im Bildnis,[45] - eine vielfach rekurrent gemachte Disposition des Helden, die auch in der eigenartigen Fixierung auf Stalin und dessen Photographie und in der obsessiven wiederkehrenden Beobachtung des eigenen Körpers ("il vasel") sich fortsetzt. Zweifellos ist damit der Weg geebnet für eine Deutung, die in den Obsessionen Aspris die krankhafte Perpetuierung der unerfüllbaren Begehrensstruktur im Sinne Lacans diagnostiziert: Das Theorem, demgemäß es grundsätzlich der Andere ist, in dem sich das sprechende Ich in seiner Identität erst konstituiert[46] und damit die Vorgängigkeit der imaginären Wahrnehmung des Anderen gegenüber der Selbstkonstitution im sogenannten "Spiegelstadium" fortschreibt, dies findet in Aspris kontinuierlicher Selbstentäußerung in die korporalen Bilder des Anderen eine nahtlos passende Applikation.[47] Auch der dreifache, ineinandergeschachtelte Identitätswechsel des Erzählers bezeugt diese Grundthematik: Der reale Autor inkorporiert sich - nach eigenem Urteil[48] - probeweise in seinem Ich-Erzähler Aspri, der sich wiederum zur Selbstbeobachtung einen imaginären Identitätswechsel erlaubt und als Gioacchino Murieta bzw. als imaginierter Revolutionär ein fiktives Tagebuch schreibt, in dem Aspri/Murieta seine Phantasmen von Aggression und Sexualität u.a. in Drogen- und Bordellszenen artikulieren kann; dabei vermittelt ein anonymer Ich-Erzähler an den Nahtstellen die Perspektiven und führt damit eine (scheinbare) Außenperspektive in das Geschehen ein.

Entscheidend für unseren Zusammenhang ist nun weniger das elaborierte Spiel von Identifikation und versuchsweiser Distanznahme zwischen den unterschiedlichen Erzählerfiguren. Zweifellos ermöglicht diese "narzißtisch" qualifizierte Grundstruktur in poetologischer Hinsicht auch die Selbstthematisierung der "écriture" und damit die Möglichkeit, diesen Roman als Meta-Roman zu lesen. Diesen erzählmorphologischen und psychoanalytischen Betrachtungsweisen entgeht aber die für unser Interesse maßgebliche

45) Vgl. z.B. die Passagen S. 113, 233, 281 sowie die besonders signifikante Passage S. 313, wo Aspri sich zunächst ausgiebig in seinem Spiegel beobachtet und sich seiner Gesichtszüge vergewissert, bevor er - vor dem Spiegel - einen Antwortbrief seines "starken" alter ego Overath liest, der ihm darin in hochgestochener Theoriesprache den Zusammenhang zwischen Kriegsführung und Exteriorisierung des Feindes unter psychoanalytischen Vorzeichen erläutert.

46) Vgl. J. Lacan, *Ecrits* I. Paris 1966, S. 431.

47) Vgl. dazu vor allem Capozzi, "The Narrator-Protagonist" (wie Anm. 43)

48) Vgl. das Interview durch C. Toscani, "Incontro con Paolo Volponi", in: *Ragguaglio Librario* 41 (luglio-agosto 1974), mehrfach zitiert bei Capozzi, "The Narrator-Protagonist".

Interferenz der Selbstwahrnehmung und der Wahrnehmung des Anderen unter dem Gesichtspunkt maschinenhafter Körperlichkeit. Gerade die aber bildet das Zwischenglied zwischen der Geschichts- und Zivilisationsthematik des Romans und den mehr oder weniger individuellen pathologischen Verzerrungen, die die Kritik bislang dem Romanhelden zugeschrieben hat. Neben der endlos sich fortsetzenden Selbstbeobachtung als agierender und reagierender Körper sowie als Begehrender gilt die Aufmerksamkeit des Helden nämlich der Überfremdung der Lebenswelt durch standardisierte Verkehrsformen, den Wucherungen industrieller und technologischer Zwänge sowie den Einbrüchen der nivellierenden Wohlstandsgesellschaft in die verbliebenen Residuen hergebrachter Lebensformen. Der Amoklauf gegen die Autobahn durch sein Grundstück (S. 255 ff.) und die zur Prügelei sich aufschaukelnde Beschimpfung eines "Snackbarista" in Pesaro[49] stellen dabei nur die tragikomischen Höhepunkte des ohnmächtigen und in gewisser Weise auch wahnsinnigen Protests gegen das Abschleifen tradierter Lebensformen durch technologisch konstruierte soziale Organisationsformen dar. Aspri, ein moderner Picaro, bewegt sich dabei zwar, als gesellschaftlicher Außenseiter, auf immer "verrücktere" Positionen zu. Aber in dieser (Selbst-)Marginalisierung des Subjekts enthüllt sich eben nicht eine versichernde Normalität der Welt. Eher ist es so, daß über vielfältige semantische Bezüge, und vermittelt über die Bilder, in denen sich Aspris pathologischer Narzißmus artikuliert, eine Art Oszillieren beider Positionen im Text hergestellt wird. Das individuell Pathologische der psychischen Aktivität Aspris scheint über eine prästabilisierte Harmonie mit der Welt, gegen die er sich richtet, in ein Korrespondenzverhältnis gebracht zu sein.

Zum Schnittpunkt dieser Korrespondenz macht der Roman dabei die Materialität der Dinge und des Körpers, deren Insignifikanz es erst ermög-

49) Diese Episode (S. 394 ff) demonstriert exemplarisch eine Grundthematik mehrerer Romanfiguren Volponis: Aspri nimmt in dem begrenzten Lebensraum der Stadt Urbino zwar alle spießigen und repressiven sozialen Mechanismen von sozialer Kontrolle und konservativer Werthaltung wahr, aber mit einer Art Haßliebe hängt er an dieser Stadt, deren urbanistische und kulturelle Vergangenheit ihm immerhin noch einen Schimmer von funktionierender "polis" im Sinne der idealen Renaissance-Stadt vermitteln kann. In Pesaro, dessen industriell "aufblühendes" Stadtbild ("molte industrie [...], piena d'iniziativa e di turismo", S. 293) Aspri wie ein Sinnbild für das Überrolltwerden des ländlichen Italiens von einer Welle der Industrialisierung und Standardisierung der Lebensformen erscheint, provoziert er während eines beiläufigen Besuchs einer "Snackbar" den Wirt, indem er ihn in ein provokatives und ironisches Gespräch über die Wertigkeit der beiden Städte verwickelt, bis es schließlich zur Prügelei kommt.

licht, daß sie zum Schauplatz unterschiedlicher semantischer Besetzungen werden. Aspri selbst, der durch die Korrespondenz mit seinem geliebten und gehaßten alter ego Overath über seine massiven narzißtischen Störungen belehrt worden ist, spricht diese Verfügbarkeit der Dingwelt auch klar aus, wenn er im Zuge einer Rückblende auf ein Jugenderlebnis gesteht:

> A pochi, come a me, è dato, anzi occorre, cercare gemendo: *cercare le cose, una parte di sé, lo spazio interno dello specchio. Pochi si accorgono dei vuoti, ovverossia delle cose.* (*Corporale*, S. 32)

Das Begehren der Dinge, der Wunsch, ihre "leere" Insignifikanz wie einen Spiegel durch den unersättlichen Blick auf das immer neu in ihm gelesene Selbstbildnis zu füllen und damit körperhaft zu machen, dies mag zunächst eine bloß biographische Pathogenese nahelegen. Aber es sind in dem Roman eben nicht nur irgendwelche Dinge, deren semantische "Leere" beliebig aufgefüllt würde. Die Jugenderinnerung von der Fetischisierung eines Mineralsteines, der mit Sexual- und Valorisationswünschen besetzt ist, kann noch als kontingente semantische Figuration einer Biographie gelesen werden. Die assoziative Verkettung dieser Erinnerung mit Phantasmagorien zur Bereitschaft einer Strandbekanntschaft, ihre Körperteile "herzugeben" und wieder zurückzunehmen (S. 32), macht die Modellierung dieser Thematik gemäß der Theorie der Partialobjekte evident. Aber spätestens in dem Augenblick, wo das Angstphantasma der Explosion einer Wasserstoffbombe im Traumerleben Aspris auftaucht und dies durch Overath brieflich als Inversion eines unterdrückten aggressiven Sexualbegehrens und damit als Kastrationsphantasma gedeutet wird, eröffnet sich ein Spiel von Ambiguitäten in der "verrückten" Weltauslegung Aspris, das nicht mehr stillgestellt werden kann. Overath, der allwissende Stalinist, Weltenbummler und Theoretiker des Marxismus, mag zwar dem narzißtisch ihm verfallenen Aspri eine analytische "Wahrheit" bezüglich seiner Neurose verkündet haben; gleichwohl ist damit nicht verhindert, daß Aspri weiterhin in seinen Phantasmagorien solche "cose" sich einverleibt und semantisiert, denen als Bestandteilen technischer Zivilisation die maschinenhafte Funktionalität und eine unerbittliche Aggressivität schon eingeschrieben ist: Das Motiv der Atom-Angst, zunächst ein scheinbares Nebenmotiv, entwickelt sich so zum eigentlichen Agens des ganzen Romans. Die anfänglichen Imaginationen von Gewalt, die halluzinative Suche nach einem "Mörder" am Strand, dessen schemenhaftem Körper Aspri Gestalt zu geben versucht, die unter der Maske Murietas phantasierten Situationen mit

Bluthunden in der Mailänder Drogenszene usw., all diese "Verkörperungen" der Aggression weichen nach dem Unfalltod seines Sohnes der Konzentration auf die atomare Bedrohung.

Beurteilt man diese Themenverlagerung nun aus der Perspektive der Figur Overath, so könnte man darin bloß die Erweiterung einer neurotischen Grundstörung zur Paranoia erkennen. Die zensierten aggressiven Anteile an Aspris Begehren wären gleichsam in die imaginäre Inversion durch die Kriegsbedrohung und damit ins Wahnhafte verschoben. Gegen diese interne Perspektivierung setzt aber der Text des Romans seinen Helden insofern ins Recht, als er die semantische Disponibilität der gegenwärtigen "Zivilisation" für Aspris Phantasmen aufzeigt: In den Roman sozusagen als Ausrisse der Gegenwartskultur eingebaute Texte bezeugen, abgesehen von ihrer Kuriosität, einen Zynismus der Semantik, etwa eine französische Zeitungsnotiz zu einer amerikanischen Verballhornung von "Oh Tannenbaum" zu "Atomic bomb", der von Aspri begierig gelesene Aufsatz zu medizinischen Techniken des Überlebens nach einer Bombenexplosion, der seitenlange Abdruck eines Versteigerungskataloges, in dem die reichhaltige Kunstsammlung einer anderen "Vaterfigur" Aspris zu Markte getragen wird, daneben aber auch die mehrere Seiten umfassende Aufstellung aller derjenigen technischen Geräte und Vorratsmittel, die Aspri in seinem geplanten Atombunker horten will.

Hier mischen sich im Sinne Bachtins heterogene Diskurse, aber sie entwerten sich letztlich wechselseitig und entziehen damit auch der Zuweisung normativer pathologischer Kategorien an Aspri ihre Berechtigung. Was bleibt, ist jeweils die in den vermengten Diskursen zutage tretende Beschriftung des rein Materiellen, die semantische Zurichtung des Körperlichen. Emblematisch wird dies auch an dem langsamen Umbau des gepachteten "podere" zu einem gepanzerten, strategisch gerüsteten Bunker ersichtlich, dessen Elemente dem Kalkül von Modellrechnungen zu möglichen Kontaminationen entstammen. Die Beschreibungsmotorik des Ich-Erzählers, der die konkrete Mechanik dieser defensiven Schutz-Maschine möglichst plastisch und körpernah zu dokumentieren trachtet, erfaßt dabei, wie an vielen anderen Stellen, seinen eigenen Leib, um dessen funktionelle Teile wenigstens in der Anstrengung der sprachlichen Artikulation zusammenzuhalten:

> Ho guardato subito le mie mani e ho visto che il loro meccanismo è indipendente: è libero, essenziale, funziona al di sopra di ogni coscienza e società. Ho proseguito sempre a bassa voce [...] riempiendo tutto il vano orale, percorrendo tutta la lingua, indi-

> cando con ogni movimento delle labbra: "*Io non debbo fare altro che aspettare: interrarmi, respirare: le mie migliaia di pezzi, mute, pronte che mi guardano senza più attendere alcun segnale*". (*Corporale*, S. 409)

So verschärft sich in der Phantasie vom zerstückelten, in mechanische Teile zergliederten Körper eine Eigenart der Wahrnehmung, die in allen drei hier vorgestellten Romanen Volponis variiert wird: Die Erzähler verwischen in der Verschriftlichung ihrer Wahrnehmung die Grenzen zwischen industrialisierter Außenwelt und eigenem Körper, indem sie in narzißtischer Perspektive die technisch "aufgerüstete" Lebenswelt in einen Kontiguitätsbezug zum eigenen Körper stellen und diesen umgekehrt der Welt der technischen Dinge und Maschinen assimilieren.

Susanne Kleinert

Historiographie und fiktionale Geschichtsdarstellung in Guido Morsellis "Contro-passato prossimo"

Guido Morsellis schriftstellerische Bedeutung ist zwar inzwischen anerkannt, doch wird er wohl weiterhin als ein Außenseiter der italienischen Literaturszene zu charakterisieren sein, da er weder dem "mainstream" der italienischen Tradition des realistischen Schreibens noch der experimentellen Avantgarde-Literatur zuzuordnen ist. Mag auch die literaturgeschichtliche Position Morsellis schwer zu bestimmen sein, so bieten seine Romane jedenfalls für die Frage des Verhältnisses von Literatur und Wissenschaft ein originelles und ergiebiges Material, da er nicht nur in bewußt dilettantischer Manier sich stark mit wissenschaftlichen Diskursen beschäftigt hat, sondern dieses Interesse auch ohne Rücksicht auf Romankonventionen in seine fiktionalen Texte eingebracht hat. Seine Romane wirken häufig wie Experimente mit und an der Grenze von wissenschaftlichen Diskursen und literarischem Schreiben.

Die literarische Szene betrat Guido Morselli erst nach seinem Tod 1973 als "il caso Morselli". Morselli hatte sich am 31.7.1973 im Alter von 61 Jahren erschossen - vor sich eine Sammlung aller ablehnenden Verlagsgutachten zu seinen zu Lebzeiten nie publizierten Romanen. Nach seinem Tod wurden 7 Romane bei Adelphi veröffentlicht.[1] Man kann sich schwer des Eindrucks erwehren, daß tatsächlich erst Morsellis Freitod seinem Werk die verdiente Aufmerksamkeit verschafft hat.[2] Daher wurde der Fall Morselli

1) *Roma senza papa* 1974, *Contro-passato prossimo* 1975, *Divertimento 1889* 1975, *Il comunista* 1976, *Dissipatio H.G.* 1977, *Un dramma borghese* 1978, *Incontro col comunista* 1980, jeweils bei Adelphi in Mailand, ebenso der Essayband *Fede e critica* 1977. Zu Lebzeiten des Autors wurden nur zwei Essaybände veröffentlicht: *Proust o del sentimento*, Mailand, Garzanti, 1943 und *Realismo e fantasia*, Mailand, Bocca, 1947.

2) Morselli hat seine Fahrten zu den Verlagen einmal als "un ceremoniale di agonia" bezeichnet, zit. n. G. Nascimbeni, "Un gesto venuto da lontano", *Corriere della sera*, 27.7.1983. Zur Diskussion über den "caso Morselli" vgl. auch M.

auch vorrangig diskutiert als Problem des Versagens der literarischen Vermittlungsinstanzen, der Verlage und der Gutachter. Auch wenn man das Motiv der Rationalisierung in Rechnung stellen muß, so ist doch ein Argument, mit dem im nachhinein die Ablehnungen gerechtfertigt wurden, nicht ganz von der Hand zu weisen: daß nämlich Morsellis Romane, die in den 60er und frühen 70er Jahren verfaßt wurden, in die damalige Publikationslandschaft nicht gepaßt hätten und erst im Zuge der "Mitteleuropawelle" rezipierbar wurden. J. Ritte meint ergänzend in seinem wichtigen Überblicksartikel zum Werk Morsellis, daß der postume Erfolg teilweise aus der Affinität zur postmodernen Literatur erklärbar sei.[3)] Der Begriff der Postmoderne bringt - so verschwommen er auch sein mag - für die Rezeption von Autoren wie Morselli zumindest den Vorteil mit sich, daß die Schreibweise des Nouveau Roman nicht zum Maßstab der Beurteilung der Modernität gemacht wird und doch die konstruktivistischen Bemühungen in den Texten in ihrer Bedeutung erkennbar werden.

Mit dem Bild der Ungleichzeitigkeit, das einige seiner Romane in ihrer narrativen Struktur prägt, läßt sich auch Morsellis Existenz als Schriftsteller erfassen. Als einer der wenigen Schriftsteller, die ihre Zeit ganz autonom dem Schreiben widmen können, da ihre Existenz durch Vermögen und Renten abgesichert ist, repräsentiert Morselli einen minoritären, zunehmend der Vergangenheit angehörenden Schriftstellertyp.[4)] Gleichzeitig erscheint er

---

Meneganti, "Rassegna di studi critici su Guido Morselli", in: *Critica letteraria*, 10/III, 36 (1982), S. 600-603 und V. Coletti, "Guido Morselli", in: *Otto-/Novecento* 2 (1978), S. 89-115.

3) Vgl. J. Ritte, "Guido Morselli", in: *Kritisches Lexikon zur fremdsprachigen Gegenwartsliteratur*, hrsg. v. H.L. Arnold, Ed. Text und Kritik, April 1986, S. 1-10 (9. Nachlieferung), hier S. 9. Ritte führt als Begründung eine Stelle aus *Contro-passato prossimo* an, in der der "Autor" darauf hinweist, daß alle möglichen Texte so lesbar sind, als wären sie Romane. Rittes Kommentar dazu: "Wo auf Erkennen verzichtet werden muß, da ist jede Manifestation des Denkens Fiktion." (S. 9) Hier wird m.E. zu wenig die maieutische Funktion der Ironie und damit eben auch das spezifische Erkenntnispotential einer Literatur in der Art von Morsellis Texten berücksichtigt. Zur Ironie vgl. U. Japp, *Theorie der Ironie*, Frankfurt/a.M., Klostermann, 1983.

4) Zu Morsellis Biographie vgl. V. Fortichiari, *Invito alla lettura di Morselli*, Mailand, Mursia, 1984. Zu seiner schriftstellerischen Entwicklung vom Essay zum Roman auch S. Costa, *Guido Morselli*, Florenz, 1981 (Il Castoro 169), S. 9-35. Außer diesen beiden bisher umfangreichsten Monographien geben Gesamtdarstellungen auch die bereits angeführten Artikel von Coletti (1978) und Ritte (1986). Anregend sind auch die kurzen Rezensionen von G. Manganelli in: *Il Mondo*, 1.4.1976 und G. Pontiggia in: *Corriere della Sera*, 26.8.1978. Eine Besonderheit stellt der Artikel des ZK-Mitglieds des PCI Lombardo Radice über *Il comunista* in: *Rinascita*, 16.7.1976 dar - er weist darauf hin, daß der Roman eine gründliche Recherche zur Atmosphäre in der kommunisti-

in seiner stark essayistischen Schreibweise als ein moderner Schriftsteller, der zudem Themen fiktional bearbeitet, die erst Jahre später öffentlich diskutiert werden; ein Beispiel hierfür ist die ökologisch orientierte Konsumkritik in *Dissipatio H.G.*.

Morselli ist ein philosophischer, intellektueller Schriftsteller, der gleichzeitig in seinen Romanen eine Demontage von Philosophie, Wissenschaft, Ideologie betreibt. Zentral für das Verständnis seiner Romane ist sein Selbstverständnis als Nominalist:

> La mia difesa muove da una premessa che è un *point de repère* privato e personale, discutibilissimo. E è quello che in gergo filosofico chiamano nominalismo, e per cui, nella fattispecie, uno non crede nella Storia, come non crede nella Società.[5)]

Realität und Geschichte haben für Morsellis Nominalismus keinen immanenten Sinn, keine innere Notwendigkeit und vor allem keine immanenten Bewegungsgesetze. Wird Sinn behauptet, so handelt es sich um bloße Entwürfe der Menschen. Diese allerdings sind durchaus realitäts- und vor allem geschichtsmächtig, da sie handlungsleitend sind, insbesondere dann, wenn ihr Entwurfcharakter nicht mehr transparent ist. In den handlungsleitenden Entwürfen, besonders den Ideologien, sieht Morselli kondensierte, undurchsichtig gewordene wissenschaftliche Hypothesen bzw. grundlegende Sinnstrukturen, die diese tragen, z.B. die Vorstellung einer teleologischen Struktur der Geschichte. Diese vor allem im "Intermezzo critico" des Romans *Contro-passato prossimo* explizit formulierte philosophische Position erinnert stark an die Kritik Karl R. Poppers in *The Poverty of Historicism* gegenüber den sich wissenschaftlich legitimierenden Bildern einer Gesetzmäßigkeit der Geschichte.[6)] Nun geht allerdings Morselli gegenüber Philosophen wie Popper noch einen Schritt weiter, indem er nicht nur bestimmte Geschichtsbilder, be-

---

schen Partei Anfang der 60er Jahre verrate und authentische Hintergründe habe, dementiert aber die im Roman dargestellten Disziplinierungsmaßnahmen innerhalb der Partei und wirft Morselli "qualche elemento di sottile, e insieme profonda incomprensione" vor.

5) *Contro-passato prossimo*, S. 118

6) Vgl. Karl R. Popper, *Das Elend des Historizismus*, (On the Poverty of Historicism, dt.), Tübingen, Mohr, 1987. Ob Morselli dieses 1957 erstmals erschienene Buch Poppers kannte, ist allerdings von seinen Bibliotheksbeständen her nicht nachweisbar.

stimmte "Metaphern für Geschichte"[7] aufs Korn nimmt, sondern die fundamentale Einheit aller objektivistischen Realitätsbilder, aber auch der Alltagserfahrung, kritisiert, nämlich das Faktum, "questo sacro mostro".[8] Dieses Realitätsbild wirkt auf die Romankonzeption zurück: Der Roman hat für Morselli nicht eine mimetisch-abbildende Funktion, sondern eine experimentelle Funktion der Überprüfung von Realitätsbildern, die sich allerdings auch stark mimetisch-realistischer Techniken der Darstellung bedient.

Morsellis Nominalismus ist nicht als eine ausformulierte philosophische Position zu verstehen; es handelt sich eher um die Praxis eines skeptischen Blicks auf traditionelle Wissensbestände, eines Blicks von einem marginalen Ort aus, der gerade aufgrund seiner Distanz zu den Zentren wissenschaftlicher und philosophischer Forschung sich das Recht zum vereinfachenden Überblick in essayistischer Form herausnimmt, wie z.B. in der folgenden Stelle aus den Tagebüchern:

> Strana civiltà d'Occidente! É stata essa a divinizzare la Coscienza, a fare datare dall'esordio della Coscienza il sorgere dell'umanità. E adesso che questa civiltà d'Occidente tocca, grazie alla coscienza, parebbe, il suo culmine, scopre che l'essenza dell'uomo è nell'inconscio, ossia nella non-coscienza.
> E la scienza. Trenta secoli di ricerca rigorosa di un assoluto, per giungere, alla fine, a scoprire che tutto è relativo, nel tempo e nello spazio e che, alla radice delle cose, e cioè nell'ambito atomico, non esiste rapporto fra causa e effetto, anzi non c'è né causa né effetto, ma solo l'indeterminato, il fortuito.[9]

Morselli hat sich selbst als Dilettanten gesehen, und die Dilettantenfiguren in seinen Romanen sind stets positiv. Tatsächlich versucht sich Morselli an einem Unternehmen, das wohl nur noch dilettantisch anzugehen ist, nämlich den Zusammenhang von Wissenschaften und handlungsleitenden Realitätsbildern, also von Theorien und gesellschaftlicher Praxis zu erforschen. Für die Frage, welche Quellen er hierbei benutzt hat, ist vor allem seine persönliche Bibliothek interessant, die als *Fondo Morselli* von der Stadtbibliothek Varese katalogisiert wurde und 1.500 Bände enthält, neben literarischen und theologischen Werken vor allem sehr viele philosophische Schriften und wichtige

---

7) So lautet der Titel der umfassenden Untersuchung des Historikers Alexander Demandt zu gängigen Geschichtsbildern (*Metaphern für Geschichte. Sprachbilder und Gleichnisse im historisch-politischen Denken*, München, 1978).

8) *Contro-passato prossimo*, S. 120

9) Morselli, *Diario*, Mailand, Adelphi, 1988, S. 378 (30.7.1972).

naturwissenschaftliche Werke wie Texte von Einstein, Heisenberg, Darwin, Monod, de Broglie, Max Planck, Julian Huxley und Bertrand Russell.[10)] Aus dem naturwissenschaftlichen Denken bezieht Morselli die Argumente gegen traditionelle Konstruktionen eines immanenten Sinns der Geschichte und der Wirklichkeit, wie sie vor allem im deutschen Idealismus und im Marxismus vorliegen. So verwirft er etwa schon vor dem Erscheinen des wichtigen Werks von Jacques Monod, *Le hasard et la nécessité* (Paris 1970) teleologische Interpretationen der Evolutionstheorie mit dem Hinweis auf den 2. Hauptsatz der Thermodynamik, d.h. auf den Gedanken eines Anwachsens der Entropie in geschlossenen Systemen. Mehrere Tagebuchnotizen beschäftigen sich mit der Gewohnheit, Kausalzusammenhänge in teleologischen Mustern zu denken und ihnen damit einen Sinn zu verleihen. Morselli betont - unter Berufung auf die Atomphysik - die Bedeutung der Kategorie des Zufalls. Mehrfach schreibt er in seinem Tagebuch, daß die Kausalität (causalità) der Zufälligkeit (casualità) keineswegs entgegengesetzt sei. Die Naturwissenschaft aber ziehe selbst aus ihren avanciertesten Beobachtungen, z.B. der Akausalität in den Bewegungen der Elektronen, immer noch nicht genügend die Konsequenz, auf den eigenen Konstruktionscharakter hinzuweisen. Mit der wissenschaftlichen Antwort auf das Auftreten von Begründungsproblemen, nämlich mit der verstärkten methodologischen Reflexion, mag Morselli sich allerdings nicht zufriedengeben. Die Suche nach einer Verbindung von theoretischem Denken und existentieller Erfahrung ist für ihn vorrangig:

> Oggi i pensatori non si occupano che di questioni, in ultima analisi, metodologiche e di sistematica della scienza, di epistemologia tutt'al più. Ti rispondo che a me piacerebbe invece farmi un'idea, sia pure negativa, di come viviamo, e se ci sia o no un *senso* qualsiasi in questa poco allegra faccenda che è vivere.[11)]

Wenn hier auch die Literatur nicht explizit angesprochen wird, so zeigt diese Textpassage doch, daß der Weg des literarischen Schreibens für Morselli näher liegt als die Wissenschaft, die gleichwohl in mehreren Romanen einen zentralen Bezugspunkt darstellt. Für die Einbeziehung der Wissenschaft findet Morselli unterschiedliche narrative Verfahren, wie sich an den beiden folgenden Beispielen aufzeigen läßt.

---

10) Vgl. *Il fondo Morselli. Catalogo a cura della Biblioteca Civica*, Varese, La tipotecnica, S. Vittore Olona, 1984.

11) Morselli, *Diario*, S. 252 (24.5.1965).

Il comunista ist ein erster wichtiger Versuch, das Verhältnis von wissenschaftlichen Modellen und praxisleitenden Realitätsbildern narrativ zu gestalten. Thema des Romans sind die weltanschaulichen und persönlichen Probleme des kommunistischen Abgeordneten Walter Ferranini, für den der Kommunismus gleichzeitig Politik und Wissenschaft, Utopie und alltägliche Aktion ist. Ferranini beschäftigt sich, da er als Abgeordneter in Rom sich zu wenig gefordert sieht, mit dem Verhältnis des Marxismus zur Biologie, genauer gesagt zur darwinistischen Evolutionstheorie.

In zweierlei Weise wird hier das Verhältnis von Praxis und Wissenschaft bzw. Ideologie gestaltet: a) durch explizite Thematisierung in Walters Gedanken über die Möglichkeit einer Versöhnung von Marxismus und Biologie und in seiner Skepsis gegenüber der kommunistischen Utopie, das Reich der Notwendigkeit könne dereinst überschritten werden, b) durch die erzählten Ereignisse, d.h. die fiktionale Vermittlung: Ferranini scheitert mehrfach, an der Starrheit der politischen Verhältnisse, da er sich vor dem Disziplinarausschuß der kommunistischen Partei verantworten muß, aber auch an seinen persönlichen Beziehungen und am eigenen körperlichen Verfall.

Der Marxismus, für Morselli wohl vor allem wegen seines Anspruchs auf Verbindung von Theorie und Praxis interessant, wird hier demontiert durch die in der Utopie der klassenlosen Gesellschaft und der vollständigen Naturbeherrschung verdrängte Realität der natürlichen, physischen Prozesse. Deren theoretischer Ausdruck ist innerhalb des Romans der Darwinismus, den Walter Ferranini weitgehend erfolglos in sein marxistisches Realitätsbild zu integrieren versucht. Im Prozeß der Erosion des Marxismus wird allerdings nicht einfach eine Theorie durch eine andere ausgetauscht - der Anspruch jeglicher Theorie auf eine globale Welterklärung zerfällt insgesamt. Am Ende bleibt als einziger Bezugspunkt Ferraninis die eigene Körperlichkeit übrig: Der Roman schließt mit den selbstsuggestiven inneren Worten "Pensò: mangio, poi m'addormento."[12] Als semantische Achsen kann man hier zwei Oppositionen ansetzen: a) die Opposition von Marxismus und Darwinismus/Biologie, b) die Opposition von theoretisch gewonnenen Realitätsbildern und gelebter Erfahrung. Letztere Opposition rechtfertigt im übrigen die Wahl der fiktionalen Textform Roman, da narrative oder generell literarische Texte ein Medium der Vermittlung von kollektiver und singulärer Erfahrung

12) Morselli, *Il comunista*, S. 359. Zum Verhältnis von Denken und Körperlichkeit bei Morselli hat J. Ritte (wie Anm. 3), S. 2-7, die m.E. bisher profundeste Analyse geliefert.

darstellen. Die Romanform selbst unterliegt hier allerdings noch keiner wesentlichen Modifikation durch den Einbezug des Theorie-Praxis-Problems, die Auseinandersetzung zwischen Marxismus und Biologie wird als thematisches Element gestaltet.

Dagegen zeigt Morsellis letzter abgeschlossener Text, *Dissipatio H.G.* (d.i. *Dissipatio humani generis*), einige bemerkenswert tiefgehende narrative Modifikationen. Der Text stellt eine Abrechnung mit der zeitgenössischen Gesellschaft und ihren wichtigsten Denkmustern dar, die als antiutopischer und gleichzeitig antiapokalyptischer Abgesang an die plötzlich verschwundene Menschheit verfaßt ist. Der Protagonist, der nach einem aufgegebenen Selbstmordversuch das Verschwinden der Menschheit konstatiert und zwischen seinem Heimatort Gavirate und der Bankenmetropole Crisopoli (=Zürich) nach menschlichen Spuren sucht und die Unarten der Spezies, vor allem im Umgang mit der Natur, Revue passieren läßt, entwirft u.a. ein eigenwilliges Bild des Armageddon, indem er als die drei apokalyptischen Engel "Sociologismo", "Storicismo", "Psicologismo" mit den zwei Schlangen "Advertising" und "Marketing" heraufbeschwört.[13] Der Erzähler mokiert sich zwar selbst über diese apokalyptische Phantasie, die er als wenig originell bezeichnet, das Feindbild der soziologischen, historischen und psychologischen Erklärung kollektiver und individueller Erfahrungen bleibt jedoch bestehen. Als übergeordnetes Prinzip des Übels setzt der Erzähler den unausrottbaren Anthropozentrismus an, der selbst noch alle apokalyptischen Entwürfe vom Ende der Menschheit zu Phantasien vom Ende der Welt überhöhe. Paradoxerweise findet sich der misanthrope Erzähler, der über das Verschwinden der Menschheit zunächst erleichtert ist, in der Position, als letzter Überlebender selbst die ganze Menschheit zu repräsentieren. Die daraus folgende Verwischung der Grenzen von Kollektiv und Individuum, von Innen- und Außenwelt sind im Text allerdings nicht nur thematisches Element, sondern integraler Bestandteil der Erzählperspektive. So bleibt auch für den Leser unklar, ob der Protagonist "tatsächlich" das Verschwinden der Menschheit überlebt hat oder ob er selbst tot ist und sich in einer Art von menschenleerem Zwischenreich befindet.

Die Auseinandersetzung mit Wissenschaft bzw. den ihr zugrundeliegenden Basisorientierungen besteht hier in einem experimentellen Durchspielen der Frage, ob man dem Anthropozentrismus überhaupt ausweichen

---

13) *Dissipatio H.G.*, S. 92.

könne, einer kritischen und ironischen Auseinandersetzung mit der Psychologie bzw. der Psychoanalyse (z.T. selbstironisch narrativ umgesetzt: eine Kuh frißt des Erzählers Werk über die "Psicologia del Conscio"[14]), sowie dem Konstatieren einer Verstärkung der allgemeinen "lenta discesa nell'entropia"[15] durch Wissenschaft und Technik. Wie in Thomas Pynchons bedeutenden postmodernen Romanen *V* und *Gravity's Rainbow* wird also hier der Begriff der Entropie aus der Physik als erklärendes Modell auf die Geschichte übertragen; ein direkter Bezug zwischen Pynchon und Morselli ist im übrigen nicht nachweisbar.[16] Zugleich aber geht der Text deutlich über eine Auseinandersetzung mit Wissenschaft und Philosophie hinaus: Er ist zu verstehen als eine Todesmeditation, als "una specie di itinerarium mentis in Mortem".[17] Morsellis Verfahren, Denkmuster narrativ zu materialisieren in Figuren und Handlungen und umgekehrt erzählte psychische Prozesse auf ihren Modellcharakter für kollektive Erfahrungen hin zu befragen, resultiert hier in einer spezifischen Unklarheit über das Gesamtthema des Textes: Handelt es sich um eine (gedämpfte) Apokalypse, also den Entwurf einer äußeren Realität mit entsprechendem Anspruch auf Repräsentation intersubjektiver Erfahrung, oder um als Welterfahrung beschriebene psychische Prozesse, um die Mitteilung eines persönlichen Dramas?

Zwischen der eher thematisch geleisteten Auseinandersetzung mit Philosophie und Wissenschaft in *Il comunista* (verfaßt 1964-65) und der strukturellen Ambivalenz von *Dissipatio H.G.* (geschrieben 1972-73), die zwar sehr leserwirksam ist, eine einseitige Lektüre des Textes auf die Wissenschaftskritik hin aber auch fragwürdig erscheinen läßt, kann man den Roman *Contro-passato prossimo* (verfaßt 1969-70) einordnen. Der Text stellt eine Auseinandersetzung mit grundlegenden Sinnstrukturen von Geschichte dar, die als Projektionen aufgedeckt werden; dabei werden jedoch nicht nur die Historiographie, sondern auch die Historie selbst ironisiert.

---

14) Ebda. S. 39.

15) Ebda. S. 100.

16) Im Hinblick auf Pynchons Romane schreibt H. Ickstadt: "'Entropie' - ein Begriff aus der Thermodynamik, den jedoch auch die Informationstheorie verwendet - bezeichnet die Tendenz zur Selbstauflösung, die jedem System innewohnt: seine unaufhaltsame und nicht umkehrbare Bewegung hin auf einen Zustand der Kontingenz, der radikalen Demokratie und Gleichwahrscheinlichkeit aller seiner Elemente." (Einleitung zu: H. Ickstadt (Hg.), *Ordnung und Entropie. Zum Romanwerk von Thomas Pynchon*, Hamburg, Rowohlt, 1981, S. 9)

17) *Dissipatio H.G.*, S. 71.

Es handelt sich hier um eine Geschichtsdarstellung, die in Opposition zu den kognitiven Prämissen des üblichen historischen Romans steht. In der traditionellen Diskussion um den historischen Roman - wozu auch Lukács zu zählen ist -, aber auch in der überwiegenden Zahl historischer Romane, die heute eher eine Nähe zur Trivialliteratur aufweisen, läßt sich als Basis der Repräsentation ein relativ stabiler Begriff von historischer Realität beobachten, der auf die starke epistemologische Trennung von Fiktion und Wissenschaft im 19. Jahrhundert zurückgehen dürfte. Dem historischen Roman wurde - außer vielleicht von den Schriftstellern selbst - innerhalb des Spektrums kognitiv orientierter Beschäftigung mit Geschichte bestenfalls eine Funktion des Lücken-Auffüllens zugestanden: Er durfte die auf das Objektivitätsideal zurückführbaren Lücken der Historiographie bearbeiten, z.B. individuelle, psychische Regungen historischer Protagonisten imaginieren, oder sich mit Bereichen beschäftigen, für die historisches Material fehlte, z.B. das Leben der einfachen Leute entwerfen, die besonderen historischen Ereignissen wie Revolutionen ausgesetzt waren. Funktion des historischen Romans sollte die Veranschaulichung einer anderweitig von der Historiographie beschriebenen und damit als bekannt und objektiv fixiert vorausgesetzten historischen Realität sein. Dies gilt auch noch für Lukács' Verfahren, die historischen Romane an einem vorgängig gewonnenen Modell historischer Verläufe und einem dem Realismus verpflichteten normativen Literaturbild zu messen. Daß sich dieser Einengung die wichtigsten historischen Romane indes widersetzen, läßt sich schon in Tolstois *Krieg und Frieden* beobachten, einem Roman, der mit der Darstellung historischer Realität sehr wohl einen eigenständigen und der damaligen Historiographie überlegenen Erkenntnisstandpunkt für sich reklamiert. Der historische Roman ist hier ganz deutlich auch Kritik der Historiographie, indem er den Nachweis der Partialität und Heldenverehrung historiographischer Darstellungen führt.

Morsellis *Contro-passato prossimo* gehört in die Traditionsreihe des von Geppert so bezeichneten "anderen historischen Romans", eines historischen Romans, der sich nicht primär als Mimesis einer als bekannt vorausgesetzten historischen Realität versteht, sondern gerade den Hiatus zwischen Fiktion und Historie betont bzw. produktiv für die eigenen Darstellungszwecke zu nutzen weiß.[18] Romane dieses Typus stellen sich nicht nur in

18) Vgl. H.V. Geppert, *Der "andere" historische Roman. Theorie und Strukturen einer diskontinuierlichen Gattung*, Tübingen, 1976, dort auch eine Kritik an Lukács' *Der historische Roman*, Neuwied/Berlin 1965. Vgl. auch: Anonimo

Konkurrenz zu konventionalisierten historiographischen Erklärungsmustern, sondern decken häufig in der Geschichte selbst die handlungsleitenden, undurchschauten Fiktionen in Gestalt von Geschichtsbildern auf: Die Geschichte selbst erscheint so von Fiktionen durchzogen.

In welcher Form verhalten sich in *Contro-passato prossimo* die Pole Historiographie und fiktionale Geschichtsdarstellung zueinander? Schon der Titel ist programmatisch in seinen Verfahren der Deautomatisierung: "passato" wird von seinen historistischen Konnotationen befreit durch die Überschneidung mit dem grammatikalischen Begriff des "passato prossimo" und dieser wiederum wird durch das Kompositum "Contro-passato" deautomatisiert. "Contro-passato" ist im übrigen der passendste Begriff für die im Roman entworfene Gegengeschichte.

Contro-passato prossimo enthält in der Mitte ein Gespräch zwischen "Verleger" und "Autor", das als metanarrativer Kommentar fungiert. Das Werk, vom "Verleger" als "vistoso Apocrifo della storia contemporanea"[19)] bezeichnet, wird vom "Autor" gegen den Vorwurf, es handle sich nicht um einen Roman, verteidigt. Der "Autor" weist auf die Offenheit des Genres Roman in der Moderne hin und grenzt sich dabei gegen narrative Authentifizierungsstategien wie fingierte Belege und Quellen ebenso ab wie gegen die Unterscheidung von fiktionalen Teilen und historischem Hintergrund im Sinne der Definition des historischen Romans durch Manzoni als "genere misto di storia e d'invenzione".[20)] Die Definition der Gattungszugehörigkeit des Romans bleibt negativ:

> Esclusa la simulazione, esclusa la de-simulazione, il racconto si stabilisce in un suo ambiente specifico, e alquanto anomalo, diverso dalla pseudo-storia e diverso dalla *fictio*.[21)]

Wir können von dieser zutreffenden Beschreibung ausgehen: Die Fiktionalität der einzelnen Elemente ist in *Contro-passato prossimo* nicht durch irgendwelche narrativen Signale und Organisationsstrukturen wie fiktiver Vordergrund in Figuren und Handlungsdimension versus historischer Hintergrund oder fiktive Beobachter und Begleiter historischer Persönlichkeiten markiert;

---

emiliano (= M. Boni), *Ritorno al romanzo storico*? Bologna: Boni 1980, bes. das Kapitel "Guido Morselli, Adriano Tilgher, il casualismo e lo storicismo, S. 63-72

19) *Contro-passato prossimo*, S. 117.

20) Ebda., 120.

21) Ebda.

man vermißt darüberhinaus überhaupt traditionelle Romanelemente wie kohärenzbildende Protagonisten oder durchgehende Handlungsstrukturen. Der Text paßt sich mimetisch vielmehr den narrativ-analytischen Formen der Historiographie an und zwar sowohl auf der *histoire*-Ebene (durch Nachahmung z.B. der Militärgeschichtsschreibung in der Beschreibung von Schlachten und strategischen Manövern) als auch auf der *discours*-Ebene (z.B. Verzicht auf poetische Sprache, durchgehend analytischer Ton, vom "Verleger" als "stile burocratico"[22] bezeichnet). Die Fiktionalität wird hier realisiert als Entwurf einer anderen, möglichen Vergangenheit, die zudem gegenüber der faktischen historisch belegten Vergangenheit den Vorteil größerer Rationalität für sich beansprucht.

Morselli schreibt die Geschichte des 1. Weltkriegs einfach um. Statt der Entente gewinnen die Mittelmächte Österreich und Deutschland den 1.Weltkrieg unter der Führung eines Walter von Rathenau, der dem realen Mordanschlag entkommt und durch eine geschickte Kriegs- und Nachkriegspolitik die politische Einheit Europas erreicht. Zwar kann dies den Zerfall der k.u.k.-Monarchie nicht verhindern, doch der 2. Weltkrieg findet offensichtlich nicht statt: Hitler beschließt, da er Deutschland als führende Nation Europas sieht, sich weiter der Malerei zu widmen, statt in die Politik zu gehen. Eine lose Verbindung zwischen dem 1. Kapitel und dem Epilog, in dem Hitler auftritt, wird durch die Figur des österreichischen Majors von Allmen hergestellt, eine der typischen positiven Dilettantenfiguren Morsellis.

Da narrative Signale und narrative Konventionen für den Übergang zwischen Historie und Fiktion gänzlich fehlen, stellt sich für den Leser ein Kontinuum her zwischen historiographisch belegten Ausgangsdaten und offensichtlich fiktivem Resultat der einzelnen Handlungssequenzen. Die Fiktionalität des Berichteten ist dabei für den Leser nur durch die Inkongruenz gegenüber dem eigenen historischen Vorwissen erkennbar, da Morselli zwischen historischen Ausgangsdaten und fiktiven Ergebnissen einen möglichst logischen Handlungsablauf konstruiert, der mit einer so obsessiven Detailfülle belegt wird, daß vielleicht nicht einmal einem Kenner der Materie jeweils die Schnittstelle von Historie und Fiktion bewußt werden kann. Versucht man als Nicht-Historiker Historie und Fiktion im Text zu unterscheiden, gerät man schnell in einen paranoiden Sog, weil jedes Detail sowohl erfunden als auch realhistorisch sein kann, und die - sowieso nur approximative

---

22) Ebda., S. 119.

- Beantwortung der Wahrheitsfrage ein umfangreiches Wälzen von Enzyklopädien voraussetzt. Man sieht sich mit für einen Philologen eher abwegigen und heimtückischen Fragen konfrontiert wie z.B. der Frage, seit wann es Maschinenpistolen und -gewehre gibt, ob in den Alpen ein Heißwassereinbruch möglich ist und ob Asbestschutzanzüge (zu seiner Eindämmung) im Jahre 1910 produziert werden konnten. Konsultiert man daraufhin diverse Enzyklopädien, verfolgt man - natürlich ganz unbewußt - dieselben Pfade wie der Autor. Morselli nämlich war ein eifriger Benutzer von Enzyklopädien. Seine Neuschreibung der Geschichte des 1. Weltkriegs ist keine Kritik einer bestimmten historiographischen Darstellung des 1. Weltkriegs, sondern richtet sich eher gegen Denkgewohnheiten und Darstellungskonventionen der Disziplin insgesamt. Da sich seine Ironie vor allem gegen die "storia sacra" wendet, der das historische Ereignis immer schon in der Gloriole der historischen Notwendigkeit sich offenbart, zieht Morselli als Material stark konventionalisierte Wissensbestände heran, die sozusagen ihre Heiligsprechung durch den Eingang in diverse Enzyklopädien schon erhalten haben. Zum Spielmaterial der Fiktion werden dabei vor allem die Wissensbestände der Ereignisgeschichte. Daß Morselli sich somit auf ältere methodische Ansätze der Historiographie bezieht, läßt sich leicht erklären: Um 1970 waren neuere Richtungen wie die Mentalitäts- und Alltagsgeschichte zumindest in Italien noch so wenig fixiert und konventionalisiert, daß sie einem Schriftsteller als Ausgangspunkt für das ironische Um-Schreiben der Geschichte nicht zur Verfügung standen.

Explizit werden in *Contro-passato prossimo* sowohl der Historismus (und in diesem Zusammenhang auch die teleologischen Geschichtsphilosophien) als auch die Vision der Geschichte als Kontingenz kritisiert. Als Exponenten der Bilder von Geschichte als Notwendigkeit einerseits und als Zufall andererseits zitiert Morselli den deutschen Historiker Droysen und Thomas Mann und fügt kommentierend hinzu, daß sich beide Konzeptionen gegenseitig bedingen.[23] Er selbst hütet sich, eine der verschiedenen Grundmeta-

23) Als Hintergrund dieser Konzeption gibt V. Fortichiari Jacques Monods Werk über Zufall und Notwendigkeit im Weltbild der modernen Biologie an (*Le hasard et la nécessité*, Paris 1970), die italienische Ausgabe mit dem Titel *Il caso e la necessità* erschien allerdings erst 1971. Ob Morselli vielleicht erst nachträglich unter dem Eindruck der Lektüre von Monod bestimmte Passagen in das 1969/70 erstellte Manuskript eingefügt hat, ist der Argumentation von V. Fortichiari nicht zu entnehmen (vgl. V. Fortichiari (wie Anm. 4), S. 106). Die Tagebücher des Jahres 1971 geben hier auch keinen Aufschluß. In den Tagebüchern zeigt sich allerdings auch, daß sich für Morsellis Kritik an te-

phern für Geschichte (Geschichte als Bühne, als Fortschritt, als Wachsen und Vergehen u.ä.) zu gebrauchen; werden gängige Geschichtsbilder aufgenommen, so stets in ironischer Weise. Hauptangriffspunkt ist der Historismus, insofern er eine Sakralisierung des Faktischen mit sich bringt; Morsellis Begriff des Historismus ist allerdings weit gefaßt, entspricht eher Poppers Kategorie des "historicism" und bezieht sich auch auf marxistisches Geschichtsdenken:

> C'erano i cosidetti Storicisti a quei tempi, e insegnavano ('bianchi' o 'rossi' che fossero) che non esiste fatalità, non esiste caso ma solo la Storia, sempre sacra, quand'anche sia dialettica; e provvidenziale. E ha i suoi Decreti solenni, ma anche le sue 'Astuzie' e cioè si fa furba, restando sempre sacra, ricorre a trucchi e gherminelle per rimediare alle proprie sviste e malefatte. In questa occasione, venne buono uno svarione burocratico uguale e contrario al precedente.[24)]

Die Stelle zeigt zugleich, daß Morselli diese Art von ironischen Kommentaren stets in den narrativen Kontext einbaut - hier geht es um die doppelte und sich damit selbst aufhebende Verwechslung von kriegsentscheidenden Akten durch mal migränekranke, mal übereifrige k.u.k.-Bürovorsteher.

Morsellis Angriff richtet sich gegen die Hinnahme geschichtlicher Faktizität, gegen das Faktum an sich. Der Fiktion kommt damit von vornherein die Aufgabe der Kritik des Faktischen zu. Doch skizzieren wir zunächst, in welcher Weise Morselli sich in der narrativen Umsetzung dem geschichtswissenschaftlichen Diskurs nähert und ihn kritisch unterläuft.

Der bereits angesprochene Mimetismus äußert sich in einer Anpassung des Gegenstandsbereichs der Fiktion an historiographische Darstellungen. Es gibt weder durchgehend präsente fiktionale Vordergrundfiguren, die leserlenkend Geschichte beobachten und verarbeiten, noch in den historischen Kontext eingebaute narrative Muster, etwa eine Liebes- oder Detektivgeschichte oder Plots des Bildungs- oder Familienromans. Der dargestellte Geschichtsausschnitt umfaßt sowohl in seinen faktengetreuen als auch fiktionalen Teilen typische Bereiche historiographischer Forschung wie das militärische Kriegsgeschehen, die Parteien- und Institutionengeschichte, aber auch die Kulturgeschichte, die Wissenschafts- und Technikgeschichte. Die eindeu-

---

leologischen Interpretationen der Evolutionstheorie Belege auch schon aus dem Jahr 1965 in der Auseinandersetzung mit Teilhard de Chardin finden lassen (vgl. Guido Morselli, *Diario*, hg.v. V. Fortichiari, mit einem Vorwort von G. Pontiggia, Mailand 1988, S. 246 -253).

24) *Contro-passato prossimo*, S. 24

tig fiktiven Handlungsteile entstehen, manchmal im Detail kaum abgrenzbar, aus zunächst minimal scheinenden Verschiebungen und Verkehrungen innerhalb der historischen Realität. So beläßt Morselli etwa die von Historikern häufig als unsinnig kritisierten Geheimabkommen Italiens mit den Westmächten, die zum Kriegseintritt Italiens führten; erst zu einem späteren Zeitpunkt, nämlich 1916, verändert er die Machtpositionen des neutralistischen Giolitti und des Interventionisten Salandra zugunsten des ersteren, indem er einen fiktiven erfolgreichen Überraschungsangriff einer österreichischen Spezialtruppe hinter den italienischen Linien in das Kriegsgeschehen einführt. Auch in den späteren Kapiteln werden Details wie z.B. einzelne Seeschlachten zwischen der englischen und der deutschen Flotte einfach zugunsten letzterer chronologisch vertauscht. Andere historische Fakten wie die Ermordung Rathenaus finden schlicht nicht statt - ausnahmsweise benützt der fiktive Rathenau Morsellis einen Hinterausgang aus seinem Haus. Das fiktive Geschehen und der fiktive Raum erfahren dabei eine nicht weniger aufwendige Dokumentation als die historischen Teile. Die Vermischung realhistorischer und fiktiver Elemente geschieht dabei den ganzen Text hindurch in einem durchgehaltenen Balanceakt. Die im Interview zwischen "Verleger" und "Autor" so genannte "cucitura del 'contro-passato' sul passato"[25)] ist ein Verfahren der Fiktionalisierung von Geschichte, das die ständige Präsenz von Elementen erfordert, die als kongruent mit dem vorhandenen historischen Wissen gelesen werden. Die Fiktion wirkt allerdings nicht nur als Angriff auf das einzelne historische Faktum, das sie durch höhere Rationalität aus dem Feld schlagen will, sie bewirkt durch ein besonderes Verfahren der Überblendung verschiedener historischer Zeiten noch grundlegendere Erosionen historischen Wissens. In der Darstellung der Edelweiß-Expedition (einem geheimgehaltenen Tunnelbau durch die Alpen und anschließendem Überraschungsangriff der Österreicher gegen die Italiener) im 2. Kapitel und auch in weiteren Episoden wird die Zeit des 1. Weltkriegs durch die Einführung von historischen Figuren aus dem 2. Weltkrieg (z.B. Rommel als Ausbilder und Stratege der Edelweiß-Expedition), aber auch mit heute noch ungelösten Problemen wie der politischen Einigung Europas aus ihrer chronologischen Fixierung auf einer Zeitachse gelöst. Die historischen Zeiten und das Epochenbewußtsein insgesamt erscheinen als eine Größe, die zur Disposition gestellt werden kann. Eine der grundlegenden Annahmen des Historismus, daß

---

25) Ebda., S. 121.

jede Epoche ihren besonderen Charakter habe, unverwechselbar und in ihrer Besonderheit auch historisch legitimiert sei, wird hier mit den Mitteln der Fiktion kurzerhand destruiert. Die gesamte historische Zeit seit Beginn des 1. Weltkriegs, also die Moderne, schnurrt in *Contro-passato prossimo* auf wenige Jahre zusammen. Der 2. Weltkrieg bleibt dabei ausgespart, er wirkt wie ein weißer Fleck auf der historischen Karte des *Contro-passato prossimo*, der durch einzelne in den 1. Weltkrieg hineinprojizierte Elemente (Rommel, Einstein, der Antisemitismus, die Begegnung Hitler-von Allmen im Epilog) dennoch präsent gehalten wird.[26)]

Die Tatsache, daß man als professioneller Leser Morsellis Verfahren mehr oder weniger entschlüsseln kann, sollte natürlich nicht mit der normalen und vom Text intendierten Lektüre verwechselt werden. Selbst der halbwegs gebildete Leser wird die Übergänge zwischen Historie und Fiktion nicht im einzelnen erkennen können, für ihn stellt sich somit eine Kontinuität zwischen einem historischem Faktum und einem gleichermaßen als historisches Faktum präsentierten, aber sichtlich nicht mit dem historischen Wissen übereinstimmenden Element her. Der Text verweist damit selbst auf die Tatsache, daß Fiktionen nicht einfach per se erkennbar sind, sondern normalerweise in ihrem Seinsmodus markiert werden müssen.[27)]

Wie also ist der Text lesbar? Morselli wählt als Gattungsbezeichnung im Untertitel nicht eine traditionellerweise fiktionale Textsorte, sondern die Bezeichnung "Hypothese": Dies ist ein Hinweis auf die Möglichkeit der wissenschaftlichen Lesart. Nun wird jedoch auch dies - wie so häufig bei Morselli - in einer leicht ironischen Wendung deformiert zur Bezeichnung "Un'ipotesi retrospettiva". Eine retrospektive Hypothese ist strenggenommen ein Paradox, da Hypothesen als Entwürfe stets projektiv, in die Zukunft gerichtet sind. J. Hösle etwa bemängelt dies[28)] - zu Unrecht, wie mir scheint, da er den ironischen Kontext bei Morselli nicht berücksichtigt. Einige wenige Kritiker haben den Anspruch des Textes auf sinnvolle historische Hypothesenbildung

26) Auf diese Besonderheit, historische "memoria" durch chronologische Veränderungen und signifikante Lücken zu verwirren, wurde in der Sekundärliteratur meines Wissens noch nicht systematisch hingewiesen. Einzelne Beobachtungen z.B. zur Darstellung der dem 2. Weltkrieg "zugehörigen" Partisanenkämpfe finden sich in Rezensionen, etwa bei V. Gorresio, "Se vinceva il Kaiser", *La Stampa*, 4.4.1975.

27) Vgl. J. Landwehr, *Text und Fiktion*, München, Fink, 1975, S. 160 ff.

28) Vgl. J. Hösle, "Guido Morsellis kakanischer Roman 'Contro-passato prossimo'", in: *Komparatistik. Theoretische Überlegungen und südosteuropäische Wechselseitigkeit. Festschrift für Zoran Konstantinovic*, hrsg. v. F. Rinner und K. Zerinschek, Heidelberg, Winter 1981, S. 267-271

aufgenommen und zurückgewiesen: Auf Kritik stößt in Italien natürlich die grundlegende Hypothese Morsellis, daß ein Sieg der Mittelmächte im 1. Weltkrieg für die Zukunft Europas vorteilhafter gewesen wäre als ihre Niederlage.[29] Auch sein Rathenau-Bild wurde als utopisch kritisiert; es verdecke die in Wirklichkeit sehr schillernde Rolle Rathenaus, die Musil im *Mann ohne Eigenschaften* in der Figur Arnheims dagegen adäquat ironisiert habe.[30] En passant sei erwähnt, daß Rathenau als eine historische Figur, die Kapitalismus und Sozialismus und konfligierende Rollen wie die des Großunternehmers, Politikers und Schriftstellers zu vereinigen suchte, nicht nur bei Musil und Morselli eine wichtige Rolle spielt, sondern sogar in der amerikanischen Postmoderne auftaucht: In Pynchons *Gravity's Rainbow* formuliert "Rathenau" eine für diesen Roman grundlegende Kritik an der Übertragung des Ursache-Wirkung-Schemas auf die Geschichte. In Morsellis Rathenau-Figur tritt am deutlichsten der aufklärerische Anspruch seines Projekts hervor, eine intelligentere Version der Geschichte als die faktische zu konstruieren: Er schafft nicht nur ein politisch geeintes, demokratisches Europa, sondern vertritt auch das Geschichtsbild des Autors: "Quid est Historia? Secondo me, ci sono soltanto uomini che hanno agito, o che agiscono, per i loro scopi."[31] Konzentriert man sich in der Analyse des Romans allerdings ganz auf diesen Abschnitt, geht der insgesamt ironische Kontext verloren. So bildet etwa die melancholische Dilettantenfigur von Allmen im Epilog ein Gegengewicht zur technokratisch-konstruktivistischen Rathenau-Figur.

Auf die Nähe von Morsellis Schreibweise zu Montaignes *Essais* und zur aufklärerischen Tradition des *conte philosophique* hat bereits J. Ritte verwiesen (ähnlich auch Simona Costa), doch kann man wohl nicht mit ihm darin übereinstimmen, daß diese Schreibweise untypisch für den italienischen Nachkriegsroman sei; man denke nur an Sciascias Texte und seinen teilweise expliziten Bezug auf die Aufklärer. Als aufklärerischer Schriftsteller darf Morselli sich die den Historikern nur insgeheim erlaubte Frage "was wäre geschehen, wenn", d.h. die Frage nach möglichen anderen Verläufen der Geschichte stellen. Mit diesem konstruktiven Aspekt scheint mir allerdings seine Auseinandersetzung mit Historiographie und Geschichte nicht vollständig er-

---

29) Vgl. z.B. R. Quadrelli, "Morselli - non un caso ma un destino", in: *L'Europa letteraria e artistica*, April 1975, S. 65-70.

30) Vgl. A. Di Grado, "Mitteleuropa come utopia: il 'Contro-passato prossimo' di Guido Morselli", in: *La Rassegna della letteratura italiana*, 88, n° 3, Sept.-Dez.1984, S. 457-463.

31) *Contro-passato prossimo*, S. 240.

faßt. Die systematische Verwischung der Grenzen zwischen Historie und Fiktion, u.a. durch den Verzicht auf Romankonventionen, kann nämlich auch zu einer zweiten Lesart, zu einer Fiktionalisierung des historischen Wissens des Lesers im Lektüreprozeß führen. In systematischen Forschungen zum Fiktionsbegriff wird darauf hingewiesen, daß für den Rezipienten einer Äußerung Schwierigkeiten dann entstehen, wenn der Modus der Äußerung (Fiktion/Realitätsaussage) ambivalent ist; normalerweise wird in diesem Fall der "reale" Teil der Äußerung vom "irrealen" infiziert, da der Fiktionsmodus weniger Verbindlichkeiten in der Realität nach sich zieht.[32)] Die Herstellung einer Kontinuität zwischen historischem Wissen und Fiktion ist in *Contro-passato prossimo* verbunden mit einer erheblichen Verwirrung der Grundlagen eben dieses Wissens, z.B. der Annahme der Irreversibiliät von historischen Ereignissen oder der Unterscheidbarkeit von Epochen aufgrund ihrer chronologischen Position. Diese Verunsicherung kann dazu führen, daß sich in der Lektüre der Fiktionalitätsverdacht auch auf das eigentliche historische Wissen erstreckt und dieses unterminiert, wobei gerade die zahlreichen Authentifizierungsstrategien wie die Nachahmung des historiographischen Diskurses dieses Phänomen stützen. Schon aus dem Nouveau Roman kennt man ja das Phänomen, daß manische Präzision den Eindruck der Unschärfe (und der Unheimlichkeit) erzeugen kann. Daß Morselli den 2. Weltkrieg in seiner Überblendung verschiedener historischer Zeiten verschwinden läßt, hat eben nicht nur eine aufklärerische Seite, sondern auch die unheimliche Seite der Geschichtsvernichtung. Die Fiktion modelliert somit die ambivalenten Möglichkeiten der Konstruktion von Geschichte: als Aufruf zu intelligenterem geschichtlichen Handeln, aber auch als Praxis der Geschichtsfälschung.

Die Praxis der Nachahmung eines Geschichtsdiskurses, die den Gegenstand dieses Diskurses immer wieder verschwinden läßt, ist ironisch, auch wo explizite Signale der Ironie fehlen. Auch die Tatsache, daß sich die Balance zwischen Historie und Fiktion innerhalb des Textes nie definitiv zugunsten des einen oder anderen Pols auflöst, verweist auf eine ironische Grundstruktur der Ambivalenz. Natürlich ist die Ironie eine Gemeinsamkeit mit dem aufklärerischen *conte philosophique*, doch darf man nicht übersehen, daß der Gegenstand der Ironie sich doch sehr verändert hat: Bei Morselli zielt sie nicht nur auf ein bestimmtes geschichtliches Handeln oder ein bestimmtes

---

32) Vgl. Landwehr (wie Anm. 27), S. 171.

Geschichtsbild, sondern auch auf die Prozesse historischer "memoria" zwischen der "mitologia del fatto" und der Fiktion ab.

Die Fiktionalisierung von Geschichte wird in *Contro-passato prossimo* zunächst durch eine systematische Verwirrung der historischen "memoria" auf einer Sachebene geleistet, die noch eine aufklärerische Funktion beansprucht, in sich aber bereits ambivalent ist. Die Verwirrung auf der Sachebene wird weiter durch eine bis zum Schluß des Textes durchgehaltene, besonders stark im 1. Kapitel und im Epilog hervortretende Ironie unterstützt. Weniger dagegen sind Verfahren der Fiktionalisierung von Geschichte zu beobachten, die über leserlenkende Figuren und ihre Erfahrung von Geschichte als einer (schlechten) Fiktion oder über besondere Metaphernnetze (z.B. Geschichte als groteskes Bühnenstück oder Metaphern der Erstarrung von Geschichte) laufen. Anders als etwa im zeitgenössischen lateinamerikanischen Roman ist bei Morselli der primäre Bezugspunkt nicht eine subjektive Erfahrung, sondern ein bereits als Diskurs verfestigtes kollektives Produkt: die Historiographie und die historische "memoria".

Eckhard Höfner

Zum Verhältnis von Wissenschaft und Literatur in Leonardo Sciascias "La scomparsa di Majorana"

I.

In den letzten Tagen des März 1938 kehrte der 32jährige Professor für Theoretische Physik, Ettore Majorana, von einer Reise nach Palermo nicht mehr auf seinen Lehrstuhl in Neapel zurück. Ob er Selbstmord begangen hat, steht offen; jedenfalls blieb er verschwunden. Sicher ist nur, daß sein Rückzug aus Öffentlichkeit und Lehre beabsichtigt und von ihm selbst in die Wege geleitet war.

Er stand mit den bedeutendsten Physikern der Gruppe um E. Fermi in engem Kontakt, war z.T. mit ihnen eng befreundet und hatte sich bei Heisenberg in Leipzig und bei N. Bohr in Kopenhagen aufgehalten.[1] Sein Freund E. Amaldi, selbst ein großer Physiker aus der Fermi-Gruppe, hat 1966 die wenigen Schriften Majoranas kommentiert herausgegeben und mit einer *Nota biografica* versehen, die auch von den Erinnerungen anderer, mit Majorana bekannter Wissenschaftler Gebrauch macht.[2]

Amaldis biographischer Abriß zerfällt in zwei Teile: in eine Darstellung und Diskussion der wissenschaftlichen Arbeiten Majoranas und in ein eigentliches curriculum vitae.

Amaldi ist dabei biographisch nicht sonderlich konsequent zu Werke gegangen: So hebt er einerseits das Wunderkind Majorana hervor, "suo interesse particolarmente vivo, *quasi profetico*, per la teoria dei Gruppi e le sue applicazioni alla fisica" (S. XIII), betont aber dann sofort in Studium-Anekdo-

1) Neben E. Fermi: G. Gentile jr., Rasetti, E. Amaldi, E. Segré, G.C. Wick und andere.

2) E. Amaldi (Hrsg.), *La vita e l'opera di Ettore Majorana (1906-1938)*; Rom 1966 (Im folgenden verweisen die römischen Zahlen auf die *Nota*, die arabischen auf Majoranas Schriften; alle Hervorhebungen vom Vf.) Vgl. auch: L. Fermi, *Atoms in family*, Chicago 1954. E. Segré, E. Fermi, *Note e memorie*, Rom 1962. G. Polvani, "G. Gentile jr." in: *Reale Istituto Lombardo di scienze e letterature* 75 (1941-42).

ten Majoranas "Normalität" (Skilaufen, Bergsteigen, Fahren ohne Führerschein, Café-Stammtisch etc.); er weist ihm politische Interessen zu, läßt aber seinen Blick auf das Deutschland von 1933 (und auf Italien) unbestimmt, von einem möglichen Einblick in die "forze nucleari" gar nicht zu reden; die Rückkehr Majoranas nach Italien steht unter dem Zeichen der "gastrite", des "esaurimento nervoso", der Menschenscheu - Vorboten des Verschwindens, rätselvoll zwar, aber jedenfalls krankhaft: "una malattia che finiva *inevitabilmente* con l'avere una influenza sul suo umore e anche sul suo carattere". (S. XLVII)

Aus dem Wunderkind wird in dieser Interpretation

> [...] un uomo che aveva saputo trovare in modo mirabile una risposta ad alcuni quesiti della natura, ma che aveva cercato invano una giustificazione alla vita, alla sua vita [...]

Solches klingt nicht nur moralisch, es läßt deutlich die Tendenz spüren, dem Fall Majorana jede über das private Problem einer Genie-/Wahnsinnsspaltung hinausgehende Bedeutung zu verweigern.

II.

Leonardo Sciascia hat den Fall im Jahre 1975 in *La scomparsa di Majorana* aufgegriffen, in einem Text, dessen Gattung nicht leicht zu bestimmen ist.[3]

Die deutsche Übersetzung hat den Untertitel "Ein philosophischer Kriminalroman" beigesteuert, wohl in Erinnerung daran, daß Sciascia nicht zuletzt durch eine Reihe von Kriminalromanen bekannt geworden ist.[4] Und bestimmte Strukturen teilt die *Scomparsa* durchaus mit diesem Genus, das ja generell in der Frage nach dem Verhältnis von Literatur und Wissenschaft die schlechteste Adresse nicht ist: Majoranas Verschwinden kann auf Mord oder Selbstmord beruhen, Entführung oder Identitätsflucht sein; die öffentliche Meinung wird ebenso heranzitiert wie die Instanz der Polizei und ihrer Ermittlungen; der Erzähler gerät in gewissem Sinne zum Detektiv, der Nachfor-

---

3) Leonardo Sciascia, *La scomparsa di Majorana*, Turin 1975 (alle Texthervorhebungen vom Vf.).

4) L. Sciascia, *Der Fall Majorana. Ein philosophischer Kriminalroman*. Mit einem Nachwort von Lea Ritter-Santini, Frankfurt/a.M., Berlin, Wien 1980. Zu Sciascias Kriminalromanen vor Erscheinen der *Scomparsa*, vgl. *Il giorno della civetta*, Turin 1961; *A ciascuno il suo*, Turin 1966; *Il contesto*, Turin 1971.

schungen anstellt und Dokumente sammelt, in seiner "enquête" aber auch einer mehr intuitiv gewonnenen Leithypothese folgt.[5)]

Auch wenn es sich bei Sciascias Text um keinen Kriminalroman in engerer Definition handelt, so bleibt doch das Grundmuster des "romanzo d'inchiesta" deutlich erkennbar, das auch in anderen Werken des Autors zum Tragen kommt, in seinen historischen/biographischen Rekonstruktionen, und das etwa im Nachwort zu *I pugnalatori* reflektiert wird: literarische Texte allesamt, die sich dokumentarischen Materials bedienen.[6)]

Auch die zweite Gattungskoordinate, die man anführen kann, die Biographie, ist auf solche Wissenschaftsprobleme bezogen: auf Fragen nach Rekonstruktion, Verläßlichkeit und/oder Aussagekraft von Daten und Fakten, Selektion und Perspektive.

Solche Probleme sind bei Sciascia als Methodenprobleme thematisiert und zwar in einer Haltung, die etwa der Sartres in der Flaubert-Biographie diametral entgegengesetzt ist.

Weit entfernt davon, unter einer zweifellos fragwürdigen Mikro-/Makrokosmos-Vorstellung den Versuch zu unternehmen, "à totaliser les informations dont nous disposons sur lui", setzt er auf Selektion und Interpretation von Fakten und Dokumenten im Rahmen eines Hypothesengebäudes, das stärker (natur-) wissenschaftlich und analytisch denn hermeneutisch orientiert und keinesfalls von einer "*empathie*, seule attitude requise pour comprendre" geleitet ist.[7)]

---

5) Vgl. *Scomparsa*, S. 12: "Fermi dirà: con la sua intelligenza, una volta che avesse deciso di scomparire o di far scomparire il suo cadavere, Majorana ci sarebbe certo riuscito. Soltanto un investigatore avrebbe accettato di giocare una simile partita: il cavaliere Carlo Augusto Dupin, nelle pagine di un racconto di Poe." Zweifellos reflektiert der Kriminalroman in vielen Fällen - von E.A. Poe und G. Leroux über C. Doyle und D. Sayers bis zu Simenon u.a. - recht getreulich epistemologische Probleme, gerade etwa die Relationen von Empirie, Logik und Intuition/Hermeneutik. Vgl. zum Kriminalroman: U. Schulz-Buschhaus, *Formen und Ideologien des Kriminalromans*, Frankfurt/a.M. 1975.

6) L. Sciascia, *I pugnalatori*, Turin 1976, S. 93: " Me lo mandò con intenzione: che io vi trovassi sollecitazione a una ricerca, a una ricostruzione; e insomma a scrivere una storia come quella della *Scomparsa di Majorana*." Vgl. auch: L. Sciascia, *Dalle parti degli infedeli*, Palermo 1979; *La strega e il capitano*, Mailand 1986.

7) J.P. Sartre, *L'idiot de la famille. G. Flaubert de 1821-1857*, 3 Bde., Paris 1971; hier: Bd. I, S. 7 f. *Mikro-, Makrokosmos* ist hier ein polemisch gebrauchter Term; aber auch adäquater erscheinende, phänomenologische Termini würden unser sprachanalytisches Mißtrauen gegenüber folgenden Formulierungen nicht entkräften (I, S. 7): "C'est qu'un homme n'est jamais un individu; il vaudrait mieux l'appeler un *universel singulier*: totalisé et, par là même, universalisé par

Ziel ist auch nicht die Akkumulation von Wissen über eine Person, sondern die Rekonstruktion dieses Lebens in Auseinandersetzung mit bereits bezogenen Positionen anderer Biographien.

Im Rahmen dieser seiner "reconstructio vitae Majoranae" hat nun Sciascia Amaldis Interpretationsangebot, ebenso wie die anderen Dokumente, sehr genau geprüft, wobei er mit dem Text sorgfältig, nicht polemisch umgeht. Aber er ändert eine zentrale Anschauung Amaldis: Die "scissione mentale" Majoranas, so Sciascia, könne nicht als beliebiger, trauriger, aber rein privater Krankheitsfall begriffen, sondern müsse mit der "fissione nucleare" in Zusammenhang gebracht werden.

> Ha precisamente visto la bomba atomica? I competenti, e specialmente quei competenti che la bomba atomica l'hanno fatta, decisamente lo escludono. Noi non possiamo che elencare dei fatti e dei dati, che riguardano Majorana e la storia della fissione nucleare, da cui vien fuori un quadro inquietante. Per noi incompetenti, per noi profani. (S. 68)

Die literarische Rekonstruktion erlaubt sich also eine Grundannahme, die mit dem Faktischen kompatibel ist, aber weit - und mit deutlichen Ironie-Markierungen ("incompetenti", "profani") - über die Expertenmeinung hinausgeht, interessanterweise dadurch, daß sie ernst nimmt, was bereits die Experten der Person Majoranas zusprachen und wovon es Beispiele gibt, die Gabe Majoranas nämlich, zu sehen, was andere nicht sofort sahen, "di anticipare, se non sul piano delle ricerche e dei risultati, sul piano della intuizione, della visione, della profezia."(S. 69 f.)[8)]

Sciascias Text verhält sich damit zu Amaldis *Nota biografica* / zu den Experten wie Majorana selbst zu den "ragazzi in via Panisperna" um E. Fermi: "visione" vs "cecità" homolog zu "precocità scientifica" vs "scientificità" homolog zu "aver la scienza" vs "fare la scienza" homolog zu "genio" vs "ricercatore" homolog zu "responsabilità (umana/religiosa)" vs "campo stretto delle ricerche".

Wie kompetent sind also die "competenti", wenn sie selbst im nachhinein, nach Hiroshima, nicht in Betracht ziehen wollen, daß Majoranas Ver-

son époque, il la retotalise en se reproduisant en elle comme singularité. Universel par l'universalité singulière de l'histoire humaine, singulier par la singularité universalisante de ses projets, il réclame d'être étudié simultanément par les deux bouts." Zur Akkumulation von Wissen, vgl. I, S. 7: "Cela revient à *totaliser* les informations dont nous disposons sur lui."

8) Neben Amaldi, XIII, vgl. auch Amaldi, XLVI: "una naturale tendenza a precorrere i tempi, che in qualche cosa ha quasi del profetico."

schwinden, Selbstmord oder Weltflucht in ein Kloster mit seiner Angst vor der Entwicklung der Nuklearphysik und ihrer möglichen militärischen Nutzung zu tun haben könnte?

Ihre Theorie ist offenbar zu eng, so wie es in Sciascias Text die Perspektive etwa der Polizei in ihren Nachforschungen oder die anderer Instanzen war: "Che Majorana non fosse morto o che, ancora vivo, non fosse pazzo, non si sapeva *né si poteva concepire*: e non soltanto da parte della polizia". (S. 12)

Solcher Blickwinkel-Verengung gegenüber gilt es, alles Denkbare zu erwägen - auch die Hypothese von Majoranas Angst vor der Vernichtung des Lebens durch den Mißbrauch der Atomenergie -, die Theorie um diese Annahme, die mit den Fakten nicht in Widerspruch steht, zu erweitern. Daß Majorana sich in ein Kloster zurückgezogen habe, religiös wie er war (vgl. auch Amaldis *Nota*, S. XLVI), ist nicht unwahrscheinlicher denn die Annahme des Selbstmords; zu glauben, ein Naturwissenschaftler müsse per se irreligiös sein, nur ein "pregiudizio" (S. 61).

Nichts also spricht gegen folgende Leithypothese:

> Il suo [Majoranas Fall] è stato un dramma religioso, e diremmo pascaliano. E che abbia precorso lo sgomento religioso cui vedremo arrivare la scienza, se già non è arrivata, è la ragione per cui stiamo scrivendo queste pagine sulla sua vita. (S. 62),

die im weiteren nochmals mit einem Literaturzitat gestützt wird, das Th.S. Eliot entnommen ist: "I will show you fear in a handful of dust" (*The Waste Land*, I, S. 30) - "E questo spavento crediamo abbia visto Majorana in una manciata di atomi". (S. 68)

So greift Sciascia denn auch alle die Erklärungsmuster ernsthaft mit auf, die nur beiläufig und verstreut sich bei Amaldi finden - Psychologie/Psychopathologie, Literatur ("come un personaggio di Pirandello carico di problemi che portava con sé, tutto solo": *Nota*, S. XLIX), ethnographische Mentalitätsdifferenzierungen ("rapporti di amicizia: ma allora questi erano dotati della profondità caratteristica della sua regione di origine"; *Nota*, S. XIII) und baut sie in seine Theorie ein.

Diese Theorie selbst aber erhebt nicht den bedingungslosen Anspruch einer adaequatio ad rem, sondern versteht sich als Hypothesenbau, behaftet mit Unsicherheitsfaktoren, einem "ci par di capire"; sie behauptet nur, weiter und zugleich stringenter zu sein als andere.

III.

Da Sciascia auf die Geschichte der Atomphysik, soweit sie Majorana einerseits, zum anderen die Erfindung der Atombombe betrifft, immer wieder Bezug nimmt, sollen einige wenige, aber relevante Fakten rekapituliert werden, vor allem solche, die im Text der *Scomparsa* nicht direkt aufscheinen, aber geeignet sind, die Grundthese Sciascias zu unterstützen.

E. Amaldi verfolgte auch nach Erscheinen von Sciascias Buch die in der *Nota biografica* eingeschlagene Linie; in einem Artikel im *Espresso* vom 5.10.1975 erklärte er die Vermutung des Erzählers, Majorana könnte sich aus Angst vor den Konsequenzen der Kernphysik willentlich der Welt entzogen haben, zur baren Fiktion: Bis zum 26.3.1938 (Majoranas Verschwinden) sei kein Physiker in der Lage gewesen, die Möglichkeiten technischer Verwendung atomarer Energie zu kalkulieren.

Betont man den technologischen Aspekt, so ist diese Aussage gültig; sie deckt sich z.B. mit E. Rutherfords damaligem statement, wer von technischer Anwendbarkeit der Atomenergie spricht, "is talking moon-shine".

Den ersten Reaktor zündet im Dezember 1942 E. Fermi in Chicago, die erste Atombombe J.R. Oppenheimer am 16.7.1945 in Almogordo (New Mexico). Zieht man aber statt der technischen Seite - ausreichende Menge von Uran 235, kritische Masse, Verstärkung des Neutronenbeschusses durch Beryllium-Spiegel etc. - die theoretischen heran, dann ist Amaldis Einlassung so stimmig nicht mehr, Sciascias Hypothese keineswegs so durch und durch fiktional: Das Energiepotential, das in Fusion wie Fission steckt, war bereits bekannt.

Zwar erfolgt der "Nachweis" der Kernspaltung von Uran erst im Januar 1939 durch O. Mahn in Berlin; es darf aber nicht unerwähnt bleiben, daß E. Fermi bereits 1934 eine Kernspaltung gelungen war, ein Ergebnis, das nur deshalb unbemerkt blieb, weil es von Fermi selbst damals falsch interpretiert wurde: Er mutmaßte, das erste transuranische Element (Nr. 93) gefunden zu haben.

Die Berliner Chemikerin I. Tacke-Noddack wies in ihrer kritischen Rezension zu Fermis Experiment - sie ließ ihm und den "ragazzi di via Panisperna" 1934 einen Sonderdruck zugehen - darauf hin, daß der Aufweis eines Elementes 93 nicht stichhaltig sei, daß es sich ebensogut bei dem Experiment um andere Ergebnisse gehandelt haben könnte: "Es wäre denkbar, daß bei der Beschießung schwerer Kerne mit Neutronen diese Kerne in mehrere größere Bruchstücke zerfallen [...]".[9)]

Die Möglichkeiten der Fission schwerer Kerne waren also zu Leb- und Forschungszeiten Majoranas nicht allein in der theoretischen Diskussion, sondern bereits an der Grenze zur experimentellen Phase.

Und die Angst vor der technischen Ausbeutbarkeit der Atomenergie ging offenbar in Kreisen vieler Wissenschaftler schnell um: C.F. von Weizsäcker erinnert sich in seinen Göttinger Vorlesungen des Wintersemesters 1956/57, er habe bereits im Februar/März 1939 mit Freunden die "technische Möglichkeit von Atombomben [...], *die damals jedem Physiker deutlich werden mußte*" und einen "großen Teil der politischen Folgen [...] theoretisch durchdiskutiert":

> Die stärkste Empfindung dabei war wohl die der *Machtlosigkeit* gegenüber einer Entwicklung, die sich aus dem Zusammentreffen dieser Entdeckung mit dem Zustand der Menschheit, in der wir leben, ergab.[10)]

Der amerikanische Physiker Szilard versuchte wenig später, die Gemeinschaft der westlichen Physiker auf einen Publikationsstop über Uranspaltung einzuschwören; ähnliche Überlegungen bemühte sich W. Heisenberg, N. Bohr mitzuteilen, in der Hoffnung, dieser könne an Amerika weitergeben, daß führende deutsche Physiker nicht dabei seien, die militärische Nutzung der Atomenergie zu suchen.[11)]

Wenn nicht die Herstellbarkeit, so war doch die Denkbarkeit der Atombombe 1938 gegeben, die "Sintflut" zwar noch nicht produzierbar, aber doch bereits prognostizierbar, auch für Physiker, die nicht über die prophetischen Gaben und technischen Begabungen Majoranas verfügten.[12)]

---

9) I. Tacke-Noddack, "Über das Element 93", in: *Angewandte Chemie 47* (1934), zitiert nach dem lesenswerten Nachwort L. Ritter-Santinis, in: L. Sciascia, *Der Fall Majorana*, S. 117. Vgl. *Scomparsa* (wie Anm. 3), S. 71: "E storia ormai a tutti nota che Fermi e i suoi collaboratori ottennero senza accorgersene la fissione (allora scissione) del nucleo di uranio nel 1934. Ne ebbe il sospetto Ida Noddack: ma né Fermi né altri fisici presero sul serio le sue affermazioni se non quattro anni dopo, alla fine del 1938."

10) C.F. von Weizsäcker, *Atomenergie und Atomzeitalter*, Frankfurt/a.M. 1957, S. 69.

11) ebda., S. 70 f.; vgl. *Scomparsa*, S. 40.

12) "[...] - zum ersten mal [...] stehen wir vor der Wahl, ob es die Menschheit geben soll oder nicht. Die Sintflut ist herstellbar.", in: Max Frisch, *Die chinesische Mauer*, 20. Bild.

IV.

Ehe endgültig auf die literarischen Vertextungsverfahren Sciascias eingegangen wird, gelten noch einige Bemerkungen den Wechselspielen zwischen Geschichte, Biographie Majoranas und Text der *Scomparsa*.

Zu diesem Zweck wird ein weiteres Mal Amaldis *Nota* kontrastiv herangezogen, um deutlich werden zu lassen, worauf Sciascias Text abzielt, wie er gewichtet und selegiert.

1. Physik und Politik

Majorana kommt am 20.1.1933 nach Leipzig, bleibt dort bis März und kehrt nach seinem Kopenhagener Aufenthalt im Sommer noch einmal dorthin zurück, ehe er ab August wieder in Rom anzutreffen ist. Sein Deutschland-Aufenthalt fällt also voll in die Zeit der Machtergreifung Hitlers: Ernennung zum Reichskanzler, Reichstagsbrand, Ermächtigungsgesetz, Wahlen, Aussschaltung der Parteien, erste Berufsverbote für Juden.

Amaldi rekapituliert die Daten in einer Fußnote, bindet sie aber weitgehend an den Bericht vom Traveling scholarship E. Feenbergs in Europa; zu Majorana wird nur festgestellt, er habe eine große Bewunderung für das ökonomische und organisatorische Niveau Deutschlands gezeigt und diese in mehreren Briefen zum Ausdruck gebracht, besonders in einem an E. Segré, der mit der *Andrea Doria* 1956 untergegangen sei.

Sciascia ist demgegenüber erheblich ausführlicher, er zitiert sogar aus einem Brief Ettores an die Mutter, der nicht eben von politischem Durchblick zeugt: Von der "rivoluzione" ist darin die Rede, von der "popularità della lotta antisemita", dem "conflitto ebraico" und der "epurazione" im Universitäts- und Justizwesen -

> Nel complesso l'opera del governo risponde a una necessità storica: far posto alla nuova generazione che rischia di essere soffocata dalla stasi economica. (S. 44 f.)

Es ist schwer, die Distanzhaltung Majoranas zu diesen Geschehnissen nachzuvollziehen, die Sciascia glaubt, hier herauslesen zu können; schon eher vermag man dem Hinweis auf Ausbildung, auf "clima" und "illusione del fascismo" zu folgen, in denen Ettore aufgewachsen war: "E in Italia gli antifascisti è possibile incontrarli soltanto in carcere". (S. 42)

Die Kirche, viele Wissenschaftler und Dichter, nicht nur das Volk: alles jubelte Mussolini zu; wieso sollte gerade der 26jährige Majorana sich dieser "specie di storicismo" (S. 46) entziehen?[13]

Aber Sciascia läßt es bei solchen Entschuldigungen der Eindrücke Majoranas nicht bewenden; er stellt eine weitreichende Hypothese auf:

> Per l'uomo che Majorana era, non conta poi molto che si sia lasciato o no ingannare dalla propaganda nazista. In ogni caso, si sarebbe trattato di un inganno. Ma non si è lasciato ingannare - o almeno non nella misura in cui altri, più di lui avvertiti, più di lui maturi, si sono (a dar loro credito di buona fede) lasciati ingannare.(S. 46)

Und das heißt: Sciascia baut das Deutschland-Erlebnis in seine Theorie vom freiwilligen, bewußten, schrittweisen Verschwinden Majoranas ein.

Seit der Rückkehr aus Leipzig steht Majoranas Verhalten unter dem Zeichen des Wunsches nach Einsamkeit: "per vivere, pirandellianamente, da 'uomo solo'", "vagheggiando la solitudine" kommt es dazu, daß "Per quattro anni - dall'estate del'33 a quella del'37 - raramente esce di casa e ancora più raramente si fa vedere all'Istituto di Fisica" (S. 47); alle Versuche der Freunde, "di 'riportarlo a fare vita normale'" (Amaldi, *Nota*, XXVII; zit. Sciascia, S. 48) schlagen fehl.

Im Unterschied zu Amaldi führt die *Scomparsa* dies Verhalten nicht auf eine Gemütskrankheit, ausgelöst von körperlichen Beschwerden, zurück; im Gegenteil, Sciascia, der sich häufig und stringent der Begrifflichkeit der Psychologie bedient, setzt gerade an diesem Punkt der Biographie eine Grenze für die Gültigkeit dieses Diskurses: "Non è [Majorana], evidentemente, un 'mammista' (*e bisognerebbe tenerne conto, se mai si volesse banalmente psicanalizzarlo*)". (S. 47)

Leipzig markiert, nach dieser Theorie, einen Umschlagpunkt in Majoranas Leben. Ettore arbeitet wie besessen, aber er publiziert kaum: "Indubbiamente, distrusse tutto poco prima di scomparire" (S. 48), und so bleibt nur der Aufsatz über die *Teoria simmetrica dell'elettrone e del positrone* (1937) erhalten und der postum (1942) aus dem Nachlaß herausgegebene Ar-

13) Vgl. *Scomparsa*, S. 42 ff. Hier nicht intendiert, aber heranziehbar wäre durchaus auch der Fall des jungen V. Brancati, der Sciascia so wichtig ist; vgl. *Scomparsa*, S. 9 und S. 14 f.; vgl. auch: Sciascia, "Don Giovanni a Catania", in: ders., *La corda pazza*, Turin 1977, S. 159-166.

tikel über *Valore delle leggi statistiche nella fisica e nelle scienze sociali,*[14] wobei letzterem für Sciascia besondere Bedeutung zukommt, zeige er doch ein über die Physik hinausgehendes Interesse, schließe er doch mit der Möglichkeit, Wissenschaft politisch zu nutzen, wenn die Sozialwissenschaften zum "non ultimo sussidio dell'arte di governo" (Majorana, S. 90: zit. Sciascia, S. 49) würden. "Profondamente suggestiva" wird diese Schrift genannt, "nel senso dell'inquietudine, della paura" (S. 49).

2. Publizieren vs. Nicht-Publizieren

O. Hahn veröffentlicht im Januar 1939 seinen Nachweis der Kernspaltung des Urans, eine Selbstverständlichkeit, wie C.F. von Weizsäcker zu Recht anmerkt: "Zur Wissenschaft, *wie man sie bisher in der Neuzeit verstanden hat*, gehört der öffentliche Charakter."[15]

Seit dem Mißbrauch der Atomenergie zu militärischen Zwecken ist aber in der Naturwissenschaft, so neuerdings auch auf den Gebieten der Chemie, Biochemie und Gentechnologie, die Debatte über die ethischen Grundlagen von Wissenschaft und damit über die Frage nach Veröffentlichen vs Verschweigen nicht mehr verstummt.

Der Fall Majorana nimmt für Sciascia in diesem Zusammenhang beispielhafte Bedeutung an: Ettores generelle Zurückhaltung beim Publizieren wird erneut nicht psychologisch, über seine Introvertiertheit, zu erklären, sondern über seine zunehmende Bewußtheit von der Verantwortung der Physiker zu verstehen gesucht.

Nach dem Zeugnis der Schwester Maria soll er wiederholt davon gesprochen haben, daß "i fisici sono su una strada sbagliata" (S. 50), womit er vielleicht habe ausdrücken wollen, was O. Hahn über die Freisetzung der Atomenergie nach seinem Nachweis gesagt haben soll: "Aber Gott kann das nicht wollen!"[16]

In der Deutung Sciascias kommt damit Majoranas Weg eine über die psychologische Ebene hinausweisende Stringenz zu: von den achtlos auf eine Zigarettenschachtel gekritzelten Formeln - darunter angeblich diejenige, die einen guten Teil des Rufes von Heisenberg ausmacht - über das selbstaufer-

14) Hrsg. v. G. Gentile jr. in: *Scientia* 36 (1942), S. 58-66; abgedruckt in: Amaldi (wie Anm. 2), S. 81-90.

15) Weizsäcker, *Atomzeitalter* (wie Anm. 10), S. 68; vgl. auch: "Veröffentlichung wird vielmehr als wissenschaftliche Pflicht betrachtet."

16) zit. auch in der *Scomparsa*, S. 50.

legte Schweigen (das nicht aus theoretischer Unsicherheit, sondern aus dem Scharfblick resultiert, der Majorana in der via Panisperna den Spitznamen "Il Grande Inquisitore" eintrug, aufgrund seines Urteilsvermögens), den freiwilligen Publikationsverzicht, bis zum selbstinszenierten Verschwinden, das, "suicidio" oder "fuga" (S. 54), nach Ettores Wunsch einen Mythos prägen sollte: "il mito del rifiuto della scienza".(S. 67)[17)]

In diesem Prozeß wäre nach der Darstellung der *Scomparsa* wiederum im Leipzig-Aufenthalt ein Schlüsselerlebnis zu sehen; es läge in der Begegnung Majoranas mit Heisenberg.

Von der Bedeutung des deutschen Physikers für Majoranas Biographie weiß auch Amaldi zu berichten: "[...] si legò ad Heisenberg per cui conservò sempre profonda ammirazione e senso di amicizia". (S. XXV)

Heisenberg habe nicht nur die "notevoli qualità di ricercatore" Ettores erkannt und ihn zu einem Artikel in der *Zeitschrift für Physik* ermuntert[18)], er sei sich auch bewußt gewesen - sofort lenkt Amaldi in die Bahnen des Privaten, der Individualpsychologie - "della fatica che egli [Majorana] sempre incontrava nello stabilire rapporti con persone di recente conoscenza e, in generale, con il mondo esterno." (S. XXVI)

Für Sciascia dagegen liegt im Verhältnis Majoranas und Heisenbergs ein Grenzfall möglicher, sinnvoller Kommunikation vor, zwischen Veröffentlichen und Schweigen: "la chiacchierata a quattr'occhi".

Des Wortes "chiacchierare" bedient sich Majorana selbst, in Briefen an den Vater; Sciascia hält es für ausgemacht, daß bei diesen Plaudereien die Kernphysik Gegenstand war, aber eben nicht auf öffentlicher Bühne, sondern zwischen zwei in ihre Gefahren Eingeweihten.

Weit entfernt von jeder (stilistischen) Abwertung bedeutet der Term "chiacchierare" zwar nicht mehr die wissenschaftliche Kommunikation, aber, "a quattr'occhi", noch nicht die "solitudine": Es ist ein mediativer Term, der die letzte Grenze zum Verschweigen und Verschwinden markiert.

Ein Balance-Akt, jedenfalls in der Lektüre der *Scomparsa*. Die Öffentlichkeit aber holt Majorana ein: Er wird, unter nicht sonderlich klaren Voraussetzungen, ein wenig nepotistisch, ein wenig kompensatorisch, auf den Lehrstuhl in Neapel berufen.

---

17) Fermi war der Papst, Rasetti il "Cardinale Vicario", vgl. L. Fermi, *Atoms* und Amaldi, XI.

18) E. Majorana, "Über die Kerntheorie", in: *Zeitschrift für Physik* 82 (1933), S. 137-145.

Amaldi zitiert das Gesetz (Art. 8 del R.D.L. 20.6.1935, n. 1071), das bereits G. Marconi zu Amt und Würden verhalf; Majorana mußte diese ausserordentliche Berufung, "a meriti speciali" (*Nota*, S. XXVIII), was immer ihn zur Ausschreibungsteilnahme veranlaßte, anders empfinden.

Sciascia jedenfalls bleibt bei seiner Theorie: Welcher "ripicco" auch Majorana zur Bewerbung getrieben habe, er fing sich damit selbst, geriet in die

> [...] trappola di una "normalità" che lo costringeva ad andare avanti, a pubblicare, a tenersi a quel livello di "chiara fama" per cui era stato chiamato alla cattedra; [...]. (S. 53)

Jede Lösung mußte also jetzt radikaler werden, konnte auf die "chiacchierata a quattr'occhi" sich nicht mehr verlassen.

3. "fare la scienza" vs "avere la scienza"

Verständigt sich Majorana in Leipzig mit E. Feenberg wie in Rom mit E. Fermi vermittels der Fachsprache mathematisch-physikalischer Formeln, so ist sein Kontakt zu Heisenberg in der Rekonstruktion der *Scomparsa*, die dem deutschen Physiker besondere Wertschätzung zuteil werden läßt[19], "del tutto diverso":

> E la ragione crediamo di intravederla, retrospettivamente, nel fatto che Heisenberg *viveva* il problema della fisica, la sua ricerca di fisico, dentro un vasto e *drammatico* contesto di pensiero. Era, per dirla banalmente, un *filosofo*. (S. 37)

Was hier über Heisenberg ausgesagt wird, gilt nach dem Zeugnis der *Scomparsa* auch für Majorana und unterscheidet ihn von den "ragazzi di via Panisperna"[20]: "per quelli la scienza era un fatto di volontà, per lui di natura"; für

---

19) Vgl. *Scomparsa*, S. 41: "Comunque, in un mondo più umano, più attento e più giusto nella scelta dei suoi valori, dei suoi miti, la figura di Heisenberg più dovrebbe e nobilmente aver spicco di altre che nel campo della fisica nucleare operarono negli stessi suoi anni - più di coloro che la bomba la fecero, la consegnarono, con esultanza accolsero la notizia degli effetti e soltanto dopo (ma non tutti) ne ebbero smarrimento e rimorso." Heisenberg soll im übrigen die *Scomparsa* gelesen und die Erinnerungen an Majorana bestätigt haben (Brief vom 27.1.76), vgl. L. Ritter-Santini, S. 113 und 122.

20) Majoranas Interesse an Philosophie bestätigt auch Amaldi (wie Anm. 2), XXVI, der Schopenhauer als besonders wichtig für Ettore angibt.

jene galt es, Geheimnisse zu enthüllen, für ihn ging es um die Bewahrung eines Geheimnisses, das "dentro di sé, al centro del suo essere"(S. 20) lag.

Die Fermi-Gruppe und andere Physiker betreiben Wissenschaft, ohne sie zu "leben", und können daher die vitalen Folgen ihres Tuns nicht verstehen. Sie publizieren und setzen ihre Ergebnisse damit dem Mißbrauch durch gesellschaftliche, politische Instanzen aus; lassen vermissen, was Majorana auszeichnet: den Schrecken vor den Konsequenzen, den "istinto di conservazione: per sé, per la specie umana".(S. 26)[21)]

Um Leben zu garantieren, Freiheit zu bewahren muß man - zu diesem Punkt gelangt die "gelebte" Wissenschaft, per "natura", nicht "volontà" - sich zum "Sterben" verpflichten: Schweigen, "solitudine", inneres Exil, "fuga" oder "suicidio", jedenfalls "rifiuto della scienza".

Wer in der Geschichte der Atomphysik die Freiheit der Wissenschaft proklamierte, konnte zum Sklaven, zum "aguzzino", zum Kollaborateur und Bombenbauer werden wie Oppenheimer und Teller (S. 39); setzen wir hinzu: auch Fermi.[22)]
"Furono liberi coloro che non la [la bomba atomica] fecero", wie Heisenberg (S. 39) und eben Majorana.

Damit "altre e più vaste vendemmie di morte non vengano da questo, non ancora infranto, 'collaborazionismo'" (S. 39), verdienen es die Fälle Heisenberg und Majorana aufgezeichnet zu werden, für eine humanere Welt, nicht so sehr der Fall Oppenheimer.

Die *Scomparsa* ist sich, wie fast alle Texte Sciascias, einer aufklärerischen und ethischen Aufgabe bewußt. Seit die "littérature engagée", nicht gänzlich grundlos, in Abwertung geriet, wird literarische Ethik nicht mehr hoch veranschlagt, gerät zunehmend in den Sog, der das 20. Jahrhundert als "Zweite Aufklärung" generell relativierend erfaßt hat; letztlich zu Unrecht, wie wir mit I. Calvino meinen, der von der Werthaftigkeit solch literarischen Diskurses, gerade im Verhältnis von Literatur und (Natur-)Wissenschaft, weiß:

---

21) Zur gelebten Wissenschaft, vgl. *Scomparsa*, S. 20, 25 f., 73 und passim. Diesen Konflikt von *fare la scienza* (E. Fermi) vs *avere la scienza* (E. Majorana) hebt auch ein Fernsehfilm hervor, der allerdings sein Thema weitgehend verwässert: *I ragazzi di via Panisperna*, Regie und Dialoge: Gianni Amelio, RAI Uno-Film + Urania 1988; deutscher Titel: *Enrico Fermi - im Banne des Atoms*.

22) Vgl. Heinar Kipphardt, *In der Sache J.R. Oppenheimer*, Frankfurt/a.M. 1964; zu Fermi dort S. 80 ff.; S. 95: "*Oppenheimer* Fermi sagte: Eure Gewissensbisse, das ist doch zuerst mal wunderschöne Physik." zu Teller: S. 96 ff.

> Non credo che dalla scienza moderna - e in particolare dalla teoria della relatività - si possa trarre giustificazione per un relativismo morale. Al contrario, la nostra epoca è caratterizzata da una netta separazione tra discorso scientifico e discorso sui valori: ciò vuol dire che la responsabilità morale non può mascherarsi dietro giustificazioni interessate.[23)]

Erst von hierher wären ideologische Formen der "littérature engagée" zu kritisieren.

V.

In den Interdependenzen von (Natur-) Wissenschaft und Literatur gehört die Frage nach der Vertextung zum schwierigen Gelände; das Problem der "Zwei Kulturen" ist zum guten Teil ein Diskursproblem.[24)]

Wie gelungene Darstellungen zeigen können, liegen die Schwierigkeiten nicht einmal so sehr auf Seiten der Naturwissenschaften, deren Ergebnisse durchaus, ohne Verfälschungen ausgesetzt zu werden, breiteren, interessierten Kreisen nahezubringen sind; sie finden sich in weitaus stärkerem Maß auf der Seite der Literatur.[25)]

Dem Optimismus der "Verherrlicher(n) der wissenschaftlichen 'Seligkeiten'", die Nietzsche 1889 skeptisch-ironisch unter den Künstlern ausmachte, der "Anpassung [der Literatur] an die neuen Resultate der Forschung", der Meinung Zolas, die Literatur könne ebenso experimentell vorgehen und hypothesenbildend wirken wie die Naturwissenschaft, wird niemand mehr so leicht das Wort reden. In der Moderne werden die Bezüge zwischen den beiden Bereichen in aller Regel differenzierter, vermittelter gesehen, wenn sie denn überhaupt intendiert sind.[26)]

---

23) Vgl. Italo Calvino, "Due interviste su scienza e letteratura", in: ders., *Una pietra sopra*, Turin 1980, S. 184-191.

24) Vgl. die Neuauflage: *Die zwei Kulturen. Literatur und naturwissenschaftliche Intelligenz*, hrsg. v. H. Kreuzer, München, dtv, 1987.

25) Vgl. etwa die Arbeiten von H. Fritzsch, *Quarks. Urstoff unserer Welt*, München 1981; ders., *Vom Urknall zum Zerfall*, München 1983; K. Popper/J. Eccles, *The Self and its Brain - An Argument for Interactionism*, Heidelberg/Berlin/London/New York 1977; R. Riedl, *Biologie der Erkenntnis*, Berlin/Hamburg 1977; ders., *Die Strategie der Genesis*, München 1976; M. Eigen/R. Winkler, *Das Spiel*, München 1975 und eine Vielzahl anderer. Zu erwähnen bleiben hier auch die physico-philosophischen Überlegungen Heisenbergs, C.F. von Weizsäckers, M. Plancks etc.

26) F. Nietzsche, *Morgenröte*. Aphorismus 433; zit. nach: F.Nietzsche, *Werke in 5 Bden.*, hrsg. v. K. Schlechta, Frankfurt/Berlin/Wien 1969, hier: II, S. 1225. W. Bölsche, *Die naturwissenschaftlichen Grundlagen der Poesie (1887)*, hrsg. v. G. Wunberg, Tübingen 1976, S. 1-65; hier: S. 5. E. Zola, *Le roman expérimental*,

F. Dürrenmatts *Die Physiker* etwa bemühen sich keineswegs um Aufnahme von Elementen der Wissenschaft und Wissenschaftssprache; dort wird, im Verfremdungsvorbehalt der neuen Komödie ("Uns kommt nur noch die Komödie bei. Unsere Welt hat ebenso zur Groteske geführt wie zur Atombombe, [...]"), literarisch über Physiker und die Verantwortung der Physik gehandelt.

Auch B. Brecht berichtet, bei der Abfassung des *Leben des Galilei* seien ihm bei der Rekonstruktion des ptolemäischen Weltbildes Assistenten Niels Bohrs behilflich gewesen, die am Problem der Zertrümmerung des Atoms arbeiteten. Er hat zwar eine Grundfrage thematisiert, die L. Ritter-Santini als Konflikt von "Verweigerung oder Anpassung" treffend beschreibt, nicht aber den Versuch unternommen, selbst wissenschaftliche Sprech- und Verfahrensweisen in sein Drama zu integrieren.[27)]

Wie aber steht es mit der Erzählinstanz der *Scomparsa*, wie verfahren "noi, che pochissimo sappiamo di fisica e ancor meno di scienze sociali"? (S. 49) Wird hier allein *über* Wissenschaft, einen Wissenschaftler gesprochen, oder läßt sich der Eindruck bestätigen, daß die Physik nicht nur auf der Ebene der *histoire* des Textes, sondern auch auf der des *discours* eine Rolle spielt?

Wir gehen von einem Beispiel aus, dem IV. Kapitel der *Scomparsa*. In den Erinnerungen an Ettore, sei es bei L. Fermi, sei es bei Amaldi, spielt der Prozeß Majorana, der alle Formen eines Justizskandals zeigt, eine gewichtige Rolle.

Im Jahre 1924 verbrennt ein Kind des A. Amato in seiner Wiege. Der Verdacht eines Verbrechens fällt zunächst auf das Dienstmädchen, dann schließlich, bestimmter Erbschaftsgründe wegen, auf die Schwäger Dante und

---

hrsg. v. A. Guedj, Paris 1971, S. 54-97; vgl. S. 95: "On a dit souvent que les écrivains devaient frayer la route aux savants. Cela est vrai, car nous venons de voir, dans *l'Introduction* l'hypothèse et l'empirisme précéder et préparer l'état scientifique, qui s'établit en dernier lieu par la méthode expérimentale. [...] C'est toujours le rôle de pionniers que Claude Bernard assigne aux philosophes."

27) F. Dürrenmatt, *Die Physiker* (Neufassung 1980), in: F.Dürrenmatt, *Werkausgabe in 30 Bänden*, Bd. 7, Zürich 1980. Vgl. die Punkte 15 und 16 der *21 Punkte zu den Physikern* (S. 92): "Es, das Drama kann nicht den Inhalt der Physik zum Ziele haben, sondern nur ihre Auswirkung" und: "Der Inhalt der Physik geht die Physiker an, die Auswirkung alle Menschen". Vgl. dazu F. Dürrenmatt, *Theaterprobleme*, Zürich 1955. B. Brecht, zu *Leben des Galilei*. Anmerkungen, in: B.Brecht, *Gesammelte Werke in 20 Bänden*, Bd. 17, Frankfurt/a.M. 1967, S. 1103-1133, hier: S. 1106. L. Ritter-Santini (wie Anm. 4), S. 108.

Giuseppe Majorana, Onkel Ettores; 1929 kommt Dante Majorana in Haft. Erst 1932 wird er wegen erwiesener Unschuld freigesprochen.

Amaldi geht mit der Frage, ob dies Familienschicksal auf Ettore "un'influenza determinante sull'atteggiamento [...] di fronte alla vita" (S. XII) gehabt habe, vorsichtig um; zwar bestätigen dies "alcuni degli amici", darunter eben L. Fermi, die Brüder Majoranas aber schlössen es aus.

L. Fermi hatte sich so geäußert: "Sul turbamento del suo carattere dovette certamente influire un fatto tragico che aveva colpito la famiglia" und: "Con grande risolutezza si occupò [Ettore] personalmente del processo, trattò con gli avvocati, curò i particolari". (zit. *Scomparsa*, S. 31)

Der Erzähler der *Scomparsa* zitiert diese Sätze zwar, läßt sie aber nicht gelten: "imprecisa" sei diese Erinnerung; schon die Zeitangaben L. Fermis ließen Genauigkeit vermissen; höchst unwahrscheinlich sei, daß die Anwälte, "quasi tutti 'principi del foro'", sich von einem gerade 23jährigen hätten beeinflussen lassen; wer solches annehme, verkenne nicht zuletzt die "struttura di una famiglia siciliana".

Bis hierhin reflektiert das nur die Haltung eines skrupulösen Historikers, der seine Akten genauer kennt als andere, sich als besser eingelesen erweist und zur Plausibilität seiner Aussagen auch psychologische und mentalitätsgeschichtliche Theoreme heranzieht.

Mit unserem Diskussionspunkt hätte solches Vorgehen also zunächst nichts zu tun. Es fällt aber auf, daß Sciascia *alle* herangezogenen Dokumente - und das sind nicht wenige - solcher Plausibilitätsanalyse unterwirft, dabei immer so vorgehend, daß die Rahmenbedingungen genannt werden, die perspektivischen Möglichkeiten, unter denen die verschiedenen, sich partiell widersprechenden Aussagen zustande gekommen sind, und daß, zum weiteren, seine eigene Darstellung des Falles Majorana, nahezu durchgängig, im Konjunktivischen verbleibt, regiert ist von "forse", "sarebbe", "ci par", "tendono a credere", "somigliava", "crediamo", "a noi può sembrare", "quasi", "chi sa dove e come" und was dergleichen sprachliche Gültigkeitseinschränkungen mehr sind. Nicht nur die Meinung der anderen - der Biographen, der Dokumente und Zeugnisse, der Familie und der Freunde, der Polizei - wird beständig solcher Unsicherheit ausgesetzt; auch die eigene Unternehmung, die Rekonstruktion des Falles Majorana, steht ausgewiesenermaßen unter dem Zeichen eines "ci par di capire", einer Hypothesierung. Alle Aussagen zum Verschwinden Majoranas, die der Text gibt, fallen somit unter Perspektivierungsvorbehalte, erweisen sich als abhängig von einem seinerseits nicht verbindlich gültigen Befragungssystem; nichts Relevantes kann, voraussetzungsfrei, indikativisch formuliert werden.

In der reconstructio vitae Majoranae wird - deutlicher als in anderen Texten Sciascias - jede Form von Determinismus, von Kausalität problematisiert; auf welch jeweils fragwürdigen Voraussetzungen kausale Ableitungen beruhen können - wie angemerkt: die eigenen inbegriffen -, wird zu einem gewichtigen Thema des Textes. Die jeweiligen mentalen Experimentbedingungen steuern den Gültigkeitsbereich der jeweils biographisch rekonstruierenden Aussagen; steuerten auch den Verlauf der praktischen Nachforschungen zum Verbleib E. Majoranas.

Literarisch gesehen erinnert einiges in dieser Radikalperspektivierung an das späte, kurz vor dem Tod getroffene Diktum Flauberts: "Il n'y a pas de Vrai! Il n'y a que des manières de voir".

Das literarische Verfahren einer Perspektivierung der dargestellten Welt, vor allem in der Koppelung an "personales Erzählen" und den Gebrauch des *discours indirect libre*, ist seit dem letzten Drittel des 19. Jahrhunderts bekannt. Die Tragweite dieser Erzählstrategie ist aber wohl erst im 20. Jahrhunderts hinreichend gewürdigt worden, hat z.B. nicht unerheblich dazu beigetragen, daß gerade Flaubert, im Gegensatz zu seiner zeitgenössischen Rezeptionsgeschichte, als "moderner" Autor empfunden wurde.[28)]

Nun ist die *Scomparsa* nicht "personal", sondern, um in Stanzels Kategorien zu bleiben, "auktorial" erzählt, von einem Erzähler allerdings, der gerade keinen Gebrauch macht von Formen der "Allwissenheit", sich stattdessen als Hypothesen- und Theoriebildner versteht und somit eine Falsifizierbarkeit seiner biographischen Aufarbeitung generell einräumt.

Suchte man auch hier nach einem Vorläufer, so ließe sich, auch wenn dort der Prozeß der Theorieabhängigkeit von Aussagen so stark nicht hervortritt, auf den von Sciascia häufig genannten, in der *Scomparsa* ausführlich zitierten Stendhal verweisen.[29)]

Die Erzähltechnik der Perspektivierung, selbst die der Kausalitätsbegrenzung, wo nicht -aufhebung, in eine bestimmte historisch-literarische Reihe zu stellen, wäre demnach die Schwierigkeit nicht. Wichtiger erscheint die Frage, ob die Stoffwahl bei Sciascia im Falle der *Scomparsa* diese Vertex-

---

28) G. Flaubert, Brief an Léon Hennique vom 3.2.1880. Zu den Termini der Narrativik, vgl. F.K. Stanzel, *Theorie des Erzählens*, Göttingen 1979.

29) *Scomparsa*, S. 22 f. Zur "ausgesparten" Kausalität in Stendhals *Le Rouge et le Noir*, vgl. E. Höfner, *Literarität und Realität. Aspekte des Realismusbegriffs in der französischen Literatur des 19. Jhdts.*, Heidelberg 1980, S. 170 ff.

tungsform, bei der er dann in folgenden Texten immer wieder verharrte, hervorgetrieben, zumindest begünstigt hat; immerhin ist sie in dieser Deutlichkeit in den vorher erschienenen Werken nicht feststellbar, weder in den Kriminalromanen, noch etwa im *Consiglio d'Egitto*.

Unter Majoranas neun Publikationen hat Sciascia speziell eine, die keinem physikalischen Problem ausschließlich gewidmet ist, besonders hervorgehoben, und zwar im Text der *Scomparsa* selbst: *Il valore delle leggi statistiche nella fisica e nelle scienze sociali*.[30)]

E. Majorana skizziert darin, wie das Modell der klassischen Mechanik (Reduzierbarkeit der Phänomene auf exakte Gesetze, Kausalität, daher finalistisch: Vorhersehbarkeit, Ableitbarkeit eines Systemstatus B aus einem System A etc.) auch in andere Wissenschaften verbindlich eingedrungen sei, so daß man dazu gelangen konnte, "nella causalità della fisica classica un modello di valore universale" zu sehen.(S. 88)

Die Anwendbarkeit des Kausalitätsprinzips auf die Thermodynamik, auf die "leggi dell'elettromagnetismo" (S. 83) bis hin zur Relativitätstheorie habe diese Modell-Übernahme stabilisiert, einigen philosophischen Reaktionen, so der des Pragmatismus eines G. Sorel, zum Trotz.[31)]

In diesen Zusammenhängen fällt in Majoranas Artikel der erste der beiden Sätze, der zumindest auf der geisteswissenschaftlichen Seite im Streite der "Zwei Kulturen" nur schwer zu überlesen ist:

> Eppure il determinismo, che non lascia alcun posto alla libertà umana e obbliga a considerare come illusori, nel loro apparente finalismo, tutti i fenomeni della vita, racchiude una reale causa di debolezza: la contraddizione immediata e irrimediabile con i dati più certi della nostra coscienza. (S. 83)

Ein Physiker also trennt - neben der Frage nach den vitalen Gegebenheiten der Welt - physikalische Gesetzmäßigkeiten von den Apperzeptionsfähigkeiten des Menschen.

Und was geschieht, so Majorana weiter, nach einigen Ausführungen über statistische Grenzwerte innerhalb des Modells der klassischen Mechanik, wenn selbst die Physik ihr striktes Kausalitätsgesetz einzuschränken sich gezwungen sieht, etwa durch die Notwendigkeit der Quanten-Mechanik?

---

30) Amaldi zählt zehn Arbeiten Majoranas; eine davon ist aber fast gleichlautend in deutscher und italienischer Sprache erschienen, an zwei verschiedenen Druckorten.

31) Vgl. Majorana (wie Anm. 2), S. 83; zitiert wird: G. Sorel, *De l'utilité du pragmatisme*, Paris 1921.

In diesem Falle wird, wie man weiß, statt mit der Kausalität, mit einer Probabilitäts-Matrix zu rechnen sein; neue statistische Gesetze, die "non hanno nulla in comune con le leggi statistiche classiche" (S. 89), sind zu elaborieren; "una certa mancanza di *oggettività* nella descrizione dei fenomeni" (S. 89) muß ins Kalkül gezogen werden.

Was E. Majorana hiermit umreißt, entspricht dem physikalischen Theorem, das als Heisenberg'sche "Unbestimmtheitsrelation" bekannt geworden ist: Im Mikrobereich steht man vor der Alternative der Erkenntnis-Unmöglichkeit einerseits, andererseits der Erkenntnismöglichkeit unter Experimentbedingungen, die unausweichlich zum Eingriff in den Experimentablauf führen, so daß die Reaktionen von den Experimentbedingungen abhängen.32)

Probabilistik gerät zur "Wahrheits"-Annäherung; ein Grenzwert experimenteller Physik, jedenfalls damals und in den Augen Majoranas. Und an diesem Diskussionspunkt fällt nun der zweite, nicht gerade die Physik übergreifende, aber doch von Sciascia herausgestellte Satz (*Scomparsa*, S. 49):

> Non vi è nulla dal punto di vista strettamente scientifico che impedisca di considerare come plausibile che all'origine di avvenimenti umani possa trovarsi un fatto vitale ugualmente semplice, invisibile e imprevedibile. (S. 90)

Darüber zu debattieren, ob Majoranas Beitrag Bestand hat vor der Theorie der Physik - die Unbestimmtheitsrelation, die Preisgabe der Kausalität im Mikrobereich der Atomphysik kennt eine schwierige und intrikate geistesgeschichtliche Metaphern-Geschichte, ebenso wie Einsteins Relativitäts-Theorie -, ist hier müßig, überstiege auch unsere Kompetenz.

Wichtig erschien nur, plausibel zu machen, daß Sciascias Erzählstrategien von E. Majoranas Reflexionen geleitet sein könnten, fokussierten beide doch stark die "fenomeni della vita", ging es beiden doch um einen verborgenen "fatto vitale", letztlich wohl auch um die Relativierung von Finalismus und Determinismus.

Sciascias Schilderung des Prozesses Majorana, um bei diesem Beispiel zu bleiben, gehorcht einer, wie immer metaphorisch verstandenen, Gesetzmäßigkeit: Sie trägt nicht allein die Züge eines, später behobenen, Justizirr-

---

32) Vgl. W. Heisenberg, *Das Naturbild in der heutigen Physik*, Reinbek bei Hamburg 1955; vor allem Kapitel II: "Atomphysik und Kausalgesetz": "Man erkennt daraus, daß die Atomphysik sich von den Vorstellungen des Determinismus immer weiter entfernt hat." (S. 34)

tums, sondern die einer "Kettenreaktion", verlagert als terminus technicus von der Ebene der Physik auf die der "avvenimenti privati", aber "vitali". Man ginge wohl nicht fehl, ortete man den genuin kernphysikalischen Begriff der Kettenreaktion in der Darstellung der *Scomparsa* als literarisch wirkungsmächtigen: Majoranas Verschwinden hätte dann zu tun mit einer Negation der Kettenreaktion; in einer Welt, in der man nach der Aussage eines ungenannten Physikers "su un'isola di fulmicotone" (S. 70) lebt, darf man - questione di paura, Frage nach der Verantwortlichkeit - keine Zündhölzer anreiben.

Es sei hier nochmals daran erinnert, daß Sciascias Grundpostulat dahin ging, erst die Hereinnahme der Hypothese von Majoranas Gabe, mögliche Folgen der Atomphysik vorherzusehen - also auch die z.B. der Kettenreaktion - erlaube es, die Lebensdaten und -fakten biographisch stringent darzustellen; kaum zufällig zitiert er Majoranas Aufsatz von 1937, *Teoria simmetrica dell'elettrone e del positrone*, zu dem Amaldi anmerkte, er zeige Ettores "naturale tendenza a precorrere i tempi, che in qualche cosa ha quasi del profetico". (S. XLVI)[33)]

Und es muß daran erinnert werden, daß die von Sciascia benutzten, partiell zurückgewiesenen Biographien und Erinnerungen, nicht allein, aber vor allem Amaldis *Nota*, allesamt "finalistisch", "deterministisch" ausgerichtet sind, alle aus einer nicht physikalischen, aber als gültig gesetzten psychologischen Kausalität schöpfend. Ausgerechnet ein Physiker vom Range Amaldis, der keine Schwierigkeiten darin sieht, "in physicis" das Prinzip der Kausalität zu relativieren, macht eben dieses Prinzip zum Leitfaden der Biographie des Freudes Majorana.

Allem Anschein nach gehören solche Widersprüche zu den "vitalen" Inkompatibilitäten, die Sciascias Rekonstruktionsversuch motiviert haben.

Der Text der *Scomparsa* lebt von der Refutation der Kausalität; die zur Not auch übertragen verstandene Unbestimmtheitsrelation eröffnet, wie es scheint, neue literarische Wege.

Wissenschaft und Wissenschaftssprache werden in dem Maße reflektiert, in dem sie literarischen Bemühungen wieder Raum geben. Die Regeln der klassischen Mechanik schienen die Literatur mehr oder weniger in die Rolle der Illustratorin der "wissenschaftlichen 'Seligkeiten'" zu zwingen.

---

33) Die Ergebnisse dieses Aufsatzes Majoranas wurden erst 1957 von Lee und Yang aufgegriffen.

Konstatiert aber selbst ein hochbegabter Physiker, solche Regeln und Gesetze reduzierten die "fenomeni della vita" und stünden im Widerspruch zu "nostra coscienza", andererseits ginge es aber darum, mögliche Wechselbeziehungen zwischen Physik und anderen Bereichen, etwa eben den Sozialwissenschaften oder der Philosophie nicht aus den Augen zu verlieren, so kann man auch wieder literarisch reden, ohne eines Rückfalls in Unwissenschaftlichkeit angeklagt zu werden.

Die neue Poetik entsteht also in Auseinandersetzung mit der Naturwissenschaft, aber in der mit einer modernen, nicht mehr finalistisch ausgerichteten Naturwissenschaft. Der eingeschränkte Finalismus erlaubt z.B. wieder die literarische Möglichkeit metaphorischer Sprache.[34)]

Kehren wir zum Ausgangsbeispiel zurück, zum Prozeß Majorana in Sachen Tötung des Cicciuzzu Amato, "il bambino bruciato nella culla". (S. 31)

Aus der Ungenauigkeit der Biographien und der Unsicherheit der Zeugenaussagen, aus dem gesamten Justizskandal, der eine soziale "Kettenreaktion" ausgelöst hat, "fino alla follia" (S. 27), "fino al parossismo, fino all'assurdo" (S. 30), entspringt für den Erzähler eine starke "tentazione di avanzare l'ipotesi" (S. 33), daß diejenigen, die negieren wollen, für Ettore Majorana habe das Bild vom verbrannten Kind eine "emblematische", "symbolische" Bedeutung annehmen können, habe "una immagine di fuoco e di morte" generiert, einer Verdrängung, einem "lapsus della memoria" unterliegen (S. 33).

Das ist nur vordergründig eine psychologische Erwägung des Erzählers; in stärkerem Maße geht es um den durch die moderne Physik und die Non-Kausalität wieder ermöglichten literarischen Diskurs:

> L'immagine ha, *per dirla con una espressione che appartiene alla fisica nucleare e alle ricerche di Majorana*, una "forza di scambio" incontenibile. (S. 33)

Metaphorisch ins Spiel gebracht wird hier also ein nuklearphysikalischer Terminus - die deutsche Übersetzung verkürzt diese Relation, indem sie fälschlicherweise "Austauschkraft" setzt -, der mit den Forschungen Heisenbergs und Majoranas verknüpft ist, der der "Wechselwirkung".

---

34) Vgl. H. Weinrich, *Linguistik der Lüge*, Heidelberg 1967, S. 42: "Besonders der Wissenschaft scheint ein tiefes Mißtrauen gegen die Metapher eingepflanzt zu sein, und von Zeit zu Zeit treten Bilderstürmer auf, die vorgeben, sie wollten jetzt die Sprache der Wissenschaft von allen Metaphern reinigen und es würde alles gut werden, und die Wahrheit käme endlich ans Licht."

VI.

Der Text der *Scomparsa* ist durchgängig mit literarischen Markierungen versehen; kein wesentliches Ereignis der Biographie wird ohne solche Rückbezüglichkeit, solche metaphorische Wechselwirkung belassen.

Fermis Verhalten bei der Entgegennahme des Nobelpreises (und seine Angst vor dem "Manifesto della razza": Laura Fermi war Jüdin) trifft auf eine Szene eines Stückes von V. Brancati; Majoranas "precocità scientifica" wird mit Stendhal kommentiert; Prousts *Recherche du temps perdu* ist ebenso in den Text eingegangen wie Shakespeare, wie Pirandello, Trilussa, Dante, Savinio, Montale, Pascal und andere.

Die Vielfalt all dieser Namen und Texte weist keine eindeutig bestimmbare Integrationsebene auf; isoliert man einen Autorennamen, etwa den Pirandellos, der Amaldi wie L. Ritter-Santini so wichtig erscheint, wird man dem Textangebot nicht gerecht.[35)]

Hier soll nicht eine bestimmte Literatur zitiert und herausgestellt, sondern über die Funktion von Literatur in einer verwissenschaftlichten Welt gehandelt werden. Nicht im jeweils - ironisch distanzierend bis Strukturen homologisierend - aufgeführten Autor ist solchermaßen die Einbeziehung der Literatur in die Lebens- und Verschwindensgeschichte Majoranas zu suchen, sondern generell in der Verbindlichkeit von Literatur für die reconstructio vitae eines Physikers.

Existieren im Spannungsfeld von Wissenschaft und Kunst, "nella scienza o nella letteratura o nell'arte" (S. 21), noch gemeinsame, sprachliche Apperzeptionsmöglichkeiten; kann man mit Shakespeares *The Tempest* (*Scomparsa*, S. 72) oder dem *Hamlet* (*Scomparsa*, S. 13) einfangen, was in der Biographie eines Physikers relevant ist? Unterscheidet sich die frühe Berufung des Schriftstellers Stendhal von der des Mathematikers Evariste Galois (Scomparsa, S. 22 f.) und der Ettores? Gilt der mögliche Umschlag von Genie in Wahnsinn nur in der Genie-Ästhetik oder auch in anderen Bereichen ("La scienza, come la poesia, si sa che sta ad un passo dalla follia" - *Scomparsa*, S. 4)?

Faßt Amaldi die literarischen und philosophischen Interessen Majoranas als psychologische Daten (Schopenhauer: Pessimismus; Pirandello: Identitätsverlust), so reicht Sciascias Anspruch entschieden weiter.

---

35) L. Ritter-Santini (wie Anm. 4), S. 104 ff.

Dem System Literatur kommt eine über Kausalitäten, in physicis und in psychicis, hinausgehende Bedeutung zu; Metaphorisches, Konnotatives, Surreales soll wieder mitbedacht, die Tacitus-Formulierung "Fatum [...] nexus naturalium causarum" relativiert werden, durchaus in dem Sinne des Eintrags "Fatum" in A. Savinios *Nuova Enciclopedia*, dem als "più grande scrittore italiano tra le due guerre" eine lange Fußnote der *Scomparsa* gewidmet ist und dessen - gerade Kausalität umdrehende - Bemerkung entlehnt wird, man könne sicher sein, daß

> [...] le rovine di Troia fossero quelle scoperte da Schliemann, per il fatto che durante la prima guerra mondiale il cacciatorpediniere inglese *Agamennon* le aveva cannoneggiate.(S. 75)[36)]

Es besteht keinerlei Grund, solchen Aussagen Sciascias, die sich vor allem im letzten, dem in interpretatorischer Hinsicht schwierigsten Kapitel finden, eine ironische Lesart zu unterstellen: Surreale Phänomene, die Mystik, Mythos und Literatur auszudrücken imstande sind, werden in ein Recht zu setzen versucht, das gerade die Relativierung des kausalen Determinismus durch die Atomphysik wieder eröffnet habe, gegen die klassische Mechanik.

Und so schließt die *Scomparsa* nicht aus, daß Majorana selbst seinen Selbstmord, mythen-neubildend, nicht unbedingt beging, aber bewußt inszenierte: "La scelta - di apparenza o reale - della 'morte per acqua', è indicativa e *ripetitiva* di un mito: quello dell'Ulisse dantesco." (S. 66)

In Dantes Darstellung trieb Forscherdrang, Neugier nach der "nova terra", "l'ardore [...] a divenir del mondo esperto, e de li vizi umani e del valore" (XXVI, v. 137 und v. 97 ff.) Odysseus über die menschlich und göttlich gesetzten Grenzen hinaus; um nicht zu leben "come bruti, ma per seguir virtute e conoscenza" (XXVI, v. 119 f.) werden diese überschritten.

Wie man diese Dante-Stelle aufzufassen habe, in mehreren Formen des Schriftsinns, obliegt nicht zuletzt den jeweiligen Kommentar-Einstellungen;[37)] für Majorana gilt, in Sciascias Lesart, jedenfalls "Hölle", "Höllenfeuer" als der Punkt, auf den hingewiesen werden soll, mehr als Antizipation denn als Strafe. Der "fuoco che vien sì diviso di sopra", die "fiamma cornuta"

36) A. Savinio (1891-1952), Bruder des Malers De Chirico; *Nuova Enciclopedia*, zit. nach: A. Savinio, *Neue Enzyklopädie*, Frankfurt/a.M. 1986, S. 93 f.

37) Besonders faustisch: W.Th. Elwert, *Die italienische Literatur des Mittelalters*, München 1980, S. 146: "Sonst aber hat Dante aus Ulysses das Sinnbild des selbstlos forschenden Menschengeistes, des unbeirrbaren, alle Opfer auf sich nehmenden Wahrheitssuchers, in dem Dante ein Stück seiner selbst schildert, dargestellt."

(XXVI, v. 52 f. und v. 68) werden zum von Ettore vorausgesehenen, dann vom "equipaggio del B-29" (S. 74 f.) über Hiroshima und Nagasaki ausgelösten Atomblitz.

Die Suche nach dem verschwundenen Physiker E. Majorana endet in Sciascias Text nicht in der Unsicherheit der polizeilichen *enquête*, die weder im Hafenbecken von Neapel und seinen Strömungen noch sonstwo den Leichnam des "verrückten Selbstmörders" aufspüren kann; auch nicht in anderen Unternehmungen, etwa der Spionage-These oder, besser, der Klöster-Untersuchung, wiewohl der Roman mit einem Besuch im Kloster schließt, zu dem Indizien zu Ettores Verbleib geführt haben.

Die *enquête* des Erzählers endet, unter der Führung eines Kartäusermönchs, der den detektivischen Fragen mit "diffidenza e ironia" (S. 77) begegnet, auf dem Klosterfriedhof, von dessen schwarzen Kreuzen "una inviolabile pace" (S. 77) - und das ist die Inverse des atomaren Friedhofes von Hiroshima und Nagasaki - ausgeht.

"'Ho dato risposta a tutti i vostri quesiti?'", so der certosino, "nell'incertezza del suo italiano o nella certezza del suo latino" (S. 77), und der, bei allem Ernst des Schlußkapitels dabei mitschwingenden situativen Ironie - schließlich wird keine der üblichen Wahrheitsfragen nach dem Verschwinden Majoranas faktisch beantwortet - wird man als Leser verstärkt gewahr, ruft man sich Amaldis letzte Sätze über Majorana nochmals in Erinnerung, "che aveva saputo trovare in modo mirabile *una risposta ad alcuni quesiti* della natura", aber leider nicht die "giustificazione [...] alla sua vita." (XLIX)

Die *Scomparsa* läßt die eigene Nachforschung und Rekonstruktion, über die Plausibilität ihrer Hypothesen-Setzung zu Majoranas Verschwinden hinaus, ausklingen in der "osservanza di un segreto" (S. 76 f.), im "mistero".

Auf die Frage des Kartäusers wird mit einem "sì" geantwortet; "ed è vero" (S. 77): ein indikativischer Satz, der nach allen Möglichkeitserwägungen auf dem Hintergrund dieser literarischen Unbestimmtheitsrelation besonders auffällt.

Der Text endet somit in einer literarischen Wahrheit, einer assoziativen, konnotativen Näherung, zu deren Gültigkeitserwägung noch einmal auf Literatur verwiesen wird.

J. Moreno Villa wird zitiert mit einem Vers, der des Spaniers gesamte Dichtung zusammenzufassen in der Lage wäre, sähe man sich gezwungen, "della distruzione atomica" (S. 76) nur zehn Bücher zu retten: "'Assurdo e mistero in tutto, Giacinta': dice il poeta." (S. 75)

Und über den Eigennamen wird Capuanas gleichnamiger Roman von 1879 explizit aufgerufen, implizit vielleicht Foscolos Sonett *A Zacinto* evoziert, das mit den Versen schließt: "[...] a noi prescrisse / Il fato illacrimata sepoltura."[38)]

Der Erzähler der *Scomparsa* kommentiert dazu (S. 75 f.):

> In tutto è invece "razionale" mistero di essenze e rispondenze, continua e fitta trama - da un punto all'altro, da una cosa all'altra, da un uomo all'altro - di significati: appena visibili, appena dicibili.

Allem Anschein nach wird es als Aufgabe der Literatur angesehen, solchen verborgenen "correspondances"[39)] nachzugehen, um zu "una esperienza di rivelazione, una esperienza metafisica, una esperienza mistica" zu gelangen:

> [...] abbiamo avuto, *al di là della ragione, la razionale certezza* che, *rispondenti o no a fatti reali e verificabili*, quei due fantasmi di fatti che convergevano su uno stesso luogo non potevano non avere un significato. (S. 76)

Ob er in solchen Erwägungen einen Anachronismus sehen will oder aber eine Antwort auf die Frage nach der Relevanz des literarischen Diskurses im Zeitalter der "wissenschaftlichen Seligkeiten", bleibt jedem Leser überlassen; gerade Atomphysiker aber haben oft genug auf die Grenzen der Physik verwiesen, lassen das Feld also offen.

---

38) U. Foscolo, *Le poesie*, hrsg. v. M. Turchi, Mailand 1974, S. 35.

39) Einiges erinnert stark an Baudelaires "Correspondances" (Text IV der *Fleurs du Mal*)

Ulrich Schulz-Buschhaus

"Palomar" und die "Komik der Ideen" Über Calvino und Flaubert

Zu den interessantesten, aber bislang noch kaum erschlossenen Aspekten von Calvinos Werk gehört dessen eigentümliche Beziehung zu Flaubert.[1] Auf der Ebene expliziter Verweise und Kommentare ist sie vor allem in den Essays präsentiert, wie sie unter dem Titel *Una pietra sopra* seit 1980 gesammelt vorliegen. Dort zeigt sie sich als ein Verhältnis, das durch eine schwer aufzulösende Mischung von offenbarer Distanz und geheimer Faszination bestimmt erscheint. Wenn man den Weg der Calvinoschen Poetik, den *Una pietra sopra* dokumentiert, zurückverfolgt, wird deutlich, daß am Anfang dieses Parcours die Gefühle der Abneigung gegenüber Erwägungen der Aneignung noch entschieden überwiegen.[2] Mit Gramscis bzw. Romain Rollands bzw. Nietzsches Maxime einer pragmatischen Verbindung zwischen "pessimismo dell'intelligenza" und "ottimismo della volontà" konfrontiert, hatte der junge Calvino der fünfziger Jahre ja nach Kräften versucht, bei aller skeptischen Einsicht in den Lauf der Geschichte am "Optimismus des Willens" emphatisch

1) Lediglich typologisch gemeint ist der Begriff des "neo-flaubertismo", mit dem Contardo Calligaris die ironische Distanz, die er in *Marcovaldo* und den Erzählungen der *Amori difficili* konstatiert, vom "neo-balzacchismo", das heißt: der distanzlosen Sachfülle, der *Speculazione edilizia* unterscheiden möchte. Vgl. C. Calligaris, *Italo Calvino*, Mailand 1973, S. 45 ff.

2) Gewisse Reserven bleiben im übrigen bis in die letzten Lebensjahre bestehen, wie etwa aus einem 1985 geführten Interview hervorgeht, in dem Calvino zu *Bouvard et Pécuchet* bemerkt: "Flauberts ironische Einstellung gegenüber der menschlichen Dummheit entspricht mir nicht". Vgl. H. Harth/B. Kroeber/U. Wyss, "'Die Welt ist nicht lesbar, aber wir müssen gleichwohl versuchen, sie zu entziffern'- Ein Gespräch mit Italo Calvino", in: *Zibaldone* 1 (1986), S. 5-17, hier S. 15. Ob die Intonation von *Bouvard et Pécuchet* tatsächlich durch eine "ironische Einstellung gegenüber der menschlichen Dummheit" geprägt ist und ob es in diesem Roman überhaupt um die "menschliche Dummheit" (oder nicht vielmehr um die traurige Komik der menschlichen Intelligenz) geht, steht natürlich auf einem anderen Blatt.

festzuhalten.[3] So erklärt sich - ganz in Übereinstimmung mit den Intentionen, welche die Maxime bei Gramsci vertrat - der ein wenig forcierte Enthusiasmus des jungen Calvino für die Literatur einer heroisch idealisierten Aufklärung, das heißt: für die Klassiker "che [...] sono nell'arco che va da Defoe a Stendhal, un arco che abbraccia tutta la lucidità razionalista settecentesca".[4] Sein ideologisch-poetologisch durchaus folgerichtiges Komplement besaß dieser Enthusiasmus damals in einer ebenso prononciert formulierten Abneigung. Sie richtete sich gegen "tutta quella montagna di letteratura del negativo che ci sovrasta", ein "Gebirge", das exemplarisch durch berühmte Titel von Kafka, Camus, Sartre, T.S. Eliot und Hemingway repräsentiert wird: "quella letteratura di processi, di stranieri, di nausee, di terre desolate e di morti nel pomeriggio".[5] In den fünfziger Jahren orientierte sich Calvinos Poetik demnach im Sinne einer Dichotomie, die unverkennbare Berührungspunkte zumindest mit einigen axiologischen Grundüberzeugungen des "sozialistischen Realismus" aufweist.[6] Diese Dichotomie hat ihren positiven Pol - wie gesagt - in der "lucidità razionalista settecentesca", welche der aufschlußreiche Vortrag *Natura e storia nel romanzo* mit der Figur Voltaires identifiziert:

> Nel Settecento, Voltaire, partendo da un totale pessimismo oggettivo, da una nozione di natura e di storia non illuminata dal raggio di alcuna provvidenza, aveva posto le basi d'un ottimismo soggettivo, fiducioso nelle sorti della battaglia ingaggiata dalla ragione umana.[7]

---

3) Vgl. dazu U. Schulz-Buschhaus, "Calvinos politischer Roman vom Baron auf den Bäumen", in: *Romanische Forschungen* 90 (1978), S. 17-34, und ders., "Italo Calvino und die Poetik des 'Barone rampante'", in: *Italienisch* 20 (1988), S. 39-55.

4) Vgl. I. Calvino, *Una pietra sopra. Discorsi di letteratura e società*, Turin 1980, S. 15.

5) Vgl. ebda., S. 17.

6) Bezeichnend ist in diesem Zusammenhang, daß der Aufsatz *Il midollo del leone* gegen die zurückgewiesene "letteratura del negativo" neben den Autoren der "lucidità razionalista settecentesca" unter anderem auch Thomas Mann - als den von Georg Lukács empfohlenen idealen Repräsentanten eines sogenannten "kritischen Realismus" - ausspielt (vgl. ebda., S. 18). Über Calvinos schon damals zwiespältige, aber nicht schlechthin ablehnende Reaktion auf die poetologisch-ideologischen Positionen von Lukács vgl. S. Eversmann, *Poetik und Erzählstruktur in den Romanen Italo Calvinos*, München 1979, S. 92 ff., oder C. Benussi, *Introduzione a Calvino*, Bari 1989, S. 55 ff.

7) Calvino, *Una pietra sopra*, S. 25.

Dagegen besteht der negative Pol in einem (historisch später situierten) "pessimismo delle cose", zu dem Voltaires "subjektiver Optimismus" gewissermaßen zerfällt:

> Dopo di lui (Voltaire, [U. S.-B.]), il pessimismo delle cose corrode sempre di piú i margini di questo ottimismo della ragione, rende la posizione dell'uomo sempre piú precaria.[8)]

Von einem solchen "objektiven Pessimismus", dem jegliches subjektiv-voluntaristische Gegengewicht abhanden gekommen ist, sieht Calvino - darin Georg Lukács, der entscheidenden poetologischen Autorität jener Jahre, nicht unähnlich[9)] - dann einen großen Teil der Erzählliteratur des späten 19. Jahrhunderts und der Moderne geprägt:

> La sconfitta, la vanità della storia, l'impossibilità di comprendere la vita in uno schema razionale, saranno il motivo di fondo che serpeggia nella grande narrativa dalla metà dell'Ottocento in poi, fino alla nostra epoca nella quale l'assurda atrocità del mondo diventerà un lato di partenza comune a quasi tutta la letteratura.[10)]

Die Gestalt, welche diesen "pessimismo delle cose" am besten repräsentiert, ist für den frühen Calvino nun eben Flaubert, der solcherart zunächst als ein idealtypischer Gegenspieler jenes Aufklärungsheroismus erscheint, welcher Voltaire mit Stendhal verbinden soll. In Flauberts Werk erreicht die "realistische Literatur" nach Calvino zum einen den Moment ihrer größten Annäherung an die empirische Wirklichkeit; zum anderen ist der Sinn, den Flaubert aus seiner Bemühung um größtmögliche Wirklichkeitstreue zieht, am Ende jedoch der einer "vanità del tutto". Offenkundig denkt Calvino bei diesem Begriff an die "éternelle misère de tout", wie sie sich Frédéric Moreau, dem Protagonisten der *Education sentimentale*, in Fontainebleau enthüllt:[11)]

> Dopo aver accumulato minuziosi particolari e costruito un quadro di perfetta verità, Flaubert ci batte sopra le nocche e mostra che sotto c'è il vuoto, che tutto quel che succede non significa niente. La terribilità di quel grande romanzo che è *L'éducation sentimentale* consiste in questo: per centinaia e centinaia di pa-

8) Ebda.

9) Freilich unterscheidet den jungen Calvino von Lukács der ausgesprochen häretische Vorschlag, in diese Tradition des "pessimismo oggettivo" auch Tolstoj, den "piú grande realista che sia mai esistito" einzuschließen (vgl. ebda., S. 26).

10) Ebda., S. 25.

11) Vgl. Flaubert, *L'Education sentimentale*, hrsg. v. P.M. Wetherill, Paris 1984, S. 325.

> gine vedi scorrere la vita privata dei personaggi o quella pubblica della Francia, finché non senti disfarti tutto sotto le dita come cenere.[12)]

Indessen enthält Calvinos narrative Praxis angesichts der Postulate seiner Poetik bereits in den fünfziger Jahren ein sonderbares Paradox. Am frappantesten tritt es vielleicht in *Il barone rampante*, dem mittleren Band der *Antenati*-Trilogie, hervor. Auf der paradigmatischen Achse seiner Allegorie - dem Bild der zugleich engagierten und distanzierten Baum-Existenz - betrachtet, ergibt der Roman in der Tat eine programmgemäße Exaltation des "ottimismo della volontà". Anders auf der syntagmatischen Achse seiner Geschichte: Hier behält der "pessimismo dell'intelligenza" das letzte Wort.[13)] Und wenn man sich der Wendungen des Vortrags *Natura e storia nel romanzo* erinnert, entsteht sogar der Eindruck, daß der *Barone rampante* ähnlich zu Ende geht wie die *Education sentimentale*. Nach dem Scheitern der Revolution, die wie in Flauberts Roman unvollendet bleibt, bewegt sich die Handlung allein noch im Sinn von Abstieg, Verfall und Mißlingen. Wenn Flaubert in Calvinos Worten gezeigt hat, daß "sotto" ("un quadro di perfetta verità") "c'è il vuoto", so erweist sich auch "quel frastaglio di rami e foglie", der Schauplatz von Cosimos anfangs geglückten Abenteuern, zum Schluß als ein "ricamo fatto sul nulla".[14)] Und wenn das graue Ende der *Education sentimentale* zu dem Befund führt: "senti disfarti tutto sotto le dita come cenere", dann assoziiert diese Formulierung sicher nicht zufällig den Beginn des 30. Kapitels in Calvinos Roman:

> Grava sull'Europa l'ombra della Restaurazione; [...] gli ideali della giovinezza, i lumi, le speranze del nostro secolo decimottavo, tutto è cenere.[15)]

Trotz der besten Absichten zur Allegorisierung eines "distacco storico" und einer "ostinazione nonostante tutto",[16)] das heißt: von Distanz und Engage-

12) Calvino, *Una pietra sopra*, S. 26.

13) Vgl. dazu die treffende Beschreibung der Schlußsätze des Romans von Mario Barenghi, "Come raccontare in una notte buia e tempestosa", in: *Nuova Corrente* 34 (1987), S. 157-178, hier S. 164 f.: "All'offuscarsi dei sensi e delle idee corrisponde un vistoso cedimento dell'ordine del discorso: lo sbigottimento di Biagio si traduce in un vertiginoso accumulo paratattico che scompiglia la fin lì imperturbata chiarezza analitica del periodare. Ed è così che si conclude il più illuministico dei romanzi di Calvino".

14) Vgl. Calvino, *Il barone rampante*, Turin [14]1970, S. 247.

15) Ebda., S. 243.

16) Zu diesen Begriffen, die in den Essays oftmals wiederholt und variiert werden, vgl. Calvino, *Una pietra sopra*, S. 38 oder S. 45.

ment, läuft die Geschichte des *Barone rampante* also letztenendes auf die Bestätigung dessen hinaus, was Calvino in einem wichtigen Aufsatz 1959 "Il mare dell'oggettività" genannt hat: das Meer jener tödlichen indifferenten Objektivität, in dem auch Cosimo im letzten Kapitel zu verschwinden scheint.[17)] Ob bewußt oder unbewußt, steht diese Wende, die der Roman unter seinem Geschichtsaspekt nimmt, Flaubert zweifellos näher als Voltaire. Ja, man könnte sagen, daß die diegetische Struktur von Cosimos "histoire" im Hinblick auf die Konzepte der frühen Essays sogar eine genaue Umkehrung des Voltaireschen *Candide* darstellt. Denn ging der *Candide* von einem "totalen objektiven Pessimismus" aus, um schließlich in der Praxis geregelter Arbeit die Möglichkeit eines - wenngleich bescheidenen - "subjektiven Optimismus" zu erblicken, dann läßt sich im *Barone rampante* gleichsam das Schema einer chiastischen Permutation des *Candide* identifizieren: Hier liegt der Ausgangspunkt bei der Allegorie eines "ottimismo della ragione", der dann auf eine Geschichte trifft, die ihn unwiderstehlich - und in den letzten Kapiteln geradezu à la Flaubert - an einen lastenden "pessimismo delle cose" ausliefert.

Freilich bleibt der intertextuelle Bezug des *Barone rampante* zur *Education sentimentale* angesichts der expliziten Calvinoschen Poetik jener Periode in mancher Hinsicht programmwidrig und wohl unterhalb der Schwelle kalkulierter Anknüpfung. Anders verhält es sich mit Calvinos Spätwerk, zumal mit den 27 (nicht mehr zur durchgängigen "histoire" geformten) Episoden des Bandes *Palomar*. In ihnen erhält der "pessimismo dell'intelligenza" ja endgültig den (traurigen) Primat über jenen "ottimismo della volontà", der ihn einst als sein eigentlicher Zweck transzendieren sollte.[18)] Hatte Calvino den Gedanken der "Unmöglichkeit, das Leben in eine rationale Form zu fassen" ("l'impossibilità di comprendere la vita in uno schema razionale") während der fünfziger Jahre noch auf Distanz gehalten und gleichsam an die - eben

---

17) Zwar nimmt Aurore Frasson-Marin (*Italo Calvino et l'Imaginaire*, Genf-Paris 1986, S. 37) in Cosimos Verschwinden die "image ascensionelle" eines "envol dans les airs" wahr; doch verbirgt sich hinter dem scheinbaren "envol" - genauer betrachtet - der umgekehrte Vorgang einer "chute". Man sieht Cosimo in seiner Montgolfière "sparire verso il mare"; der Luftballon "landet am anderen Ufer", und vor allem: "Si suppose che il vecchio morente fosse sparito mentre volava in mezzo al golfo" (*Il barone rampante*, S. 246). Zu diesem Ende paßt übrigens verblüffend stimmig der Umstand, daß der Essay, der das "Mare dell'oggettività" zu beschwören und zu bannen versucht, überhaupt kontinuierlich durch untergründige Todesassoziationen geprägt wird.

18) Vgl. V. Spinazzola, "L'io diviso di Italo Calvino", in: *Belfagor* 42 (1987), S. 509-531, hier S. 530 f.

durch ihn und seinesgleichen zu überwindende - "narrativa dalla metà dell'Ottocento in poi" verwiesen, dann ist das Verhängnis spätestens in *Palomar* zu Calvino zurückgekehrt und als innerstes Motiv einer Palinodie des *Barons auf den Bäumen* in die "disavventure intellettuali" seines letzten Protagonisten eingedrungen.[19] Nur das Register, in dem die Erfahrung der "sconfitta" und der "vanità della storia" vom späten Calvino mitgeteilt wird, ist nun nicht mehr jenes der "großen Erzählkunst" des 19. Jahrhunderts, wie sie nach dem Vortrag von 1958 *L'Education sentimentale*, Tolstojs *Krieg und Frieden* oder Vergas *Malavoglia* verkörpern. Stattdessen nähert sich Calvino mit *Palomar*, dem eigenen Spätwerk, Flauberts Spätwerk *Bouvard et Pécuchet*, welches im Rahmen der "grande narrativa" des Ottocento bekanntlich eine eher untypische und marginale Rolle gespielt hat. Aus dieser jetzt ohne Zweifel bewußten Anknüpfung folgt unter anderem, daß gerade der Text, der in Calvinos Schaffen den Moment äußerster Desillusionierung markiert, auf jegliche pathetisch-existentielle Intonation verzichtet und sich dafür des gedämpften und mittleren Tons einer merkwürdig schwebenden "Ideenkomik" bedient.

Mit dem Begriff eines solchen "comique d'idées" übernehmen wir eine Wendung aus Flauberts Korrespondenz, die nicht zuletzt das riskant Neuartige eines Unternehmens bezeichnen sollte, das der Autor von *Bouvard et Pécuchet* als unerhörte Konjunktion komischer Literatur und enzyklopädischer Wissenschaft, das heißt: als "encyclopédie critique en farce" verstand. Bei dieser Konjunktion hat Flaubert einerseits keinerlei Zweifel an seinen wissenschaftlich-philosophischen Ambitionen gelassen; so spricht er einmal offen von einem "ouvrage de grande envergure" und gesteht: "J'ai la prétention de faire une revue de toutes les idées modernes".[20]

Andererseits soll die Enzyklopädie, die Aufklärung nicht affirmiert, sondern - wenn man so will - dekonstruiert[21], jedoch auch den Charakter des

---

19) Zum Charakter der Palinodie, den Calvinos Spätwerk gegenüber den Projekten der frühen Essays annimmt, vgl. U. Schulz-Buschhaus, "Palomars Introspektion", in: *Italienisch* 18 (1987), S. 38-43, und ders., "Herr Palomar und die Komplexität der Welt", in: *Beiträge zur Romanischen Philologie* 27 (1988), S. 123-134.

20) G. Flaubert, *Correspondance*, Bd. 8, Paris, Conrad, 1933, S. 336 (16.12.1879).

21) Vgl. U. Schulz-Buschhaus, "Flauberts *Bouvard et Pécuchet*: Ein Roman über die Dialektik der Aufklärung", in: P. Brockmeier/H.H. Wetzel (Hrsg.), *Französische Literatur in Einzeldarstellungen*, Bd. 2: *Von Stendhal bis Zola*, Stuttgart 1982, S. 57-71, wo insbesondere die syntagmatische, geradezu als "Continuation" inszenierte Anknüpfung an die Konklusion von Voltaires *Candide* hervorgehoben wird.

Komischen, ja des Farcesken bekommen, und eben hier sieht Flaubert sowohl die Novität wie die Schwierigkeit eines literarischen Effekts, für den er offenbar kaum ein Vorbild kennt:

> Je crois qu'on n'a pas encore tenté le comique d'idées. Il est possible que je m'y noie, mais si je m'en tire, le globe terrestre ne sera pas digne de me porter.[22]

Indessen hat Flaubert auch ohne ein unmittelbar struktur- und stilbestimmendes Modell für das Problem seiner "encyclopédie critique en farce" Lösungen gefunden, von denen einige ihrerseits späterhin modellbildend für ähnliche Unternehmungen geworden sind. Ganz in der Natur der Sache liegt dabei die Episodenstruktur des Buches. Sie wird zum einen durch die Pluralität der Disziplinen notwendig, mit denen es jede Enzyklopädie zu tun hat. Zum anderen bildet sie aber auch eine Art komisches Apriori; denn allein die Möglichkeit ständig erneuerter Aufschwünge hält Bouvards und Pécuchets Zusammenbrüche ja im Bereich des letztlich harmlosen Mißgeschicks. Das heißt: Hier wie anderweitig wirkt die Serialität als Garantie, welche die Leser von der Erwartung eventueller tragischer Konsequenzen entlastet. Sie garantiert, daß es nach jedem Unfall einen neuen Start und nach jedem Kollaps neue Initiativen gibt:[23] Keine Katastrophe kann bei solchen Prämissen jemals zur Apokalypse werden. Im übrigen zeigt sich unter diesem Aspekt, wie das Ende der Serie in *Palomar*, der so lakonische wie änigmatische Satz "In quel momento muore", im Hinblick auf die Gesetze der seriell-episodischen Struktur gewissermaßen eine doppelte Dissonanz annimmt. Es ist ein Satz, der nicht nur die Existenz des Protagonisten beendet, sondern - was schlimmer ist - auch alle Garantien zerstört, mit denen der Leser - an die Prinzipien eines verläßlichen Gattungsapriori gewöhnt - glaubte (in der Literatur wie im Leben) rechnen zu können.[24]

22) Flaubert, *Correspondance*, (wie Anm. 20), Bd. 8, S. 26 (April 1877).

23) Manfred Hardt spricht diesbezüglich - kaum übertrieben - von der "Springfederautomatik" der "beiden puppenhaften Stehaufmännchen" (vgl. M. Hardt, *Flauberts Spätwerk*, Frankfurt/a.M. 1970, S. 40), welche dem Bergsonschen Grundprinzip aller Komik ("Du mécanique plaqué sur du vivant") natürlich noch ungleich eklatanter nachkommt als die diskreter komischen Effekte von Palomars Abenteuern.

24) Überdies steht dieses Ende ja in idealtypischer Opposition zu dem vieldeutigen Happy-Ending des vorhergehenden Buchs *Se una notte d'inverno un viaggiatore*, bei dem der Leser-Protagonist, mit der ewigen Konklusionsalternative, "la continuità della vita, l'inevitabilità della morte" konfrontiert, der ersteren die Priorität gibt. Vgl. zum Oppositionsverhältnis der beiden "Endings" C. Benussi, *Introduzione*, (wie Anm.6), S. 148.

Die Serialität der Unglücksfälle, die Bouvard und Pécuchet zustoßen, hat also zur Folge, daß es uns möglich wird, über die beiden traurigen Helden gleichzeitig zu lachen und uns an ihnen zu erfreuen. Wir lachen über ihre Naivität und erfreuen uns zugleich an ihrer Unverdrossenheit, welche ihnen dank der Episodenstruktur des Romans erlaubt, immer wieder selbst die herbsten Enttäuschungen zu bewältigen. Damit rufen sie beim Leser eine ähnlich ambivalente Reaktion hervor, wie sie von jeher das gespaltene Verhältnis der Leserschaft zu den abenteuerlichen Irrungen des *Don Quijote* geprägt hat. Auch angesichts des "Caballero de la triste figura" erhebt sich ja Gelächter, das der Unfähigkeit gilt, die Kontingenz des Realen in Rechnung zu stellen,[25)] aber keineswegs ausschließt, daß über die Hartnäckigkeit eines Menschen, der sich nicht entmutigen läßt, gleichfalls eine Art stiller Freude entstehen mag. Schließlich ist für die Bewunderung, die sich à la longue in die Verlachung Don Quijotes gemischt hat, Calvino selber ein Zeuge, wenn er seinen *Barone rampante* einmal als "una specie di Don Chisciotte della 'filosofia dei lumi'" interpretiert.[26)]

Ein zweiter und spezifischerer Aspekt der Komik von *Bouvard et Pécuchet* besteht in dem, was man mit Karlheinz Stierle "komische Fremdbestimmtheit" nennen kann.[27)] Der Begriff verweist auf jene Grundsituation der Lächerlichkeit, in der jemand zu agieren meint, während er in Wahrheit selbst agiert wird: Ein naiver oder prätentiöser Mensch gibt emphatisch vor, das Subjekt seiner Handlungen zu sein, während für den überlegenen Betrachter feststeht, daß er sich lediglich als Objekt fremder Aktionen bewegt. Die Erfahrung eines solchen Wechsels von fiktiv-illusionärer Autonomie zu realer Heteronomie bestimmt nun in vielfachen Variationen die Karriere der beiden Flaubertschen Protagonisten. Wie sie nach dem Glücksfall einer unverhofften Erbschaft zur Rezeption der Wissenschaften, der Künste und der Philosophie schreiten, versprechen sie sich von ihr den Eintritt ins Reich der Freiheit und Selbstbestimmung: "Nous ferons tout ce qui nous plaira! nous laisserons pousser notre barbe".[28)] Was sie danach wirklich erfahren, ist dagegen etwas völlig Anderes: nicht Selbstvergewisserung, sondern Selbstverlust, und von der erstrebten Autonomie, zu der sich die Entfremdung subal-

---

25) Vgl. hierzu besonders H.-J. Neuschäfer, *Der Sinn der Parodie im Don Quijote*, Heidelberg 1963.

26) Vgl. Calvino, *Una pietra sopra*, S. 189.

27) Vgl. K. Stierle, *Text als Handlung*, München 1975, S. 58 ff.

28) G. Flaubert, *Bouvard et Pécuchet*, hrsg. v. C. Gothot-Mersch, Paris 1979, S. 66.

terner Arbeit aufheben sollte, bleibt schließlich allein das resignierte Bewußtsein ihres Als-Ob-Charakters zurück.

Als Hauptmotive dieser Resignation werden durch die Erzählung vor allem zwei Phänomene in Szene gesetzt, die unter den Stichworten der Macht und der Ohnmacht der Diskurse resümiert werden können. Dabei zeigen die Diskurse ihre Macht gegenüber den Subjekten, welche idealistisch nach der Wahrheit suchen: Immer wenn Bouvard und Pécuchet in die Wahrheit einer Wissenschaft einzudringen hoffen, begegnen sie - um mit Foucault zu sprechen - einer unabschließbaren Kette von "jeux de vérité",[29] die sich - an ihre Terminologie gebunden - regelmäßig als partiell und widersprüchlich erweisen. In dieser Widersprüchlichkeit wird gewissermaßen die Kehrseite der Diskurse offenbar: ihre Ohnmacht gegenüber den Dingen, die mit ihrer Herrschaft über die Subjekte unbehaglich korrespondiert. Dabei ereignet sich die Manifestation solcher Ohnmacht häufig dank einer weithin identischen, grotesk negativen Handlungs- und Erkenntnissequenz. Diese für die Geschicke Bouvards und Pécuchets bezeichnende (freilich nicht allein gültige) Sequenz[30] pflegt ungefähr in der folgenden Weise abzulaufen. Bouvard und Pécuchet unternehmen (wie später Palomar) den Versuch, "das Leben in eine rationale Form zu fassen" (beziehungsweise, Calvino antizipierend: "di comprendere la vita in uno schema razionale"), indem sie den Diskurs einer bestimmten Disziplin, z.B. der Anatomie, studieren. Darauf stellt sich jedoch heraus, daß die Phänomene der Ordnung, die ihnen von einem beispielsweise anatomischen Diskurs auferlegt wird, entgleiten oder ihr jedenfalls nicht glatt entsprechen. So sehen sich Bouvard und Pécuchet zu einem Diskurswechsel gezwungen, der sie etwa zur Physiologie führt, welche sich dann ihrerseits wieder als partiell unzulänglich herausstellt, und so fort (quasi) ad infinitum.[31]

---

29) Vgl. zu diesem Begriff etwa die Einleitung zu *L'Usage des plaisirs* und den dort entwickelten Plan einer "histoire de la vérité" (M. Foucault, *L'Usage des plaisirs*, Paris 1984, S. 12 f.).

30) Ihr genauer Stellenwert wird von den Interpreten oft verkannt. So hält in dem Sammelband *Gustave Flaubert. Procédés narratifs et fondements épistémologiques* (Tübingen 1987) Eckhard Höfner ("*Bouvard et Pécuchet* et la science livresque. Remarques épistémologiques sur la dernière oeuvre de Flaubert", S. 149-171) die Sequenz praktisch für die einzige (vgl. S. 153), während Alfonso de Toro ("*Bouvard et Pécuchet*: description du niveau de l'histoire", S. 121-147) sie gänzlich ignoriert (vgl. S. 124).

31) Dieser Typus des sozusagen methodischen Übergangs von einer Disziplin zur anderen ist für die Struktur von *Bouvard et Pécuchet* deshalb besonders wichtig, weil in ihm die alte Hoffnung enzyklopädischer Aufklärung auf die Möglichkeit einer systematischen Ordnung der Welt durch die Wissenschaft am

Die Komik, welche solcherart dadurch entsteht, daß das Subjekt in seinen Anstrengungen rationaler Erkenntnis immer wieder frustriert wird, läßt sich wohl einem bestimmten Typus zuordnen. Es ist jene Komik, die aus dem Versagen von Diskursen und Ideen vor der Dichte und Unberechenbarkeit der Dingwelt erwächst. Besonders eindringlich hat diesen Mechanismus des Komischen - noch vor Pirandellos *L'umorismo* - der sozusagen anti-hegelianische Hegelianer Friedrich Theodor Vischer beschrieben, nicht in seiner ambitiösen *Ästhetik* (1846-1857), sondern in dem merkwürdigen autobiographischen Roman *Auch Einer* (1879). Tatsächlich ist dieser Roman vor allem durch seine halb im Scherz und halb mit pathetischem Ernst vorgetragene Theorie der "Tücke des Objekts" bekannt geworden, eine Theorie, die den idealistischen Willen des Subjekts im ewigen Kampf gegen die Feindseligkeit der Dinge, gegen das tückische Objekt, befangen sieht:

> O, das Objekt lauert [...]. Von Tagesanbruch bis in die späte Nacht, so lang irgend ein Mensch um den Weg ist, denkt das Objekt auf Unarten, auf Tücke.[32)]

In der Vision solcher "Unarten" fließt bei Vischer alles zusammen, was sich dem Plan idealer Ordnungen - sei es der Erkenntnis, der Moral oder der literarischen Gattung - als kontingent entzieht. So findet Flauberts "comique d'idées" hier gewissermaßen seine begriffliche Vollendung; denn wo immer die Ideen sich komisch blamieren, muß ja jener unberechenbare Widerstand im Spiel sein, den Vischer in der "allgemeine(n) Tendenziosität, ja Animosität des Objekts" ausmacht.[33)] Und wahrscheinlich ist es - geistesgeschichtlich gesehen - auch kein bloßer Zufall, wenn Vischers und Flauberts (in ihrer narrativen Struktur und ihrem narrativen Niveau gewiß unendlich verschiedene) Romane während der siebziger Jahre des 19. Jahrhunderts in fast perfekter Gleichzeitigkeit verfaßt wurden.

Kehren wir nach diesem literarhistorischen Exkurs (vom einen ins andere Fin-de-Siècle) zu Calvinos Spätwerk zurück, fällt es nicht schwer festzustellen, daß die (allerdings zurückhaltender artikulierten) komischen Effekte in *Palomar* an den komplementären Aspekten sowohl eines Flaubertschen

---

eindringlichsten zum Ausdruck kommt (und folglich auch am tiefsten enttäuscht werden kann). Vgl. U. Schulz-Buschhaus, "Flauberts *Bouvard et Pécuchet*", (wie Anm. 21), S. 65 ff.

32) F.T. Vischer, *Auch Einer. Eine Reisebekanntschaft*, Stuttgart-Leipzig ^{7}1897, Bd. 1, S. 32.

33) Vgl. ebda., S. 31.

"comique d'idées" als auch der Vischerschen "Tücke des Objekts" partizipieren. Jedenfalls geht schon aus der ersten Episode "Lettura di un'onda" die Verwandschaft von Palomars Willen zur Erkenntnis mit der freilich enzyklopädisch umfassenderen "volonté de savoir" der Herren Bouvard und Pécuchet hervor. In ihr wirkt in abgeschwächter Form offenbar immer noch ein Element des "ottimismo soggettivo" nach, wie ihn die Aufsätze der fünfziger Jahre proklamieren: jener Anspruch auf Beherrschung der Geschichte und des Lebens überhaupt "in uno schema razionale". So erklärt sich das zunächst ein wenig verwunderliche Acharnement, mit dem Palomar seinen Versuch der "Lektüre einer Woge" als beinahe methodisch angelegte "operazione visiva" betreibt. Was hier auf dem Spiel steht, ist eben nicht eine meditativ selbstversunkene "contemplazione delle onde", sondern ein zielgerichtetes, auf Distinktionen erpichtes "guardare un'onda", bei dem der scheinbar schlichte visuelle Akt gleichsam zur Metonymie wird und Größeres, ja Größtes vertritt: "la chiave per padroneggiare la complessità del mondo riducendola al meccanismo più semplice".[34)] Demnach meint der Wille zur Erkenntnis für Palomar stärker noch als für die Flaubertschen Zauberlehrlinge der Wissenschaften zugleich auch einen Willen zur Macht: Macht über die "Komplexität der Welt" wie über die "eigenen Neigungen und Handlungen" ("una padronanza sulle proprie inclinazioni e azioni"). Indessen bekommt es auch Palomars Vorsatz, zu erkennen und zu beherrschen, mit der "Tücke des Objekts" zu tun, einem latenten Widerstand der Phänomene, an dem er sich vergeblich abarbeiten muß. Derart gerät Palomar, "faccia a faccia con la realtà mal padroneggiabile" (S. 113), häufig in eine unbequeme Situation zwischen Modellbildung und Realitätserfahrung, die zumeist mit der Ironie der Resignation beurteilt wird, so etwa im Abschnitt "Il modello dei modelli":

> Il modello è per definizione quello in cui non c'è niente da cambiare, quello che funziona alla perfezione; mentre la realtà vediamo bene che non funziona e che si spappola da tutte le parti. (S. 111)

Wie der Abstand von "modello" und "realtà" hier formuliert wird, zeigt deutlich, daß Calvino gerade bei der äußersten Insistenz auf einem "pessimismo dell'intelligenza" den Stilprinzipien einer komischen *medietas* folgt, die jede

34) Vgl. I. Calvino, *Palomar*, Turin 1983, S. 8. Auf diese Ausgabe wird im Folgenden - ohne Fußnotenbeleg - durch Seitenangaben im Text verwiesen.

Emphase zu vermeiden sucht.[35] Zu diesen Stilprinzipien gehört in erster Linie - mit *Bouvard et Pécuchet* direkt vergleichbar - die Serialität der Episodenstruktur des Buches. Sie setzt sich - wie gesagt - aus Experimenten eines Beobachtungs- und Erkenntniswillens zusammen,[36] der zwar immer wieder frustriert wird, sich aber nach den Prämissen der Serialität nicht entmutigen lassen darf. Dazu benötigt Herr Palomar, so weit er - ein italienischer "M.Teste"[37] - von der Naivität Bouvards und Pécuchets ansonsten auch entfernt sein mag, immer noch eine - wenigstens minimale - Dosis an optimistischem Vertrauen, das dem Ich Kompetenz und der Umwelt Transparenz zuspricht. Nach jeder Enttäuschung muß Palomar - durch die Episodenstruktur des literarischen Rahmens, in dem er sich bewegt, wiederaufgerichtet - nämlich von neuem beginnen können. So ist zu erklären, daß Calvinos intellektueller Anti-Held zwar einerseits zu Umsicht und Bedenklichkeit tendiert, andererseits jedoch über eine bemerkenswerte Entschlußkraft verfügt, wenn es darum geht, sich in eine für Fremd-und-Selbst-Beobachtungen günstige Position zu bringen. Jedenfalls bildet die Charakterstärke, die in der nicht zu beirrenden Entschlußkraft beruht, geradezu ein Leitmotiv seiner Abenteuer, welches erstmals in dem Programm der "Lettura di un'onda" anklingt: "Volendo evitare le sensazioni vaghe, egli si prefigge per ogni suo atto un oggetto limitato e preciso" (S. 5); denn - wie es bei einer anderen Episode, "L'invasione degli storni", heißt: "il signor Palomar ha deciso di limitarsi a guardare, a fissare nei minimi dettagli il poco che riesce a vedere" (S. 63 f.). Am Beginn des Kapitels "Il mondo guarda il mondo" hat Herr Palomar gleich zweimal Entscheidungen getroffen: "il signor Palomar ha deciso che la sua principale attività sarà guardare le cose dal di fuori", sowie wenig später: "Il signor Palomar

35) Über Calvinos gerade wegen seiner Bevorzugung mittlerer Lagen noch wenig analysierten Stil vgl. Claudio Milanini, "Le metafore dei 'Nostri antenati'", in: *Nuova Corrente* 34 (1987), S. 57-83. Milanini sieht die "écriture" der *Antenati*-Trilogie wie Calvinos überhaupt zu Recht von jeglicher "dekadentistischer" Extravaganz weit entfernt: "Come i *contes philosophiques* furono l'espressione paradossale della Ragione illuminata, così i *Nostri antenati* sono il frutto di una catastrofe gnoseologica radicale, ma non tale da rinunciare a una propria classica consequenzialità" (ebda., S. 83).

36) Für den Calvino in den sechziger Jahren, zur Zeit seiner "kosmikomischen" Erzählungen, eine literarische Traditionslinie "Ariosto - Galileo - Leopardi" angegeben hat (vgl. *Una pietra sopra*, S. 186). Dabei ist unverkennbar, daß diese "linea" in gewisser Weise auch schon den Prozeß der Verdüsterung und der gnoseologischen Entmachtung präfiguriert, welcher die "Linie" von Calvinos eigenem Werk bestimmt.

37) Über Ähnlichkeiten und Unterschiede zu Valérys Gestalt, wie sie Calvino selbst bewußt sind, vgl. H. Harth/B. Kroeber/U. Wyss, "Die Welt...", (wie Anm. 2), S. 13.

ha deciso che d'ora in avanti raddoppierà la sua attenzione" (S. 115). Und schließlich setzt das letzte Kapitel des Buchs mit dem wahrhaft überraschenden Satz ein: "Il signor Palomar decide che d'ora in poi farà come se fosse morto, per vedere come va il mondo senza di lui" (S. 123).

Gewiß handelt es sich bei der Mehrzahl dieser Fälle um Entscheidungen, die auf einen Akt der Begrenzung oder Einschränkung hinauswollen. Trotzdem ist nicht zu verkennen, daß auch in den Entschlüssen zur Selbstbescheidung eine Strategie wirkt, welche gerade im und durch den Rückzug noch an der Herrschaft des Subjekts über die "Tücke des Objekts" bzw. die "realtà mal padroneggiabile" festzuhalten versucht. Zwar sind wir sozusagen am "degré zéro" des "ottimismo della volontà" angelangt, doch wird selbst der Verzicht auf seine Weise als ein Erkenntnisprojekt betrachtet, das sich mit Vorliebe etwa auf den "genau begrenzten Gegenstand" einer Woge konzentriert, um die am kleinsten Paradigma gewonnene Einsicht dann "auf das ganze Universum auszudehnen".[38] Eine solche Stilisierung der Reduktion des Gesichtskreises zum Projekt anspruchsvoller Erkenntnis ist notwendig, damit eben hier die *Palomar* eigene "Ideenkomik" entstehen kann: die Erfahrung eines regelmäßigen Scheiterns der Erkenntnisprojekte sogar unter der Bedingung, daß sie bereit sind, sich mit dem Unscheinbarsten und dem Nächstliegenden zufrieden zu geben. So hat es gelegentlich den Anschein, als habe Herr Palomar aus dem Mißgeschick Bouvards und Pécuchets seine Lehre gezogen und die Maxime entwickelt, der Welt des Wissens mit extremer phänomenologischer Vorsicht zu begegnen, allen Diskursen zu mißtrauen und in der Erkenntnistheorie grundsätzlich auf eine Politik der kleinen Schritte zu setzen. Komisch wird es, wenn sich herausstellt, wie wenig hier auch die schönsten Vorsätze nützen und daß den Dingen durch die Bescheidenheit schließlich nicht besser beizukommen ist als durch die Arroganz des Subjekts.

Demnach bedrohen die gnoseologischen Abenteuer - dem Gesetz der Serie gehorchend - abgesehen vom abrupten Ende niemals Palomars physische Existenz, wohl aber das Selbstbewußtsein des Subjekts, das sich als Ur-

---

38) Insofern erscheint die "Lettura di un'onda" auch als eine "operazione visiva", die in ihrer methodischen Anlage - wenigstens potentiell - verschiedene Phasen kennt. Deshalb heißt es über Palomars "Bild" von der Woge: "Solo se egli riesce a tenerne presenti tutti gli aspetti insieme, può iniziare la seconda fase dell'operazione: estendere questa conoscenza all'intero universo" (S. 10). Vgl. dazu auch M. Barenghi, "Italo Calvino e i sentieri che s'interrompono", in: *Quaderni Piacentini* 15 (1984), S. 127-150, hier S. 143 f.

sprung und Bedingung aller Erkenntnis versteht. Im Stolz, der ihm verblieben ist, wird es besonders dann gekränkt, wenn es den Eindruck gewinnt, daß die Phänomene - anders als die neuzeitliche philosophische Doxa möchte - auch unabhängig von der Prämisse subjektiver Wahrnehmung existieren. Die Darstellung dieses Gedankens scheint für das Buch eine derart zentrale Bedeutung zu besitzen, daß sie sich in zwei Episoden mit beinahe identischen Schlußwendungen wiederholt. Beide Male meint Palomar entdeckt zu haben, wie wenig eine bestimmte optische Erscheinung auf seine Perzeption angewiesen ist, und beide Male macht ihn diese Entdeckung zu einem überflüssigen Beobachter, der nunmehr entlastet und funktionslos "nach Hause gehen" kann. So endet das Kapitel "Luna di pomeriggio" in dem Moment, als sich der blasse (und gewissermaßen perzeptionsbedürftige) Mond des Nachmittags in den leuchtenden Vollmond einer Winternacht verwandelt:

> A questo punto, assicuratosi che la luna non ha più bisogno di lui, il signor Palomar torna a casa. (S. 37)

Auf das gleiche Ende läuft die Episode "La spada del sole" hinaus. Sie hat beschrieben, wie Palomar beim Schwimmen von dem schwertförmigen Reflex gefesselt wird, den die untergehende Sonne auf der Oberfläche des Meeres erzeugt, und gelangt dann zu der folgenden Konklusion:

> Ora tutte le tavole del surf sono state tirate a riva, e anche l'ultimo bagnante infreddolito - di nome Palomar - esce dall'acqua. Si è convinto che la spada esisterà anche senza di lui: finalmente s'asciuga con un telo di spugna e torna a casa. (S. 20)

Solche Erfahrungen komischer Kränkung erscheinen noch schmerzlicher, wenn das Subjekt der Erkenntnis nicht allein seine Irrelevanz bemerkt, sondern aus der Position des Subjekts unversehens in jene eines Objekts von Beobachtungen versetzt wird.[39] Das ist etwa der Fall, als Palomar beim Einkauf in einem Pariser Käsegeschäft Schlange steht. In diesem Geschäft oder vielmehr "museo di formaggi" ("che [...] custodisce l'eredità d'un sapere accumulato da una civiltà attraverso tutta la sua storia e geografia") wird das Palomar eigene Klassifikationsbedürfnis angesichts der Größe des Angebots derart intensiv herausgefordert, daß unser Beobachter jede Kontrolle über

---

39) Über die drastischere Komik, welche dieses Verfahren des Positionswechsels zwischen dem, was gemeinhin als Subjekt, und dem, was gemeinhin als Objekt gilt, bei Flaubert erzielt, vgl. U. Schulz-Buschhaus, "Flauberts *Bouvard et Pécuchet*", (wie Anm. 21.), S. 61.

sich zu verlieren droht. Bei der gespanntesten Anstrengung, die "complessità del mondo", welche hier durch "Il museo dei formaggi" repräsentiert ist, zu beherrschen, scheint Palomars einziger Erfolg darin zu bestehen, daß ihm auch noch die gleichfalls erstrebte "padronanza sulle proprie inclinazioni e azioni" (S. 121) abhanden kommt. Und so macht sich der Beobachter, der vor der Komplexität des Beobachteten vergeblich um Fassung ringt, selber zum Schauspiel für die Beobachtung der anderen:

> [...] nella fila dietro di lui tutti stanno osservando il suo incongruo comportamento e scuotono il capo con l'aria tra ironica e spazientita con cui gli abitanti delle grandi città considerano il numero sempre crescente dei deboli di mente in giro per le strade. (S. 76)

Ein ähnliches Geschick trifft Palomar in der Episode "La contemplazione delle stelle". Sie zählt zu den komischsten des Buchs, da sie den Beobachter von Anfang an in einen aussichtslosen Kampf mit der "Tücke des Objekts" verwickelt. So muß sich Palomar, um die Sterne zu betrachten, in eine Lage begeben, die zwischen der Weite des Firmaments und der Nähe der astronomischen Karte optisch überaus problematisch ist:

> [...] l'esperienza del cielo che interessa a lui è quella a occhio nudo, come gli antichi navigatori e i pastori erranti. Occhio nudo per lui che è miope significa occhiali, e siccome per leggere la mappa gli occhiali deve toglierseli, le operazioni si complicano con questo alzare e abbassare degli occhiali sulla fronte e comportano l'attesa di alcuni secondi prima che il suo cristallino rimetta a fuoco le stelle vere o quelle scritte. (S. 45)

Zur Problematik des Beobachtungspostens tritt darauf die Problematik eines "labilen und widersprüchlichen Wissens", das in der Verschiedenartigkeit seiner ausdifferenzierten Diskurse für Palomar allzumal fragmentarisch bleibt. Am Ende erweist es sich geradezu als die Antithese dessen, was Palomar sich von der "Betrachtung der Sterne" versprochen hat; das heißt: als direkte Negation jener

> [...] esatta geometria degli spazi siderei, cui tante volte il signor Palomar ha sentito il bisogno di rivolgersi, per staccarsi dalla Terra, luogo delle complicazioni superflue e delle approssimazioni confuse. (S. 47)

Statt einer Beruhigung im Unwandelbaren erzeugt der Blick zum Himmel also lediglich neue "Komplikationen" und "Approximationen":

> Della conoscenza mitica degli astri egli capta solo qualche stanco barlume; della conoscenza scientifica, gli echi divulgati dai giornali; di ciò che sa diffida; ciò che ignora tiene il suo animo sospeso. Soverchiato, insicuro, s'innervosisce sulle mappe celesti come su orari ferroviari scartabellati in cerca d'una coincidenza. (S. 48)

Wiederum ergibt sich - wie einst im Fabliau und in der farcenhaften Novelle das Phänomen des betrogenen Betrügers - die peinlich komische Situation des beobachteten Beobachters.[40] Und erneut sind an dem Beobachter, der sich als Subjekt in sicherer Ordnung und Erkenntnis zu bestätigen hoffte, nichts anderes als die willenlosen Zuckungen der "Geistesschwachen" zu beobachten:

> Delle ombre silenziose si stanno muovendo sulla sabbia; una coppia d'innamorati si stacca dalla duna, un pescatore notturno, un doganiere, un barcaiolo. Il signor Palomar sente un sussuro. Si guarda intorno: a pochi passi da lui s'è formata una piccola folla che sta sorvegliando le sue mosse come le convulsioni d'un demente. (S. 49)

40) Diese Situation hat außerdem eine deutliche Affinität zu einer freilich niemals komisch vermittelten Grundfigur des Werkes von Borges, dem demiurgischen Schema vom geschriebenen Schreiber oder - so besonders eklatant in der "gnostischen" "Ficción" *Las ruinas circulares* - vom erträumten Träumer.

Lieselotte Kittenberger

Anmerkungen zu Calvino im Kontext der neueren Forschungsdiskussion

Calvinos Interesse an den Wissenschaften ist spätestens seit den *Cosmicomiche* evident, seit sich der Leser zunehmend in die vielfältigsten wissenschaftlichen Texte eingetaucht sieht. In der nach Calvinos Tod einsetzenden Diskussion nimmt der Dialog von Literatur- und Naturwissenschaftlern denn auch zu Recht einen wichtigen Platz ein.[1] Als allgemeines Terrain der beiden Disziplinen erweist sich Imagination und Phantasie, die sich auf das "Unsichtbare" beziehen, das nicht nur die Literatur und Philosophie, sondern auch die modernen Naturwissenschaften kennzeichnet. "Unsichtbar"[2] sind ihre Gegenstände, insofern Kategorien der Evidenz sie nicht zu fassen vermögen. Weniger das Reale als das Mögliche ist die eigentliche Dimension des Schriftstellers; für den Naturwissenschaftler gilt dasselbe, insofern nicht länger ein einheitliches Erklärungsmodell für Welt existiert, sondern nur partielle Erkenntnisse, die mit jedem kreativen Akt überdies eine Modifikation erfahren. Dennoch bleiben die Erkenntnisinteressen von Literatur und Wissenschaft polar entgegengesetzt, die beiden Sprachen nicht ineinander übersetzbar. In unserer an der Wissenschaft orientierten Welt treffen wir auf die Wissenschaft auf der Ebene der Wahrnehmung der Bilder unserer Lebenswelt, der Beziehung zu den Objekten. Es ist dieses Erfahrungselement, das in die Sprache der Literatur eingeht.

1. Sooft Calvino auf Themen aus wissenschaftlichen Disziplinen zurückgreift, interessiert ihn nicht deren wissenschaftlicher Erkenntniswert - was sich schon

1) S. die Kongressakten der verschiedenen Calvino-Kongresse: B. Cottafavi/M. Magri (Hrsg.), *Narratori dell'invisibile. Simposio in memoria di Italo Calvino*, Modena 1987; *Nuova civiltà delle macchine*, 17 (1987); G. Bertone (Hrsg.), *Italo Calvino, la lettura, la scienza, la città*, Genua 1988; G. Falaschi (Hrsg.), *Italo Calvino. Atti del Convegno internazionale*, Mailand 1988.
2) Vgl. Akten des Kongresses in Sassuolo: *Narratori...* (wie Anm. 1).

im Nebeneinander aktueller Theorien und längst verworfener Erklärungsansätze beweist - , sondern dem Bildsucher Calvino geht es um ihre figurative Potentialität[3] innerhalb eines Projekts vom geordneten, semantischen Universum. Ähnlich verfährt schon Amerigo Ormea in *Giornata di uno scrutatore*:

> Ma siccome era abituato a ragionare per immagini, continuava a scegliere nei libri dei pensatori il nocciolo immaginoso, cioè a scambiarli per poeti, oppure a cavar fuori la scienza o la filosofia o la storia ragionando di come Abramo va per sacrificare Isacco e come Edipo s'accieca e re Lear nella bufera perde il senno.[4]

Bildhafte Sprache kann dann einerseits wissenschaftliche Hypothesen ad absurdum führen, wobei für den narrativen Aufbau deren implizite Dramatik wesentlich wird. Andererseits ist sie - egal ob wissenschaftlicher, philosophischer oder literarischer Herkunft - ein Versuch, über Welt und menschliche Erkenntnisweisen zu reden, ohne in verbrauchten Sprachmustern stecken zu bleiben. Als Deformierung der offensichtlichen Welt (wie sie auch auf formalisierte Sprache oder auf die Vogelperspektive zutrifft) gestattet sie eine Analyse, eine Zerteilung in Diskontinuitäten und eine neue Synthese der Elemente.

2. Das Pendeln zwischen den Polen des Eingetauchtseins ins Meer der Objektivität und der Isolation unter der Herrschaft der formalen Abstraktion erkennt Paolo Fabbri als zentrale Bedeutung von Calvinos Werk ab *Giornata di uno scrutatore* und *Il castello dei destini incrociati* und faßt es unter die Begriffe "Ekel" und "Schwindelgefühl".[5] So sehr sich die kognitiven Regeln von wissenschaftlicher Forschung und Literatur unterscheiden, treffen sie sich doch im "Pathos der Erkenntnis".[6] Wem Kategorien der Ethik zur Verfügung stehen, antwortet mit Ekel auf die Undurchdringlichkeit der Welt voller einander kreuzender Daten. Um nicht vor der Komplexität der Welt zu resignieren, heißt es vorerst, ins Zentrum des Chaos der Dingwelt einzutauchen, die

3) Vgl. P. Fabbri in: *Narratori*... (wie Anm. 1), S. 148 und V. Magrelli ebda., S. 153. A. Battistini, "Ménage à trois. Scienza, arte combinatoria e mosaico della scrittura", in: *Nuova civiltà*... (wie Anm. 1), S. 11-24, differenziert zwischen Analogien in der Wissenschaft und in der Literatur, wovon erstere ein unbekanntes Phänomen auf ein bekanntes zurückführt, während letztere das Bekannte verfremdet.

4) I. Calvino, *La giornata di uno scrutatore*, Turin 1963, S. 60.

5) Fabbris Beitrag "Le trame del bagatto: arcani narrativi e orditi del dire", in: *Narratori*... (wie Anm. 1), S. 23-33, ist ganz dem Beweis dieser Hypothese gewidmet.

6) Ebda., S. 147; s. Pierantonis Bestätigung ebda., S. 145.

Schnittpunkte aller möglichen Ordnungen zu ergründen und daraufhin aktiv zu werden, eine Bedeutungsmöglichkeit zu versuchen. Ekel wird derart zu einer produktiven Kraft, die Stagnation und Schwere überwindet. Die Signale des Körpers gestatten eine Distanzierung durch die Mittel der Verstandeskraft. Als Resultat wird Leichtigkeit erlebbar, als Befreiung von der Schwere, aber auch als Verlust der Schwerkraft, als fehlende Kontrolle über das Handeln. Das Schwindelgefühl fordert ein erneutes Eintauchen in das Chaos.

3. Beim späteren Calvino ist die Grunderfahrung der alltäglichen Entropie dominant geworden.

> L'universo si disfa in una nube di calore, precipita senza scampo in un vortice d'entropia, ma all'interno di questo processo irreversibile possono darsi delle zone d'ordine, porzioni d'esistente che tendono verso una forma, punti privilegiati da cui sembra di scorgere un disegno, una prospettiva. L'opera letteraria è una di queste minime porzioni in cui l'esistente si cristallizza in una forma, acquista un senso, non definitivo, non irrigidito in una immobilità minerale, ma vivente come un organismo.[7)]

Als Kristallisierung des Existierenden in einer literarischen Form erweist sich die "scrittura" als letztmögliche Utopie, eine atomisierte, in Schwebe verharrende Utopie. Im Gegensatz zu einer Kritik, die nach verborgenen Botschaften politisch-biographischer Natur sucht und bei der Diagnose eines Pessimismus, Katastrophismus, Skeptizismus, Nihilismus haltmacht, ist in der Evidenz des literarischen Werks die geforderte Nicht-Resignation festzustellen. Der Charakter der Nicht-Endgültigkeit des Werks in Bezug auf die Bedeutung seiner Gegenstände (aber auch seiner selbst) entspricht analog der Notwendigkeit der ständigen Neudefinition der Grenzen in der neuen Epistemologie; die Gesetze, nach denen sie vorgeht, haben provisorischen und widerrufbaren Charakter, die geschaffene Ordnung gilt in Grenzen. Die Offenheit der literarischen Ordnung erfährt jedoch ihre wissenschaftliche Erklärung in der Semiotik, auf die sich Calvino ab den 60er Jahren in Theorie und Praxis bezieht. In *Cibernetica e fantasmi*[8)] nimmt er eine Neubewertung von Leser- und Autorrolle vor: Während dem Leser (und dem Autor als erstem Leser seiner selbst) eine wesentlich aktive Rolle in der Aktualisierung des Textes zugeschrieben wird, verkommt der Autor zur Literaturmaschine. Barthes' Termini der Variation und Kombination von innerhalb einer Kultur

---

7) I. Calvino, *Lezioni americane*, Mailand 1988, S. 68.
8) I. Calvino, *Una pietra sopra*, Turin 1980, S. 164-181.

präexistierenden Elementen tauchen auf; die daran geknüpfte Poetik Genettes der "réécriture" wird dann in *Il castello dei destini incrociati*, *Le città invisibili*, aber insbesondere in *Se una notte d'inverno un viaggiatore* praktiziert. Das kombinatorische Spiel ist jedoch in Calvino nicht so selbstgenügsam wie im OULIPO. Es entspringt aus dem Erlebnis des Scheiterns der marxistischen Dialektik als absolutes Erklärungs- und Interpretationsmodell von Realität und sucht nun in der Erweiterung des einfachen Modells im unendlich Vielfältigen des Möglichen die Antwort auf die Frage nach der richtigen Haltung gegenüber der Realität.

Die optimistische Lösung, die Calvino selbst in der Erzählung *Il conte di Montecristo* vorschlagen kann, ist die gedankliche Konstruktion eines noch komplexeren Labyrinths als die von der Wissenschaft befragte Realität es ist, um am Punkt der Inkongruenz zu entwischen.[9)]

4. Schreiben resultiert aus einem Erkenntnisdrang, das literarische Werk ist Weltkarte, Verzeichnis allen Wissens[10)] oder eben Plan des Gefängnisses, was keinesfalls mißverstanden werden darf als die Welt verdoppelnde Darstellung mit Objektivitätsanspruch. Schon in den ersten poetologischen Texten polemisiert Calvino gegen solche vorrationale und doch unmöglich objektive Literatur zugunsten der Begründung eines Stils, der Realität strukturiert.[11)] Zum Verständnis von Welt trägt ihr - unmögliches - Protokoll nichts bei, notwendig ist das Herstellen von Beziehungen zwischen verschiedenen Punkten.[12)] Calvinos literarische Utopie beruht auf der Überzeugung, Realität in einem von der subjektiven Rationalität bereitgestellten Raster ordnen zu können, wobei die Objektivität der Phänomene transzendiert wird, und der verborgene Sinn sich zu erkennen gibt. Die Möglichkeit, Dinge in einem hermeneutischen Akt auf Zeichen zu reduzieren und zu interpretieren, ist jedoch nur ein Aspekt der Konfrontation mit der Realität: Während Palomars mexikanischer Freund jeden Stein in Tula in Erzählung des Kosmos, Allegorie, Moralreflexion, verwandelt, beschränkt sich ein Grundschullehrer vor

9) Ebda., S. 180 f.

10) I. Calvino, "Due interviste su scienza e letteratura", ebda., S. 187. C. Bernardini, "Letteratura, scienza e filosofia della scienza", in: *Italo Calvino. Atti...* (wie Anm. 1), S. 229-237; er zitiert Borges' Beschreibung einer völlig anderen Landkarte im Maßstab 1:1, die bereits innerhalb der Erzählung den Unbilden der Witterung als unnütz überlassen wird.

11) I. Calvino, *Una pietra sopra*, S. 9, 89.

12) Vgl. die Ergebnisse von E. Melandri und R. Pierantoni in *Narratori...* (wie Anm. 1), S. 143 f., und C. Bernardini, in: *Italo Calvino. Atti...*(wie Anm. 1).

seiner Schülerschar auf die Angabe weniger Fakten zu jeder Statue, jedem Relief, und erklärt immer: Man weiß nicht, was es bedeutet. Palomar schwankt zwischen der Faszination der reichen mythologischen Bezüge und der nur anfänglich als Mangel an Interesse verstandenen wissenschaftlich-pädagogischen Methode des Indio-Lehrers.

> Il rifiuto di comprendere più di quello che queste pietre ci mostrano è forse il solo modo possibile di dimostrare rispetto del loro segreto; tentare d'indovinare è presunzione, tradimento di quel vero significato perduto.[13)]

Wenn Palomar damit schließt, daß Nicht-Interpretieren unmöglich ist, bleibt es doch faszinierend. Tatsächlich beruhen *Palomar* und *Collezione di sabbia* auf einer phänomenologischen Wahrnehmung von Welt und ihrer Deskription. Wie schon im zitierten *Conte di Montecristo* Dantès' deduktives Projekt von den Ergebnissen des induktiven Verfahrens des Abts Faria abhängt, wird in Calvinos Werk die kognitive Spannung von empirischer Beobachtung und Sammlung von Material einerseits und Ordnungsprozeß durch - oft hoch abstrakte - Begriffssysteme andererseits bewahrt. Diese Dialektik ist im Umschlagbild zu Palomar, dem von Calvino gewählten Dürerschen *Zeichner des liegenden Weibes* vorweggenommen, der in sich die aristotelische Kategorie der Beobachtung des Realen und Reproduktion des Konkreten mit platonisierender Ordnungsproduktion dank Raster und bestimmtem Standpunkt vereint.[14)]

5. Charakteristisch für den Raster der Calvinoschen Literaturmaschine ist die Geometrie von Oppositionspaaren. Als Beispiel für das binäre Prinzip auf der Ebene der Makrostruktur bietet sich ein von Calvino erstelltes Derivationsschema zu *Se una notte d'inverno un viaggiatore*[15)] an. Die Anordnung der zehn Romananfänge wird durch eine Regel motiviert, nach der die literarischen Ergebnisse als materialer Rest einer Differenzierung erscheinen, wobei jeweils auf die eben verworfene Alternative zurückgegriffen wird. Diese Vorgehensweise erinnert an die Unsicherheit von Qfwfq angesichts der Dominanz des Realen vor dem, was nie gewesen ist. Dieses Reale wird ihm durch

---

13) I. Calvino, *Palomar*, Turin 1983, S. 97 ff.

14) Vgl. C. Cases in: *Italo Calvino. Atti...* (wie Anm. 1), S. 400. Cases bezieht sich auf Asor Rosa, "Il punto di vista di Calvino", ebda., S. 261-276.

15) *Alfabeta* 8 (1979), S. 4 f.

eine latente Gegeninformation zutiefst dementiert und vom Zweifel unterminiert, das ehemals Mögliche wäre die bessere Alternative gewesen.

> Tanto che alle volte mi prende l'incertezza se io sono veramente la somma dei caratteri dominanti del passato, il risultato d'una serie d'operazioni che davano sempre un numero maggiore di zero, o se invece la mia vera essenza non è piuttosto quella che discende dalla successione dei caratteri sconfitti, il totale dei termini col segno meno, di tutto ciò che nell'albero delle derivazioni è rimasto escluso soffocato interrotto [...][16)]

Die binäre Technik bestimmt Calvinos Texte bis in ihre Tiefenstruktur: Narration ist kontinuierliche Umkehrung. Die Hereinnahme der jeweils entgegengesetzten Möglichkeiten macht, daß Calvino nicht im knappen Zitat, sondern in der Spannung zwischen Gegensätzlichem zu fassen ist. In der Umkehrung erfolgt Distanzierung vom eben eingenommenen Standpunkt; es wird erkenntlich, daß das, was als real aufgefaßt worden ist, sich auf Wahrnehmungs- und Sprachkonventionen stützt, also überaus arbiträren Charakter hat. Gegen den abstrakten Aspekt der geläufigen Darstellungsweise eines Phänomens heißt es, sich dessen "realem" Aspekt zuzuwenden. Die Wissenschaft hat gezeigt, daß gerade Gegenargumente neue Definitionen hervorbringen und schrittweise deren Sinn herausarbeiten, bis sich eine Perspektive authentischer Originalität eröffnet.[17)] Ob Palomar deren Konsequenzen entwickelt oder zurückfällt auf weniger schwindelerregende Positionen, eine Endgültigkeit der Definition kündet sich nirgends an. Die Kette der Oppositionen tendiert auf ein Unendliches, darin dem Modell optischer Inversionen in deren beschränkter Zahl an Interpretationsmöglichkeiten überlegen, jedoch gleich in der Umkehrbewegung.

> Appuntare l'attenzione su un aspetto lo fa balzare in primo piano e invadere il quadro, come in certi disegni che basta chiudere gli occhi e al riaprirli la prospettiva è cambiata.[18)]

Wo die Dialektik der Gegensätze herrscht, weil der einzig richtige Standpunkt nicht auszumachen ist, kann ein Ding keine endgültige Bestimmung haben. In dieser Negativität tendiert seine Bedeutung auf das Nichts. Palomars Tod liest sich als Metapher des Nicht-Seins in der Paradoxie einer zugleich endlichen und unendlichen Zeit:

---

16) I. Calvino, *Cosmicomiche vecchie e nuove*, Mailand 1984, S. 265 f.
17) Lakatos, zit. in: P. Zellini, *Breve storia dell'infinito*, Mailand 1980, S. 236 f.
18) I. Calvino, *Palomar*, Turin 1983, S. 9.

> Se il tempo deve finire, lo si può descrivere, istante per istante, [...] e ogni istante, a descriverlo, si dilata tanto che non se ne vede più la fine.[19)]

Die Unbestimmbarkeit der Dinge erhellt sich in der Analogie zum mathematischen Begriff der aktualen Unendlichkeit, der eine Selbstanwendung des Prinzips der Zerlegung auf ein bereits zerlegtes Kontinuum darstellt. Endlichkeit und Bestimmtheit ist in der Beschränkung auf den Ausgangspunkt der unendlichen Oppositionskette zu finden. Damit kommen wir noch einmal zur Alternative eines positiven Materialitätsbegriffs, wie er Palomar in Mexiko begegnet. Damit konform geht sein Projekt, auf den Anruf der Dinge zu hören, und er erklärt auch den Neid der meisten Protagonisten Calvinos auf die Fähigkeit der weiblichen Figuren, mit den Dingen umzugehen, so wie sie nun einmal sind.

> [...] quanto è contenuto nello spazio e nel tempo non è altro che il poco, generato dal niente, il poco che c'è e potrebbe anche non esserci, o essere ancora più esiguo, più sparuto e deperibile.[20)]

19) ebda., S. 128.
20) I. Calvino, "Il niente e il poco", in : *Cosmicomiche vecchie e nuove*, S. 215.

Barbara Marx

"Hypotheses (non) fingo" Zur Modellierung von Wissenschaftsdiskursen in der italienischen Prosa des 20. Jahrhunderts

I.

Im 10. Kapitel seines Romans *Il fu Mattia Pascal* führt Pirandello seine Hauptfigur, unter ihrem neuen Namen Adriano Meis, in die "Wissenschaft" der Theosophie ein. Dieses Wissen eröffnet sich dem ehemaligen Bibliothekar nicht nur in Form einer fiktiven Bibliothek, die zugleich den Gesamtbestand der tatsächlichen *Publications Théosophiques* auflistet. Vielmehr wird ihm das Okkulte durch ein "Medium", seinen Vermieter Anselmo Paleari, nahegebracht: "Wissen" wird bei Pirandello synthetisch, im Dialog (oder im "inneren" Monolog), erarbeitet. Für die Form der Diskursivierung ist die Entscheidung, ob es sich um "abseitige Thesen" jenseits des gültigen Paradigmas handelt, ohne Belang: Im Verlauf des Kapitels macht Paleari, auf Grund einer dualistischen Materie-Geist-Theorie, Voraussagen über das Weiterleben der Seele nach dem Tod, die im Kapitel XIV mittels eines spiritistischen Experiments sichtbar unter Beweis gestellt werden sollen. Da es sich um eine "abseitige" Theorie handelt, endet das Experiment notwendigerweise in einem komischen Fiasko. These und Experiment innerhalb der Romanhandlung laufen parallel zum Experiment, das der Roman selbst mit dem (fiktiven) Ableben und Weiterleben seiner Hauptfigur unternimmt.

Für die hier interessierende Fragestellung ist vor allem der Beginn der Diskussion zwischen Paleari und Meis aufschlußreich. Sie bezieht ihr argumentum ex negativo aus einem Werk, das von seiner materialistischen Argumentation her dem biologischen Positivismus des ausgehenden 19. Jahrhunderts entstammt: der 1900 erstmals publizierten *Philosophie de la longévité*[1] des Wissenschaftsjournalisten Jean Finot (1856-1922). Der bibliographische

1) F.R. Hausmann, "Doppelung und Spaltung in Luigi Pirandellos Roman "Il fu Mattia Pascal"", in: *Italienische Studien* 2 (1979), S. 79-80.

Hinweis dient im Roman allerdings nicht einer sachlichen Klärung (es geht ohnehin nicht darum, den Absichten des Verfassers "gerecht" zu werden), sondern beschränkt sich auf eine besonders skurrile Einzelheit: Weiterleben als "la vita nientemeno dei vermi nati dalla decomposizione del corpo umano",[2] ein groteskes Negativ theosophischer Vorstellungen. Daß Paleari seine eigenen Thesen ausgehend von diesem extremen Detail entwickelt, dürfte schon ein Indiz dafür sein, daß nicht der Inhalt der Theorie, sondern ihr Konstrukt in Frage steht. Die vertikale Reihe der Evolution vom Wurm zum Menschen in der Sicht der Theosophie verhält sich hier nur spiegelbildlich zur absteigenden Reihe Finots.

La Philosophie de la longévité war ein populärwissenschaftliches Werk, und populärwissenschaftlich sind auch die weiteren Ausführungen Palearis: seine Einwände gegen die biologische Zelltheorie und ihre Anwendung auf die Gehirnsubstanz, sein Rückgriff auf die "Klavier-These", die eine Art Brückenschlag zwischen Materialisten und sogenannten "Spiritualisten" versuchte.[3] Pirandellos Haltung in dieser Kontroverse war ambivalent, vielleicht beeinflußt von Luigi Capuana, der den Spiritismus im Kontext angeblich gesicherter wissenschaftlicher Erkenntnisse verteidigte.[4] Das Interesse Pirandellos, auch in der thematisch verwandten und unmittelbar auf den Ro-

---

2) L. Pirandello, *Il fu Mattia Pascal*, in: *Tutti i romanzi*, Mailand 1955, I, S. 378.

3) Daß es sich um sehr verbreitete Diskussionen und Einwände handelt, zeigt die Ausführlichkeit, mit der Ludwig Büchner (1824-1899) in seinen populären Abhandlungen darauf eingeht, etwa in *Kraft und Stoff, oder Grundzüge der natürlichen Weltordnung nebst einer darauf gebauten Sittenlehre*, Leipzig 1902, S. 171: "Man hat ein gewichtiges Bedenken gegen die materialistische oder monistische (einheitliche) Deutung des Verhältnisses von Gehirn und Seele geltend zu machen geglaubt, indem man auf die angebliche materielle Einfachheit des Denkorgans hinwies und es für unmöglich erklärte, daß eine so einfache, gleichmäßige Materie Ursache einer so verwickelten geistigen Maschinerie, wie sie die menschliche oder thierische Seele darstellt, sein könne. Dieser, in den Augen der Laien scheinbar sehr gewichtige Einwand beruht vor allem auf einer thatsächlichen Unrichtigkeit. Denn das Gehirn ist kein einfaches Organ..."; auf die "Clavier-Theorie" geht Büchner in *Kraft und Stoff*, S. 176-177, und ausführlicher in *Das künftige Leben und die Moderne Wissenschaft. Zehn Briefe an eine Freundin*, Leipzig [2]1890, S. 48-54 ein.

4) S. Zappulla-Muscara, "Archetipi e rari del Pirandello saggista", in: *Pirandello saggista*, Palermo 1982, S. 374-377. Capuanas eigene ambivalente "literarische" Ausdeutung der "spiriti" als filmähnliche Scheinbilder der Imagination (vgl. M. Rössner, "Die 'lebende Figur'. Bemerkungen zur Personenemanzipation bei Capuana und Pirandello", in: J. Thomas (Hrsg.), *Pirandello und die Naturalismus-Diskussion*. Akten des II. Paderborner Pirandello-Symposium, Paderborn 1986, S. 85-94, bes. S. 87-88) hat auch den interpretatorischen Transfers auf Pirandello Vorschub geleistet, vor allem bei G. Macchia, *Pirandello o la stanza della tortura*, Mailand 1981, S. 46-53, s. jedoch auch A. Illiano, *Metapsichico e letteratura in Pirandello*, Florenz 1982.

man publizierten Novelle *La casa dei Granella* (27. August 1905),[5] verweist immer zugleich auf den "dialogischen" Prozeß des Räsonnierens als solchen, auf den Mechanismus, wie Theoreme (und seien sie noch so laienhaft) sich als Diskurs etablieren. Die in den Novellen ebenfalls bevorzugte Form des Dialogs ermöglicht dem Autor, in der Redundanz der direkten Rede das logische Konstrukt selbst bloßzulegen.

"C'è logica?" Mit einer Frage beginnt Anselmo Paleari seine Darlegungen: In erster Linie setzt die Perplexität das Räsonnement in Gang.

> C'è logica? Ma diventerà verme il mio naso, il mio piede, non l'anima mia! materia anch'essa, sissignore, chi vi dice di no? ma non come il mio naso e come il mio piede. C'è logica?[6]

Über die "macchinetta infernale" der Logik hat sich Pirandello bekanntlich in mehreren, chronologisch nach *Mattia Pascal* entstandenen Texten in immer wieder gleicher Weise geäußert. Das Bild der Pumpe, die abstrakte Daten aus sinnlichen Erfahrungen "filtert", ist die Metapher des rationalen Diktums, in dessen Sequenzen Pirandello nur die "courts-circuits" der Neurose ausmacht.[7] Die Antwort, die Adriano Meis auf die Skandierung der Frage "c'è logica?" gibt, transponiert diesen "Mechanismus" auf die Ebene der Satzfolge.

> Scusi, signor Paleari,- gli obiettai io, - un grand'uomo passeggia, cade, batte la testa, diventa scemo. Dov'è l'anima?
> Il Signor Anselmo restò un tratto a guardare [...]
> - Dov'è l'anima?
> - Sì, lei o io, che non sono un grand'uomo, ma che pure... via, ragiono: passeggio, cado, batto la testa, divento scemo. Dov'è l'anima?
> Il Paleari giunse le mani e, con espressione di benigno compatimento mi rispose:

---

5) G. Macchia, *Pirandello o la stanza* (wie Anm. 4), S. 55-56; O. Ragusa, "Pirandello's Haunted House", in: *Studies in Short Fiction* 10 (1973) S. 235-242; O. Ragusa, *Luigi Pirandello. An approach to his theatre*, Edinburgh 1980, S. 23-24.

6) Pirandello, *Tutti i romanzi*, I, S. 379.

7) "Cronache stravaganti. La fiera della sapienza" (Jan. 1906), in: Zappulla-Muscara, "Archetipi e rari" (wie Anm. 4), S. 393-394; "L'umorismo" (1908), in: Pirandello, *Saggi, poesie, scritti vari*, hrsg. v. M. Lo Vecchio-Musti, Mailand 1960, S. 154; u.a. G. Costa, "Pirandello e la filosofia", in: G.P. Biasin/N.J. Perella (Hrsg.), *Pirandello 1986*. Atti del Simposio internazionale (Università della California, Berkeley, 13.-15. März 1986), Rom 1987, S. 161-162. Das späteste Zeugnis ist ein Brief Pirandellos vom 30. Juli 1935, in F. Rauhut, *Der junge Pirandello oder das Werden eines existentiellen Geistes*, München 1964, S. 154.

- Ma santo Dio, perchè vuol cader e batter la testa, caro Signor Meis?
- Per un'ipotesi...[8]

Pirandello fingiert hier einen pseudowissenschaftlichen Diskurs, der nicht den Sprecher, sondern das zugrundeliegende Modell parodistisch entlarven soll. Die asyndetische Reihung ist nur vorgeblich das rhetorische Pendant eines "mechanistischen" Paradigmas, welches Gesetzmäßigkeit als lückenlosen Ablauf linearer Sequenzen darstellt. Die Gültigkeit der so erstellten Prognose im allgemeinen ("un grand'uomo") wie im besonderen ("lei o io, che non sono un grand'uomo") durch experimentelle Wiederholung gibt Pirandello hier, durch Einsatz bloßer Redundanz, der Lächerlichkeit preis. Der neurotische Wiederholungszwang bewirkt eben keine doppelte Affirmation der kausalen Reihe, sondern deren permanente "scomposizione". Dies liegt, natürlich, an der "alterazione ridicola",[9] der absichtlichen Fehlkonstruktion der Sequenz, deren erstes Element "passeggiare" kontingent ist, also eben nicht "mechanisch" die übrigen Elemente "cadere", "battere la testa", "diventare scemo" nach sich zieht. Die scheinwissenschaftliche Demonstration verrät sich im Fehlschluß des Arguments. Und doch ist die zugrundeliegende Prognose, sofern sie die Schritte der Versuchsanordnung einhält, nicht falsifizierbar: Jedes folgende Element erhöht die statistische Wahrscheinlichkeit eines Ablaufs, den die Neurophysiologie des ausgehenden 19. Jahrhunderts bereits experimentell bestätigt hatte.

Der Sprecher Adriano Meis substituiert einer kausalen Ereigniskette eine willkürliche "kontingente" Abfolge: Es ist der bloße Zufall, der Notwendigkeit erzeugt. Diese auf den ersten Blick offensichtliche Inkongruenz setzt die Komik in Gang und wird von Pirandello an dieser Stelle zusätzlich parodistisch, also rhetorisch, bearbeitet. Sie ist ein Residuum von Überlegungen, die noch einmal am Schluß des Essays *L'umorismo* von 1908 zur Sprache kommen, die aber auch der 1898 veröffentlichten Novelle *Se..*[10] zugrundeliegen. Dabei kann nicht übersehen werden, daß das, was für den "Humoristen" Pirandello als Konstruktionsprinzip einer spezifisch literarischen "Maschinerie" dient, zugleich einen Kernsatz der "mechanistischen"

8) Pirandello, *Tutti i romanzi*, I, S. 380.
9) Pirandello, "L'umorismo", in: Pirandello, *Saggi, poesie, scritti vari*, S. 76.
10) U. Schulz-Buschhaus, "'Ragioniamo!' Erzähltechnik und Romankomposition in Pirandellos 'Il turno'", in: J. Thomas (Hrsg.), *Pirandello und die Naturalismus-Diskussion*. Akten des II. Paderborner Pirandello-Symposiums, Paderborn 1986, S. 99.

Physiologie bezeichnete, wie er in den achtziger Jahren von Ludwig Büchner für das breite Laienpublikum dahingehend formuliert wurde: Die Naturwissenschaft vermittle nur eines, und

> [...] dieses Eine besteht in der Erkenntnis, daß und wie die Natur mit Hilfe der kleinsten und unscheinbarsten Mittel und ohne Unterstützung durch außernatürliche Kräfte die größten und wunderbarsten, anscheinend unmöglichen Wirkungen hervorbringt oder hervorzubringen imstande ist.[11)]

Die Zerstückelung der Kausalsequenz in kleine, kleinste und unsichtbare Segmente bildet das heuristische Modell des biologischen Evolutionsgedankens ab, mit seinen "missing links", das seit der Mitte des 19. Jahrhunderts alle übrigen Disziplinen überlagerte.[12)]

Pirandellos Einschätzung solcher Postulate als "pretesa di logicità" ist noch um die Jahrhundertwende nicht frei von Ambivalenz. Die Irritation, die das komische "sentimento del contrario" nährt, erwächst nicht nur aus dem Verdacht, daß der positivistische Kausalnexus die Formen des Denkens wie des Verhaltens zu lenken beansprucht oder sie vielleicht sogar, "naturgemäß", längst regiert. Beunruhigender erscheint, daß auch Ursachen und Wirkungen, die sich als Zufall tarnen, im linearen Modell aufgehoben sind. Die Aufzählung, soweit sie nichts als eine Folge von Zustandsaussagen und Bereichsangaben enthält, schließt sich nicht mehr zur Erzählung, zur Geschichtlichkeit der literarischen Diskurse. Das Asyndeton ist also in Wirklichkeit die diskursive Figur jener nicht mehr nachvollziehbaren Interaktion von "rapporti uniformi e costanti", die Pirandello noch 1893 und 1896 als Paradigma der Wis-

---

11) L. Büchner, *Das künftige Leben* (wie Anm. 3), S. 31.

12) "[Die Descendenz-Theorie] zeigt uns, dass die gesammte Morphologie der Organismen ebenso wie die Physiologie und die Biologie auf mechanisch-kausaler Basis beruhen muß, und daß die Ursachen sämtlicher Naturerscheinungen, auch der am meisten zusammengesetzten organischen Entwicklungs-Phänomene, lediglich mechanische, wirkende Ursachen, niemals finale, zweckthätige Ursachen sind. Diesen äusserst wichtigen Punkt glauben wir nicht genug hervorheben zu können. Er ist die unangreifbare Citadelle der wissenschaftlichen Biologie", G. Heberer (Hrsg.), *Der gerechtfertigte Haeckel. Einblicke in seine Schriften aus Anlaß des Erscheinens seines Hauptwerkes "Generelle Morphologie der Organismen" vor 100 Jahren*, Stuttgart 1968, S. 159. Daß die Humanwissenschaften ihrerseits dieses Modell aus der Physik bezogen, zeigt H. Breger, *Die Natur als arbeitende Maschine. Zur Entstehung des Energiebegriffs in der Physik 1840-1850*, Frankfurt/a.M.-New York 1982, S. 155ff.

senschaft, einer "conoscenza quasi pezzo per pezzo" begreift;[13] sie zitiert das Bild der "macchinetta infernale" herbei, die im Leerlauf bloßen und manischen Funktionierens das aller Heuristik zugrundeliegende "Irrationale" verdeutlichen und bloßstellen soll.

"Maschine" ist in diesem Sinn die ganze Struktur des Wissens: Über dessen vorgebliche Homogenität definieren sich die Personen, wie Paleari in *Il fu Mattia Pascal* oder der Advokat Zummo in *La casa dei Granella*, und können doch nur unverbundene Segmente aneinanderreihen: Namen oder Titel, deren Anhäufung um so mehr einem zufälligen "bricolage" gleicht, je mehr deren "Reihe" (auch und gerade, sofern sie ein Pendant in der Wirklichkeit hat) auf einen überschaubaren Wissensbereich deutet. "Leerlauf" ist demnach ebenso in der zufälligen Folge des Alphabets enthalten. Wo es als lineare Reihe oder gar als Ordnungsstruktur überprüft wird, ergibt sich ein Triumph der Willkür, sichtbar in der grotesken Situation von Romitelli, dem Vorgänger Mattia Pascals in der Kommunalbibliothek: Dessen Lektüre kumuliert Lexikonartikel in der "willkürlichen" Reihenfolge ihres alphabetischen Eintrags.[14]

Am Ende der Geschichte, das zugleich Anfang des Romans ist, schlägt der "fu Mattia Pascal" den entgegengesetzten "humoristischen" Weg ein, indem er seine Lektüre bewußt dem Zufall unterwirft, der aus der Kontamination und unberechenbaren Überlagerung von Zeichen eine Bedeutung isoliert. Durch Zufall ist etwa der Traktat *Dell'arte di amar le donne* von Antonio Muzio Porro mit der Erbauungsschrift *Vita e morte di Faustino Materucci, Benedettino di Polirone, che taluni chiamavano beato* aneinandergeklebt.[15] Der Zufall gibt so nicht nur einen Blick auf die verborgene Wirklichkeit des verstorbenen Spenders Monsignor Boccamazzo frei, sondern zeigt auch, wie das "sentimento del contrario" im Wissen selbst angesiedelt ist und neues "Wissen" freisetzt.[16] Das so definierte Prinzip der Lektüre bestimmt nicht

---

13) Pirandello, *Saggi, poesie, scritti vari*, S. 869, 1016; 872, 1017, 1018: diese Textstellen in *Arte e coscienza d'oggi* (1893) und *Rinunzia* (1896) entsprechen einander wörtlich.

14) Pirandello, *Tutti i romanzi*, I, S. 314-15.

15) Ebda., S. 279.

16) Der Titel des Kapitels X, "Acquasantiera e portacenere" fokussiert ein Objekt in der Kreuzung gegensätzlicher Bedeutungen und steht so selbst schon als Emblem für die in der Diskussion zwischen Paleari und Meis geleistete wechselseitige Transgression von Sakralem und Profanem, zugleich aber auch für das Irreversible des geschichtlichen Prozesses: am Ende des Kapitels ist nur die "profane" Benutzung des Objekts wie des Begriffs möglich.

nur die Bibliothek[17] als Ort der Kollision von Gattungen und Diskursen, sondern folgerichtig auch als das Abbild und den Ort jener "humoristischen" Form des Schreibens, deren Ergebnis eben der Roman ist.

II.

Der Literatur, die die Überschreitung der Kategorien und ihrer Bereiche selbst als "komisches Experiment" vorführt, kommt eine Funktion der Destabilisierung zu. Pirandellos Ungenügen am Diskurs der Wissenschaften läßt sich unter diesem Aspekt durchaus in die "Krise der Linearität" im Sinne Vilém Flussers einbringen.

Flusser definiert das Lineare ja als Gleichsetzung der Denkregeln mit den Schreib- und Sprachregeln ("Logik"), welche zuerst in die Bilder, dann in die gegenständliche Welt projiziert wurden, um schließlich als Naturgesetze zurückgeholt zu werden.[18] Pirandellos Verfahren der "scomposizione" zielt nicht nur auf die Zerbröckelung der Sprach- und Ereignislogik in eine bloße Anhäufung von Segmenten; es führt auch durch Permutation der Reihen eine Kollision oder Überschneidung der Bereichsangaben, d.h. der Bedeutungen herbei, ohne die die "macchina" des "umorismo" nicht in Gang kommen kann. Schon aus diesem Grund verweigert sich der Autor allen zeitgenössischen Versuchen, der Wissenschaft den Status eines Metadiskurses einzuräumen. Unmißverständliche Ironie trifft auch die Verfechter einer Synthese von Wissenschaft und Religion, wie sie etwa Antonio Fogazzaro[19] vertrat: Diese erscheint als erneute Tabuisierung und Ausgrenzung von Terrain aus dem Korrosionsprozeß der Literatur.

Vor allem die frühen Texte Pirandellos, darunter besonders der im September 1893 publizierte Essay *Arte e coscienza d'oggi*, vom Herausgeber Lo Vecchio-Musti zu Recht unter die "prose letterarie" eingereiht, reklamie-

---

17) G. Mazzacurati, "'Il fu Mattia Pascal': l'eclissi del tempo e l'interdizione del romanzo", in: E. Lauretta (Hrsg.), *Il "romanzo" di Pirandello*, Palermo 1976, S. 52, S. 54 sieht die Bibliothek nicht nur als "luogo emblematico della separazione che ormai esclude il presente sociale della propria storicità", sondern auch als Ort einer "distruzione della tecnica borghese del romanzo".

18) V. Flusser, *Krise der Linearität*, Bern 1988, S. 17-18.

19) Pirandello, *Saggi, poesie, scritti vari*, S. 866, S. 867; die parodistische Verwendung religiöser Metaphern für den "kultischen" Bereich der Wissenschaft schöpft offenbar aus dem Sprachgestus solcher Autoren wie Max Nordau, s. G. Andersson, *Arte e teoria. Studi sulla poetica del giovane Luigi Pirandello*, Stockholm 1966, S. 80, der jedoch Pirandellos Bewertung der Theorien selbst als unklar einschätzt: "Pirandello sembra però in grado di giudicare liberamente i fenomeni decadenti e di non prenderli troppo sul serio".

ren die Verfügbarkeit des sogenannten Wissenschaftlichen für einen rein literarischen Zweck. Der Text multipliziert die Inkongruenzen bis zur Antizipation des paradoxen Fazits in *L'umorismo*, Kopernikus sei der größte Komiker gewesen. In einem ironischen Frage-Antwort-Disput zwischen den "Stimmen" der Wissenschaft und dem Einzelnen ("una delle più comiche dispute che i secolari annali della terra avessero mai registrate"[20]) reiht der Autor alle Dogmen und Gemeinplätze zeitgenössischer Naturerkenntnis aneinander, in einer Montage von wirklichen (aber nicht gekennzeichneten) oder fingierten Zitaten; er endet mit einem langen, diesmal explizit Herbert Spencer zugeschriebenen Text ("risponde a tutti lo Spencer"), der aber gar nicht von Spencer, sondern aus dem Vorwort seines italienischen Herausgebers stammt und in seiner populärwissenschaftlichen Verkürzung das "mechanistische" Gesellschaftsbild des englischen Philosophen (und ehemaligen Eisenbahn-Ingenieurs) fast parodistisch verzerrt.

Der provozierend unwissenschaftliche Umgang Pirandellos mit den schriftlichen Erzeugnissen der Wissenschaft hat also Methode. Sie reicht von Anleihen aus zweiter und dritter Hand, die sich im fortgesetzten Selbstzitat wie Falschgeld vermehren, bis zu Kompilationen, die das Original bruchlos dem literarischen Diskurs eingliedern. Ein besonders eindruckvolles Beispiel hat Gösta Andersson in Pirandellos Aufsatz *Scienza e critica estetica* (1900) aufgespürt, in dem Fechners *Vorschule der Ästhetik* in der französischen Übersetzung als direkte Quelle zitiert wird, während es sich in Wahrheit um eine doppelt "verborgene" Quelle handelt: um einen bibliographischen Hinweis in dem (nicht zitierten) Werk *Le génie dans l'art* (1883) von Gabriel Séailles.[21]

Das wissenschaftliche "Medium", mit seinen hierarchisch organisierten Textebenen, verschwindet und löst sich auf in die Mannigfaltigkeit der "voci

---

20) Pirandello, *Saggi, poesie, scritti vari*, S. 871.

21) *Arte e teoria* , S. 155, und passim für Pirandellos zahlreiche "Anleihen"; s. auch F. Rauhut, "Wissenschaftliche Quellen von Gedanken Luigi Pirandellos", in: *Romanische Forschungen* 53 (1939), S. 185-205; ders., "Das Verhältnis des Dichters Pirandello zur Wissenschaft", in: B. Winklehner (Hrsg.), *Literatur und Wissenschaft. Begegnung und Integration. Festschrift für Rudolf Baehr*, Tübingen 1987, S. 361-370; F.R. Hausmann, "Doppelung und Spaltung" (wie Anm. 1), S. 81; G. Macchia, *Pirandello o la stanza* (wie Anm. 4), S. 29-30, 51-53 u. passim; O. Ragusa, *Pirandello. An approach* (wie Anm. 5), S. 11-29; "al limite del plagio" sieht R. Barilli, "Svevo e Pirandello: le ragioni di un'omologia", in: *Il romanzo di Pirandello e Svevo*, Mailand 1984, S. 19, Pirandellos Umgang mit den Schriften von Séailles in einer typisch "wissenschaftlichen" Verkennung der Autorenintention.

discordi":[22] Diese fügen sich letztlich nur noch der literarischen Perspektive, also einer jeweils neu zu bestimmenden Segmentierung. Der Dialog erzeugt keine verbindlichen Diskurse mehr. Die Rolle der Literatur als einzig möglichem *Metatext* des Gesellschaftlichen erwächst daher, wenn ich richtig sehe, aus Pirandellos Verständnis einer historischen Fraktur in der hierarischen Ordnung der Episteme.

Dieser Befund läßt demnach nur eine Feststellung zu: Pirandello kreiert seinen Intertext selbst. Die Wissenschaft liefert nur den Vorwand, sie ist zu allererst "fantasma", das man "zum Reden" bringen muß. Die Erfindung solcher Pseudo-Diskurse in den journalistischen Arbeiten Pirandellos dient dem Nachweis, daß deren Register "leere" Vorstellungsbereiche anzeigen. Dort wo sie "Vorstellungen" entwerfen, geraten sie ohne weiteres in die Falle der Polysemie.[23] In diesen "Sachtexten" eignet der Komik des Inkongruenten also eine faktische Beweiskraft: Das Zitat belegt stets erneut die Unzulänglichkeit des Begriffs angesichts der Vorwissenschaftlichkeit alles Realen. Daher scheint ein Beitrag wie der von Paolo Rossi *1890-1900: alcuni letterati italiani e la loro immagine della scienza*,[24] im Hinblick auf Pirandello in eine Tautologie zu münden. Dieser macht sich offensichtlich kein "Bild" von der Wissenschaft; alles, was er behauptet, ist die Abwesenheit des Imaginären,

---

22) Deutungen der "scomposizione" in G. Macchia, *Pirandello o la stanza* (wie Anm. 4), S. 27-31; U. Schulz-Buschhaus, "'L'umorismo': l'antiretorica e l'antisintesi di un secondo realismo", in: *Pirandello saggista* (wie Anm. 4), S. 77-86, bes. S. 81; G. Ferroni, "Pirandello: l'umorismo come scomposizione della forma" in: ders., *Il comico nelle teorie contemporanee*, Rom 1974, S. 41-53.

23) "Parve finanche all'uomo che gli avessero dato della scimmia e di ciò s'indignò dispettosamente", Pirandello, *Saggi, poesie, scritti vari*, S. 871. Besonders sarkastisch, auch in der Gegenüberstellung von "scienza"/"ignoranza", der folgende Passus aus *Frammento di cronaca di Marco Leccio e della sua guerra sulla carta nel tempo della grande guerra europea*: "É piovuto tanto in questo primo anno della grande guerra! I fisici han sentenziato che l'aria - non pare - ma è un corpo, un corpo sensibile anch'essa, e che i troppi spari, la furia delle troppe cannonate han potuto commuoverla. Le donnette del popolo, più poetiche nella loro ignoranza, han creduto invece a un gran pianto del cielo per la sciagurata follia degli uomini", in: *Novelle per un anno*, IV, S. 598. Generelle Bemerkungen zu diesem Verfahren der komischen "nominazione-falsificazione" in: M.A. Grignani, "'La malattia della parola' e l'io narrante (tra Pirandello e Svevo)", in: *Il romanzo di Pirandello e Svevo* (wie Anm. 21), S. 144-146.

24) Vgl. bei P. Rossi, "1890-1900: alcuni letterati italiani e la loro immagine della scienza",in: *Paragone*. Letteratura, 318 (1976), S. 3-45, die Seiten 12-19: "Luigi Pirandello: la psicopatologia come rivelazione dell'essenza". Nicht zugänglich war mir *Letteratura e scienza nella storia della cultura italiana*, Palermo 1978.

und damit aller "Formen" von Erkenntnis, im Wissenschaftsdiskurs, - entsprechend dem Imperativ der zeitgenössischen Naturforschung.[25)]

Schon in den Bonner Studienheften (1889-1893) beklagt der Autor, die darwinistischen Theorien erlaubten keinen "Gebrauch", sie erzeugten nur "parole morte".[26)] Ergebnis der Naturforschung schlechthin sei "solitudine, vuoto, silenzio"; Absenz von Bildern und artikulierten Stimmen, lautet der Tenor der journalistischen Beiträge.[27)] Diese *Leerstellen* besetzt die Literatur, indem sie, mittels der "macchinetta infernale" ihrer räsonnierenden Personen, die komische Mimesis dieser Diskurse fortschreibt. Der literarische Text bietet so, stellvertretend, selbst das Schauspiel einer "macchina vorace", die sich nicht nur "esseri",[28)] sondern Diskurse einverleibt.

Die rhetorische Anverwandlung und Verwandlung vollzieht sich scheinbar unabhängig von den Ideologemen des Autors. Darwinistische Leitsätze gerinnen im Gewand des Literarischen zu Formeln paradoxer Komik: "L'individuo finisce, la specie continua la sua evoluzione. Bel modo di ragionare, codesto!", ruft Anselmo Paleari höhnisch aus. Daß der Autor selbst die Berechtigung der Aussage anzweifle, kann daraus nicht gefolgert werden, und dies um so weniger, als er letztlich mit den gleichen populärwissenschaft-

---

25) Vgl. wiederum L. Büchner, *Kraft und Stoff* (wie Anm. 3), S. 174: "Uebrigens kann es für den Zweck dieser Untersuchung ziemlich gleichgültig erscheinen, ob und auf welche Weise eine Vorstellung darüber möglich ist, wie die seelischen Erscheinungen aus materiellen Verknüpfungen oder Thätigkeiten der Gehirnsubstanz hervorgehen, oder wie stoffliche Bewegung in geistige umschlägt... Der Einwurf, daß dieses nicht so sein könne, weil man es sich nicht zu erklären vermöge, hat garkeine Bedeutung, da wir ja in den meisten Fällen das Vorhandensein einer Erscheinung constatieren, ehe wir uns eine Vorstellung über die Ursachen ihres Geschehens zu machen im Stande sind", und nochmals, kategorisch, am Schluß des Werks, S. 191: "Wie und auf welche Weise die Nervenzellen oder (um es ganz allgemein auszudrücken) die Materie es anfangen, um Empfindungen oder Bewußtsein zu erzeugen oder hervorzubringen, kann uns für den Zweck unserer Untersuchung vollkommen gleichgültig erscheinen; es genügt vollständig zu wissen, daß es so ist."

26) *Saggi, poesie, scritti vari*, S. 1187. Der Anthropologe Giuseppe Sergi (1841-1916), mit seinem hier genannten Werk *Degenerazioni umane* (1889), ist seinerseits ein Vertreter des einheitlich "mechanistischen" Weltbildes.

27) "Arte e coscienza d'oggi" (1893), in: Pirandello, *Saggi, poesie, scritti vari*, S. 876; "Cronache stravaganti. Un fantasma" (24.12.1905), in: Zappulla-Muscara, "Archetipi e rari" (wie Anm. 4), S.391; "L'umorismo" (1908), in: *Saggi, poesie, scritti vari*, S. 152-153. Aus dem Verlust des kosmologischen Standorts, schon in "Arte e coscienza d'oggi" registriert ("né trova Dio lassù, né quaggiù ritrova la terra finora immaginata") erwächst schließlich in der Novelle *Rimedio: la geografia* (c. 1921) die hyperbolische Formel der Distanz: "il niente assoluto, insomma, di tutte le cose umane che possiamo pensare guardando in cielo Sirio o l'Alpha del Centauro", in: *Novelle per un anno*, I, S. 182-195, hier S. 184.

28) Pirandello, *Saggi, poesie, scritti vari*, S. 876.

lichen Clichés operiert wie seine Figuren. Die diesbezügliche kurze Notiz in den Bonner Studienheften zeigt, daß der Autor Darwins Theorie schon falsch deformiert durch den Fortschrittsgedanken von Lamarck wahrgenommen hatte.[29] Erst die Überlagerung beider Stränge aber ergibt das zeittypisch verkürzte Modell des Linearen im deterministischen Gesellschaftsentwurf, gegen den Pirandello polemisiert. In der genauen Kenntnis von Darwins Werk, vor allem der Funktion, die dem Zufall (in Form der "random variation") darin zugedacht ist, war ihm der geschmähte Finot[30] übrigens weit überlegen. Diese Kenntnis hätte Pirandello möglicherweise gegen jene Form des Sozialdarwinismus gefeit, in deren Namen er 1933 und 1935, diesmal ohne jede Ironie, den Krieg als Garanten des "Kampfes um das Dasein" pries.[31] Die Rückkehr der Literatur zum Mythos setzt nunmehr auch jene "wissenschaftlichen" Versatzstücke wieder frei, die zuvor im Komischen unterschiedslos eingebunden waren.

Das frühe Desinteresse Pirandellos an der spezifischen Wirklichkeit, die durch den Namen der Wissenschaft abgedeckt wird, seine Reduktion dieser Wirklichkeit auf einen Scheindiskurs der Forschung, die "populärwissenschaftliche Darstellung", führt dazu, daß die Episteme vorerst grundsätzlich als "finzione" rubriziert wird.[32] Dies verhindert, daß Pirandello zu der radikalen Betrachtungsweise vorstößt, die etwa Svevo auszeichnet. Dafür steht nicht nur die darwinistische Allegorie des Gesellschaftlichen in *La coscienza di Zeno* ein, eine Textstelle, in der die obsessive Imagination der Figur den Evolutionsgedanken hyperbolisch überbietet,[33] um ihn auf den Kopf zu stellen. Alles Naturgeschehen wird, sobald es sich im subjektiven Bewußtsein spiegelt, irrational und unberechenbar, "originale". Svevos Ironie wird vor

29) *Saggi, poesie, scritti vari*, S. 1187; s. hierzu generell P.J. Bowler, *The Eclipse of Darwinism. Anti-Darwinian Evolution Theories in the Decades around 1900*, London 1983, bes. S. 59-75 über Spencers Rolle bei der Verbreitung des Neo-Lamarckismus, und ders., *Evolution. The History of an Idea*, Berkeley-Los Angeles-London 1984, S. 266-288.

30) Finot wendet sich in *Le préjudice des races* dezidiert gegen die Vertreter einer angeblich darwinistisch argumentierenden Rassenlehre (die Mitglieder der deutschen "Gobineau-Vereinigung", Houston Stewart Chamberlain); die 1906 erschienene englische Übersetzung wurde nicht umsonst 1970 von der Negro University Press als reprint wieder aufgelegt.

31) Rauhut, *Der junge Pirandello* (wie Anm. 7), S. 85, 122.

32) Pirandello, *Saggi, poesie, scritti vari*, S. 149.

33) I. Svevo, *La coscienza di Zeno*, Mailand 1976, S. 407-8: "La legge naturale non dà il diritto alla felicità, ma anzi prescrive la miseria e il dolore. Quando viene esposto il commestibile, vi accorrono da tutte le parti i parassiti e, se mancano, s'affrettano di nascere. Presto la preda basta appena, e subito dopo non basta più perchè la natura non fa calcoli, ma esperienze."

allem dort sichtbar, wo der Protagonist Zeno Cosini seine eigene Spezialisierung als Chemiker in eine makaber zugespitzte Konfliktsituation einbringen soll. Der totalisierende Anspruch der Chemie, im periodischen System die Struktur des Realen einzufangen, wird schon im Ansatz komisch desavouiert: "non si può mica pretendere che un chimico sappia il mondo a mente".[34] Die Chimären des Bücherwissens erzeugen nicht leere, sondern illusionäre, ja phantastische Diskurse, in denen die Neurose sich selbst umkreist, bis ihr die Welt abhanden kommt. Deshalb ist diese Form der Wissenschaft "katastrophal", weil sie die Indizien des Realen notwendigerweise falsch deutet.

III.

Die Zuordnung des Komischen zum Terrain der Wissenschaft läßt in jedem Fall eine problematische Beziehung von seiten des einzelnen Autors vermuten, doch wäre noch zu spezifizieren, ob diese Problematik überhaupt originär dem Wissenschaftlichen zuzurechnen ist. Die genannten Beispiele scheinen vielmehr, je genauer man sie befragt, auf eine nur literarische Dimension zurückzuverweisen. Es stellt sich die Frage, ob die Extrapolation von Diskursen der Forschung nicht zugleich, und stellvertretend, eine Selbstreflexion des Schreibens vorführt, die, im Kontext der Herausforderung durch neue "Medien" ihre eigene mediale Erkenntnisfunktion nur uneingestanden, also in komischer Tarnung, befragen kann. Dies scheint jedenfalls für den literarischen Fundus zu gelten, in dem die traditionell komische Modellierung von Wissenschaftsdiskursen auf eben dieser medialen Analogie beruht: Dazu zählt etwa die Vertauschung von Nahsicht und Fernsicht, Sichtbarem und Unsichtbarem, von unendlich Großem und unendlich Kleinem, deren Inkongruenz proportional zum Fortschritt der optischen Medien bestimmt wird.[35]

Ein solches Konstrukt liegt noch Tommaso Landolfis Text *Da: "L'astronomia esposta al popolo". Nozioni d'astronomia sideronebulare* aus der Sammlung *Il mar delle blatte e altre storie*[36] von 1939 zugrunde. Die science-fiction bewohnter Welten, die der Astronom Camille Flammarion (1842-1925) im letzten Drittel des 19. Jahrhunderts verbreitet hatte, und speziell die

34) ebda., S. 402; vgl. auch S. 378: "Non occorre mica essere un chimico per saper distruggere questo nostro organismo ch'è anche troppo sensibile."

35) Hierzu s. I. Calvino, "Il rapporto con la luna", in: ders., *Una pietra sopra*, Turin 1980, S. 182-83; ders., *Lezioni americane. Sei proposte per il prossimo millennio*, Mailand 1988, S. 26ff.

36) T. Landolfi, *Racconti*, Florenz 1961, S. 181-195.

italienische Übersetzung seines Buchs *Les terres du ciel* (1877), ist der eingestandene und zitierte Intertext für Landolfis halluzinatorisches Pastiche. Den unmittelbaren Anlaß für eine solche groteske Bearbeitung populärwissenschaftlicher Literatur dürfte jedoch die scheinbare Verifizierung von Flammarions Hypothesen mit der astronomischen Erforschung des Andromeda-Nebels und anderer Milchstraßensysteme Ende der zwanziger Jahre durch Edward Hubble gewesen sein, die auf spektakuläre Weise eine neue galaktische Ordnung sichtbar machten.

Landolfi strapaziert die im astronomischen Begriff "nebulosa", "Sternnebel", angelegte Polysemie ("infinito"/"indefinito"), um hieraus seine eigene "Nebulosa Iflodnaliana" abzuleiten, ein abstruses Theorem über das Nebulöse jeglicher Spekulation, im unendlich Kleinen wie im unendlich Großen. "Questione di parole, si dirà. Sia, ringraziando il cielo, risponderemo".[37)]

L'Astronomia esposta al popolo bereitet die Mimesis des Populärwissenschaftlichen in Form eines undurchdringlichen Wortnebels auf und verhöhnt zugleich eine Literatur der Mystifizierung und "nebulöser" Verheißung der "inaudita e mirabile parola".[38)] Landolfis Text präsentiert sich damit als Satire eines Erkenntnisparadigmas, das die Emanation des "Geistes" im Bild einer wabernden Wolke (und deren kosmologischen Entsprechungen) zu fassen versuchte; Calvino wird später, in *Cibernetica e fantasmi*, in diesem gleichen Bild polemisch die Literatur psychologisierender Introspektion attackieren.[39)]

Die rhetorische Strategie Landolfis zielt durch das "Medium" Wissenschaft allein auf das Literarische und seinen Gegenstand, während der Gegenstand der zeitgenössischen Astrophysik, gerade und trotz aller "Zitate", nur als Schauplatz einer Bereichsangabe, zum Abstecken eines Terrains dient. Wie anders wäre zu erklären, daß Landolfi in dieser Erzählung über das "Medium" des kosmischen Äthers[40)] spekuliert, welches bereits seit den Experimenten von Michelson-Morley Ende des 19. Jahrhunderts und der Speziellen Relativitätstheorie von 1905 obsolet geworden war? Dieses Detail allein könnte verraten, daß seine polemische Intention in erster Linie einer

---

37) Landolfi, *Racconti*, S. 191. Ähnlich hybride Formen des Pastiche beinhalten die "Erzählungen" *Un matrimonio segreto* und *Nuove rivelazioni sulla psiche umana. L'uomo di Mannheim*.

38) Landolfi, *Racconti*, S. 193.

39) Calvino, *Una pietra sopra*, S. 167-168.

40) Landolfi, *Racconti*, S. 182.

durch Flammarion beispielhaft bezeichneten "medialen" Verknüpfung von Wissenschaft und Literatur und der möglichen Homogenisierung ihrer Diskurse, nicht jedoch deren Inhalten gilt. Auch Landolfi tritt noch, wenngleich mit anderen Mitteln als die Autorengeneration des beginnenden 20. Jahrhunderts (seine Zeitgenossen Pirandello und Bontempelli) den Beweis an, daß der metaphorische Diskurs der Literatur alle anderen zu subsumieren vermag, sogar um den Preis einer völligen Umkehrung ihrer konstitutiven Voraussetzungen, ihres Namens: Die Wissenschaft wird hier zur Parodie ihrer selbst. Die "Übersetzung" exakter optischer Ergebnisse der zeitgenössischen Physik in eine extrem unbestimmt-nebulöse Sprache unterliegt demnach einer eindeutigen metaliterarischen Markierung: Die diskursive Verknüpfung zwischen Literatur und Wissenschaft ist um so weniger möglich, je mehr die letztere ferne Welten und unerreichbare Träume vorspiegelt und "sichtbar" macht, während umgekehrt der Literatur die exakte "Sichtung" der unsichtbaren und doch realen Phantasmen und Alpträume (zu denen die "Wissenschaft" natürlich selbst auch zählt) aufgegeben ist.

Bei Landolfi wird die parodistische Verwendung der Polysemie so gesteuert, daß sie, ungeachtet der offensichtlichen Verwirrung der Diskursebenen, deren irreparabler Ausgrenzung vorarbeitet. Spätere Autoren vermögen jedoch ein solches Privileg ihrer Schreibweise gegenüber der Wissenschaft nicht mehr so selbstverständlich zu begründen. Aus der Polysemie entwickelt insbesondere Italo Calvino seine Organisation heterogener Diskursebenen, aber nicht um diese gegeneinander abzugrenzen, sondern gerade um in ihren unerwarteten Überlappungen und überraschenden Konvergenzen den eigentlichen Ort des Schreibens, "il luogo della moltiplicità delle cose possibili",[41] zu behaupten. In Calvinos Sammlung der *Cosmicomiche* impliziert der Begriff "attrazione"[42] einen physikalischen Diskurs über die Gravitationskräfte und einen "traditionellen" Diskurs des Liebesromans über die Kraft erotischer Anziehung. Deutlich bezeichnet hier jedoch die literarische Referenz, und nicht die wissenschaftliche, das heterogene (weil obsolete) Element, das Komik erzeugt.

Der Verlust der Hierarchie kultureller Diskurse bedeutet einen Verzicht auf die Eindeutigkeit analogischer Verfahren. Im Schlüsselbegriff der

41) I. Calvino, *Ti con zero*, Turin (1967) 1977, S. 159.

42) K. Hume, "La commedia cosmica di Italo Calvino: una mitografia per l'età della scienza", in : *Nuova corrente* 34, no. 99 (1987) S. 85-106, bes. S. 89-90, S. 96-97; vgl. auch M.L. De Felice, "Le cosmicomiche di Calvino come parabole epistemologiche", in: *Problemi* 64 (1982), S. 122-141.

"evasione" etwa, in Calvinos Erzählung *Il conte di Montecristo*, treffen sich die Interdependenzen naturwissenschaftlicher, historischer, literarischer und metaliterarischer Ordnungen, ohne daß der Autor sich endgültig auf einen dieser Diskurse festlegt: *fortezza-universo / fortezza-libro / fortezza-inconscio*... .[43)] Erst in ihrer Konvergenz entfaltet sich das Signifikat, zugleich Ziel und Resultat des Schreibens: Die Erzählung selbst ist nur ein weiterer Versuch der "evasione", der mit dem Modell eines neuen Gefängnisses, dem Text selbst und seinen Begrenzungen, endet. Die in dieser Erzählung explizit genannten intertextuellen und geschichtlichen Referenzen, die Eindeutigkeit der diskursiven Zuordnungen und Verschränkungen, können auf komische Tarnung verzichten.

Es ist jedoch ebenso möglich, daß der Ich-Erzähler im Verlauf des Textes vergeblich versucht, die Polysemie, oder, wie bei Calvino, deren mathematisches Äquivalent[44)] zu entschlüsseln: Dieses bleibt als emblematisch markiertes Element bestehen, das sich der intertextuellen und damit literarischen Vereinnahmung verweigert. Solche Elemente können zugleich eine Veränderung des medialen Kontextes anzeigen, an dem das Medium Literatur seine Ohnmacht erprobt. Eine solche Strategie weist nunmehr dem Ich als Autor eine "wissenschaftliche", weil experimentelle Rolle der Dechiffrierung von Zeichen zu. Die Mimesis des Wissenschaftlichen wirkt nicht deshalb komisch, weil sie am ungeeigneten Objekt, sondern weil sie von einem auktorialen Subjekt ausgeübt wird, das die Decodierung eben nur traditionell, also

---

43) L. Gabellone, "Aporie del raccontare", in: *Nuova corrente* 34, 99 (1987), S. 130-143.

44) So in der Titelgeschichte des Bandes *Ti con zero*, in der die Einheiten unterschiedlicher Zeitkonzeptionen t_0, t_1, t_2 etc. einer methodischen Prüfung unterzogen werden, mit allen diskursiven Merkmalen wissenschaftlichen Vorgehens: "La domanda che adesso mi pongo..", "quello che mi domando è se, visto che a questo punto..", "in questo caso allora è escluso..", "c'è però da domandarsi..", "riassumendo..", etc. Gerade in diesen Formalisierungen, die (ebenfalls letztlich in Funktion einer "evasione") Welt-Zeit und Ich-Zeit, objektiv wissenschaftlichen und auktorialen Diskurs zur Deckung bringen sollen, tut sich die größte Inkongruenz auf, z.B. die "Anwendung" des Poincaré-Theorems der reversiblen Zeit: "Mi si presenta insomma questa possibilità: di costruire un punto fisso nelle fasi oscillanti dell'universo. Devo cogliere l'occasione o è meglio lasciar perdere?" S. 111; oder die "Übersetzung" der Everett-Theorie paralleler Universen und ihrer Verzweigung: "bisogna riconoscere che se questa morte incombente è la morte d'un io con diverso passato, d'un io che ieri mattina non è stato a cogliere radici insieme a mia cugina, cioè a ben vedere d'un altro io, d'un estraneo, magari d'un estraneo che ieri mattina è stato lui a cogliere radici insieme a mia cugina, quindi d'un nemico, quindi se qui al mio posto le altre volte invece d'esserci io c'era un altro, non è che m'importi più molto..", S. 113-114.

"literarisch" vollziehen kann. Gerade aber dessen durch Techniken der analogen Entschlüsselung geprägte Bewußtseinsstrukturen arbeiten sich vergeblich an der Immaterialität der neuen Codes ab. Auch ein solches mediales Scheitern der Literatur kann sich bereits auf eine "Literaturgeschichte" berufen.

Luigi Malerbas Roman *Salto mortale* von 1968 beginnt mit verschiedenen Versuchen, ein fortwährendes lästiges Geräusch, ein undifferenziertes pfeifendes Summen zu orten:

> Me lo sogno o lo senti anche tu ? Questo ronzio questo ronzare. Da dove viene ? Dal Cielo, dalla Terra? Stai calmo non è niente. Allora sono le mie orecchie. Ma no, viene da fuori. Questo ronzio questo ronzare non sono le mie orecchie...[45)]

Ein durch Ängste und Traumen verunsicherter Ich-Sprecher und sein "alter ego", als korrigierende Instanz der Ratio, stellen im Dialog verschiedene Hypothesen über die Quelle des Geräuschs auf. Es ist eine Suche, die den ganzen Text durchzieht.[46)] Eine erste Lokalisierung benennt versuchsweise einen linguistischen Code: "sono le antenne di Santa Palomba della Radio Televisione. STA PARLANDO IL PAPA". Die Rede des Papstes kann jedoch nicht entschlüsselt werden, da er Latein spricht: Das akustische Rauschen ist der Widerhall einer inzwischen unverständlichen toten Sprache. Diesen Einfall hat Malerba nochmals ausführlicher in einem eindeutig parodistischen Gattungsrahmen bearbeitet, im ersten Band der *Storie dell'anno Mille* von 1969.[47)] Dort fehlt natürlich das Detail des Fernsehsenders, das aber entscheidend ist, um dem komischen Effekt in *Salto mortale* zugleich seine Tiefendimension kritischer Zeitgenossenschaft zu sichern, mit andern Worten: Das Fernsehen befördert im unaufhörlichen "ronzio" die Reichweite und Verbreitung eines bedeutungslosen, weil unverständlichen Blabla.

Die kritische Spitze ist im bewährt komischen Verfahren der Bereichsüberschreitung verborgen: Vordergründig stoßen hier nur der sprachliche Code des Lateinischen, als Medium des Sakralen, und das technische Medium als Organ des Profanen zusammen. Daß gerade der Überschneidung dieser beiden "Territorien" ein unmittelbar wirksamer Effekt anhaftet, kann

---

45) L. Malerba, *Salto Mortale*, Mailand 1985 (1968), S. 3.

46) F. Muzzioli, *Malerba*, Rom 1988, S. 66, nn. 60-61; P. Mauri, *Luigi Malerba*, Florenz 1977, S. 57-59.

47) T. Guerra/L. Malerba, *Millemosche senza cavallo*, Mailand 1969, S. 64. Ich möchte an dieser Stelle Luigi Malerba danken, der mir die inzwischen vergriffenen Bände des "Millemosche"-Zyklus sowie einen Teil der im folgenden genannten Sekundärliteratur großzügig zur Verfügung gestellt hat.

auch noch an der unfreiwilligen Komik in den Tätigkeitsberichten von Gadda als "Ingegnere del Vaticano" in den Jahren 1932-34 abgelesen werden.[48)]

Im Roman Malerbas legt die Inkongruenz an dieser Stelle jedoch eine falsche Spur. Die Geräuschkulisse setzt sich in Wahrheit aus einer Vielzahl "symmetrischer" technischer Signale zusammen, die allesamt Katastrophen übermitteln. Im ersten Kapitel von *Salto Mortale* werden die technologischen Quellen einer solchen "katastrophalen" Akustik ausgemacht: Die Erinnerung an das Pfeifen der von Sizilien aus startenden amerikanischen Bomber im 2. Weltkrieg zitiert die Präsenz der italienischen Überschallflugzeuge und diese wiederum die zukünftige Apokalypse einer Kernexplosion herbei. Das sichtbare Bild, das sich aus dieser akustischen Überlagerung herauslöst: das "ronzare" eines riesigen Fliegenschwarms, hat nur im Imaginären seine Richtigkeit; dort verweist es symbolisch auf die sieben biblischen Plagen. (Freilich besagt das dem Roman zugrundeliegende Paradigma, daß reale und imaginäre Ebenen ohnehin einander komplementär sind). Umgekehrt steht der Name des Ritters "Millemosche" in den gleichzeitig entstandenen *Storie dell'anno Mille* metaphorisch für die atomistische Auflösung aller mit der Ideologie des Rittertums verknüpften hierarchischen Werte.

Das erste, in *Salto mortale* genannte Element in dieser Assoziationskette, der Fernsehsender des Vatikans, ist in doppelter Weise markiert. Als technischer Apparat, der Signale aussendet, steht das Fernsehen seinerseits in der homogenen Reihe einer technologischen Entwicklung zur Katastrophe hin, und zugleich, kausal gesehen, an deren erster Stelle: weil alle Kenntnis von katastrophalen Ereignissen, Fragmente der Realität, die irgendwo stattfinden oder stattfanden (und somit auch alle auf diese Weise erzeugten Ängste), inzwischen von der Information der technischen Bilder abhängen. Analog dazu ist hierin ein Verweis auf Malerbas eigenes "mediales" Selbstverständnis als Autor beschlossen, dessen Schreiben "kritische" Punkte, "kritische" Massen anvisiert und umkreist.[49)]

Die komische Markierung hingegen meint eine signifikante Asymmetrie: die Möglichkeit, technische Signale in Sprache zu kodieren. Aber der

48) C.E. Gadda, *Azoto e altri scritti di divulgazione scientifica*, Mailand 1986, S. 109-115, 117-122, s. z.B. S. 117: "la dinamo relativa era capace di 7 kilowatt: e i damaschi e i marmi dei Sacri Palazzi conobbero i primi fulgori dell'elettrico".

49) Malerba bezieht sich hier auf die Theorien von René Thom: M. Hardt (Hrsg.), "A colloquio con Luigi Malerba", *Italienisch*, 15 (1986), S. 10; vgl. U. Curi, "Zeitpfeil-Zeitkonzepte im Zeichen der Irreversibilität", in: D. Kamper/C. Wulf (Hrsg.), *Die sterbende Zeit. Zwanzig Diagnosen*, Darmstadt-Neuwied 1987, S. 115-123.

Bereich diskursiver Vermittlung ist bei Malerba als defizitär gekennzeichnet. Nur Bruchstücke, Fragmente von Diskursen, kommen noch beim Empfänger an. Und auch in diesem Kontext schreibt sich der Autor eine analoge "komische" Funktion zu, die nämlich, aus dem allgemeinen "ronzio delle parole", die wie "Fliegenschwärme" umherschwirren und sich ausbreiten, versuchsweise Bedeutungen zu dekodieren.[50)] Die sprachlichen Signale zeichnen sich dadurch aus, daß sie auch noch durch die komische Devianz hindurch auf Sprachliches verweisen, so wie Malerbas Text selbst noch in der ihm eigenen Fragmentierung auf einen Intertext verweist. Die Unzulänglichkeit des Denkens beweist sich gerade darin, daß es den Umweg über die Analogie von Sinnstrukturen einschlagen muß und sich dabei immer mehr in der Falle sprachlicher Polysemien verfängt.

Auch der anvisierte Intertext, Pirandellos *Serafino Gubbio operatore*, sucht vergeblich die technischen Quellen eines "ronzio" zu ermitteln. In der Omnipräsenz eines Störgeräuschs versucht der Kameramann Serafino Gubbio das elektrische Summen und mechanische Surren einzelner technologischer Vehikel auszumachen:

> C'è una molestia, però, che non passa. La sentite? Un calabrone che ronza sempre, cupo, fosco, brusco, sotto sotto, sempre. Che è? Il ronzio dei pali telegrafici? lo striscio continuo della carrucola lungo il filo dei tram elettrici? il fremito incalzante di tante macchine, vicine, lontane? quello del motore dell'automobile? quello dell'apparecchio cinematografico?[51)]

Das allgegenwärtige "ronzio" hat hier seine Quelle im allgemeinen Rausch der Beschleunigung, an dem alle genannten Apparate partizipieren. Die Beschleunigung der Bewegung, der Kommunikation, der technischen Bilder bewirkt ihrerseits eine Modifikation der visuellen Erfahrungsebene, nämlich deren Zerlegung in Sequenzen, die "wie ein Film" abrollen.[52)] Die Geschwindigkeit erzeugt eine gebrochene und unterbrochene Folge von zweidimensionalen Bildern, die vorbei "rauschen", was mit einem Verlust an Volumen ("il

50) *A colloquio con Luigi Malerba* (wie Anm. 49), S. 11; vgl. Muzzioli, *Malerba* (wie Anm. 46), S. 67, no. 62.

51) Pirandello, *Tutti i romanzi*, II, S. 441.

52) Pirandellos Kritik an der spezifischen Mimesis des Mediums Film in *Si gira...* von 1915 hat enge Berührungspunkte mit den Thesen von Anton Giulio Bragaglia, der für seinen "Fotodinamismo" 1911 die Wissenschaftlichkeit der Darstellung von linearer Bewegung ("traiettoria") reklamierte und sich hierbei auch auf Spencer berief, A.G. Bragaglia, *Fotodinamismo futurista*, Turin 1970, S. 26-31. 1918 schlug Pirandello dem befreundeten Bragaglia eine Verfilmung seines Romans vor.

peso della tristezza") einhergeht. Und doch ist der Mechanismus des Rauschens nicht in den Apparaten verankert, diese verstärken ihn nur. Wie schon in den zuvor genannten Texten Pirandellos ist das Bild der Maschine, hier speziell der Kamera, auch verlängertes Organ oder Metapher eines menschlichen Organs. Als Bilderfabrik, die nunmehr im beschleunigten Takt technischer Vehikel funktioniert, arbeitet in erster Linie das räsonnierende Bewußtsein selbst:[53] Sein Mechanismus entwirft und empfängt zugleich die neue kinematische Projektion der Wirklichkeit.

Die scheinbare "Modernität" dieser kulturkritischen Überlegungen Pirandellos hat ihren historischen Standort noch deutlich im biologistischen Modell des ausgehenden 19. Jahrhunderts. Dies ist deutlicher bei Svevo zu sehen, der für den gleichen Problemkomplex eine medizinische Metapher, die Basedowsche Krankheit und den dadurch ausgelösten pathologisch beschleunigten Stoffwechsel assoziierte.[54] Eigentümlicherweise setzte die Imagination der Humanphysiologie selbst bevorzugt wiederum technische Bilder frei: Sie hatte längst (Gewährsmann ist hier wiederum Ludwig Büchner) das Funktionieren des Gehirns in Analogie zu den beschleunigten elektrochemischen oder elektrischen Abläufen der technischen Medien erklärt.[55] Das Bild der Maschine bzw. ihres Geräusches suggeriert die Herausforderung durch die neuen medialen Wahrnehmungsprozesse, denen sich das Schreiben zu stellen hat (und sich in *Si gira...* auch versuchsweise stellt).

Malerba "zitiert" den Intertext und dessen iterative Fragestruktur und weist ihm zugleich, mittels der komischen Distanzierung, seinen ideologischen Ort zu: Nur Bruchstücke dieses literarischen Diskurses halten noch der historischen Veränderung stand. Hierzu zählt das Potential des Katastrophalen, das Pirandello in den technischen Apparaten ausmacht, sobald sich ihrer das "ragionamento" der Wissenschaft in ihrer extremsten Form, als Militärstrate-

---

53) Weitere Textstellen in R. Sogliuzzo, "'Si gira...', un'amara parabola della tecnica moderna'", in: E. Lauretta (Hrsg.), *Il "romanzo" di Pirandello*, Palermo 1976, S. 169ff.; M. Rössner, "Zwischen Analyse und Empfindung. Gedanken zur Krise des europäischen Naturalismus zwischen Zola und Pirandello", in: M. Rössner/B. Wagner (Hrsg.), *Aufstieg und Krise der Vernunft. Komparatistische Studien zur Literatur der Aufklärung und des Fin de siècle*, Wien-Köln-Graz 1984, S. 148-153; über die Maschinen-Körper-Metaphorik um 1900 vgl. P. Weibel, "Territorium und Technik", in: J. Baudrillard, u.a., *Philosophien der neuen Technologie*, hrsg. v. Ars Electronica, Berlin 1989, S. 81-111.

54) Svevo, *La coscienza di Zeno*, S. 353-54.

55) Büchner, *Kraft und Stoff* (wie Anm. 3), S. 175.

gie, bemächtigt.[56] Der qualitative Sprung in der technischen Entwicklung, ein "Salto mortale" par excellence, dient vorrangig einer Beschleunigung dieses Zerstörungspotentials. Hand in Hand damit geht das, was Paul Virilio, Theoretiker dieser Entwicklung, die "Entstofflichung" genannt hat, die Abstraktion vom Maschinenkörper und seinen Pendants:

> Das technische Übertragungsvehikel hat die Tendenz, hinter der ausgestrahlten Botschaft, letztlich zugunsten eines plötzlichen Radio- oder Radarsignals zu verschwinden.[57]

Auch dieser historische "Sprung" ist in Malerbas Roman abgebildet. In *Salto mortale* wird das summende "ronzio" schon nicht mehr als mechanisches Geräusch, sondern als (innere und äußere) Mannigfaltigkeit akustischer Signale geortet. Die Gesamtheit ihrer Signifikate addiert sich zu einer unbestimmten, aber permanenten Bedrohung, die sich auch in der Befragung der Personen nicht entschlüsselt. Die Perplexität der Sprecher angesichts der Unbestimmtheit und Unschärfe der Signale selbst, die Schwierigkeit, im indifferenten Rauschen eine einzelne Nachricht zu isolieren, läßt ihre "trial and error"-Strategie stets erneut im komischen Patt enden.

An einem Punkt gerät Malerbas literarische Strategie dabei allerdings selbst ins Patt. Das Geräusch des "ronzio" wird als kosmisches Rauschen, als Signal der Expansion des Universums gedeutet; dieses astronomische Detail weist dem Roman seinerseits einen historischen Ort zu. Daß die ständige thermische Hintergrundstrahlung im Kosmos ein Geräusch im Mikrowellenbereich erzeugt, welches wiederum Indiz für die andauernde Ausdehnung des Universums ist, gehört heute zum populärwissenschaftlichen Allgemeingut. Doch zum Zeitpunkt der Veröffentlichung von *Salto mortale* (1968) war es erst drei Jahre her, daß Penzias und Wilson diese Signale mit einem speziellen Mikrowellendetektor aufgefangen hatten. Die Hypothese, daß man die Ausdehnung des Kosmos hören könne, mochte deshalb für die mit dem wissenschaftlichen Experiment nicht vertrauten Leser als eine besonders kühne Hyperbel literarischer Phantasie erscheinen. Und es ist auch nicht ausgeschlossen, daß Luigi Malerba, dessen literarische Imagination nach eigenem

56) Pirandello, "Frammento di cronaca di Marco Leccio", in: *Novelle per un anno*, IV, S. 590, vgl. F. Angelini, "'Si gira...': l'ideologia della macchina in Pirandello", in: *Il "romanzo" di Pirandello* (wie Anm. 17), S. 146-149. Daß auch dieser Aspekt der Kriegsmaschinerie noch in einen "komischen" Diskurs eingehen kann, zeigt Marinettis Roman *L'alcova d'acciaio* von 1921.

57) P. Virilio, *Der negative Horizont. Bewegung/Geschwindigkeit/Beschleunigung*, München 1989, S. 209.

Bekunden im Diagramm zwischen Buster Keaton und Schrödinger entsteht,[58] dieses komische Mißverständnis bewußt einkalkulierte, ja, daß dieses Verfahren generell Teil seiner Strategie als Autor ist. In der Tat wird die Vorstellung von der Expansion des Universums im Roman *Il pianeta azzurro* von 1986[59] mit ganz anderen Paradoxa verknüpft.

Malerba ist, jedenfalls zu diesem Zeitpunkt, nicht an einer Integration der wissenschaftlichen Diskurse interessiert, sondern an ihrem Erklärungsmodell: der Quantenphysik und den spezifischen Inkongruenzen ihrer Wahrscheinlichkeitsmodelle. Diese gehen nicht in die Sprache, sondern in das Konstrukt des Universums von *Salto mortale* ein. Was auf der symbolischen Ebene des Textes als die paranoide Aussonderung immer neuer negativ fixierter, "mörderischer" Projektionen des Protagonisten (von *Giuseppe detto Giuseppe il macellaio*, *Giuseppe detto Giuseppe il demoscatore* bis zum "ödipalen" *Giuseppe detto Giuseppe il figlio*) erscheint, hat seine "objektive" Rechtfertigung in der Doppelgänger-Theorie der Teilchenphysik und ihrer Hypostasierung von einander überlappenden Zwischenwelten. Auf der Ebene der sprachlichen Organisation stellen die beschriebenen Polysemien genau den Ort möglicher Bedeutungen dar, den keine Gewißheit erschließt. Die physikalisch begründeten[60] Symmetrien in *Salto mortale* erscheinen einer Neurose[61] benachbart, in der sich die Hauptfigur zugleich in Verfolger und Verfolgte, in Täter und Opfer aufspaltet. Ihre prekären Interferenzen runden sich dennoch zu einer "Geschichte", deren deterministischer Ablauf in der Zeit sich ähnlich wie das Paradox der Wahrscheinlichkeit von Schrödingers Katze entwickelt; diese kann von dem Protagonisten nicht mehr überprüft, sondern nur bei jedem Schritt erneut komisch-hilflos befragt werden.[62] Alle Katastrophen, die möglich sind, treten auch ein: Erst ein "Sprung" aus der Kreisbahn des schizoiden Dialogs/Universums rettet den Sprecher am Schluß.

---

58) Mauri, *Luigi Malerba* (wie Anm. 46), S. 49, und Malerba selbst bei einer Lesung in Köln am 12.11.1986.

59) Vgl. L. Malerba, *Il pianeta azzurro*, Mailand 1986, S. 88-89.

60) Pirandello, *Tutti i romanzi*, II, S. 441.

61) Diesen Aspekt privilegiert M. Corti, rec. Malerba, "Salto mortale", in: *Strumenti critici* 2 (1968), S. 433-36, hier S.434, und in Corti, *Il viaggio testuale. Le ideologie e le strutture semiotiche*, Mailand 1978, S. 134-143: Gemäß dem Etikett "neosperimentalismo" verbucht die Verfasserin *Salto mortale* als "salto mentale". Auf die Symmetrien des Quantenuniversums wird allerdings im Roman selbst verwiesen, *Salto mortale*, S. 68, 79, 127.

62) Eine ähnliche "Ästhetik der Subtraktion" hat A. Guglielmi, *Vero e falso*, Mailand 1968, S. 157-160 in Malerbas Roman *Il serpente* (1966) ausgemacht.

Die mögliche Analogie der Quantenwelt / der Neurose u.ä. bleibt jedoch ein "dato pretestuale",[63] dem das "ragionamento" des Textes ohnmächtig unterliegt: Seine Redundanz muß vor der Zeitkomponente deterministisch konzipierter "katastrophaler" Systeme versagen. Genau dieser in *Salto mortale* implizierte "time lag" bildet bei Malerba das Terrain eines perplexen Bewußtseins, auf dem die "Befragung" der Wirklichkeit als permanentes Experiment und zugleich als komisches Scheitern artikuliert wird.

IV.

Etwa zum gleichen Zeitpunkt räumte Italo Calvino, vor allem im zweiten Teil des Erzählbandes *Ti con zero* von 1967 (jetzt als *Racconti deduttivi* Teil IV der Neuauflage der *Cosmicomiche vecchie e nuove* 1984) scheinbar gerade den Formalisierungen der Wissenschaft einen privilegierten literarischen Status ein. Jedoch hatte die Kritik schnell die Grenzen solcher Anleihen ausgemacht. Mario Boselli etwa äußerte sich in seiner Besprechung dieses Bandes 1969 dahingehend,

> [...] che in Calvino la letteratura (l'immaginazione) usa la stessa dialettica delle scienze, non tanto come inserzione di "materiali di un linguaggio scientifico per produrre un effetto giocoso-surreale o anche drammatico", ma come logica del probabile a livello della tecnica narrativa.[64]

Die Stringenz des Deduktiven, deren ästhetische Notwendigkeit Calvino in seiner Antwort an Boselli noch im gleichen Jahr für sich reklamierte,[65] ist jedoch ebenso, ja vielleicht noch mehr Vorbedingung für das mediale Selbst-

63) G. Almansi, *La ragion comica*, Mailand 1986, S. 71, 73. Wo der Wissenschaftsdiskurs später unmittelbar auf der Textebene abgebildet wird, wie in dem Roman *Il pianeta azzurro* von 1986, bildet er monolithische "Blöcke" von Aussagen, die das Bewußtsein erratisch umkreist und die grundsätzlich undurchlässig für die imaginäre Metaphorisierung sind: Das schon in *Il serpente* gebrauchte Bild vom "uomo-verme" bezeichnet hier kein (reales oder fiktives) Postulat der Wissenschaft, sondern eine atavistische Obsession. Die Komik kann sich nur in den aussagefreien "Intervallen" entfalten: Auf diese Weise kann etwa die Frage nach dem Weiterleben der Seele erneut "komisch" bearbeitet werden, s. *Il pianeta azzurro*, S. 132-133.

64) M. Boselli, "Ti con zero o la precarietà del progetto", in: *Nuova corrente*, 49 (1969), S. 129-130.

65) "Sei lettere di Italo Calvino", in: *Nuova corrente* 34, 100 (1987), S. 413-416, (Paris, 23.10.1969). Calvino spricht hier von seiner "professione di fede nella deduttività, nella necessità di costruire modelli teorici formalmente perfetti della realtà oggettiva con cui si vogliono far i conti", aber auch von der eigenen "ossessione raziocinante che porta fino al paralogismo, ma non si stacca mai da questa forma logica".

verständnis des Autors. Zwar täuscht die Klarheit des physikalischen Modells einen unwiderlegbaren Zugriff auf die Realität vor, doch die Protagonisten der Erzählungen setzen diesen nicht strategisch, sondern hypothetisch, d.h. rein diskursiv zur eigenen Konfliktbewältigung ein. Sie bedienen sich dabei des methodischen Instrumentariums der Wissenschaft, um deren "modus dicendi" in ihren "modus vivendi" zu transferieren und darin wiederzuerkennen. Gerade diese gedanklichen Experimente richten die Barriere zwischen der Faktizität und ihrer symbolischen Übersetzung in Konstrukte ästhetischer Ordnung um so höher auf: Auf der Ebene der *histoire* ein unlösbares Paradox, auf der Ebene des Metaliterarischen jedoch die Legitimation des Schreibens selbst.

Der unmittelbare Witz von Calvinos Erzählstrategie liegt in einer vordergründigen Vertauschung der Perspektiven: Nicht die Abstraktion der Modelle präsentiert sich als problematisch, sondern das Individuum, das auf Grund seiner "fehlerhaften", nichtrationalen Subjektivität darin vergeblich seinen Platz sucht. Das komische Dilemma schreibt sich dadurch fort, daß die Wissenschaft eine rationale Projektion der Welt entwirft, zu der kein Zugang möglich ist, weil sie nur als Diskurs vorhanden ist, und auf die dennoch nicht verzichtet werden kann, weil sie allein (so Calvinos Überzeugung zu dieser Zeit) das Utopische als Denkbares beinhaltet.[66] Der grundsätzliche anthropomorphe Rückbezug fixiert jedoch den Erzählerstandpunkt im Beziehungssystem des Hier und Jetzt und schließt damit aus, daß es sich um Texte der science-fiction und ihres procedere handeln könnte.[67]

Die Erzählung *Il guidatore notturno* in *Ti con zero* beginnt mit einer Irritation über die Unzulänglichkeit der sprachlichen Übermittlung, welche durch die technischen Medien (hier das Telephon) noch verstärkt wird. Der Ich-Erzähler glaubt, eine mißverständliche Auseinandersetzung nicht anders

66) I. Calvino, "Quale utopia ?", in: *Almanacco Bompiani 1974*, Mailand 1973, S. 4-7, zit. in F. Bernardini, *I segni nuovi di Italo Calvino. Da 'Le Cosmicomiche' a 'Le città invisibili'*, Rom 1977, S. 111 Anm. 88. Eine radikale Kritik an der Wissenschaft scheint deshalb nicht intendiert, vgl. dagegen A. Illiano, "Per una definizione della vena cosmogonica di Calvino: appunti su 'Le Cosmicomiche' e 'Ti con zero'", in: *Italica* 49 (1972), S. 291-301; S. Lucente, "Signs and science in Italo Calvino's 'Cosmicomiche'. Fantascienza as satire", in: *Forum italicum* 17 (1983), S. 29-40.

67) Bernardini, *I segni nuovi* (wie Anm. 66), S. 73-74 und 112; G. De Matteis, "Ideologia e stile nell'ultima narrativa di Italo Calvino", in: *Studi e problemi di critica testuale* 22 (1981), S. 169-170, vgl. jetzt H. Harth, "Die Entzifferung der Phänomene", in: *Zibaldone* 1 (1986), S. 35-36; G. Celli, "La scienza vista dalla fiaba", in: G. Bertone (Hrsg.), *Italo Calvino, la letteratura, la scienza, la città*. Atti del Convegno nazionale di studi di Sanremo, Genua 1988, S. 79-81.

aufklären zu können als im direkten Gespräch. Während der nächtlichen Autofahrt, die ihn dieser Klärung näher bringen soll, entwirft er das Modell einer möglichen Verständigung, die ein Maximum an Eindeutigkeit zuließe. Dies Modell scheint ihm in seiner spezifischen Situation bereits gegeben: Es läßt die Person und ihre Attribute im Dunkeln, um die Gesamtheit ihrer möglichen Wünsche und Sätze, ihre Botschaft, im Lichtkegel der Scheinwerfer zu bündeln. Zugrunde liegt hier die physikalische Gegebenheit, daß nur Lichtstrahlen Botschaften in maximaler Beschleunigung und Gradlinigkeit übermitteln können, während jeder Körper durch seine Masse Bewegung und Richtung der Signale verlangsamt, "krümmt" und dadurch verfälscht.

Diese "Sicht" des Autofahrers wäre also mit der elektronischen Ausstrahlung des Fernsehbildes durchaus vergleichbar, insofern nicht der Transport selbst, sondern die transportierte Botschaft Vorrang hat: Die Wegstrecke wird zum Diskurs, die Reise zur Botschaft. Calvinos nächtlicher Autofahrer antizipiert hier scheinbar die These von Virilio, daß jedes Vehikel durch seine vektoriellen Eigenschaften die Bedeutung der Diskurse verändern kann. Die Information erscheint dann als das Endprodukt (Terminal) einer bestimmten Beleuchtung/Belichtung der Wirklichkeit.[68] Virilio allerdings vermerkt kritisch eine inzwischen Wirklichkeit gewordene mediale Reduktion auf "informativ dürftige Diskurse der nur in einer Richtung verlaufenden Gleichförmigkeit der Wegstrecke". Calvino reflektiert fünfzehn Jahre zuvor eine Ästhetik des Verschwindens im Zeichen einer utopischen "evasione" aus der Inflation sprachlicher Zeichen und Gesten.

Die anthropomorphe Rückkoppelung des Satzes "the medium is the message" setzt zunächst ein Paradox frei, daß nämlich die ideale Verständigung (und also der erotisch-intime Kontakt) das Verschwinden der beteiligten Personen bedingt. Wenn der Sprecher und sein weibliches Gegenüber nicht nur in der Beschleunigung des Mediums, sondern im Signalcharakter der Botschaft aufgehen sollen, wird die Konstellation von Sprecher/Empfänger, d.h. jeder Dialog, überflüssig, ja unmöglich. Die Reduktion des "modus dicendi" wie des "modus vivendi" auf die lineare Richtung unabhängiger, parallel geschalteter Signalquellen erfährt jedoch eine überraschende Wendung ins Positive: Sie erscheint letztlich als

---

68) Virilio, *Der negative Horizont* (wie Anm. 57), S. 211-215.

> [...] solo modo d'essere appropriato a chi vuole identificarsi a ciò che dice senza il ronzio deformante che la presenza nostra o altrui trasmette a ciò che diciamo.[69]

Das störende Geräusch geht diesmal nicht von körperlosen Signalen aus, sondern vom thermischen Rauschen der Materie, d.h. vom opaken Volumen, in dem sich die Schichten und Facetten der Persönlichkeit überlagern. Die Überblendung von subjektiven Zuständen und Befindlichkeiten erzeugt jenes "ronzio" im Dialog als "weißes Rauschen", das Empfang und Übermittlung der Botschaft bis zur Undeutlichkeit verfälscht. Aus dem tiefen Unbehagen an solchen "Störungen" erwächst ein Modell der Kommunikation, das sich vordergründig auf Paradigmen der Informatik stützt, um deren Mimesis im selbstgenügsamen feed-back des Denkens / im Monolog des Textes / im Schreibakt zu fordern.

In dem Maße, wie der Sprecher der Erzählung seine dialogische Situation immer mehr in Richtung eines computerähnlichen geschlossenen Informationsflusses denkt, entfallen die eigentlich dialogischen Instanzen der Kommunikation. Die Zweisamkeit und Zweipoligkeit des Sprechens, so darf man daraus schließen, soll durch die wissenschaftliche Formalisierung weder behauptet noch gerettet werden. Der Text selbst führt nämlich die Umwandlung des immer "gestörten" Dialogs in ein "entstörtes" Medium vor, in dem alle Botschaften in einem Diskurs gebündelt werden: im Schreiben. *Il guidatore notturno* simuliert also die idealen Bedingungen des Schreibens, als eine Operation der Idealisierung, die den natürlichen Signal-Rausch-Abstand maximiert, indem sie Signalquelle und Rauschquelle trennt.[70] Die Erzählung plädiert so, auf paralogische Weise, für einen Diskurs ohne Autor, sie ist Projektion jener "macchina scrivente", die Calvino im Aufsatz *Cibernetica e fantasmi (Appunti sulla narrativa come processo combinatorio)* 1967 theoretisiert hat:[71] eine Maschine, die, unter gedachten Computerbedingungen, das behaupten kann, was nicht ist, in diesem Fall eine Transformation des Symbolischen in die Linearität der reinen Syntax. *Il guidatore notturno* nimmt damit die Ergebnisse auf, die der Autor im Teil *Priscilla*[72] des gleichen Bandes vorweggenommen hatte. Die Verklammerung von Wissenschaftsdiskurs

---

69) Calvino, *Ti con zero*, S. 148.

70) F. Kittler, "Signal-Rausch-Abstand", in: H.U. Gumbrecht/K. L. Pfeiffer (Hrsg.), *Materialität der Kommunikation*, Frankfurt 1988, S. 342-359.

71) Calvino, *Una pietra sopra*, S. 164-181, bes. S. 169-173.

72) Vgl. J. Gatt-Rutter, "Calvino Ludens: Literary Play and its Political Implications", in: *Journal of European Studies* 5, 1 (1975), S. 319-340, bes. S. 334-337.

(genetischer Code) und metaliterarischem Diskurs (sprachlicher Code) in den Erzählungen *Mitosi* und *Meiosi* zeitigt das zu jener Zeit sicher als besonders paradox erfahrene, von der Biologie beglaubigte Resultat, daß die "Kommunikation nicht kommuniziert", daß sie immer und notwendigerweise ein autoreferentielles Verfahren bleibt.

Diese Simulation ist nicht beliebig; sie verweist ihrerseits auf Phantasmen,[73)] Wunschbilder eines Schreibens, das sich bis zuletzt im Zeichen der Beschleunigung ("rapidità") als "il fulmineo percorso di circuiti mentali che catturano e collegano punti lontani dello spazio e del tempo" begreift und in der Immaterialität des wissenschaftlichen Gegenstandes und der elektronischen Medien die eigenen Visionen wiedererkennt, "in cui ogni pesantezza viene dissolta".[74)]

Die Verwendung des "emblematischen", weil heterogenen Elements des "ronzio" scheint deshalb eine Spur zu jenem verborgenen "kritischen Punkt" zu legen, den Calvinos Räsonnieren/Schreiben hier bereits "katastrophisch"[75)] umkreist. Das höchste subjektive "mediale" Dilemma der Verständigung zwischen X, Y, und Z auf der Strecke A - B, aus dem sich der *Guidatore notturno* mit einer ironischen Pirouette verabschieden kann, bleibt ungelöst und deshalb weiterhin gegenwärtig, von den *Silenzi del Signor Palomar* bis zu den *Lezioni americane.*[76)] Auf die "Krise der Linearität" antwortet Calvino mit einer obsessiven Verifizierung des Linearen, der einzig möglichen: dem Text selbst und seinem Entwurf von Fluchtlinien:

> potrei dire che preferisco affidarmi alla linea retta, nella speranza che continui all'infinito e mi renda irraggiungibile. Prefe-

---

73) Eine direkte metaphorische Kongruenz zwischen Wissenschaftsdiskurs, hier: der Polarisation der Teilchenphysik, und einer Reflexion über Literatur ist im zeitgleichen Aufsatz Calvinos "Filosofia e letteratura" (28.Sept.1967) zu beobachten, auch sie schließt sich aber in einer angstbesetzten phantasmatischen Figur zusammen ("che la sclerosi delle parole non si chiuda sopra di noi come una calotta di ghiaccio"), Calvino, *Una Pietra sopra*, S. 151.

74) Calvino, *Lezioni americane*, 47, 10.

75) R. Pierantoni, "Metafore di una mappa", in: *Italo Calvino, la letteratura, la scienza, la città* (wie Anm. 67), S. 89-93. Mit G. Celati, "Palomar, nella prosa del mondo", in: *Nuova corrente* 34, 100 (1987), S. 239 äußert ein Autor der jüngeren Generation seine Reserve: "perchè noi non possiamo servirci di astratte possibilità di racconto per organizzare le nostre esperienze. Abbiamo bisogno di storie che si concludano sul serio...".

76) "Le lingue naturali dicono sempre qualcosa in più rispetto ai linguaggi formalizzati, comportano sempre una certa quantità di rumore che disturba l'essenzialità dell'informazione", *Lezioni americane*, S. 72; vgl. J. Cannon, "Calvino's Latest Challenge to the Labyrinth: A Reading of 'Palomar'", in: *Italica* 62 (1985), S. 198.

> risco calcolare lungamente la mia traiettoria di fuga, aspettando di potermi lanciare come una freccia e scomparire all'orizzonte. Oppure...calcolare la serie di segmenti rettilinei che portino fuori dal labirinto nel più breve tempo possibile...[77)]

So wäre denn das, was die literarische Mimesis der Wissenschaft bei Calvino in Gang setzt, eine Wunschmaschine des Autors selbst,[78)] eine "immagine del desiderio", deren unausgesprochenes Movens sich als Komik tarnt. Die "Magie" dieser Bilder führt möglicherweise direkt auf jene Remythisierung des Wissenschaftlichen zu, für die sich der späte Calvino jenseits der Wissenschaft erklärt hat.[79)]

---

77) Calvino, *Lezioni americane*, S. 46-47.

78) ebda., S. 10.

79) Vgl. etwa Calvinos Rezension von R. Pierantoni, *L'occhio e l'idea* 1982, in: Calvino, *Collezione di sabbia*, Mailand 1984, S. 121-126, und Pierantonis in Anm. 75 genannter, eher kritischer Beitrag zu Calvinos "Wissenschaftsdiskurs".

Gerhard Regn

Nach der Moderne
Literatur und Naturwissenschaft in Daniele Del Giudices "Atlante occidentale"

Im Frühjahr 1938 verschwand auf rätselhafte Weise Ettore Majorana, ein junger italienischer Atomphysiker von exzeptioneller Begabung. Diesen nie wirklich befriedigend aufgeklärten Vorfall hat Leonardo Sciascia 1975 wieder aufgegriffen und zum Gegenstand einer längeren Erzählung gemacht.[1)] Er tat dies mit dem Ziel des Widerspruchs gegen die insbesondere von offizieller Seite vertretene Version, man habe es in der Sache Majorana mit dem bedauerlichen Selbstmord einer psychisch labilen, wenn nicht gar kranken Persönlichkeit zu tun. In Sciascias literarischer Rekonstruktion gewinnt der Fall Majorana dagegen eine Bedeutung, die über die Sphäre des bloß Privat-Psychologischen weit hinausreicht.

Majorana, so die Mutmaßung von Sciascias Erzähler, habe nämlich bereits vor dem definitiven Nachweis durch Otto Hahn die Möglichkeit der Kernspaltung vorausgesehen und gleichzeitig die daraus erwachsenden Bedrohungen erahnt. Sein Verschwinden könne daher als Akt der Verweigerung eines tief betroffenen Forschers verstanden werden, der sich der Mitarbeit an der Fortentwicklung seiner Disziplin versagt und sein gefahrenträchtiges Wissen aus der Verfügbarkeit nimmt.[2)] Die Perspektive, aus der heraus Sciascia die Atomphysik als exponierte und gleichsam epochenprägende Manifestationsform der neueren Naturwissenschaft beleuchtet, ist nun durchaus typisch für die Literatur der über ihre Frühphase hinausgelangten Moderne. Diese nämlich behandelt die Naturwissenschaften vorzüglich unter dem Vorzeichen einer ethisch motivierten Problematisierung, die den Blick für den Zusam-

---

1) L. Sciascia, *La scomparsa di Majorana*, Turin, Einaudi 1975.
2) Vgl. dazu L. Ritter-Santini, "Uno strappo nel cielo di carta" in: Sciascia, *La scomparsa di Majorana*, Turin, Einaudi ^{3}1986, S. 79-101.

menhang von Erkenntnisfortschritt und Existenzbedrohung schärfen möchte.[3)]

1985, also genau zehn Jahre nach Sciascias *Scomparsa di Majorana*, ist mit Daniele Del Giudices *Atlante occidentale*[4)] erneut ein Roman erschienen, der ebenfalls vom Atomzeitalter handelt, und in dessen Zentrum wieder ein junger und vielversprechender Atomphysiker steht. Wie schon Majorana, so bewegt sich auch der Held Del Giudices an vorderster Front seines Faches: Pietro Brahe - so der verweisträchtige Name des Protagonisten[5)] - ist auf dem Gebiet der Teilchenphysik tätig, und zwar beim CERN, dem europäischen Zentrum für Nuklearforschung in Genf. Bei der Darstellung von Brahes Arbeitswelt läßt Del Giudice allerdings ein Bild der Atomphysik entstehen, das sich grundsätzlich von demjenigen unterscheidet, das Sciascia entworfen hatte. Eine ethisch motivierte Problematisierung, die in eine vergleichbare Richtung wie bei Sciascia zielen würde, gibt es bei ihm nicht. Sein Physiker betreibt mit den Mitteln der Hochtechnologie eine Grundlagenforschung, die mit der Aura reiner Erkenntnis umgeben wird. Die Atomwissenschaft hat alles tief Beunruhigende verloren, von Gefahren und Bedrohungen ist ernstlich nicht mehr die Rede. Lediglich an einer einzigen Stelle des Romans wird die Arbeit des Genfer Nuklearforschungszentrums beiläufig mit der Möglichkeit einer Katastrophe in Zusammenhang gebracht. Doch dies dient dem Autor nur dazu, die mangelnde Fundiertheit einer derartigen Auffassung herauszustreichen. Denn die kolloquial hingeworfene Bemerkung, man könne nur hoffen, daß "quelli dell'anello" (S. 111), die Leute vom Teilchenbeschleuniger also, nicht eines Tages alles in die Luft jagen - diese Bemerkung macht eine Figur, die ganz an der Peripherie der erzählten Welt steht,[6)] die mit dem

3) Vgl. dazu u.a. H. Kreuzer (Hrsg.), *Literarische und naturwissenschaftliche Intelligenz*, Stuttgart 1969.

4) D. Del Giudice, *Atlante occidentale*, Turin, Einaudi 1985, im Folgenden zitiert als *A.o.*

5) Der Name verweist auf den großen dänischen Astronomen Tycho Brahe (1546-1601), der mittels neuer Techniken die wissenschaftliche Vermessung der Sternörter in bis dahin ungekannter Weise vorantrieb. Vgl. F. Kraft, "Tycho Brahe" in: *Die Konstituierung der neuzeitlichen Welt*, (*Exempla historica. Epochen der Weltgeschichte in Biographien*, Bd. 27), Frankfurt/a.M. 1984, S. 85-142. Damit wird nicht nur ganz allgemein Bezug genommen auf die für den Roman konstitutive Thematik eines wissenschaftlichen "Sehens" und Beobachtens, das mittels ausgefeilter Apparaturen in neue Bezirke vorstößt; Bezug genommen wird auch im Speziellen auf die "Partikelvermessung" in der Elementarteilchenphysik, deren Vertreter Brahe ist. Die Wahl des Namens signalisiert zudem die intrikate Verknüpfung von Aktuellem und Vergangenem.

6) Es handelt sich um den jungen Mann, dem die Verwaltung seines künftigen Erbes, einer schloßartigen "villa settecentesca" obliegt. Vgl. *A.o.*, S. 109.

Odium der Gestrigkeit behaftet wird, und die daher dem Protagonisten wie dem intendierten Leser nicht mehr als ein amüsiertes Lächeln zu entlocken vermag.[7] Dazu trägt nicht zuletzt ein gezielter Intertextualitätsverweis bei, durch den die betreffende Figur zu einem neuen Candide stilisiert wird.[8] Nicht mehr Betroffenheit ist die Devise, sondern Gelassenheit. Bei Del Giudice dürfen sich die Romanfiguren mit Billigung ihres Autors in einer naturwissenschaftlich-technischen Welt einrichten, die nicht mehr als Bedrohung erfahren werden muß.[9] Der Literatur ist es nicht mehr aufgetragen, die naturwissenschaftlich-technische Zivilisation radikal in Frage zu stellen. Literarische Kultur und naturwissenschaftlich-technische Zivilisation werden demnach aus jenem prinzipiellen Antagonismus befreit, in den sie bei Sciascia in zeittypischer Weise gebracht worden waren. Dies zeigt Del Giudice übrigens schon durch die Handlungsführung seines Romans an, der eine unverkennbare metaliterarische Dimension eignet. *Atlante occidentale* hebt nämlich mit einer Begegnung von Literatur und Naturwissenschaft an, bei der ganz im Einklang mit dem Erwartungshorizont des Lesers die Literatur auf Kollisionskurs geht: Um ein Haar hätte der Romancier Epstein mit seiner Maschine den gerade startenden Physiker Brahe gerammt.[10] Es bleibt aber beim Beinahezusammenstoß, und im Fortgang der Geschichte wird die sich zunächst konfliktträchtig ausnehmende Begegnung zu einem fruchtbaren und harmonischen Miteinander weiterentwickelt.

Die Welt der Atomphysik sieht bei Del Giudice also gänzlich anders aus als bei Sciascia, und gänzlich anders ist, wie eben schon erwähnt, auch das

---

7) An die eben erwähnte Bemerkung schließt die Erzählerrede folgendermaßen an: "Gilda diede un'occhiata divertita a Brahe, Brahe scosse la testa sorridendo" (*A.o.*, S. 111).

8) Von dem jungen Mann heißt es, er sei nach seiner Reifeprüfung (!) nach Ferney - dem Ort Voltaires - zurückgekehrt, "per coltivare le proprie terre" (*A.o.*, S. 110 f.). Del Giudice zitiert also unverkennbar den Schluß des *Candide*, und zwar, um auf seine Figur die komischen Konnotate von Voltaires Titelgestalt zu überspielen. Die Komisierung gilt freilich keinem unangebrachten Optimismus, sondern im Gegenteil einem grundlosen Pessimismus. Vgl. Voltaire, *Romans et contes*, hrsg. v. H. Bénac, Paris 1960, S. 221.

9) Daß in *Atlante occidentale* die Naturwissenschaft primär aus der Perspektive der Hochtechnologie beleuchtet wird, betont Del Giudice selbst in einem längeren Gespräch, das er kurz nach Erscheinen des Romans mit S. Bertolucci, T. Gaddi, A. Pastorino und G.L. Saraceni führte. Vgl. "Il tempo dell'invisibile nell'Atlante di Daniele del Giudice" in: *Palomar. Quaderni di Porto Venere* 1, (1986), S. 85: "Poi a me la scienza non interessa come idee, interessa come oggetti, interessa quasi più come tecnologia". Ebda., S. 93 der Hinweis, daß die im Roman dargestellte Wissenschaftserfahrung einen Epochenbruch markiere, ein "mutamento di epoca sostanziale".

10) *A.o.*, S. 3.

Verhältnis von literarischer Kultur und technisch-wissenschaftlicher Zivilisation. Diese Differenz ist nun höchst aufschlußreich im Hinblick auf die literarhistorische Situierung von Del Giudices Roman. Sie kann nämlich als Indiz dafür gelesen werden, daß Del Giudice mit *Atlante occidentale* an der Ausbildung jenes heterogenen Diskursfeldes teilhat, das schon seit geraumer Zeit im Rahmen der Diskussion um die Postmoderne abzustecken versucht wird.

I.

Mit den gängigen Schlagworten - etwa Lust am Eklektizismus, am Fabulieren und am ironischen Spiel mit dem Cliché - ist Del Giudices Roman nicht beizukommen. Sein Postmodernismus ist anders, differenzierter. Dies zeigt sich vor allem daran, wie Del Giudice auf den Diskurs der Moderne Bezug nimmt, genauer: auf das Verhältnis von Moderne und naturwissenschaftlicher Zivilisation. Er begnügt sich nämlich nicht einfach damit, jene Sicht der naturwissenschaftlich-technischen Welt zu verabschieden, für die Sciascia mit seinem gegen die etablierten Erzählkonventionen geschriebenen *romanzo-inchiesta*[11] exemplarisch einsteht, und für die man in Adornos Schriften zu einer Ästhetik der Moderne den Versuch einer theoretischen Begründung finden kann.[12] Del Giudice geht einen entscheidenden Schritt weiter: Er ruft gleichzeitig eine andere Art literarischen Umgangs mit dem Komplex der naturwissenschaftlich-technischen Zivilisation in Erinnerung, die ebenfalls der Moderne zugehört, und zwar der frühen Moderne. Gemeint ist die "grande e forte letteratura scientifica"[13] des Futurismus. Und er tut dies keineswegs

11) Zur Applikation dieses Begriffs auf Sciascia vgl. H. Harth, "Gedächtnissspuren sichern. Zur literarischen Geschichtsdarstellung in Leonardo Sciascias *Il consiglio d'Egitto*", in: U. Schulz-Buschhaus/H. Meter (Hrsg.), *Aspekte des Erzählens in der italienischen Literatur*, Tübingen 1983, S. 201. Unkonventionell an *La scomparsa di Majorana* ist der Verzicht auf die durchgängige Entfaltung eines (kohärenten) Erzähldiskurses. Die unterliegende Geschichte bleibt fragmentarisch, sie muß vom Leser aus weitgehend a-narrativen Diskurssequenzen rekonstruiert werden. Der Ästhetik der Moderne ist Sciascias Werk des weiteren darin verpflichtet, daß der Sinn der Geschichte, ihr "Wahrheitsgehalt" (Adorno), Konjektur bleibt und über die Negation eines "offiziell" dekretierten Sinnes hergestellt wird. Sciascias Modernität tritt sehr schön in den Blick, wenn man die rezente Verfilmung des Werkes (*I ragazzi di via Panisperna*, Regie: Gianni Amelio) zum Vergleich heranzieht: Dort sind alle eben genannten Elemente der Modernität getilgt.

12) Vgl. insbes. Th. W. Adorno, *Ästhetische Theorie*, (*Gesammelte Schriften* Bd. 6), Frankfurt/a.M. 1975, und B. Lindner/W.M. Lüdke (Hrsg.), *Materialien zur ästhetischen Theorie. Th. W. Adornos Konstruktion der Moderne*, Frankfurt/a.M. 1980.

13) F.T. Marinetti, "Discorso ai Triestini" (1910), in: L. De Maria (Hrsg.), *Marinetti, Teoria e invenzione futurista*, Mailand 1968, S. 213.

mit dem Ziel einliniger Negation, sondern mit der Absicht einer differenzierten Reaktualisierung. Reaktualisiert wird damit eine Literatur, die ungeachtet ihrer radikal avantgardistischen Tendenzen von der späteren Moderne abgelehnt wurde und geradezu der Tabuisierung verfiel. Und verantwortlich dafür ist - sicher nicht allein, aber sicher auch nicht zuletzt - die rückhaltlose Glorifizierung der durch die moderne Wissenschaft ermöglichten Technik, der sich der Futurismus verschrieben hatte.

Auf das Programm des Futurismus wird in *Atlante occidentale* in vielfältiger Weise Bezug genommen. Von herausragender Bedeutung ist dabei das Moment der "velocità". Die Schnelligkeit ist ein Kernpunkt der futuristischen Ästhetik,[14)] und ihr hat auch Del Giudice eine tragende Rolle zugedacht. Dies geht bereits aus der Wahl des Zentralmotives hervor. Bei diesem handelt es sich um einen riesigen Teilchenbeschleuniger, in dessen unterirdischem Ringtunnel von zirka 30 Kilometer Umfang Elektronen und Positronen annähernd auf Lichtgeschwindigkeit beschleunigt und zum Kollidieren gebracht werden.[15)] Das Rund des "anello di accelerazione" bestimmt nicht nur weitgehend den topographischen Raum, in dem sich die Handlung abspielt, sondern vor allem auch den topologischen Raum, den Sinnraum des Textes. Davon wird noch zu reden sein. Zunächst allerdings gilt es, der "velocità"-Motivik in ihrer Verästelung nachzuspüren.[16)]

Die Abläufe im Teilchenbeschleuniger sind für das menschliche Auge nicht wahrnehmbar. Sie werden deswegen auf Monitoren künstlich sichtbar gemacht, und zwar als "linee rapidissime" (S. 19). Und diese wiederum verwandeln sich im Imaginationsraum des Beobachters in eine Reihe von Vorstellungen, von denen einige unverkennbar die Bildwelt des Futurismus vari-

---

14) So schon im 1. futuristischen Manifest (1909), L. De Maria (Hrsg.), *Marinetti e il Futurismo*, Mailand [4]1981, S. 6. Besonders nachdrücklich in F.T. Marinetti, "La nuova religione - morale della velocità" (1916), ebda., S. 182-189. Zum futuristischen Schnelligkeitskult allgemein vgl. S. Andreani, *Marinetti e l'avanguardia della contestazione*, Rom 1974, S. 29-33.

15) Aus der Beschreibung des "anello" (*A.o.*, S. 20 u. S. 64) geht unmißverständlich hervor, daß Del Giudice nicht den alten Beschleuniger des CERN meint, den SPS, sondern den neuen, den "Large Electron Positron Collider" (LEP). Dadurch erhält der Roman noch in ganz anderer - und zwar literaturtypologischer - Hinsicht ein futuristisches Kolorit: Die erzählte Handlung ist nämlich der Wirklichkeit um mehrere Jahre voraus. Der LEP wurde erst Mitte 1989 (nach einer Bauzeit von 6 Jahren) fertiggestellt und in Betrieb genommen. Explizit bestätigt wird dies übrigens von Del Giudice selbst, vgl. "Il tempo dell'invisibile", S. 67.

16) Auf die Relevanz der "velocità"-Motivik wird der Leser von Anfang an eingestimmt: Auf den ersten eineinviertel Seiten fallen die Lexeme "velocità"/"veloce" bereits 5mal.

ierend umspielen. So beispielsweise, wenn das auf dem Bildschirm Dargestellte sich ausnimmt wie das von oben, etwa von einem Flugzeug, wahrgenommene Leuchten einer Großstadt, oder wie die nächtliche Momentaufnahme einer Straße mit Autoverkehr:

> La visualizzazione [...] poteva sembrare [...] una metropoli illuminata vista dall'alto, la fotografia di una via notturna con striature rosse e bianche di fari d'auto in movimento. (S. 19)[17)]

Die für den Futurismus so charakteristische Motivik des Fliegens und des Autofahrens[18)] wird in *Atlante occidentale* nun nicht nur beiläufig eingebracht. Sie ist vielmehr für die Konstitution der Geschichtsebene von zentralem Belang. Autos - ob als Chevrolet Kabrio, als Jaguar, als Mercedes, oder, bescheidener, als Saab oder Fiat 131 - sind genauso allgegenwärtig wie das Autofahren selbst,[19)] bei dem immer wieder auch der schnittige bis waghalsige Fahrstil herausgestellt wird.[20)] Doch wichtiger noch ist die Fliegerei. Diese nämlich hat die Funktion eines Ermöglichungsmotivs für die Romanhandlung. Denn der Dialog zwischen Naturwissenschaft und Literatur, um den es in *Atlante occidentale* zuvörderst geht, kann ja nur deshalb in Gang kommen, weil beide Gesprächspartner, der Physiker Brahe und der Romancier Epstein, aufgrund ihrer gemeinsamen Passion für das Fliegen zusammentreffen und dabei aufeinander neugierig werden. Einen seiner Höhepunkte erreicht der Dialog im neunten der insgesamt zwölf Kapitel, in dem Brahe dem Schriftsteller erstmals detailliert von seinem wissenschaftlichen Experiment berich-

---

17) Zum Blick auf eine erleuchtete Stadt mit Verkehr aus der Vogelperspektive vgl. etwa. A. Soffici, "Aeroplano" (*BIF S ZF + 18. Simultaneità e chimismi lirici*, 1915), bes. V. 72-75, in: E. Sanguineti (Hrsg.), *Poesia italiana del Novecento*, Turin 1969, S. 649.

18) Paradigmatisch etwa F.T. Marinetti, "A l'Automobile de course" (*I poeti futuristi* (1912), übernommen aus *La Ville charnelle* (1908), ital. Version in *Lussuria - velocità* (1921)), in: *Poesia italiana del Novecento*, S. 544-549; bzw. A. Soffici, "Aeroplano", ebda., S. 646-650. In "La nuova religione - morale della velocità", S. 189, nennt Marinetti neben dem Fliegen und dem Autofahren noch das Zugfahren als dritten Ermöglichungsfaktor der Geschwindigkeit. Am Ende von *A.o.* erweist sich, daß das an die "velocità"-Thematik gekoppelte Eisenbahn-Motiv auch bei Del Giudice eine Schlüsselstellung einnimmt.

19) Bis auf das sehr kurze 9. Kapitel, das als innerer Monolog Epsteins ohnehin eine Sonderstellung hat, spielt das Autofahren in jedem Kapitel eine Rolle.

20) Vgl. etwa *A.o.*, S. 17: "ripercorreva veloce il lungolago", S. 22: "guidò veloce", S. 30: "superava oltre la doppia striscia", S. 36: "tagliando le curve e derapando", S. 44: "guidò veloce", S. 93: "guida veloce", S. 97: "rallentando appena ai semafori ancora sul giallo", S. 149: "La...velocità con cui...imbocca il vialetto", S. 151: "taglia il Quai...saltando gli stop i semafori i vigili, in una guida davvero insolita per Ginevra".

tet. Und dies geschieht während eines gemeinsamen Fluges, auf dem sie mit einem "aereo [...] molto veloce" (S. 98) den Ringtunnel des Teilchenbeschleunigers in seinem Verlauf abfliegen:

> Doppiavano in aria, a circa settanta nodi, la rotazione che avveniva nell'anello sotto terra in vuoto d'aria e alla velocità della luce. (S. 102 f.)

Im Flug kommt es also zur Überlagerung zweier Arten von Geschwindigkeit: der Geschwindigkeit der neuen Wissenschaft, die sich der unmittelbaren, sinnlichen Wahrnehmung entzieht, und einer Geschwindigkeit, die noch direkt körperlich erlebbar ist, und deren Darstellung sich in der italienischen Literatur der Moderne zuvor hauptsächlich der Futurismus verschrieben hatte.

Über die Thematik des Fliegens baut Del Giudice aber noch einen weiteren Verweis auf das Programm des Futurismus auf. Als eine Geschichte, die die Begegnung zweier Sportflieger erzählt, ist *Atlante occidentale* zugleich die Geschichte einer Männerfreundschaft. Diese erhält ihr Profil nun nicht zuletzt dadurch, daß die Erwartungen auf eine romantypische Liebeshandlung (es geht um die Beziehung von Brahe zu Epsteins Sekretärin Gilda) ganz gezielt aufgebaut wird, aber eben nur, damit ihre fehlende Einlösung desto deutlicher in den Blick treten kann.[21] Die Ausgrenzung der Liebesgeschichte aus dem Erzähldiskurs, die mit einer narrativen Marginalisierung der Frau einhergeht, ist Korrelat einer "Literatur der Männlichkeit", als die sich Jahrzehnte zuvor bereits der Futurismus präsentiert hatte.[22]

Die Futurismus-Referenzen können und brauchen nicht erschöpfend behandelt werden. Erwähnt sei lediglich noch eine letzte, die ebenfalls mit der "velocità"-Motivik vernetzt ist. Bereits in ihrer ersten Unterhaltung werfen Epstein und Brahe die Frage nach einer zeitgemäßen Wirklichkeitsmodellierung auf. Angelpunkt ihrer Diskussion ist dabei das Simultaneitätskonzept, das wenig später in Epsteins poetologischen Reflexionen erneut auftaucht,

---

21) Die sich anbahnende Beziehung zu Gilda wird im Erzähldiskurs in ganz knappen Strichen skizziert bis hin zu dem in einem Satz erwähnten Kuß, mit dem der Ausflug ins "castello Voltaire" endet (*A.o.*, S. 118). Daß dies der Beginn einer Liebeshandlung ist, die aus dem primären Erzähldiskurs gleichwohl ausgeblendet bleibt, wird vom Schluß des Romans her deutlich: Dort rückt der sekundäre handlungsvermittelnde Diskurs einer globalen *mise en abyme* das Ausgesparte retrospektiv ins Bewußtsein ("li vede entrambi [Gilda und Brahe] che dormono", *A.o.*, S. 150).

22) Vgl. dazu A. Saccone, *Marinetti e il futurismo*, Neapel 1984, S. 41 ff.

und von dem her die weiteren Dialoge zwischen Naturwissenschaftler und Romancier erst ihren vollen Sinn erhalten.[23)] Das Nachdenken über die Wahrnehmbarkeit der Welt im Zeitalter der Hochtechnologie erfolgt also mittels einer Kategorie, die bereits die Futuristen ins Zentrum ihrer Ästhetik gerückt hatten: Die "simultaneità" hat bekanntlich Schlüsselfunktion für die Ausbildung jener "letteratura scientifica", die der Futurismus sein wollte, und die sich durch die Offenheit für die Welt der damals aktuellen Technik auszeichnete. Bei den Futuristen wie bei Del Giudice ist die Geschwindigkeit einer der wesentlichen Begründungsfaktoren der Simultaneität. Die Geschwindigkeit hat in *Atlante occidentale* gegenüber der futuristischen "velocità" aber eine qualitativ neue Dimension erreicht, und gleiches gilt für die "simultaneità".[24)]

Damit ist im Grunde schon angedeutet, daß der Rekurs auf den Futurismus bei Del Giudice keineswegs unreflektiert erfolgt, sondern aus dem Wissen um die historische Distanz. Dies schlägt sich in mehrfacher Hinsicht nieder, und zwar durchaus auch in der Anmeldung von Vorbehalten. So werden etwa diejenigen Ideologeme des futuristischen Programms, die in der kulturpolitischen Diskussion des nachfaschistischen Italien fast einhellig als belastend empfunden wurden, getilgt und durch ihr Gegenteil ersetzt. Anders als im Futurismus werden bei Del Giudice Technik und Krieg keineswegs mit dem Ziel einer Positivierung beider Terme kurzgeschlossen.[25)] Im Gegenteil, Technik und Krieg werden oppositiv bewertet und kalkuliert voneinander abgekoppelt. Das Kriegsmotiv erhält in *Atlante occidentale* nur ganz selten Profil, wie etwa bei der Beschreibung der Altstadt von Genf. Diese ist dergestalt angelegt, daß der Krieg dem Raum des Alten und längst Vergangenen zugewiesen wird.[26)] Im diametralen Unterschied zum Futurismus ist der Krieg bei Del Giudice Komponente eines verwerflichen und daher auch zu verwerfenden *passatismo*. Die mit dem semantischen Merkmal des Krieges versehene Altstadt ist negativiert: Denn nach dem Besuch der "città vecchia" kommen in

23) *A.o.*, S. 14 u. S. 29.

24) Zum Simultaneitätskonzept im Futurismus vgl. G. Regn, "Italienischer Futurismus", in: D. Borchmeyer/V. Zmegac (Hrsg.), *Moderne Literatur in Grundbegriffen*, Frankfurt/a.M. 1987, S. 150 ff.

25) Vgl. dazu U. Schulz-Buschhaus, "Der Futurismus als 'grande e forte letteratura scientifica'. Betrachtungen über die Widersprüche einer Avantgarde", in: B. Winklehner (Hrsg.), *Literatur und Wissenschaft. Bewegung und Integration*, Tübingen 1987, S. 373.

26) Über ihre Straßennamen wird die Altstadt als "una città con...proprie guerre" markiert, unter Thematisierung des "strano dislivello", der dadurch zwischen Altstadt und "città moderna" entsteht, *A.o.*, S. 84.

den Protagonisten bei ihrer Rückkehr in die "città moderna" Wohlbefinden und Gefühle der Befreiung auf, übrigens unter dem Vorzeichen wiedergewonnener "velocità".[27] Und das neue Genf, in dem der Romancier Epstein wohnt, wird wiederholt als ein Ort des Friedens, der Friedensverhandlungen, präsentiert.[28] Doch nicht nur dies: Genf, die "città neutra" (S. 6), ist zugleich eine "città internazionale" (S. 6).

Friedliches Zusammenwirken auf internationaler Basis kennzeichnet nun auch den Raum der Physik, in dem sich Brahe, die zweite der beiden Hauptfiguren, bewegt. Im CERN ist Brahe Mitglied einer internationalen Forschergemeinschaft, von der wir neben dem italienischen Protagonisten und zwei seiner Landsleute namentlich noch zwei Engländer, einen Chinesen, einen Inder und einen Deutschen kennenlernen.[29] Topographisch wird der Raum der Physik durch den Ringtunnel des Teilchenbeschleunigers abgesteckt. Und Mittelpunkt dieses Raumes ist die "foresteria", die sich "idealmente al centro dell'anello" (S. 36) befindet. Hier signalisiert nicht nur die lexikalische Bezeichnung eine der Internationalität gemäße Offenheit. Diese wird auch durch die architektonische und die funktionale Beschaffenheit des Gebäudes angezeigt. Die "foresteria" ist ein transparenter, gläserner Komplex, in dessen Innerstem ein ebenfalls verglaster Wintergarten mit "internationaler" Bepflanzung liegt;[30] und sie dient als Begegnungsstätte für die aus allen Himmelsrichtungen kommenden Wissenschaftler. Daß Konzepte wie Nation und Nationalismus in Del Giudices Roman ganz anders als im Futurismus keinen Hochwert mehr darstellen, wird in vielfältiger Weise verdeutlicht. Es mag genügen, diesbezüglich nur noch einen Aspekt herauszugreifen, nämlich den Umgang mit dem Motiv der Landesgrenze. Der Italiener Brahe pendelt beständig zwischen der Schweiz und Frankreich hin und her, ohne daß die Grenze zwischen den Staaten auch nur im geringsten als eine Barriere erschiene, die immer wieder aufs Neue überwunden werden müßte.[31]

---

27) "Scendono verso la città nuova; Epstein guida veloce, con un crescente benessere per gli spazi più ampi, per il movimento fluido, per la neutralità delle architetture", *A.o.*, S. 93. Zur Blockierung von "velocità" und "movimento" in der Altstadt vgl. *A.o.*, S. 84.

28) Vgl. *A.o.*, S. 83.

29) Die Namen: Cesare, Palmiro, Eileen, Mark, Wang, Sarad, Rüdiger.

30) *A.o.*, S. 37: "La serra è un nucleo di vetro nel nucleo di vetro della foresteria", mit einer "palma da datteri" und "alberelli giapponesi".

31) Vgl. etwa *A.o.*, S. 17: "rallentando appena al posto di frontiera, senza fermarsi, facendo un cenno al doganiere".

Wenn der den Protagonisten angestammte Sinnraum so demonstrativ unter das Vorzeichen von Frieden, Neutralität und Internationalität gerückt wird, so ist dies natürlich als Kontrast zur futuristischen Verherrlichung von Krieg und Nation[32] gedacht. Auf problematische Aspekte des Futurismus kann aber auch anders reagiert werden, etwa durch Gesten der Abschwächung. Wir haben gesehen, daß Del Giudices Roman einer Männerfreundschaft auf eine narrative Marginalisierung der Frau hinausläuft. Dies ist aber schon alles. Von einer aggressiven Frauenfeindlichkeit, einem "disprezzo della donna", wie ihn Marinetti im ersten futuristischen Manifest proklamiert,[33] ist nichts zu spüren.

Zurückhaltung übt Del Giudice auch in einem anderen Punkt, nämlich im Hinblick auf die affektische Positivierung der wissenschaftlich-technischen Welt. Die Sprache rückhaltloser Begeisterung, die für den literarischen Futurismus charakteristisch war, ist stilistisch einer gedämpften oder gar nur noch unterschwellig spürbaren Emotionalisierung gewichen.[34] Und diese ist aufs engste mit einer starken reflexiven Komponente verknüpft, wie dies für einen Gesprächsroman, in dem Intellektuelle die Rolle der Dialogpartner einnehmen, auch gar nicht anders zu erwarten ist.

Selbst dort, wo auf den ersten Blick eine besonders ausgeprägte Nähe zum Futurismus zu bestehen scheint, erkennt man bei genauerem Zusehen eine Haltung der Distanz, die wiederum in höchstem Maße aufschlußreich für Del Giudices Umgang mit der Moderne ist. Es wurde schon erwähnt, daß die Helden des Romans mit ihrer Passion für das Fliegen eine Vorliebe der Futuristen aufgreifen. Anders als bei den Futuristen ist dies aber nicht als ein ostentatives Fortschrittsbekenntnis gedacht. Epstein und Brahe benutzen beide Propellermaschinen; vor dem Hintergrund der hochmodernen Jets, die vom nahegelegenen internationalen Airport aus aufsteigen, nehmen sie sich darin geradezu wie die Männer in ihren fliegenden Kisten aus, wie Pioniere der Fliegerei. Ihr propellergetriebenes Gerät läßt also weniger an die Ge-

---

32) Zum Nationalismus als Gegenbegriff zur "viltà pacifista" vgl. etwa F.T. Marinetti, "Movimento politico futurista" (1915), in: Saccone, *Marinetti e il Futurismo*, S. 160 f.

33) Vgl. ebda., S. 6.

34) Vgl. insbes. die Ansätze zur lyrisierenden Beschreibung der technisch-wissenschaftlichen Welt, etwa bei der Deskription des Ersatzteillagers, *A.o.*, S. 70 ff., wo durch Rhythmisierung, Klangmuster, asyndetische Reihung und Nominalstil der technischen Lexik eine "poetische" Strahlkraft zugewonnen werden soll. Markierte Affektfiguren, wie sie für den futuristischen Stil charakteristisch sind, fehlen jedoch.

genwart denn an die Vergangenheit des Luftfahrtzeitalters denken, es funktioniert noch immer nach der Technik, die zur Zeit des Futurismus die aktuelle war.[35] Das Faible für eine Technik, die die Vergangenheit ins Spiel bringt, erhält wirklich scharfe Konturen aber erst, wenn man noch die Gespräche heranzieht, die Epstein und Brahe über Flugzeuge führen. Ihr Interesse gilt nämlich bevorzugt Maschinen, die regelrechte Raritäten sind, Museumsstücke, die von einer bereits verflossenen, aber dennoch liebevoll erinnerten Zeit zeugen.[36] Dem Gestern gehört des weiteren auch der Flugplatz an, auf dem sich Brahe und Epstein begegnen. Es ist dies ein ausgedienter Verkehrsflughafen, "con arredi curati e vecchi" (s. 14). Und schließlich sind auch noch die schnittigen Automobile mit einer Patina des Alten versehen: "vecchio" ist der Jaguar des Physikers Mark, und "vecchio" ist auch der von Brahes Kollegen Rüdiger ausgiebig bewunderte Chevrolet Epsteins.[37]

Objekte, die die Bildwelt des Futurismus exemplarisch repräsentieren, werden von Del Giudice also so eingebracht, als seien sie moderne Antiquitäten: Der Futurismus wird als ein Phänomen perspektiviert, das einer anderen Zeit angehört. Die erste programmatische Avantgarde unseres Jahrhunderts ist also schon so sehr Vergangenheit, daß sie, anders als die spätere Moderne, schon wieder nostalgisch zitiert werden kann, wenn auch nur unter dem Vorzeichen der Partialität. Um der vollen Komplexität von Del Giudices Moderne-Bezug gerecht zu werden, ist noch ein weiterer Aspekt zu bedenken. Zu bedenken ist, daß auch das nostalgisch Erinnerte nicht gänzlich ohne Aktualitätsbezug ist. Es dient vielmehr dazu, die rasanten Innovationen des High-Tech-Zeitalters affektiv verarbeitbar zu machen, und zwar dadurch, daß das Neue im Licht des schon Bekannten und Dagewesenen gesehen wird.

II.

Nostalgische Erinnerung und Instrumente zur Domestizierung einer Gegenwartserfahrung, die sich im Ungewohnten zu verlieren droht: Diese Art des Rekurses auf den Futurismus hat nicht nur den Reiz des Paradoxalen. Sie ist auch ein untrügliches Indiz für die postmoderne Orientierung, die Del Giudice seinem Roman geben wollte. Diese gewinnt ein eindeutiges Gepräge aber erst dann, wenn man noch weitere Textgegebenheiten in Rechnung

---

35) Die Hervorhebung der "elica", des Propellers, schon im 1. futuristischen Manifest (1909), in: Saccone, *Marinetti e il Futurismo*, S. 7.

36) Vgl. bes. *A.o.*, S. 8-13 u. S. 89-92.

37) *A.o.*, S. 77 u. S. 83.

stellt. Von besonderem Belang ist dabei eine Erzählsequenz, die auf den ersten Blick kaum mehr als episodische Bedeutung zu haben scheint. Die Rede ist von dem Ausflug, den Brahe und Epsteins Sekretärin Gilda zum Schloß von Ferney unternehmen. Nach dem Spaziergang durch den Park machen sich die beiden jungen Leute an die Besichtigung des Inneren. Da dieses jedoch gänzlich abgedunkelt ist, müssen sie sich durch die Finsternis hindurch bis zu einem Fenster vortasten. Als sie die geschlossenen Läden aufgestoßen haben und sich umsehen, erkennen sie, daß das Schloß völlig leer ist. Die Erklärung dafür erhalten die verdutzten Besucher von dem jungen Mann, der sich um das Schloß kümmert. Er berichtet, daß das "castello" im Laufe der Zeit funktionslos geworden und deshalb auch das Mobiliar nach und nach abhanden gekommen sei. Von der ehemaligen Einrichtung zeugten nur noch die Abdrücke und Umrisse, die sie auf den Stofftapeten hinterlassen habe. Um wenigstens diese Spuren zu bewahren, müßten die Räume vor dem Einfall von Tageslicht geschützt werden.[38)]

Mit dieser Entdeckung des leeren Schlosses hat Del Giudice ein Begebnis eingebracht, das in direktem Bezug zum Sinnzentrum des Romans steht. In *Atlante occidentale* geht es nämlich vordringlich um die Frage der Wahrnehmung einer Welt, deren Signum das Verschwinden der Dinge ist. Hervorgetrieben wurde diese Situation, so will es der Roman, durch die Entwicklung der Naturwissenschaft. Und von ihrem Repräsentanten, dem Teilchenphysiker[39)] Brahe, heißt es denn auch, er arbeite "nell'assoluta scomparsa delle cose" (S. 68). Dazu benötigt er den "anello di accelerazione", so daß das Verschwinden der Dinge von vorneherein aufs engste mit dem Aspekt der Geschwindigkeit verknüpft erscheint. Im Teilchenbeschleuniger wird die Materie über Kollision bei höchster Energie progressiv dekomponiert mit dem Ziel, neue Einsichten in die ihr zugrundeliegenden Prozesse und Strukturen zu gewinnen.[40)] Die Arbeit des Forschers stößt dabei in Be-

---

38) *A.o.*, S. 109-113.

39) Gegenstand der Elementarteilchenphysik ist die Identifikation und Analyse der fundamentalen Bausteine der Materie, die Träger aller atomaren und subatomaren Erscheinungen sind. Bisher haben die Forscher über 100 Typen von Partikeln aufgespürt und vermessen.

40) In dem 1989 angelaufenen ersten LEP-Forschungsprogramm geht es um die nähere Analyse der sog. Z-Bosonen (und der damit verwandten W-Teilchen). Diese werden in zureichender Zahl im neuen Teilchenbeschleuniger auskondensiert, wenn Elektronen und Positronen bei ihrer Kollision zu Energie zerstrahlen. Sie sind Träger einer der fundamentalen Kräfte, die man im Universum vorfindet, der schwachen Wechselwirkung, die wiederum für den radioaktiven Zerfall gewisser Atomkerne verantwortlich zeichnet. Die Z-Teil-

zirke vor, in denen die tradierten Vorstellungsmuster nicht mehr greifen.[41]) Und sie spielt sich natürlich auch weit unterhalb der Schwelle des sinnlich Wahrnehmbaren ab.[42]) Sichtbar für das menschliche Auge sind allein die symbolischen Leuchtreflexe und Chiffren auf den Monitoren. Das immaterielle Flimmern der Bildschirme wird zum Präsentationsmodus der Wirklichkeit.[43])

Ein Hauptanliegen des Romans ist es nun, der neuen Wissenschaft ihren Sitz im Leben zuzuweisen. Er will zeigen, daß Lebenswirklichkeit und Wissenschaft miteinander verflochten sind, daß die Erkenntnisse der Wissen-

---

chen sind instabil, und über das Studium ihres Zerfalls erhofft man sich Aufschluß über die Details der Massenerzeugung (aus Masselosigkeit) sowie über die Entstehungsgeschichte des Universums. Nachgewiesen wurden die Z-Bosonen (zusammen mit den W-Teilchen) 1983 in der alten Anlage des CERN von dem italienischen Physiker Carlo Rubbia, der dafür 1984 den Nobelpreis erhielt, und der derzeit als Generaldirektor dem Genfer Forschungszentrum vorsteht. Vgl. dazu die Berichte im Wissenschaftsteil der großen Tageszeitungen (K. Koenen, "Auf den Spuren der Schöpfung", in: *FAZ*-Magazin, 24.2. 1989, Heft 469, S. 21-28; P. Jacobi, "Neue Runde im Wettstreit um den Teilchen-Zoo", in: *Die Welt*, 21.6.1989, Nr. 141, S. 23; H. Fritzsch, "Woher haben Elementarteilchen ihre Massen?", in: *SZ*, 3.8.1989, Nr. 176, S. 36). Im Zuge seiner Fiktionalisierung der Elementarteilchenphysik hat Del Giudice offensichtlich Rubbias Nachweis der Z- und W-Bosonen aus dem Jahr 1983 aufgegriffen und auf den 1989 fertiggestellten LEP überspielt. Dafür gibt es einige Indizien. Um nur zweierlei zu erwähnen: 1. Das Experiment, an dem Brahes Team arbeitet, war auf den Nachweis "neuer" Teilchen ausgerichtet (vgl. *A.o.,* S. 145, wo die Rede ist von den "particelle che loro vedevano per la prima volta quella notte"). 2. Der Hinweis auf die "unglaubliche Schönheit" des geglückten Experiments (*A.o.*, S. 143 f.: "è...così incredibilmente bello") als der Schönheit einer "grande legge" (ebda.) erinnert an die Worte, mit denen Rubbia 1983 den Nachweis der W-Teilchen kommentierte: Er hatte von "der absoluten mathematischen Schönheit, in der sich die Ereignisse zeigten", gesprochen (Zitat bei Koenen, "Auf den Spuren der Schöpfung", S. 26).

41) So etwa, wenn es von dem geglückten Experiment heißt, daß es Einblick gebe in die "profondità di una materia nella quale le dimensioni non erano più quattro, ma dieci, o undici" (*A.o.*, S. 145). Dies ist ein exakter Verweis auf die aktuelle Teilchenphysik, die im Rahmen der sog. Superstring-Theorie das Grundmuster aller bisher gefundenen Teilchen auf der Basis eines Modells mit 11 Dimensionen konstruiert. Vgl. auch die "legge simultanea della differenza e dell'identità" (*A.o.*, S. 144), die u.a. auf die Doppelnatur der subatomaren Phänomene als Teilchen und Welle bezogen werden kann, oder auf das Konzept der gleichzeitig vorwärts und rückwärts laufenden Zeit (*A.o.*, S. 146) wie des zerberstenden Raumes (*A.o.*, S. 147). Vgl. auch Koenen, "Auf den Spuren der Schöpfung", S. 27: "Raum, Zeit, Ort, Richtung, ja sogar Identität sind Begriffe, die in der von uns als selbstverständlich angenommenen Eindeutigkeit unter den extremen Bedingungen des subatomaren Beziehungsgeflechts nicht verwendbar sind".

42) Vgl. ebda.: "Die Mikrowelt der Elementarteilchen befindet sich jenseits unserer Sinnesgrenzen".

43) Vgl. bes. *A.o.*, S. 48: "Ogni luce...era forse le cose stesse dopo il loro progressivo farsi piccole e sparire".

schaft auch auf die alltägliche Sicht der Dinge abstrahlen. Diese beginnen ihre vertraute Kompaktheit zu verlieren, sie fangen an, sich aufzulösen in dem Bewußtsein, daß sie sich in ihrer konstitutiven Dimension konkreter Faßlichkeit entziehen.[44)] Es ist vor allem der Romancier Epstein, der diese Umbruchsituation thematisch macht, der festhält, daß die "cose ormai cominciano ad essere non-cose" (S. 66). Wichtig dabei ist, daß die Auflösung der Dinge in den durch die neue Wissenschaft konditionierten Sinnraum keineswegs negativ perspektiviert ist. Die "non-cose" sind ja nicht einfach das Abwesende, sondern sie markieren neue Tatbestände. Der Text sucht dies dadurch zu verdeutlichen, daß er die "non-cose" wiederholt ausdrücklich als "nuovi fatti" (S. 138), als "nuovi oggetti" (S. 146) bezeichnet, mit dem ergänzenden Hinweis, daß diese neuen Sachverhalte lediglich durch die "percezione standard" (S. 145) nicht mehr abgedeckt würden. Epstein selbst wirft für die Charakterisierung der "non-cose" vor allem die Stichworte Energie, Geschwindigkeit, Licht und Imagination in die Debatte.[45)] Aus dem Blickwinkel der Lebenswelt - und das heißt zugleich auch: aus dem Blickwinkel der Umgangssprache - sind dies Begriffe, die das Zeitalter der "non-cose" als eine Ära des "Immateriellen" erscheinen lassen.[46)] Von hier aus kann nun die Bedeutung des leeren Schloßes von Ferney weiter präzisiert werden.

Das Schloß ist als ein semantischer Raum konzipiert, der in Opposition zum Raum jener neuen Wissenschaft steht, dem sich die beiden Besucher, Brahe und Epsteins Sekretärin, zugehörig fühlen, wenn auch in je verschiedener Weise. Im "castello" wird dem Verschwinden der Dinge nun mit einer ausschließlich rückwärts orientierten Haltung begegnet. Für die Besitzer des Schloßes wird die "scomparsa delle cose" als bloße Abwesenheit er-

---

44) Vgl. bes. *A.o.*, S. 136.

45) Bes. *A.o.*, S. 68: "Non vede come le cose che cominciano ad esserci...sono pura energia, pura luce, pura immaginazione? ...Non sente che sono linee di forze...senza più oggetti in mezzo? ...Non sente come tutto è più leggero, pura velocità?"

46) Eine genauere Betrachtung verdient das Lichtmotiv, mit dem umgangssprachlich weniger der Aspekt der Unsichtbarkeit denn der Immaterialität zum Tragen gebracht wird. Der Übergang zu diesem neuen Zeitalter der Immaterialität wird mittels der ausgedehnten Beschreibung des Epstein zu Ehren abgebrannten Feuerwerks symbolisiert, "dove la materia diventava luce" (*A.o.*, S. 130; die gesamte Beschreibung S. 125-137). In direktem Zusammenhang mit dieser Deskription steht Epsteins Überlegung zu einem "Atlante della luce" (*A.o.*, S. 138). Die kartographische Vermessung des Lichtes meint paradigmatisch die Erschließung der Welt der "non-cose" insgesamt, die ihren wissenschaftlichen Niederschlag in der Vermessung der Elementarpartikel in der Teilchenphysik hat.

fahren, als Mangel, als Verlust, den es zu bedauern gilt. Seinen Niederschlag findet dies in dem Bestreben, die Spuren der verlorengegangenen Gegenstände zu bewahren. Dies läßt sich, wie zu sehen war, nur bewerkstelligen, indem man das Licht aussperrt. Das aber ist ein hoher Preis. Denn ausgesperrt wird damit gerade ein Element, das im Raum der neuen Wissenschaft zur exemplarischen Charakterisierung der "non-cose" als der neuen Fakten diente. Damit ist freilich die Verweiskraft des Motivs vom ausgesperrten Licht noch nicht erschöpft. Das abgedunkelte und leere Schloß ist nämlich ein Ort von gleichsam epochaler Bedeutung: Bei ihm handelt es sich um das Anwesen, das ursprünglich keinem anderen als Voltaire gehörte. Oder, um es in der von Del Giudice intendierten Verallgemeinerung zu sagen: Mit dem "castello Voltaire" ist das Haus der Aufklärung gemeint. Diesem jedoch fehlt gerade sein konstitutives Element, das Licht, die "lumières". Das Haus der Aufklärung - und das ist natürlich zugleich das Haus des Empirismus, des Rationalismus und einer dem rationalistisch-empiristischen Denken verpflichteten Wissenschaftsauffassung - ist also unbewohnbar geworden, funktionsuntauglich. Funktionsfähig dagegen ist das Gebäude der neuen Wissenschaft, die in den Bezirken des Unsichtbaren operiert. Dies wird durch geeignete Verfahren der Raumsemantisierung prägnant unterstrichen. Der Ring des Teilchenbeschleunigers läuft unsichtbar, wie es im Text heißt,[47] unter dem "castello Voltaire" hindurch, und im Gegensatz zu diesem leistet er, was er leisten soll: Das Experiment Brahes wird sich am Ende der Romanhandlung als spektakulärer Erfolg erweisen. Unter dem Aspekt narrativer Raumsemantisierung zirkelt der Ringtunnel aber auch den Sinnbereich der Physik und damit der neuen Wissenschaft insgesamt ab. Das "castello Voltaire" liegt damit topologisch also am Rande dieses Bereiches. In dessen Mittelpunkt befindet sich dagegen die "foresteria", die in Opposition zum "castello Voltaire" nicht nur stark frequentiert und passend möbliert, sondern vor allem auch lichtdurchflutet ist.[48] Und weiter noch steht ihre Bestimmung ganz im Einklang mit ihrer Lage: sie ist Kommunikationszentrum der internationalen Forschergemeinschaft. Es ist dies freilich eine Kommunikation, die sich auf den ersten Blick hin recht merkwürdig ausnimmt. Sie findet ihre prägnanteste narrative Exemplifizierung in der im vierten Kapitel erzählten Begegnung zwischen dem aus Berlin angereisten Nobelpreisträger Wang und Brahe, eine Begegnung, in der es um die gegenseitige Abstimmung im Rahmen einer gemein-

47) Vgl. *A.o.*, S. 20 u. S. 114.
48) Vgl. *A.o.*, S. 37.

samen Projektarbeit geht. Und dabei bedient sich Brahe einer Strategie der Täuschung, denn um seine Position durchzusetzen, führt er die Unterhaltung mit Hilfe von gefälschten Blaupausen. Wang - so wird dem Leser suggeriert - durchschaut das Spiel, spielt es aber gleichwohl mit. Und erzählt wird dieses Begebnis im Ton einer auf Positivierung abhebenden Heiterkeit. Wie diese seltsame Kommunikation zu bewerten ist, wird gleich zu erläutern sein.

Die Analyse des "castello Voltaire" ist nun höchst aufschlußreich im Hinblick auf die Frage nach der postmodernen Verortbarkeit von *Atlante occidentale*. In der Debatte um die Postmoderne haben sich trotz einer geradezu notorischen Vielfalt und Heterogenität der Standpunkte dennoch einige Diskussionsstränge herausbilden können, die bündelnde Kraft besitzen. Dazu zählt die vor allem seit den späten siebziger Jahren vieldiskutierte These, daß die Postmoderne als Verabschiedung eines philosophiegeschichtlich fundierten Projektes der Moderne begriffen werden könne. Und das Projekt der Moderne wird dabei als eine diskursive Praxis bestimmt, die sich aus der Philosophie der Aufklärung speist und die das in der Tradition der Aufklärung stehende Denken mit den ästhetisch progressiven Kunstrichtungen der Moderne kurzschließt. Vorangetrieben und zugespitzt wurde diese Diskussion hauptsächlich in der Auseinandersetzung zwischen Habermas und den französischen Advokaten der Postmoderne, unter denen wiederum Lyotard die dominierende Gestalt ist.[49)] Erst vor dem Hintergrund dieser Diskussion erschließt sich die volle Bedeutung des "castello Voltaire".[50)] Denn über die Opposition zu einem semantischen Raum, der unter dem Vorzeichen von überholter Aufklärung und obsoletem Rationalismus steht, kann Del Giudice die postmoderne Markierung des Sinnraumes der Protagonisten - und damit des Romans insgesamt - konsolidieren. Dabei liegt natürlich auf der Hand, daß Del Giudice den kulturkritischen Impetus von Habermas nicht teilt, son-

49) Vgl. dazu v.a. J. Habermas, "Modernity versus Postmodernity" in: *New German Critique* 22 (1981), S. 3-14; J.F. Lyotard, "Réponse à la question: Qu'est-ce que le postmoderne" in: *Critique* 37 (1982), S. 357-367; J. Habermas, "Der Eintritt in die Postmoderne" in: *Merkur* 421 (1983), S. 752-761; M. Rortry, "Habermas and Lyotard on Postmodernity" in: *Praxis International* 4 (1984), S. 32-44; M. Jay, "Habermas and Modernism" in: ebda., S. 11-14; A. Wellmer, "Zur Dialektik von Moderne und Postmoderne. Vernunftkritik nach Adorno" (Vortrag, Paris 1984), in: ders., *Zur Dialektik von Moderne und Postmoderne*, Frankfurt/a.M. 1985, S. 48-114. Die Diskussion wird auch nach dem Erscheinen von Del Giudices Roman (1985) lebhaft weitergeführt. Vgl. zuletzt: D. Kamper (Hrsg.), *Die unvollendete Vernunft: Moderne versus Postmoderne*, Frankfurt/a.M. 1987.

50) Die mehr umfaßt als den offenkundigen Gegensatz von neuer Wissenschaft und altem Empirismus.

dern daß er sich auf die Seite von Habermas' Kontrahenten schlägt, denen die Aufklärungsskepsis der Postmoderne als Positivum, als Ausdruck eines neuen, zeitgemäßen Denkens gilt.[51)] In diesem Zusammenhang ist auch die oben referierte Begegnung zwischen Wang und Brahe von Belang, eine Begegnung, die wie erinnerlich unter dem Vorzeichen von Fälschung und Täuschung stattfand. Diese Episode signalisiert nämlich exemplarisch, daß im Rahmen der postmodernen Wirklichkeitsmodellierung die für die Moderne so zentrale Authentizitätsproblematik[52)] - man denke etwa an die von Habermas aufgestellten Kommunikationsmaximen - ihre Bedeutung eingebüßt hat und im Modus der Heiterkeit verabschiedet werden kann.[53)]

III.

Die Referenzen auf die Debatte um die Postmoderne sind damit aber noch keineswegs erschöpft. So wäre es etwa ein Leichtes, die von Del Giudice akzentuierte Prägung der Lebenswelt durch die "non-cose" in Bezug zu setzen zu den von Lyotard und anderen angestellten Überlegungen, nach denen die Tendenz zum Immateriellen als ein Angelpunkt der *Condition postmoderne* anzusehen ist.[54)] Doch dies kann und braucht hier nicht näher ausgeführt zu werden.[55)] Statt dessen sei eine andere Frage, die bisher nur leise angeklun-

51) Vgl. etwa den programmatischen Titel eines neueren Werkes des postmodernen Positionen nahestehenden Feyerabend: P. Feyerabend, *Farewell to Reason*, London (u.s.w.) verso 1987.

52) Zur Obsoletheit der "modernen" Authentizitätsproblematik und zur Distanzierung von der dieser Problematik verpflichteten Literatur vgl. auch "Il tempo dell'invisibile", S. 83 f.

53) Die "realistische" Lesart dieser Epoche, die in "Il tempo dell'invisibile" entwikkelt wird, und die in der Begegnung zwischen Wang und Brahe eine Darstellung des "meccanismo di competizione internazionale" und des "attaccamento al lavoro fino all'inganno" sieht, schöpft das große Verweispotential des Textes nicht in zureichender Weise aus.

54) Vgl. etwa J.F. Lyotard u.a., *Immaterialität und Postmoderne*, Berlin 1985. Im Vordergrund steht dabei der Konnex von Immaterialität und Informatik. Vgl. dazu B. Schmidt, *Postmoderne - Strategien des Vergessens*, Frankfurt/a.M. 1986, S. 9: "Postmoderner Weltbezug...meint im Sinn von Lyotard das Auflösen eines solchen Materiellen zu lauter Nachrichten, welche in Apparaturen zwischen Mensch und Welt entstehen". In *A.o.* gibt es dazu deutliche Entsprechungen, bes. S. 48. Zur Bedeutung der "immateriali" vgl. auch Del Giudices Hinweise in "Il volo dei sentimenti: A colloquio con Daniele Del Giudice", a cura di A. Borsari e con la partecipazione di H. van Bergeijk, *Italienisch* 22 (1989), S. 12.

55) Entsprechendes gilt für weitere Berührungspunkte, insbes. mit Lyotard. So stellt Lyotard in seiner breit rezipierten Abhandlung *La Condition postmoderne* (Paris 1979; dt: *Das postmoderne Wissen*, Graz 1986, S. 163 ff. u. S. 152) etwa einen Konnex zwischen Postmoderne und Mikrophysik her, oder zwischen Postmoderne und einer "imagination", die mit dem Moment der Ge-

gen ist, etwas genauer erörtert: Die Frage, inwieweit dem Rekurs auf das "postmoderne Wissen" ein solcher auf eine postmoderne Ästhetik zur Seite steht. Dabei bietet es sich an, mit der fiktionsimmanent dargestellten Literarästhetik zu beginnen und von da aus den Bogen zur Poetik des tatsächlich realisierten Erzähldiskurses zu schlagen. Unser Interesse gilt also zunächst der Figur Epsteins.

Zu Ruhm gelangt ist Epstein als ein den Prinzipien der Moderne verpflichteter Schriftsteller. Kennzeichnend für seine schriftstellerische Existenz war, wie er selbst sagt, das "cambia(re) di libro in libro" (S. 29), das "aver attraversato la scrittura in tutte le sue forme" (S. 28). Die unablässige Suche nach immer neuen Formen des Schreibens erfolgte im Dienst einer ethisch motivierten Ästhetik der Authentizität, für die die Wiederholung, die Reaktualisierung des schon Gebrauchten, kurz: das "facendo dei pasticci" (S. 28) den Sündenfall schlechthin darstellte. Auf der Basis dieser Ästhetik hatte Epstein Geschichten erzählt, mittels derer die Dinge als Ausdruck der Welt des Konkreten im komplexen Geflecht ihrer Bezüge zum Menschen dargestellt werden konnten.[56] Mit dem Verschwinden der Dinge sieht Epstein die Grundlage für die von ihm praktizierte Art des Schreibens entfallen. Die neue Zeit, so der Romancier, erfordere ein verändertes poetologisches Denken. Im Rahmen der poetologischen Gedankenspiele, die Epstein anstellt, steht das ganz obenan, was er in Analogie zum Experiment des Naturwissenschaftlers wiederholt als "sein Experiment" bezeichnet. Als er dies Brahe zum ersten Mal zu erklären versucht, wählt er folgende Worte:

> Deve esserci un legame segreto tra la scomparsa delle cose e la visibilità, perchè oggi io le mie storie le vedo, io comincio sempre più a vedere le mie storie. É difficile che Lei possa capire, o che io riesca a spiegarmi; prima le vedevo raccontando, le vedevo nel momento in cui le scrivevo, adesso le vedo guardando, vedo una storia compiutamente dall'inizio alla fine semplicemente guardando. E questo ... è il mio esperimento. (S. 63)

---

schwindigkeit verknüpft ist und bis dahin Unverbundenes zusammenbringt. Zu weiteren Aspekten des Konnexes von neuer Wissenschaft, Hochtechnologie und Postmoderne-Konzept vgl. auch den von W.Ch. Zimmerli herausgegebenen Sammelband *Technologisches Zeitalter oder Postmoderne*, München 1988.

56) Epsteins Verbindung von ästhetischer Avantgarde und empiristisch verankertem Weltbezug evoziert unausweichlich das schon erwähnte Moderne-Konzept, welches die ästhetisch progressiven Kunstrichtungen mit dem in der Tradition der Aufklärung stehenden Denken - zu dem ja der Empirismus gehört - kurzschließt.

Das poetologische Denkexperiment, das Epstein seinem Dialogpartner gegenüber als schwer erklärbar einstuft, wird für den Leser des Romans gleichwohl durch Wiederholung und Kontextdetermination recht gut verständlich gemacht. Für den Leser wird deutlich, daß es letztlich um die Enttemporalisierung und Spatialisierung von Geschichten geht.[57)] Ursache dafür ist die neue Bedeutung, welche die bis ins Ungeahnte gesteigerte Geschwindigkeit für die Wahrnehmung der gegenwärtigen Welt als einer vom Gesetz der "scomparsa delle cose" (S. 68) bestimmten Wirklichkeit spielt. Geschichten, in denen die Sukzession in einer absoluten Simultaneität aufgehoben erscheint, entziehen sich der Darstellbarkeit. Sie negieren eine der Grundvoraussetzungen, an die das Erzählen als literarische "Form" gebunden ist. Das "Sehen" solcher Geschichten kann Epstein daher auch als ein "vedere oltre la forma" (S. 29) bezeichnen. Im selben Zusammenhang präzisiert er, daß die "assoluta simultaneità" (S. 29), die für die Geschichten im Zeitalter der "non-cose" konstitutiv ist, als "simultaneità totale della fantasia" (S. 29) zu begreifen sei. Was nicht mehr darstellbar ist, so der Sinn von Epsteins Überlegung, kann nur mehr noch im Imaginationsraum, im Denkraum konkretisiert werden. Das nicht mehr Darstellbare ist zugleich das nur noch Denkbare.[58)]

Hier sind wir erneut an einem Punkt, an dem sich der Bezug zur Postmoderne-Diskussion geradezu aufdrängt. Epstein okkupiert nämlich eine Position, die in vielem an die Ästhetik des hier schon mehrfach ins Spiel gebrachten Lyotard erinnert. Für diesen Apostel der Postmoderne wird, um es mit den griffigen Worten von Wellmer zu sagen, "die Kunst zum anspielenden Verweis auf ein Denkbares, das nicht darstellbar ist".[59)] Die postmoderne Ästhetik, die Lyotard im Auge hat, ist eng mit dem programmatischen Poststrukturalismus verflochten. Sie ist daher auch entschieden experimentell orientiert. Man hat es also mit einer - um es wieder mit Wellmer zu sagen -

---

57) Zu Detemporalisierung und Verräumlichung im Kontext postmoderner Ästhetik vgl. auch J. Peper, "Postmodernismus: Unitary Sensibility", in: Kamper (Hrsg.), *Die unvollendete Vernunft*, S. 190 ff. u. S. 218 f. Epsteins Verräumlichung von Geschichten meint weniger eine "Substitution" des Temporalen durch das Spatiale als vielmehr eine "Aufhebung" des Zeitlichen im Räumlichen: Die Abgrenzbarkeit beider Kategorien wird also, um es mit einem poststrukturalistischen Modewort zu sagen, "dekonstruiert".

58) Daß die neue Wirklichkeit der "non-cose" nicht mehr darstellbar, sondern nur noch denkbar sei, thematisiert am Ende auch der Physiker: Vgl. *A.o.*, S. 145, die Verbindung von "irrappresentabile" und "vedere mentalmente" (wobei "irrappresentabile" und "veloce" kurzgeschlossen werden).

59) Wellmer, *Zur Dialektik von Moderne und Postmoderne*, S. 61. Unter den diesbezüglich relevanten Schriften Lyotards vgl. insbes. "Réponse a la question ...".

"postmodernen Avantgarde" zu tun, die als Fortsetzung und Radikalisierung der Moderne gesehen werden möchte.[60] Anders als die Ästhetik der Moderne, wie sie vor allem von Adorno vertreten wird, ist die postmoderne Ästhetik des Nicht-Darstellbaren nicht das Syndrom einer Verlust- und Negativitätserfahrung, welche die Kunst aufzuarbeiten hätte. Oder, um eine inzwischen allenthalben gebrauchte Formulierung zu verwenden: Der experimentelle Postmodernismus stellt sich über weite Strecken als "eine Moderne ohne Trauer"[61] dar. Diese Spielart postmoderner Ästhetik bietet sich also als Referenzpunkt für das Verständnis von Epsteins poetologischen Denkexperimenten an. Dies nicht zuletzt deshalb, weil auch Epstein bei seiner Ästhetik des Nicht-Darstellbaren keineswegs die Perspektive des Verlustes betont und dementsprechend eine Haltung des Bedauerns so weit als möglich zurücknimmt. Genau wie ihn die "scomparsa delle cose" nicht mit Trauer erfüllt,[62] wird auch das nur mehr noch geistige Sehen, auf das das poetologische Experiment hinausläuft, nicht unter das Zeichen der Negativität gerückt. Im Gegenteil, das "vedere oltre la forma" ist eine Sache, die vor allem "felicità", ein Gefühl der Beglückung, erzeugt (S. 68).[63]

Nichtsdestoweniger gibt es einen Unterschied zwischen Epsteins poetologischen Reflexionen und der Ästhetik-Konzeption eines Lyotard. Letzterer geht von der Realisierbarkeit seiner Ästhetik des Nicht-Darstellbaren aus. Anders Epstein, der sich im Hinblick auf eine textuelle Konkretisierung seiner neuen Poetik höchst reserviert verhält. Das poetologische Experiment spielt sich ausschließlich in seinem Kopf ab und nicht auf dem Papier. Und ein definitiver Entschluß zur Realisierung des Gedachten fällt bis zum Ende des Romans nicht.[64] Dennoch ist dies nicht das letzte Wort. Der (implizite) Autor nämlich verhält sich anders als der fiktive Romancier. Er sucht nach einem Weg, auf dem das "vedere oltre la forma" in die Formsprache der Erzählliteratur übersetzt werden kann. Dies wird vor allem vom Schluß des Romans her deutlich.

---

60) Wellmer, *Zur Dialektik von Moderne und Postmoderne*, S. 54 u. S. 56.

61) Ebda., S. 55.

62) *A.o.*, S. 62: "Non ho nostalgia per la scomparsa delle cose".

63) Eine weitere Konvergenz zwischen den ästhetischen Reflexionen Epsteins und Lyotards besteht in der beiden gemeinsamen Auffasssung vom Kunstwerk als "Energiedispositiv"; vgl. *A.o.*, S. 229 und J.F. Lyotard, *Des Dispositifs pulsionnels*, Paris 1973, S. 130 und S. 228.

64) Auch das Komplementärprojekt eines "Atlante della luce" kommt nicht zur Ausführung, *A.o.*, S. 138.

Atlante occidentale endet mit dem Abschied der beiden Freunde, und zwar unter dem Vorzeichen eines mehrfachen Erfolges. Epstein hat einen "grosso premio" (S. 149) - den Nobelpreis, so dürfen wir vermuten - gewonnen, und ist im Begriff, Genf zu verlassen. Brahe hat seinerseits Fortüne gehabt: Sein Experiment ist geglückt, er hat bahnbrechende Einsichten in die "profondità della materia" (S. 145) gewonnen; er hat in seiner Disziplin und unter deren Bedingungen das "vedere oltre la forma" praktiziert und dabei den zuvor von Epstein behaupteten Einklang von ästhetischem und naturwissenschaftlichem Bewußtsein auf das Schönste bestätigen können.

Um Epstein nochmals zu sehen, fährt Brahe eilends vom Labor zum Genfer Hauptbahnhof. Dort trifft er auf den Romancier, der, auf die Abfahrt des Zuges wartend, in die Betrachtung einer Modelleisenbahn versunken ist. Die Schilderung dieser Situation ist als eine komplexe *mise en abyme* des gesamten Romans angelegt, und zwar so, daß die erzählte Geschichte poetologisch neu perspektiviert wird: In der *mise en abyme* gewinnt Epsteins experimentelle Poetik des "vedere storie compiute" literarische Gestalt. Erwartungsgemäß geschieht dies nicht in Form einer idealtypischen Realisierung, sondern im Modus allusiver Annäherung.

Funktionsfähig wird diese *mise en abyme* durch die Konvergenz mehrerer Faktoren. Von Belang ist zunächst einmal die Beschaffenheit der Spielzeugeisenbahn. Ihre Schienenstränge sind in ein Modell eingepaßt, das Genf und seine Umgebung darstellt. Den größten Teil des modellierten Raumes umschließt ein "grande anello di binari" (S. 147). Dicht bei diesem Schienenrund liegt ein "piccolo campo d'aviazione" (S. 150), den Epstein als den Flugplatz wiedererkennt, auf dem unsere Geschichte ihren Ausgang genommen hatte. Epsteins Blick fällt von oben her auf das Modell, so daß er sich automatisch an die Wahrnehmung der betreffenden Gegend aus der Vogelperspektive des Sportfliegers erinnert. Dies bedeutet natürlich gleichzeitig, daß der "grande anello" (S. 147) der Gleise, auf dem "in una rotazione" (S. 147) die Züge kreisen, an den "grande anello" (S. 36) des Teilchenbeschleunigers mit seiner "rotazione" (S. 36) gemahnt.[65)] Dafür sorgen nicht zuletzt die ausgeprägten lexikalischen Identitäten. Doch zurück zum "campo d'aviazione". In dem Moment, in dem Epstein den Flugplatz ins Blickfeld bekommt, tritt ihm zugleich die ganze Geschichte des Romans vor Augen, und zwar auch Teile,

65) Das Schienenrund ist übrigens so konstruiert, daß es zwei zueinander gegenläufige Zugbewegungen ermöglicht, genau wie der Teilchenbeschleuniger mit seiner gegenläufigen Rotation von Elektronen und Positronen.

die er selbst gar nicht miterlebt hat. Die Handlung blitzt - mitunter in Formen metonymischer Verschiebung -[66] in der punktuellen Reihung wichtiger und weniger wichtiger Situationen auf, wobei neben Anfang und Ende gerade auch die Episode des "castello Voltaire" nochmals gegenwärtig wird. Der allusive Verweis auf die Poetik des "vedere una storia compiuta dall'inizio alla fine" (S. 63) wird dabei zunächst von der *histoire*-Ebene her aufgebaut: Ein Protagonist, der zugleich Romancier ist, projiziert die Geschichte, in der er selbst agierte und mit deren Erzähler er am Ende verschmilzt,[67] auf ein von ihm gerade betrachtetes spatiales Modell. Dadurch wird der Effekt einer Verräumlichung des Temporalen erzeugt. Doch auch die *discours*-Ebene wird auf dieses Ziel hin funktionalisiert. Die über die *mise en abyme* evozierten Momente der Geschichte werden unter kalkulierter Aussparung von grammatikalischen Funktionswörtern, die eine temporale Abfolge indizieren könnten, miteinander verknüpft. Statt der temporalen Achse wird das spatiale Sehen der Geschichte akzentuiert, und zwar über eine regelrechte Kaskade anaphorisch gereihter "vedere"-Formeln.[68] Dadurch wird der Eindruck eines extremen Akzelerierens der Diskursbewegung suggeriert, der wiederum signalhaft den Umschlag von der Sukzession in die Simultaneität bedeuten soll. In diesem Zusammenhang ist noch ein weiteres Stilistikum von Relevanz: Die *mise en abyme* ist im Präsens gehalten, das im Kontrast steht zu den - übrigens recht komplex strukturierten - Vergangenheitstempora des vorausliegenden Erzähldiskurses,[69] auf dessen Geschichte sich das Spiegelungsverfahren bezieht. Diese Tempusgebung ist nur sekundär auf eine Unmittelbarkeitswirkung hin berechnet. Primär hat das Präsens die Funktion, eine der Spatialisierung gemäße Aufhebung zeitlicher Ereignisabfolgen anzuzeigen.

---

66) Dies gilt für den Besuch des "castello Voltaire", für die Beziehung Brahe-Gilda, sowie für den Besuch von Epsteins Verleger, vgl. *A.o.*, S. 150 f.

67) Bewirkt durch einen stark markierten Tempuswechsel: Als Brahe Epstein fragt, wer denn die von ihnen erlebte Geschichte erzählen werde, antwortet der Romancier so, daß diese als eine bereits erzählte erscheint: "L'importante non *era* scriverla (d.i. "la storia"), l'importante era provarne un sentimento", *A.o.*, S. 152, Hervorhebung G.R.

68) 16mal auf etwas mehr als einer Seite, vgl. *A.o.*, S. 148 f.

69) Dort finden sich nur gelegentlich kurze Ausflüge ins historische Präsens. Zu den Vergangenheitstempora und insbesondere zum "diskreten" Innovationspotential des "passato prossimo" vgl. die detaillierten Ausführungen in "Il tempo dell'invisibile", S. 75-77 ("Quando io uso il passato remoto, che è il tempo narrativo più tradizionale, il tempo della massima convenzione con il lettore, io lo lascio adagiarsi, quando invece uso il passato prossimo lo tengo più sulla corda, gli dico: non è una cosa accaduta ma sta accadendo, potrebbe essere ma potrebbe anche non essere"). Vgl. dazu auch "Il volo dei sentimenti", S. 7 f.

Die volle Komplexität dieser *mise en abyme* ist damit noch keineswegs erschöpfend dargestellt. Das Wesentliche aber ist klar: Am Ende von *Atlante occidentale* realisiert Del Giudice im Modus der Approximation die experimentelle Poetik, die er seinen fiktiven Romancier vertreten läßt. Dabei bedient er sich einer avantgardistischen Erzähltechnik, die ihre Prägung durch den französischen Poststrukturalismus, wie ihn vor allem Del Giudices Mentor Calvino nach Italien vermittelt hat, deutlich zu erkennen gibt.[70)]

Wie zu sehen war, bestimmt das dezidiert experimentelle Erzählen nicht den gesamten Roman, sondern nur dessen Schluß. Doch nicht nur dies. Das poetologische Experiment des "vedere una storia compiuta" kann nur deshalb approximativ realisiert werden, weil Del Giudice die betreffende Geschichte zuvor unexperimentell, unter Wahrung der narrativen Basis-Konventionen, erzählt hatte. Mit anderen Worten: Die avantgardistische Spatialisierung[71)] der Geschichte setzt deren vorgängige Entfaltung auf der Achse temporaler Abfolge voraus. Del Giudice erzählt die Geschichte der Freundschaft zwischen dem Naturwissenschaftler und dem Literaten unter penibler Wahrung ihrer chronologischen Ordnung. Der Verzicht auf narrative *Achronien*[72)] trägt übrigens nicht nur direkt, sondern auch indirekt zur Konstitution der konventionellen Komponente des Romans bei. Er schafft nämlich eine geeignete Grundlage für die Ausbildung einer starken semantischen Kohärenz. Und diese bildet ihrerseits das Fundament für symbolische Verdichtungen des Sinns, die den ganzen Roman durchziehen,[73)] und unter denen wir mit der Episode des "castello Voltaire" eine kennengelernt haben. Die Abstützung des Experimentellen im Konventionellen macht dabei übrigens deutlich, daß Del Giudice bei der Realisierung seiner postmodernen Ästhetik anders verfährt als Lyotard, mit dem er sich durchaus in einigen Punkten berührt, der aber beim anspielenden Verweis auf das nicht mehr Darstellbare

70) Vgl. dazu, unter besonderer Berücksichtigung der *mise en abyme*-Problematik, G. Regn, "'Lektüre als Geschichte'. Tel Quel und die Fiktionalisierung von Literaturtheorie in Italo Calvinos *Se una notte d'inverno un viaggiatore*", in: *Romanistisches Jahrbuch* 34 (1983), S. 153-168.

71) Auf die übrigens auch der poetologisch besetzte Begriff des "Atlante" hinweist. Zu den weiteren Implikationen des Titels vgl. "Il tempo dell'invisibile", S. 91 f.

72) Begriff nach G. Genette, "Discours du récit", in: Genette, *Figures III*, Paris 1972, S. 78-88.

73) Und die sich durch ihre problematische Dekodierbarkeit auszeichnen.

gerade ohne eine Revalorisierung des Konventionellen auskommen wollte.[74]

Mit der Neuaufwertung der konventionellen Komponente entrichtet Del Giudice aber keineswegs seinen Tribut an jene Variante des Postmodernismus, die in diesem breit gefächerten Diskursfeld eine Gegenposition zu Lyotard und seiner Ästhetik markiert, und die in Italien vor allem Eco mit seiner in den *Postille al nome della rosa* skizzierten Auffassung vom "post-moderno"[75] auf den Nenner gebracht hat. Bei Del Giudice liegen, wie eingangs schon erwähnt, die Dinge anders. Bei ihm geht es nämlich nicht um ein "ripensamento ironico del già detto"[76], um ein vergnügliches kombinatorisches Spiel mit traditionellen oder gar schlankweg trivialen Erzählschemata. Bei ihm wird die konventionelle Komponente nicht demonstrativ zur Schau gestellt, sondern eher diskret aktualisiert. Und mehr noch, die konventionelle Komponente ist nicht autonom, und zwar nicht nur wegen ihrer Verschränkung mit dem experimentellen Schluß. Vielmehr werden die konventionellen Verfahren schon zuvor zum Träger von Strukturen, die signalhaft auf die Poetik der Moderne verweisen. Dies geschieht aber dergestalt, daß die Moderne nicht mehr als das unbedingt Neue erscheint. Der Moderne wächst bei Del Giudice damit eine Rolle zu, die im Diskurs der Postmoderne, so wie ihn Eco repräsentiert, bevorzugt die Prämoderne einnimmt. Die Moderne ist ambivalent kodiert: Sie ist einerseits das Abgegoltene und Überholte,[77] das aber andererseits unverzichtbar ist, wenn eine bereits jenseits der Moderne liegende Gegenwartserfahrung überhaupt vermittelbar werden soll. Wir haben

74) Zur "synthetischen" Verschränkung von Tradition und Innovation als Charakteristikum seiner Erzählpoetik vgl. die Selbstaussage Del Giudices besonders in "Il volo dei sentimenti", S. 7 f., wo dem experimentell-avantgardistischen Roman der Moderne ein "romanzo nuovo" gegenübergestellt wird, der sich der Tradition bedient, ohne sie einfach zu reproduzieren oder sich in ihr zu erschöpfen: "Il problema non è nella struttura della narrazione, ma nel rapporto profondo di fondatezza o di infondatezza che l'autore ha con la propria narrazione. Tutta la letteratura classica si è mossa grosso modo in un rapporto di totale fondatezza o fondazione della narrazione, mentre tutta la letteratura avanguardistica si è mossa in una situazione di infondatezza del proprio narrare. Nel mio lavoro io cerco di partire da un punto in cui il problema della fondatezza o dell'infondatezza della narrazione è già alle spalle...Non mi interessa scombinare la forma romanzo, perchè è già stato fatto, e neppure m'interessa recuperare il romanzo a tutto tondo, che non esiste più." und "Non si può andare avanti senza tornare contemporaneamente indietro". Vgl. auch ebda. die explizite Bezeichnung dieser Art von Literatur als "postmodern".

75) Mailand 1984, bes. S. 37-41. Zuerst in: *Alfabeta* 49 (1983)

76) Ebda. S. 40.

77) Dieser Aspekt stand bei der Semantisierung des "castello Voltaire" im Vordergrund.

dies bereits detailliert an Del Giudices Umgang mit dem Futurismus sehen können. Und sehen können wir es des weiteren daran, wie der Erzähldiskurs des wirklichen Romans auf jene als modern markierte Poetik referiert, die der fiktive Autor Epstein einst vertreten hatte und die er mittlerweile für ausgereizt und hinfällig erachtet. Kern dieser Poetik war das exakte Beschreiben der Dinge in ihren Bezügen zum Menschen. Dieses galt ihm als probates Mittel, um eine von den konkreten und sichtbaren Dingen bestimmte Welt der Darstellbarkeit zu erschließen, und zwar auch in ihrer emotionalen Dimension. Der narrative Diskurs, der die Begegnung des Physikers mit dem Literaten im Umfeld der Hochtechnologie erzählt, ist nun mit solchen präzisen und detaillierten Beschreibungen geradezu gesättigt, wobei die Deskriptionen konkreter Gegenständlichkeit ganz obenan stehen. Diese dienen dabei gleichsam als Gerüst, damit beim Vordringen in die Welt der "non-cose" der Halt nicht völlig verlorengeht. Ja mehr noch: Erst über das Gegenständliche kann der Weg ins gegenständlich nicht mehr Faßbare beschritten werden. So braucht etwa gerade auch die neue Wissenschaft kompakte Apparaturen, um die unsichtbaren neuen Tatbestände überhaupt sichtbar machen zu können. Exemplarisch dafür ist die riesige "macchina" des "rivelatore" mit ihren "dimensioni enormi di materia per percepire una materia infinitesimale e virtuale" (S. 41).

Um einer veränderten Welt - der von der "scomparsa delle cose" bestimmten Welt - literarische Gestalt geben zu können, rekurriert Del Giudice also ganz bewußt auf Verfahren, die nach der Logik der fiktionsimmanenten Poetik recht eigentlich der Vergangenheit angehören. Auf diesem Weg wird nicht zuletzt das einlösbar, was im Schlußsatz von *Atlante occidentale*[78] als eigentliches Ziel des Romans thematisch wird: das Gefühl spürbar zu machen, mit dem die neue veränderte Welt positiv erlebbar wird und sich dabei in einen Ort der Menschlichkeit verwandelt. Denn auch in der Zeit nach der Moderne kann die Welt der Gefühle ohne Bindung an die Vergangenheit nicht auskommen. Die Welt der Gefühle ist, so die Botschaft Epsteins, nämlich aufs engste mit der Welt der Dinge - also einer Sache der Vergangenheit - verschwistert; und sie hat ihren eigenen, langsameren Rhythmus, mit dem sie hinter der vom Gesetz rasanter Beschleunigung regierten Welt aktueller Technik und Wissenschaft zurückbleibt. Brahe, der junge Forscher, weiß dies;

78) *A.o.*, S. 152. Vgl. auch Anm. 64.

und daß er sein Wissen für sich fruchtbar machen kann, verdankt er dem Dialog mit dem Romancier.[79]

79) Vgl. bes. *A.o.*, S. 46: "Sono abituato a questo tempo...Però so che c'è un tempo delle emozioni che non va assolutamente con questo tempo, e senza emozione mi pare che una cosa non sia intera, che non si fissi nella memoria, che non riuscirò a ricordarla", und "la velocità mi piace...Però le emozioni vanno più lente...".

Namenregister

Rainer Hess/Gustav Siebenmann/
Mireille Frauenrath/Tilbert Stegmann

Literaturwissenschaftliches Wörterbuch für Romanisten

UTB 1373, 1989, 3., völlig neu bearb. u. erw. Auflage,
XIV, 490 Seiten, 12 x 18,5 cm, DM 39,80
ISBN 3-7720-1724-X

Die lang erwartete, völlig neu bearbeitete und stark erweiterte 3. Auflage des *Literaturwissenschaftlichen Wörterbuchs für Romanisten* macht ein erfolgreiches Standardwerk wieder zugänglich. Die Neuauflage berücksichtigt die vorangeschrittene Entwicklung innerhalb der Romanistik und weitet den Stoffbereich auf die Besonderheiten der katalanischen und lateinamerikanischen Literatur aus. Die Kohärenz der über 300 Artikel, das umfangreiche Verweissystem und die weiterführenden Literaturangaben erlauben den raschen Zugriff auf ein Lexikon, das zuverlässig und fachkundig durch die Vielfalt der romanischen Literaturen führt.

UTB Francke